普通高等教育"十二五"规划教材
高职高专土建类精品规划教材

给水排水管道工程

主　编　李　杨　黄敬文
副主编　高振芬　侯根然

中国水利水电出版社
www.waterpub.com.cn

内 容 提 要

  本教材是高职高专土建类精品规划教材之一；依照最新国家规范进行编写。全书内容包括：绪论，室外给水系统，室外给水管材、附件及附属构筑物，设计用水量，给水系统工作状况，取水工程，城市输配水管网，室外排水工程，排水管渠及附属构筑物，污水管道系统，雨水管渠系统，室外给排水管网维护管理，室外给排水管道系统图识读，室外给排水管道施工，附录等。

  本教材可以作为高职高专院校市政工程、给排水工程等专业的教材，也可作为相关工程技术人员的参考用书。

图书在版编目（CIP）数据

给水排水管道工程 / 李杨，黄敬文主编. -- 北京：
中国水利水电出版社，2011.7(2022.1重印)
 普通高等教育"十二五"规划教材　高职高专土建类
精品规划教材
 ISBN 978-7-5084-8775-5

 Ⅰ．①给… Ⅱ．①李… ②黄… Ⅲ．①给排水系统－
管道工程－高等职业教育－教材 Ⅳ．①TU991

  中国版本图书馆CIP数据核字(2011)第132726号

书　　名	普通高等教育"十二五"规划教材 高 职 高 专 土 建 类 精 品 规 划 教 材 **给水排水管道工程**
作　　者	主编 李杨 黄敬文　副主编 高振芬 侯根然
出版发行	中国水利水电出版社 （北京市海淀区玉渊潭南路1号D座　100038） 网址：www.waterpub.com.cn E-mail：sales@waterpub.com.cn 电话：（010）68367658（营销中心）
经　　售	北京科水图书销售中心（零售） 电话：（010）88383994、63202643、68545874 全国各地新华书店和相关出版物销售网点
排　　版	中国水利水电出版社微机排版中心
印　　刷	清淞永业（天津）印刷有限公司
规　　格	184mm×260mm　16开本　20.25印张　505千字
版　　次	2011年7月第1版　2022年1月第4次印刷
印　　数	8001—10500册
定　　价	**59.00元**

前 言

"给水排水管道工程"是高等学校市政工程类专业的一门必修专业课，为配合该门课程的教学，特编写了本教材《给水排水管道工程》。

近十几年来，由于城镇建设的迅速发展，给水排水管道工程新技术、新工艺、新材料和新设备层出不穷，国家规范标准也进行了几度修订，在编写本书时，依据《室外给水设计规范》（GB 50013—2006）、《室外排水设计规范》（GB 50014—2006）、《建筑给水排水设计规范》（GB 50015—2003）（2009 年版）、《建筑设计防火规范》（GB 50016—2006）、《给水排水管道工程施工及验收规范》（GB 50268—2008）等最新国家规范，在确保基本概念、基本理论叙述清楚的同时，还吸收了近年来给水排水工程领域的新技术和新理论，反映了当代给水排水工程学科的发展趋势。

为了便于学生加深对课程内容的理解和提高实际应用能力，书中编入了相当数量的插图和适当的典型例题，同时每章均有复习思考题，书后列有附录供学习查阅。

本教材由安徽水利水电职业技术学院李杨、山东水利职业学院黄敬文任主编，山东水利职业学院高振芬、黄河水利职业技术学院侯根然任副主编。安徽水利水电职业技术学院赵慧敏、浙江水利水电专科学校刘振华也参与了编写。其中李杨编写第 1 章、第 5 章、第 6 章，黄敬文编写绪论、第 12 章、附录，高振芬编写第 9 章、第 10 章，侯根然编写第 11 章、第 13 章，赵慧敏编写第 2 章、第 8 章，刘振华编写第 3 章、第 4 章、第 7 章。

由于作者水平所限，时间仓促，书中难免存在欠妥之处，敬请读者批评指正。

编　者
2011 年 3 月
于合肥

目 录

绪　　论

1. 给水排水工程的意义、作用和任务

水在人们的生活、生产活动中占有重要的地位，是不可缺少和无可替代的；同时，水环境也是我们赖以生存的物质基础。给水排水工程的任务就是保证人民生活、工业企业、公共设施、保安消防等的用水供给和废水排除，并安全可靠、经济便利地满足各用户对水的要求，及时收集、输送和处理、利用各用户的污水、废水，为人们的生活、生产活动提供安全便利的用水条件，提高人们的生活健康水平，保护人们的生活、生存环境免受污染，以促进国民经济的发展，保障人们的健康和生活的舒适。因此，给水排水工程是现代城市和工业企业建设与发展中重要的、不可缺少的基础设施，在人们的日常生活和国民经济各部门中有着十分重要的意义。

人们在日常生活和生产活动中，都要使用大量的各种用途的水，种类很多。并且，各用水户对给水的水质、水量和水压要求也不尽相同。根据用水的目的，概括起来可分为四种类型的用水：生活用水、生产用水、消防用水和市政用水。天然水源的水与各用户用水要求之间往往存在着这样或那样的矛盾，为了保证供水的安全可靠、经济便利，为了提高人们的生活与健康水平，扑灭火灾，而修建的一整套保证水质、水量和水压满足用户要求的给水系统工程设施——给水工程。另一方面，水在使用后会受到不同程度的污染成为废水、污水，大量的废水、污水如果直接排入自然水体或土壤，将破坏原有的自然环境，使我们的生存环境恶化；还有城市的雨水雪水也须及时地排除，以免积水为害。因此，为了保护环境、保证国民经济的可持续发展，现代城市还必须修建一整套的收集、输送、处理和利用污水的排水系统工程设施——排水工程。

2. 我国给水排水工程发展概况

我国现代化的给水工程已有 130 多年的历史，最早的给水设施是旅顺口的地下水给水系统，建于 1879 年，随后 1883 年在上海建成了第一座取用地表水的水厂——上海杨树浦水厂。到 1949 年我国只有沿海、长江沿岸及东北的 72 座城市有自来水厂，总供水量达 240 万 m^3/d，供水管总长 6500km。随着国民经济的发展，到 2006 年我国县级以上城市 669 座都有完善的给水设施，日给水能力 26962 万 m^3，供水管总长 430397km。乡镇、农村供水也有了很大的发展，就拿山东省来说几乎所有的乡镇与 80% 以上的农村都建立了基本的给水工程设施。

排水工程的建设在我国具有悠久的历史。早在 2700 多年前的春秋战国时期就有了用陶土管修建的排水管道，到了 2300 多年前的秦朝就已经有了比较完善的排水系统。比较完善的现代化排水工程，直到 20 世纪初才在个别城市开始建设，而且规模较小。1949 年中华人民共和国成立后，城市排水工程的建设随着城市和工业建设的发展而发展，建国初期先后修建了北京的龙须沟、上海的肇嘉浜、南京的秦淮河等十几处大型管渠工程，全国的其他城市也有计划地新建和扩建了一些排水工程，同时也开展了城市污水的处理和综合利用研究，修建了一些城市污水处理厂，到 2006 年县级以上城市排水管道总长 3625281km，城市污水处

理厂 808 座，年处理污水 202.62 亿 m³。

　　我国是缺水国家之一，660 多座城市中有 400 多座供水不足，其中缺水严重的有 136 座。在 32 座百万人口以上的特大城市中，有 30 座长期受缺水问题困扰。水已严重制约了这些城市的经济发展，也给人们的生活带来了不便。为了改变这一现状，需开源与节流并重，可根据具体条件，修建蓄水及引水工程，重复利用水、处理回用污（废）水，防止水源污染，加强给水工程的维护管理减少漏损。目前我国的经济发展迅速，尤其是广大的乡镇、农村也富裕起来，他们迫切需要符合我国国情的给水排水设施，因此，将给水排水工程建设的重点向广大的乡镇、农村转移，努力提高我国人民的生活与健康水平应是当前的重要任务。为此，我们应不断总结经验，积极开展科学试验与研究，加强国际间的合作与交流，学习国外先进的管理技术与科学技术，充分地、科学合理地利用新技术、新工艺、新材料和新设备，进一步提高我国给水排水工程技术水平，为我国的物质文明和精神文明建设作出应有的贡献。

　　3. 本课程特点和学习要求

　　"给水排水管道工程"是市政工程专业一门重要的专业主干课程。其主要内容包括：室外给水系统，室外给水管材、附件及附属构筑物，设计用水量，给水系统的工作状况，取水工程，城市输配水管网，室外排水工程概论，排水管渠及附属构筑物，污水管道系统，雨水管渠系统，室外给排水管网的维护管理，室外给排水工程识图，室外给排水管道施工等。

　　本课程是一门理论性和实践性均较强的课程，由于各地的自然条件、经济条件和人文条件等的不同以及对给水排水要求的不同，给水排水工程的管材、附件及其附属构筑物以及管网的形式、组成往往也是不同的。因此，在学习本课程时应特别注重理论联系实际，把书本知识与实际工程结合起来，理解、掌握其问题的本质，学会从实际出发分析问题和解决问题。

　　城市给水排水管道工程是一门实用科学，应搞清概念，抓住重点，理解原理、掌握基本知识，理论联系实际。通过学习本课程应达到以下基本要求：理解、掌握城市给水排水系统中各构筑物的作用、构造以及设计和运行管理的基本知识，能合理选用附属构筑物标准图，具有城市给水排水管线施工图设计的能力。

第1章 室外给水系统

【主要内容及学习要求】

本章节主要阐述了室外给水系统的分类及组成，室外给水系统的布置与影响因素，工业给水系统等内容。

通过学习本章内容，要求学生能够熟悉室外给水系统的分类及其组成部分，熟悉室外给水系统布置的影响因素及一般布置形式，同时熟悉工业给水系统及节水方法。

1.1 给水系统的分类与组成

1.1.1 给水系统的分类

给水系统是保证城市、工矿企业等用水的各项构筑物和输配水管网组成的系统。根据系统的不同性质，可分类如下：

（1）按水源种类可分为：地表水给水系统（江河、湖泊、蓄水库、海洋等）和地下水给水系统（浅层地下水、深层地下水、泉水等）。

（2）按供水方式可分为：自流供水系统（重力供水）、水泵供水系统（压力供水）和混合供水系统。

（3）按使用目的可分为：生活给水系统、生产给水系统和消防给水系统。

（4）按服务对象可分为城市给水系统和工业给水系统。工业给水系统中，按用水方式又可以分为循环系统和复用系统。

水在人们生活和生产活动中占有重要地位。在现代化工业企业中，为了生产上的需要及改善劳动条件，水更是必不可少，缺水将会直接影响工业产值和国民经济的发展速度。因此，给水工程成为城市和工矿企业的重要基础设施。给水系统必须保证足够的水量、合格的水质和必要的水压，供给生活用水、生产用水和其他用水，而且，不仅要满足近期的需要，还要兼顾到今后的发展。

1.1.2 给水系统的组成

给水系统的任务是从水源取水，按用户对水质的要求进行处理，然后将水输送到用水区域，并按照用户所需的水压向用户供水。给水系统一般由下列工程设施组成：

（1）取水构筑物。用以从选定的水源（地表水或地下水）取水。

（2）水处理构筑物。用以将取水构筑物取来的原水进行处理，使其符合各种使用要求。水处理构筑物一般集中布置在水厂内。

（3）泵站。用以将所需水量提升到使用要求的高度（水压）。可分为提升原水的一级取水泵站、输送清水的二级取水泵站以及设置于管网中的加压泵站等。

（4）输水管渠和管网。输水管渠是将原水送至水厂的管渠，管网则是将处理后的水送至各个用水区的全部管道。

（5）调节构筑物。用以储存和调节水量。包括各种类型的储水构筑物，如清水池、水塔、高地水池等。

泵站、输水管渠、管网和调节构筑物等总称为输配水系统，是给水系统中投资最大的子系统。

1.2　给水系统的布置与影响因素

1.2.1　给水系统的布置

图 1.1 是最为常见的以地表水为水源的给水系统布置。该给水系统中，取水构筑物 1 从河流取水，经一级泵站 2 送往水处理构筑物 3，处理后的清水储存在清水池 4 中，二级泵站 5 从清水池取水，经管网 6 供应用户。有时，为了调节水量和保持管网的水压，可根据需要建造水库泵站、高地水池和水塔 7。通常，以上环节中，从取水构筑物至二级泵站都属于水厂的范围。

给水系统的布置不一定要包括其全部的 5 个主要组成部分，根据不同的状况可以有不同的布置方式。例如以地下水作为水源的给水系统，由于水源水质良好，一般可以省去水处理构筑物而只需加氯消毒，使给水系统大为简化，如图 1.2 所示。图中水塔 4 并非必需，视城市规模大小而定。

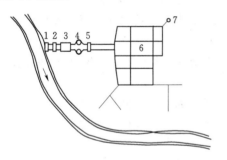

图 1.1　地表水源给水系统
1—取水构筑物；2—一级泵站；3—水处理
构筑物；4—清水池；5—二级泵站；
6—管网；7—调节构筑物

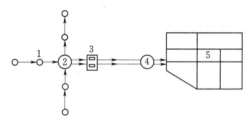

图 1.2　地下水源给水系统
1—管井群；2—集水池；3—泵站；
4—水塔；5—管网

图 1.1 和图 1.2 所示的系统为同一给水系统，即用同一系统供应生活、生产和消防等各种用水，绝大多数城市采用这种系统。

在城市给水中，工业用水量往往占较大的比例。当用水量较大的工业企业相对集中，并且有合适水源可以利用时，经经济技术比较可独立设置工业用水给水系统的，即可考虑按水质要求分系统（分质）给水。分系统给水，可以是同一水源，经过不同的水处理过程和管网，将不同水质的水供给各类用户；也可以是多水源，例如地表水经简单沉淀后，供工业生产用水，如图 1.3 中虚线所示，地下水经过消毒后供生活用水，如图 1.3 中实线所示，采用多水源供水的给水系统宜考虑在事故时能互相调度。也有因地形高差大或者城市管网比较庞大，各区相隔较远，水压要求不同而分系统（分压）给水，如图 1.4 所示的管网，由同一泵站 3 内的不同水泵分别供水到水压要求高的高压管网 4 和水压要求低的低压管网 5，以节约能量消耗。

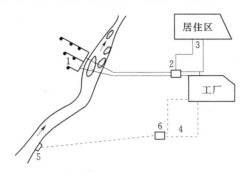 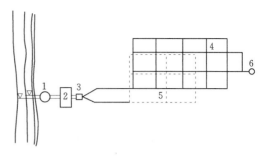

图 1.3　分质给水系统　　　　　　　　　　　图 1.4　分压给水系统

1—管井；2—泵站；3—生活用水管网；4—生产用水　　　1—取水构筑物；2—水处理构筑物；3—泵站；

管网；5—取水构筑物；6—工业用水处理构筑物　　　　4—高压管网；5—低压管网；6—水塔

当水源地与供水区域有地形高差可以利用时，应对重力输配水与加压输配水系统进行技术经济比较，择优选用；当给水系统采用区域供水，向范围较广的多个城镇供水时，应对采用原水输送或清水输送管路的布置以及调节池、增压泵站等的设置，做多方案的技术经济比较后确定。

采用统一给水系统或者分系统给水，要根据地形条件、水源情况、城市和工业企业的规划，水量、水质和水压要求，并考虑原有给水工程设施条件，从全局出发，通过技术经济比较确定。

1.2.2　影响给水系统布置的因素

给水系统布置必须考虑城市规划，水源条件，地形，用户对水量、水质、水压的要求等各方面因素。

1. 城市规划的影响

给水系统的布置，应密切配合城市和工业区的建设规划，做到通盘考虑、分期建设，既能及时供应生产、生活和消防给水，又能适应今后发展的要求。

水源选择、给水系统布置和水源卫生防护地带的确定，都应以城市和工业区的建设规划为基础。城市规划与给水系统设计的关系极为密切。例如，根据城市规划人数、房屋层数、标准及城市现状、气候条件等可以确定给水工程的设计规模；根据当地农业灌溉、航运、水利等规划资料及水文、水文地质资料可以确定水源和取水构筑物的位置；根据城市功能分区、街道位置、城市的地形条件、用户对水量、水压和水质的要求，可以选定水厂、调节构筑物、泵站和管网的位置及确定管网是否需要分区供水或分质供水。

2. 水源的影响

任何城市，都会因水源种类、水源与给水区的距离、水质条件的不同，影响到给水系统的布置。给水水源分地下水和地表水两种。

当地下水比较丰富时，则可在城市上游或就在给水区内开凿管井或大口井，井水经消毒后，由泵站加压送入管网，供用户使用。

如果水源处于适当的高程，能借重力输水，则可省去一级泵站或二级泵站或同时省去一级、二级泵站。城市附近山上有泉水时，建造泉室供水的给水系统最为简单经济。取用蓄水库水时，也有可能利用高程以重力输水，输水能量费用可以节约。

以地表水为水源时，一般从流经城市或工业区的河流上游取水。城市附近的水源丰富

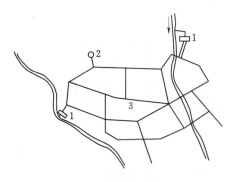

图 1.5 多水源给水系统
1—水厂；2—水塔；3—管网

时，往往随着用水量的增长而逐步发展成为多水源给水系统，从不同部位向管网供水，如图 1.5 所示。它可以从几条河流取水，或从一条河流的不同部位取水，或同时取地表水和地下水，或取不同地层的地下水等。这种系统的特点是便于分期发展，供水比较可靠，管网内水压比较均衡。虽然随着水源的增多，设备和管理工作相应增加，但是与单一水源相比，通常仍比较经济合理，供水的安全性大大提高。

随着国民经济的发展，用水量越来越大，水体污染日趋严重，很多城市或工矿企业因就近缺乏水质较好、水量充沛的水源，必须采用跨流域、远距离取水方式来解决给水问题。这不仅增加了给水工程的投资，而且增加了工程的难度。

3. 地形的影响

地形条件对给水系统的布置有很大影响。中小城市如地形比较平坦，而工业用水量小、对水压又无特殊要求时，可用同一给水系统；大中城市被河流分隔时，两岸工业和居民用水一般先分别供给，自成给水系统，随着城市的发展，再考虑将两岸互相沟通，成为多水源的给水系统；取用地下水时，考虑到就近凿井取水的原则，可采用分地区供水的系统。这种系统投资省，便于分期建设；地形起伏较大或城市各区相隔较远时比较适合采用分区给水系统和局部加压给水系统。

1.3　工　业　给　水　系　统

1.3.1　工业给水系统

城市给水系统的组成和布置原则同样适用于工业企业。在一般情况下，工业用水常由城市管网供给。但是由于工业企业给水系统比较复杂，不仅工业企业门类多，系统庞大，而且对水压、水质和水温有不同要求。有些企业用水量虽大，但是对水质要求不高，使用城市自来水不经济，或者限于城市给水系统规模无法供应大量工业用水，或者工厂远离城市给水管网等，这时不得不自建给水系统；有些工业用水如电子、医药工业、火力发电、冶金工业等，用水量虽小，但是对水质要求远高于生活饮用水，必须自备给水处理系统，将城市自来水水质提高到满足生产用水水质的要求。

工业用水量很大，从有效利用水资源和节省抽水动力费用着眼，工业用水应尽量重复利用，根据工业企业内水的重复利用情况，可将工业用水重复利用的给水系统分成循环和复用给水系统两种。采用这类系统是城市节水的主要内容。

1. 循环给水系统

循环给水系统是指使用过的水经适当处理后再行回用。循环给水系统最适合于冷却水的供给。在冷却水的循环使用过程中会有蒸发、飘洒、渗透和排污等水量损失，须从水源取水加以补充。图 1.6 所示为循环给水系统。

2. 复用给水系统

复用给水系统是指按照各用水点对水质的要求不同，将水顺序重复使用。例如，先将水源水送到某些车间，使用后或直接送到其他车间，或经冷却、沉淀等适当处理后，再到其他车间使用，然后排放。图 1.7 所示是水经冷却后重复使用的复用给水系统。

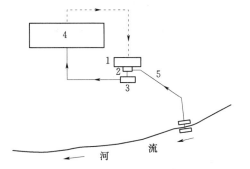

图 1.6　循环给水系统
1—冷却塔；2—吸水井；3—泵站；
4—车间；5—新鲜补充水

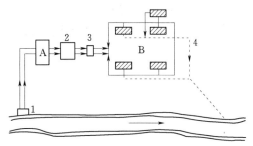

图 1.7　复用给水系统
1—取水构筑物；2—冷却塔；3—泵站；
4—排水系统；A、B—车间

为了节约工业用水，在工厂和工厂之间，也可以考虑采用复用给水系统。

工业给水系统中，水的重复利用，不仅是解决城市水资源缺乏的一种措施，而且还可以减少使城市水体产生污染的废水排放量，是生态工业建设的必由之路。因此，工业用水的重复利用率是节约城市用水的重要指标。所谓重复利用率是指重复用水量在总用水量中所占的百分数。目前我国工业用水重复利用率仍然较低，和一些工业发达国家相比，我国在工业节水方面还有很大的潜力。

1.3.2　工业用水的水量平衡

在大中型工业企业内，为了做到水的重复利用、循环使用，节约用水，就必须根据企业内各车间对水量和水质的要求，做好水量平衡工作，并绘制出水量平衡图。为此应详细调查各车间的生产工艺、用水量及其变化等情况。在此基础上找出节约用水的可能性，并制订出合理用水和减少排污水量的计划。

所谓水量平衡就是保证工业水系统每个车间的给水排水量平衡，整个循环系统的给水、回水和补充水量平衡，这对于了解工厂用水现状，采取节约用水措施，健全工业用水计量仪表，减少排水量，合理利用水资源以及对厂区给水排水管道的设计都很有用处。为此必须做到了解工业水系统总循环水量、各车间冷却用水量、损耗水量、循环回水量和不出水量等情况。

进行工业企业水量平衡的测定工作时，应先查明水源水质和取水量，各用水部门的工艺过程和设备，现在计量仪表的状况，测定每台设备的用水量、耗水量、排水量、水温等，按厂区给水排水管网图核对，对于老的工业企业还应测定管道和阀门的漏水量。然后根据测定结果，绘出水量平衡图。

复 习 思 考 题

1. 室外给水系统有哪些分类方式？具体类别如何？

2. 室外给水系统一般有哪些工程设施组成？是否必须包括这些设施？哪种情况下可以

省去其中一部分设施?

3. 给水系统中投资最大的子系统是什么? 试进行分析。

4. 什么是统一给水、分质给水和分压给水? 哪种系统目前用得最多?

5. 室外给水系统布置的影响因素有哪些? 其中水源对给水系统布置有哪些影响?

6. 简述工业给水系统的主要节水方式。

第 2 章　室外给水管材、附件及附属构筑物

【主要内容及学习要求】

　　本章主要讲述了给水管道材料及其配件，给水管网的附件及附属构筑物，调节构筑物。

　　通过学习本章内容，要求学生掌握给水管道材料、配件、附件，了解给水管网附属构筑物及调节构筑物。

2.1　给水管道材料与配件

　　给水管道的根本任务是向用户提供清洁的饮用水，连续供应有压力的水，同时降低供水费用。为此，给水管网作为供水系统的重要环节，对于它的硬件有以下五点要求：

　　(1) 封闭性能高。供水管网是承压的管网，管道具有良好的封闭性，才是连续供水的基本保证。

　　(2) 输送水质佳。自来水从水厂到用户，要经过较长的管道，往往需要几个小时乃至几天。管网实际上是一个大的反应器，出厂水未完成的化学反应将在管网中继续进行，并且含氯水与管壁发生新的接触，有可能产生新的反应，这些反应有生物性的、感官性的以及物理化学性的，因此要求管道内壁既要耐腐蚀性，又不会向水中析出有害物质。

　　(3) 设备控制灵。一个大城市的供水管网，管道总长度少的有数百公里，多的达数千公里，在这样的大型供水管网中有成千上万个专用设备，维持着管网的良好运行。

　　在管网上的专用设备包括：阀门、消火栓、通气阀、放空阀、冲洗排水阀、减压阀、调流阀、水锤消除器、检修孔、伸缩器、存渣斗、测流测压装置等。这些设备的完好是保证管网运行畅通、避免污染的前提。

　　(4) 水力条件好。供水管道的内壁不结垢、光滑、管路畅通，才能降低水头损失，确保服务水头。

　　(5) 建设投资省。供水管网的建设费用通常占供水系统建设费用的 $50\% \sim 70\%$，因此如何通过技术经济分析确定供水管网的建设规模，恰当选用管材及设备是管网合理运行的保证。

2.1.1　给水管道材料

给水管道材料常可以分为金属管材料、非金属管材料两大类。

2.1.1.1　金属管

目前常用的金属管主要有钢管和铸铁管。

1. 钢管

钢管分为焊接钢管和无缝钢管两大类，如图 2.1 所示。

$$\text{钢管}\begin{cases}\text{焊接钢管}\begin{cases}\text{镀锌钢管（白铁管）}\begin{cases}\text{冷镀锌（现已淘汰）}\\\text{热镀锌}\end{cases}\\\text{非镀锌钢管（黑铁管）}\end{cases}\\\text{无缝钢管}\end{cases}$$

图 2.1　钢管分类

　　焊接钢管也称焊管，是用钢板或钢带经过卷曲成型后焊接制成的钢管。焊接钢管生产工艺简单，生产效率高，品种规格多，设备投资少，但一般强度低于无缝钢管。焊接钢管按焊缝的形式分为直缝焊管和螺旋焊管，如图 2.2 所示。直缝焊管生产工艺简单，生产效率高，成本低，发展较快。螺旋焊管的强度一般比直缝焊管高，能用较窄的坯料生产管径较大的焊管，还可以用同样宽度的坯料生产管径不同的焊管。但是与相同长度的直缝管相比，焊缝长度增加 30%~100%，而且生产速度较低。因此，较小口径的焊管大都采用直缝焊，大口径焊管则大都采用螺旋焊。

　　无缝钢管（图 2.3）是用钢锭或实心管坯经穿孔制成毛管，然后经热轧、冷轧或冷拔制成。

图 2.2　螺旋焊管　　　　　　　　　　图 2.3　无缝钢管

　　国内过去小口径管道上，主要使用的是镀锌钢管（白铁管），但因锈蚀问题，影响水质及使用年限，近年多数城市已不再使用。薄壁不锈钢管不存在锈蚀与材质老化的问题，使用寿命长，外形美观，它在小口径管材中将是竞争力很强的品种。

　　钢管用焊接或者法兰接口，小口径的可用丝扣连接。所用配件可用钢板卷焊而成，或直接用标准铸铁配件连接。

　　优点：强度高，抗震性能好，重量比铸铁管轻，接头少，内外表面光滑，容易加工和安装。

　　缺点：抗腐蚀性能差。

　　2. 铸铁管

　　铸铁管是用铸铁浇铸成型的管子，可用于给水、排水和煤气输送管线。铸铁管材质可分为灰铸铁管和球墨铸铁管。

　　（1）灰铸铁管。灰铸铁管（图 2.4）有较强的耐腐蚀性，以往使用最广，但由于连续铸管工艺的缺陷，质地较脆，抗冲击和抗震能力较差，重量较大，且经常发生接口漏水、水管断裂和爆管事故，给生产带来很大的损失。灰铸铁管的性能虽相对较差，但可用在直径较小的管道上，同时采用柔性接口，必要时可选用较大一级的壁厚，以保证安全供水。

图 2.4 铸铁管

图 2.5 球墨铸铁管

（2）球墨铸铁管。球墨铸铁管（图 2.5）具有灰铸铁管的许多优点，而且机械性能有很大提高，其强度是灰铸铁管的多倍，抗腐蚀性能远高于钢管，因此是理想的管材。球墨铸铁管的重量较轻，很少发生爆管、渗水和漏水现象，可以减少管网漏损率和管网维修费用。球墨铸铁管采用推入式楔形胶圈柔性接口，也可用法兰接口，施工安装方便，接口的水密性好，有适应地基变形的能力，抗震效果好。

球墨铸铁管在给水工程中已有 50 多年的使用历史，在欧美发达国家已基本取代了灰铸铁管。近年来，随着工业技术的发展和给水工程质量要求的提高，我国已开始推广和普及使用球墨铸铁管，逐步取代灰铸铁管。据统计，球墨铸铁管的爆管事故发生率仅为普通灰铸铁管的 1/16。球墨铸铁管主要优点是耐压力高，管壁比非铸铁管薄 $30\%\sim40\%$，因而重量较灰铸铁管轻，同时，它的耐腐蚀能力大大优于钢管，使用寿命长。据统计，球墨铸铁管的使用寿命是灰铸铁管的 $1.5\sim2.0$ 倍，是钢管的 $3\sim4$ 倍。球墨铸铁管已经成为我国城市供水管道工程中的推荐使用管材。

铸铁管接口有两种形式：承插式（图 2.6）和法兰式（图 2.7）。水管接头应紧密不漏水且稍带柔性，特别是沿管线的土质不均匀而有可能发生沉陷时。承插式接口适用于埋地管

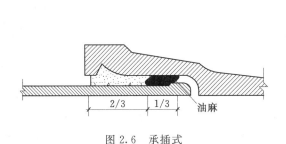

图 2.6 承插式

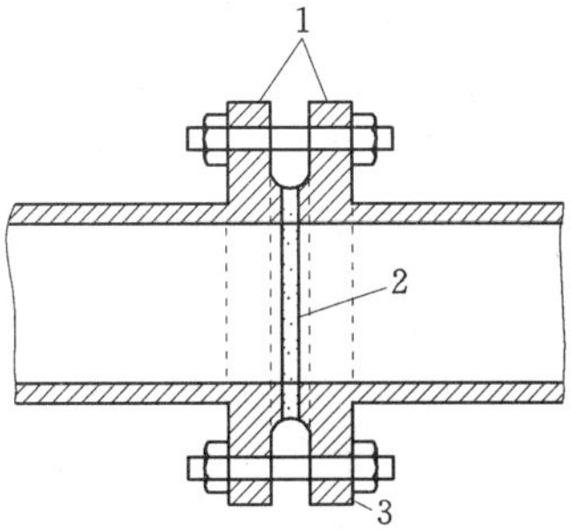

图 2.7 法兰式

1—法兰；2—垫片；3—螺栓

线，安装时将插口接入承口内，两口之间的环形空隙用接头材料填实，接口时施工麻烦，劳动强度大。接口材料一般可用橡胶圈、膨胀水泥或石棉水泥，特殊情况下也可用青铅接口。当承插式铸铁管采用橡胶圈接口时，安装时无需敲打接口，可减轻劳动强度，加快施工进度。

法兰接口的优点是接头严密，检修方便，常用以连接泵站内或水塔的进、出水管。为使接口不漏水，在两法兰盘之间嵌以 3～5mm 厚的橡胶垫片。

优点：耐腐蚀性能强、使用寿命长、价格低。

缺点：性脆、重量大、长度小。

2.1.1.2 非金属管

在给水工程建设中，有条件时宜以非金属管代替金属管，对于加快工程建设和节约金属材料都有现实意义。

1. 塑料管材

塑料管一般是以塑料树脂为原料，加入稳定剂、润滑剂等，以塑的方法在制管机内经挤压加工而成。它具有质轻、耐腐蚀、外形美观、无不良气味、加工容易、施工方便等优点，但是管材的强度较低，膨胀系数较大，用作长距离管道时，需考虑温度补偿措施，例如伸缩节和活络接口。

塑料管有多种，如硬聚氯乙烯管（UPVC管）（图 2.8）、聚乙烯管（PE 管）（图 2.9）、聚丁烯管（PB 管）、交联聚乙烯（PEX）管、聚丙烯共聚物 PP－R、PP－C 管等。

图 2.8　硬聚氯乙烯管（UPVC管）　　　　　图 2.9　聚乙烯管（PE管）

与铸铁管相比，塑料管的水力性能较好，由于管壁光滑，在相同流量和水头损失情况下，塑料管的管径可比铸铁管小；塑料管相对密度在 1.4 左右，比铸铁管轻，可采用粘接、热熔连接、法兰连接，又可采用橡胶圈柔性承插接口，抗震和水密性较好，不易漏水，既提高了施工效率，又可降低施工费用。可以预见，塑料管将成为城市供水中中小口径管道的一种主要管材。

2. 预应力和自应力钢筋混凝土管

（1）预应力钢筋混凝土管。用于给水的预应力混凝土管道，目前国内使用的有两种：一种是预应力钢筋混凝土管，一种是钢套筒预应力混凝土管（简称 PCCP 管）。其特点是造价低，抗震性能强，管壁光滑，水力条件好，耐腐蚀，爆管率低，但重量大，不便于运输和安装。

预应力钢筋混凝土管［图 2.11（a）］在设置阀门、弯管、排气、放水等装置处，须采用钢管配件。顶应力钢筒混凝土管［图 2.11（b）］是在预应力钢筋混凝土管内放入钢筒，其用钢量比钢管省。接口为承插式，承口环和插口环均用扁钢压制成型，与钢筒焊成一体。

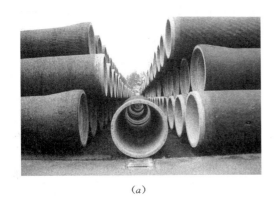

（a）   （b）

图 2.10　预应力混凝土管
（a）预应力钢筋混凝土管（管芯缠丝工艺）；（b）预应力钢筒混凝土管

预应力钢筋混凝土管在我国是应用相当广泛的供水管材之一，并制定了完善的管道产品标准和工程设计、安装规范，它比钢铁管节约钢材，价格比铜管便宜，在输水的过程中不结水垢，管径变化不大，送水能力及水质不变，安装预应力钢筋混凝土管只要在插口端套上密封橡胶圈，然后把它插进另一根管的承口端就行了，不需要打口，管道可整切，开孔并配相应管件，操作方便，安装速度快。

预应力钢筋混凝土管主要缺点是管材质量不稳定，承插口加工精度差，多存在漏水现象，另外管材多存在表层混凝土脱落、钢筋骨架外露腐蚀等情况，管材使用寿命短。在已建的管道中出现过爆管事故，漏水现象时有发生。

近年引进国外技术生产的钢套筒预应力混凝土管，管道管身中央有 1～2mm 的钢板，钢板卷成管状，经过打压试验，可保证其不渗漏。接口采用钢环承插口，钢环与管身钢管焊接，钢环承插口的加工精度较高。承插口嵌入橡胶圈，可防止渗漏，多用于大口径管道。钢筒混凝土管兼有钢管和混凝土管的抗爆、抗渗及抗腐蚀性，钢材用量约为铸铁管的 1/3，使用寿命可达 50 年以上，管道综合造价较低，价格与普通铸铁管相近，是一种极有应用前途的管材。我国目前生产的管径为 600～3400mm，管长 5m，工作压力 0.4～2.0MPa。

（2）自应力管。自应力管（图 2.11）是用自应力混凝土并配置一定数量的钢筋制成的。制管工艺简单，成本较低。制管用的预应力水泥是 425 号或 525 号普通硅酸盐水泥、325 号或 425 号矾土水泥和二水石膏，按适当比例加工制成，所用钢筋为低碳冷拔钢丝或钢丝网。但由于容易出现二次膨胀及横向断裂，目前主要用于小城镇及农村供水系统中。

（3）玻璃钢管。玻璃钢管（图 2.12）是一种新型管材，以玻璃纤维和环氧树脂为基本原料预制而成，它耐腐蚀性强，不结垢，能长期保持较高的输水能力，强度高，粗糙系数小。在相同使用条件下，重量只有钢材的 1/4 左右，是预应力钢筋混凝土管的 1/5～1/10，因此便于运输和施工。但价格较高，几乎和钢管相接近，可考虑在强腐蚀性土壤处采用。

在玻璃钢管的基础上发展起来的玻璃纤维增强塑料夹砂管（简称玻璃钢夹砂管或 RPM 管），增加玻璃钢管的刚性和强度，在我国给水管道中也开始得到应用。RPM 管用高强度的玻纤增强塑料作内、外面板，中间以廉价的树脂和石英砂作芯层组成夹芯结构，以提高弯曲刚度，并辅以防渗漏和满足功能要求（例如达到食品级标准或耐腐蚀）的内衬层形成一复合管壁结构，满足地下埋设的大口径供水管道和排污管道使用要求。

图 2.11 自应力混凝土管

图 2.12 玻璃钢管

2.1.2 给水配件

在管线转弯、分支、直径变化以及连接其他附属设备处，须采用各种标准水管配件。例如承接分支用三通；管线转弯处采用各种角度的弯管；变换管径处采用渐缩管；改变接口形式处采用短管，如连接法兰用承盘短管；还有修理管线时用的配件，接消火栓用的配件等，如图 2.13 所示。

图 2.13 UPVC 给水配件

水管及配件是安装给水管网的主要材料,选用时应综合考虑管网中所承受的压力、敷设地点的土质情况、施工方法和可取得的材料等因素。输配水管网的造价占整个给水工程投资的大部分,一般约为50%～70%。正确地选用管道材料,对工程质量、供水的安全可靠性及维护保养均有很大关系。因此,给水工程技术人员必须重视和掌握水管材料的种类、性能、规格、使用经验、价格和供应情况,才能做到合理选用水管材料,作出正确的设计。

2.2 管 网 附 件

给水附件指给水管道上的调节水量、水压、控制水流方向以及断流后便于管道、仪器和设备检修用的各种阀门。具体包括闸阀、止回阀、球阀、安全阀、浮球阀、水锤消除器、过滤器、减压孔板等。

2.2.1 阀门

阀门是用以连接、关闭和调节液体、气体或蒸汽流量的设备,是市政管道系统的重要组成部分。在自来水管网的运行中,阀门起着对流体介质的开通、截断和调节流量、压力和改变流向的控制作用,阀门的这些作用是保证管网中自来水畅通输配,以及配合管网维修改造施工的必要条件,因此阀门的功能实现,将直接影响正常供水和安全供水,关系到自来水公司的服务质量。

安装阀门的位置,一是在管线分支处,二是在较长管线上,三是穿越障碍物时。因阀门的阻力大,价格昂贵,所以阀门的数量应保持调节灵活的前提下尽可能的少。

配水干管上装设阀门的距离一般为400～1000m,且不应超过三条配水支管,主要管线和次要管线交接处的阀门常设在次要管线上。阀门一般设在配水支管的下游,以便关闭阀门时不影响支管的供水。在支管上也应设阀门,配水支管上的阀门间距不应隔断5个以上消火栓。承接消火栓的水管上要接阀门。

阀门的口径一般和水管的直径相同,但当管径较大阀门价格较高时,为降低造价可安装0.8倍水管直径的阀门。

1. 闸阀

用闸板作启闭件并沿阀座轴线垂直方向移动,以实现启闭动作的阀门。闸阀的启闭件是闸板,闸板的运动方向与流体方向相垂直,闸阀只能作全开和全关,不能作调节和节流。因为当闸阀处于半开位置时,闸板会受流体冲蚀和冲击而使密封面破坏,还会产生振动和噪声。

闸阀的主要优点是流道通畅,流体阻力小,启闭扭矩小;主要缺点是密封面易擦伤,启闭时间较长,体形和重量较大。闸阀在管道上的应用很广泛,适于制造成大口径阀门。按密封面配置可分为楔式闸板式闸阀和平行闸板式闸阀。按阀杆的螺纹位置划分,可分为明杆闸阀和暗杆闸阀两种。明杆在阀门启闭时,阀杆随之升降,因此易掌握阀门启闭程度,适宜于安装在泵站内。暗杆适用于安装和操作空间受到限制之处,否则当阀门开启时因阀杆上升而妨碍工作,图2.14为明杆式阀门。

大口径的阀门,在手工开启或关闭时,很费时间,劳动强度也大。所以直径较大的阀门有齿轮传动装置,并在闸板两侧接以旁通阀,以减小水压差,便于启闭。开启阀门时先开旁通阀，关闭阀门时则后关旁通阀。或者应用电动阀门以便于启闭。安装在长距离输水管上的电动阀门，应限定开启和闭合的时间，以免因启闭过快而出现水锤现象使水管损坏。

2. 蝶阀

蝶阀（图 2.15）的作用和一般阀门相同。但结构简单，开启方便，旋转 90°就可全开或全关。蝶阀宽度较一般阀门小，但闸板全开时占据上下游管道的位置，因此不能紧贴楔式和平行式阀门旁安装。蝶阀可用在中、低压管线上，例如水处理构筑物和泵站内。

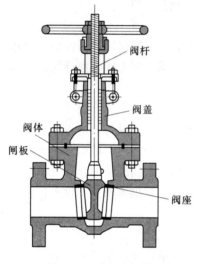

图 2.14　明杆式闸阀

图 2.15　蝶阀

2.2.2　止回阀

止回阀又称单向阀，它用来限制水流朝一个方向流动。一般安装在水泵出水管、用户接管和水塔进水管处，以防止水的倒流。通常，流体在压力作下使阀门的阀瓣开启，并从进口侧流向出口侧。当进口侧压力低于出口侧时，阀瓣在流体压力和本身重力的作用下自动地将通道关闭，阻止流体逆流，避免事故的发生。按阀瓣运动方式不同，止回阀主要分为升降式、旋启式和蝶式 3 类，如图 2.16 所示。

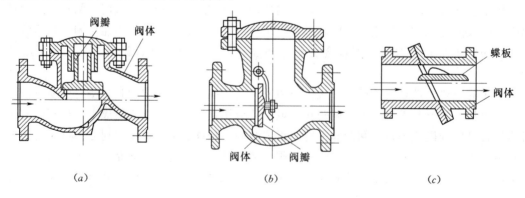

（a）　　　　　　　　　　　（b）　　　　　　　　　　　（c）

图 2.16　止回阀

（a）升降式；（b）旋启式；（c）蝶式

止回阀安装和使用时应注意以下几点：

（1）升降式止回阀应安装在水平方向的管道上，旋启式止回阀既可安装在水平管道上，又可安装在垂直管道上。

（2）安装止回阀要使阀体上标注的箭头与水流方向一致，不可倒装。

（3）大口径水管上应采用多瓣止回阀或缓闭止回阀，使各瓣的关闭时间错开或缓慢关闭，以减轻水锤的破坏作用。

2.2.3 水锤消除设备

水锤是供水装置中常见的一种物理现象，它在供水装置管路中的破坏力是惊人的，对管网的安全平稳运行是十分有害的，容易造成爆管事故。水锤消除的措施通常可以采用以下一些设备。

2.2.3.1 恒压控制设备

采用自动控制系统，通过对管网压力的检测，反馈控制水泵的开、停和转速调节，控制流量，进而使压力维持一定水平，可以通过控制微机设定机泵供水压力，保持恒压供水，避免了过大的压力波动，使产生水锤的概率减小。

2.2.3.2 泄压保护设备

1. 水锤消除器

水锤消除器（图2.17）能在无需阻止流体流动的情况下，有效地消除各类流体在传输系统可能产生的水锤和浪涌发生的不规则水击波震荡，从而达到消除具有破坏性的冲击波，起到保护之目的。

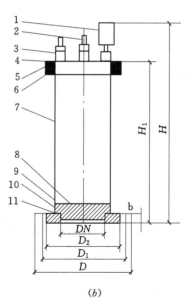

（a）　　　　　　　　　　　　　　（b）

图2.17 水锤消除器

1—压力表；2—吊环；3—注气栓总成；4—六角头螺栓；5—壳体盖；

6—"O"形密封圈；7—壳体；8—六角头螺栓；9—上活塞盘；

10—密封环；11—下活塞盘

水锤消除器的内部有一密闭的容气腔，下端为一活塞，当冲击波传入水锤消除器时，水击波作用于活塞上，活塞将往容气腔方向运动。活塞运动的行程与容气腔内的气体压力、水击波大小有关，活塞在一定压力的气体和不规则水击双重作用下，做上下运动，形成一个动态的平衡，这样就有效地消除了不规则的水击波震荡。

　　2. 泄压保护阀

　　如图 2.18 所示该设备安装在管道的任何位置，和水锤消除器工作原理一样，只是设定的动作压力是高压，当管路中压力高于设定保护值时，排水口会自动打开泄压。

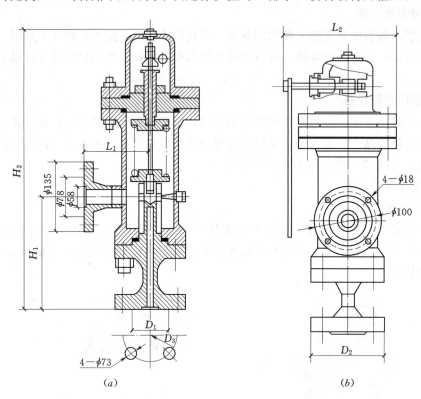

(a)　　　　　　　　　　　　　　　(b)

图 2.18　泄压保护阀

2.2.3.3　控制流速设备

　　(1) 采用水力控制阀，一种采用液压装置控制开关的阀门，一般安装于水泵出口，该阀利用机泵出口与管网的压力差实现自动启闭，阀门上一般装有活塞缸或膜片室控制阀板启闭速度，通过缓闭来减小停泵水锤冲击，从而有效消除水锤。

　　(2) 采用快闭式止回阀，该阀结构是在快闭阀板前采用导流结构，停泵时，阀板同时关闭，依靠快闭阀板支撑住回流水柱，使其没有冲击位移，从而避免产生停泵水锤。

2.2.3.4　安装排气阀

　　在管路中各峰点安装可靠的排气阀也是必不可少的措施。

2.2.4　消火栓

　　消火栓有地上式消火栓和地下式消火栓。地上式消火栓适用于气温较高的地方，地下式消火栓适用于较寒冷的地区。

　　地上式消火栓（图 2.19），一般布置在交叉路口消防车可以驶近的地方，并涂以红色

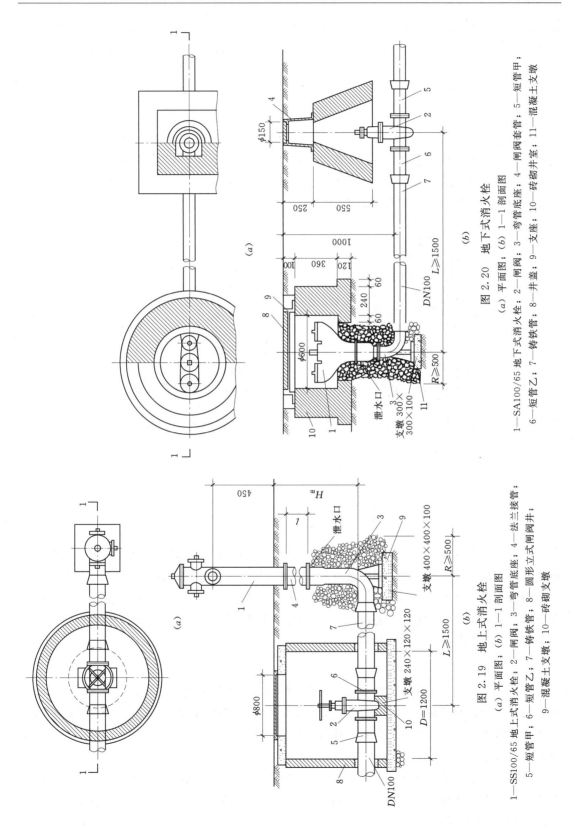

图 2.20 地下式消火栓

(a) 平面图; (b) 1—1 剖面图

1—SA100/65 地下式消火栓; 2—闸阀; 3—弯管底座; 4—闸阀套管; 5—短管甲;
6—短管乙; 7—铸铁管; 8—井盖; 9—支座; 10—砖砌井室; 11—混凝土支墩

图 2.19 地上式消火栓

(a) 平面图; (b) 1—1 剖面图

1—SS100/65 地上式消火栓; 2—闸阀; 3—弯管底座; 4—法兰接管;
5—短管甲; 6—短管乙; 7—铸铁管; 8—圆形立式闸阀井;
9—混凝土支墩; 10—砖砌支墩

标志，适用于不冰冻地区，或不影响城市交通和市容的地区。地下式消火栓（图 2.20）用于冬季气温较低的地区，须安装在阀门井内，不影响市容和交通，但使用不如地上式方便。

2.2.5 排气阀和泄水阀

1. 排气阀

管道在运行过程中，水中的气体将会逸出在管道高起部位积累起来，甚至形成气阻，当管中水流发生波动时，隆起的部位形成的气囊，将不断被压缩、扩张，气体压缩后所产生的压强，要比水被压缩后所产生的压强大几十倍甚至几百倍，此时管道极易发生破裂。这就需要在管网中设置排气阀，如图 2.21 所示。

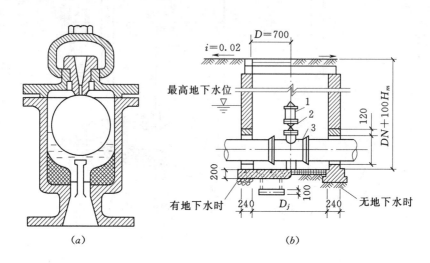

图 2.21 排气阀
(a) 阀门构造；(b) 安装方式（排气阀井）
1—排气阀；2—阀门；3—排气丁字管

排气阀安装在管线的隆起部分，使管线投产时或检修后通水时，管内空气可经此阀排出。长距离输水管一般随地形起伏敷设，在高处设排气阀。排气阀分单口和双口两种。单口排气阀用在直径小于 300mm 的水管上，口径为水管直径的 1/2～1/5。双口排气阀口径可按水管直径的 1/8～1/10 选用，装在直径 400mm 以上的水管上。排气阀放在单独的阀门井内，也可和其他配件合用一个阀门井。

2. 泄水阀

为了排除管道内沉积物或检修放空及满足管道消毒冲洗排水要求，在管道下凹处及阀门间管段最低处，施工时应预留泄水口，用以安装泄水阀（图 2.22）。确定泄水点时，要考虑好泄水的排放方向，一般将其排入附近的干渠、河道内，不宜将泄水通向污水渠，以免污水倒灌污染水源。

泄水阀和排水管的直径，由所需放空时间决定。放空时间可按一定工作水头下孔口出流公式计算。为加速排水，可根据需要同时安装进气管或进气阀。水平横管宜有 0.002～0.005 坡度的坡向泄水阀。

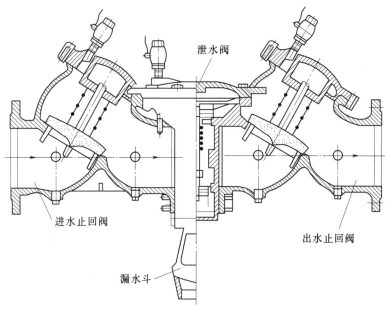

进水止回阀   泄水阀   出水止回阀   漏水斗

图 2.22 泄水阀

2.3 给水管道附属构筑物

2.3.1 阀门井

地下管线及地下管道（如自来水管道等）的阀门为了在需要进行开关操作或者检修作业时方便，就设置了类似小房间的一个井，将阀门等布置在这个井里，这个井就叫阀门井。

管网中的附件一般应安装在阀门井内。为了降低造价，配件和附件应布置紧凑，阀门井的平面尺寸，取决于水管直径以及附件的种类和数量，但应满足阀门操作和安装拆卸各种附件所需的最小尺寸。井的深度由水管埋设深度确定，但是，井底到水管承口或法兰盘底的距离至少为 0.1m，法兰盘和井的距离宜大于 0.15m，从承口外缘到井壁的距离，应在 0.3m以上，以便于接口施工。

阀门井一般用砖砌，也可用石砌或钢筋混凝土建造。

阀门井的形式根据所安装的附件类型、大小和路面材料而定。例如直径较小、位于人行道上或简易路面以下的阀门，可采用阀门套筒（图 2.23），但在寒冷地区，因阀杆易被渗漏的水冻住，因而影响开启，所以一般不采用阀门套筒，安装在道路下的大阀门，可采用图2.24 所示的阀门井。位于地下水位较高处的阀门井，井底和井壁应不透水，在水管穿越井壁处应保持足够的水密性。阀门井应有抗浮的稳定性。

2.3.2 管道支墩

承插式接口的管线，在弯管处、三通处、水管尽端的盖板上以及缩管处，都会产生拉力，接口可能因此松动脱节而使管线漏水，因此在这些部位须设置支墩以承受拉力和防止事故。

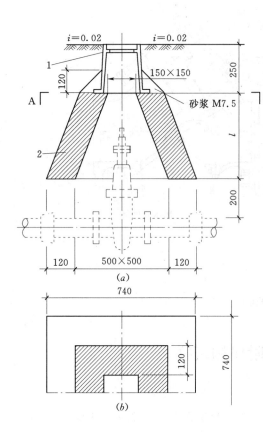

图 2.23　阀门套筒

（a）平面图；（b）A—A 剖面图

1—铸铁阀门套筒；2—混凝土管

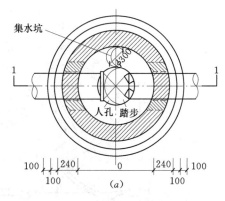

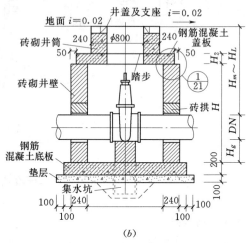

图 2.24　砖砌阀门井

（a）平面图；（b）1—1 剖面图

1. 支墩的类型

根据异形管在管网中布置的方式，支墩有以下几种常用类型：

（1）水平支墩。这又分为弯头处支墩、堵头处支墩（图 2.25）、三通处支墩。

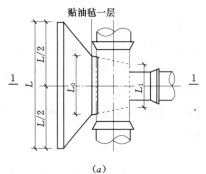

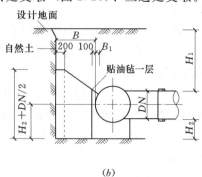

图 2.25　水平方向堵头处支墩

（a）平面图；（b）1—1 剖面图

（2）上弯支墩。管中线由水平方向转入垂直向上方向的弯头支墩（图 2.26）。

（3）下支墩。管中线由水平方向转入垂直向下方向的弯头支墩（图 2.27）。

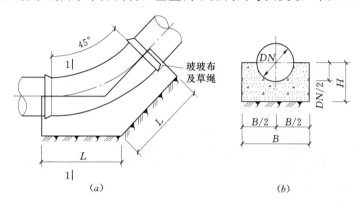

图 2.26　45°垂直向上支墩

（a）平面图；（b）1—1 剖面图

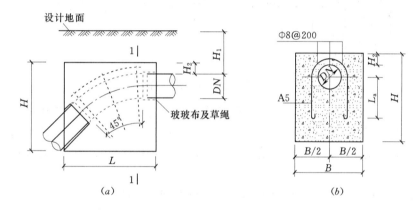

图 2.27　45°垂直向下支墩

（a）平面图；（b）1—1 剖面图

2. 设计原则

（1）当管道转弯角度小于 10°时，可以不设置支墩。

（2）管径大于 600mm 管线上，水平敷设时应尽量避免选用 90°弯头，垂直敷设时应尽量避免使用 45°以上的弯头。

（3）支墩后背必须为原形土，支墩与土体应紧密接触，倘若空隙需用与支墩相同材料填实。

（4）支撑水平支墩后背的土壤，最小厚度应大于墩底在设计地面以下深度的 3 倍。

2.3.3　给水管道穿越障碍物

当给水管线通过铁路、公路和河谷时，必须采用一定的措施。

管线穿过铁路时，其穿越地点、方式和施工方法，应严格按照铁路部门穿越铁路的技术规范。根据铁路的重要性，采取以下措施：穿越临时铁路或一般公路，或非主要路线且水管埋设较深时，可以不设套管，但应尽量将铸铁管接口放在两股道之间，并用青铅接头，钢管则应有相应的防腐措施；穿越较重要的铁路或交通频繁的公路时，水管须放在钢筋混凝土套管内，套管直径根据施工方法而定，大开挖施工时应比给水管直径大 300mm，顶管法施工时应较给水管的直径大 600mm。穿越铁路或公路时，水管管顶应在铁路路轨底或公路路面以下 1.2m 左右。设套管穿越铁路时，两端应设检查井，井内设阀门或排水管等，参见图 2.28 所示。

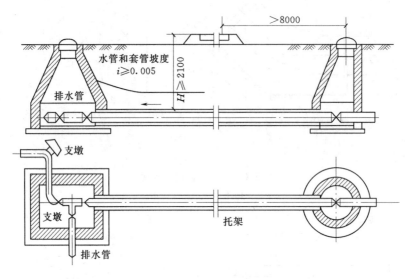

图 2.28　设套管穿越铁路的给水管

　　管线穿越河川山谷时，可利用现有桥梁架设水管，或敷设倒虹管，或建造水管桥，应根据河道特性、通航情况、河岸地质地形条件、过河管材料和直径、施工条件选用。

　　给水管架设在现有桥梁下穿越河流最为经济，施工和检修比较方便，通常水管架在桥梁的人行道下。

　　若无桥梁可以利用，则可考虑设置倒虹管或架设管桥。倒虹管（图 2.29）从河底穿越，其优点是隐蔽，不影响航运，但施工和检修不便。倒虹管设置一条或两条，在两岸应设阀门井。阀门井顶部标高应保证洪水时不致淹没，井内有阀门和排水管等。倒虹管顶在河床下的深度，一般不小于 0.5m，但在航道线范围内不应小于 1m。倒虹管一般用钢管，并须加强防腐措施。当管径小、距离短时用铸铁管，但应采用柔性接口。倒虹管直径按流速大于不淤流速计算，通常小于上下游的管线直径，以降低造价和增加流速，减少管内淤积。

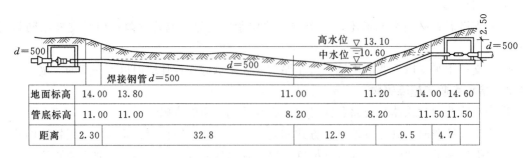

图 2.29　倒虹管纵剖面图

　　大口径水管由于重量大，架设在桥下有困难时，或当地无现成桥梁可利用时，可建造水管桥（图2.30、图2.31），架空跨越河道。水管桥应有适当高度以免影响航行。架空管一般用钢管或铸铁管，为便于检修可以用青铅接口，也有的采用承插式预应力钢筋混凝土管。在过桥水管或水管桥的最高点，应安装排气阀，并且在桥管两端设置伸缩接头。在冰冻地区应有适当的防冻措施。

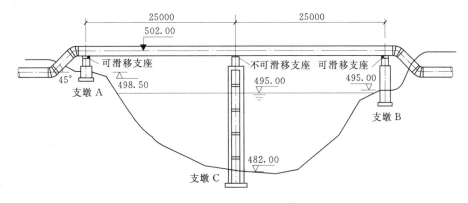

图2.30　直管桥示意图

图2.31　直管桥

图2.32　拱管桥

钢管过河时，本身也可作为承重结构，称为拱管（图2.32、图2.33），施工简便，并可节省架设水管桥所需的支承材料。一般拱管的矢高和跨度比约为1/6～1/8，常用的是1/8。

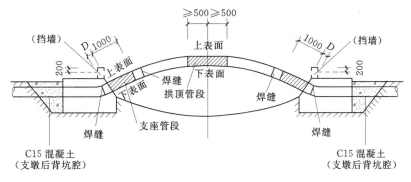

图2.33　拱管桥示意图

拱管一般由每节长度为 1～1.5m 的短管焊接而成，焊接的要求较高，以免吊装时拱管下垂或开裂。拱管在两岸有支座，以承受作用在拱管上的各种作用力。

2.4　调 节 构 筑 物

调节构筑物用来调节管网内的流量，有水塔和水池等。建于高地的水池其作用和水塔相同，既能调节流量，又可保证管网所需的水压。当城市或工业区靠山或有高地时，可根据地形建造高地水池。如城市附近缺乏高地，或因高地离给水区太远，以致建造高地水池不经济时，可建造水塔。中小城镇和工矿企业等建造水塔以保证水压的情况并不少见。

2.4.1　水塔

多数水塔采用钢筋混凝土或砖石等建造，但以钢筋混凝土水塔或砖支座的钢筋混凝土水柜用得较多。

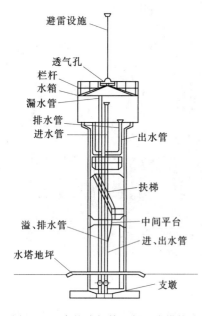

图 2.34　支柱式钢筋混凝土水塔构造

钢筋混凝土水塔的构造如图 2.34 所示，主要由水柜（或水箱）、塔架、管道和基础组成。进、出水管可以合用，也可分别设置。进水管应设在水柜中心并伸到水柜的高水位附近，出水管可靠近柜底，以保证水柜内的水流循环。为防止水柜溢水和将柜内存水放空，须设置溢水管和排水管，管径可和进、出水管相同。溢水管上不应设阀门。排水管从水柜底接出，管上设阀门，并接到溢水管上。

和水柜连接的水管上应安装伸缩接头，以便温度变化或水塔下沉时有适当的伸缩余地。为观察水柜内的水位变化，应设浮标水位尺或电传水位计。水塔顶应有避雷设施。

水塔外露于大气中，应注意保温问题。因为钢筋混凝土水柜经过长期使用后，会出现微细裂缝，浸水后再加冰冻，裂缝会扩大，可能因此引起漏水。根据当地气候条件，可采取不同的水柜保温措施：或在水柜壁上贴砌 8～10cm 的泡沫混凝土、膨胀珍珠岩等保温材料；或在水柜外贴砌一砖厚的空斗墙；或在水柜外再加保温外壳，外壳与水柜壁的净距不应小于 0.7m，内填保温材料。

水柜通常做成圆筒形，高度和直径之比约为 0.5～1.0。水柜过高不好，因为水位变化幅度大会增加水泵的扬程，多耗动力，且影响水泵效率。有些工业企业，由于各车间要求的水压不同，而在同一水塔的不同高度放置水柜；或有些将水柜分成两格，以供应不同水质的水。

塔体用以支承水柜，常用钢筋混凝土、砖石或钢材建造。近年来也采用装配式和预应力钢筋混凝土水塔。装配式水塔可以节约模板用量。塔体形状有圆筒形和支柱式。

水塔基础可采用单独基础、条形基础和整体基础。

砖石水塔的造价比较低，但施工费时，自重较大，宜建于地质条件较好地区。从就地取材的角度，砖石结构可和钢筋混凝土结合使用，即水柜用钢筋混凝土，塔体用砖石结构。

2.4.2 水池

给水工程中，常用钢筋混凝土水池、预应力钢筋混凝土水池和砖石水池等，其中以钢筋混凝土水池使用最广。一般做成圆形或矩形，如图 2.35 所示。

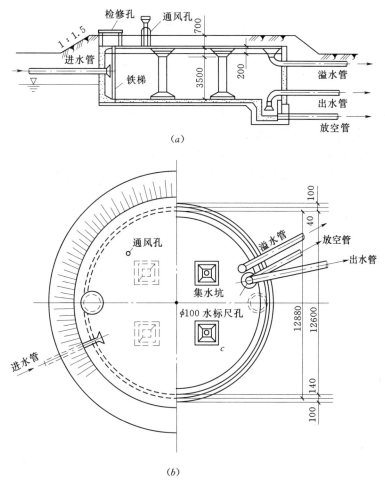

图 2.35 钢筋混凝土水池

水池应有单独的进水管和出水管，安装地位应保证池内水流的循环。此外应有溢水管，管径和进水管相同，管端有喇叭口，管上不设阀门。水池的排水管接到集水坑内，管径一般按 2h 内将池水放空计算。容积在 1000m³ 以上的水池，至少应设两个检修孔。为使池内自然通风，应设若干通风孔，高出水池覆土面 0.7m 以上。池顶覆土厚度视当地平均室外气温而定，一般在 0.5～1.0 之间，气温低则覆土应厚些。当地下水位较高，水池埋深较大时，覆土厚度需按抗浮要求决定。为便于观测池内水位，可装置浮标水位尺或水位传示仪。

预应力钢筋混凝土水池可做成圆形或矩形，它的水密性高，大型水池可较钢筋混凝土水池节约造价。

装配式钢筋混凝土水池近年来也有采用。水池的柱、梁、板等构件事先预制，各构件拼装完毕后，外面再加钢箍，并加张力，接缝处喷涂砂浆使之不漏水。

砖石水池具有节约木材、钢筋、水泥，能就地取材，施工简便等特点。我国中南、西南地区，盛产砖石材料，尤其是丘陵地带，地质条件好，地下水位低，砖石施工的经验也丰富，更宜于建造砖石水池。但这种水池的抗拉、抗渗、抗冻性能差，所以不宜用在湿陷性的黄土地区、地下水位过高地区或严寒地区。

复习思考题

1. 给水管道材料选择时应考虑哪些因素？常用的给水管材有哪几种？它们各有什么优缺点？

2. 阀门起什么作用？有几种主要形式？各安装在哪些部位？

3. 排气阀和泄水阀应在哪些情况下设置？

4. 为什么给水管道需设置支墩？应放在哪些部位？

5. 给水管道穿越铁路或公路时有哪些技术要求？采用倒虹管穿越河道时应满足哪些技术要求？

6. 水塔和水池应布置哪些管道？

第3章 设计用水量

【主要内容及学习要求】

本章节主要阐述设计用水量的构成，用水量定额，用水量变化，用水量计算及其城市用水量常见的预测方法等内容。

通过学习本章内容，要求学生能够熟悉城市和村镇设计用水量的构成，熟悉城市和村镇生活用水定额，了解城市和村镇工业生活和生产用水定额，熟悉城市和村镇日变化系数和时变化系数，同时掌握设计用水量的计算及其城市用水量常见预测方法。

给水排水工程规划是城市总体规划工作的重要组成部分，是城市专业功能规划的重要内容。在城市给水排水工程规划中，又分为给水工程专项规划和排水工程专项规划。城市用水量是给水工程专项规划的重要基础，是选择水源，确定给水工程规模、给水构筑物尺寸的重要依据。设计给水工程时，必须确定在设计年限内需要的用水量，因为给水系统中取水、水处理、泵站和输配水管网等设施都必须以设计用水量为依据。城市给水工程设计应按远期规划、近远期结合、以近期为主的原则进行设计。近期设计年限宜采用5～10年，远期规划设计年限宜采用10～20年。年限的确定应在满足城镇供水需要的前提下，根据建设资金投入的可能作适当调整。给水工程中构筑物的合理设计使用年限宜为50年，管道及专用设备的合理设计使用年限宜按材质和产品更新周期经技术经济比较确定。我国镇（乡）村给水应优先考虑采用城市给水管网延伸供水，或建区域给水系统统一供水；镇（乡）村给水工程的建设应遵循远期规划，近远期结合，以近期为主的原则；近期设计年限宜采用5～10年，远期规划年限宜采用10～15年。

影响城市用水量的因素很多，有短期用水量影响因素和长期用水量影响因素。城市短期用水量的影响因素主要有：

（1）天气影响。晴天较阴雨天用水量大，高温天气较低温天气用水量大。

（2）节假日影响。节假日居民用水量有所增加，但工业及其他用水量有所减少，总用水量表现为减少。

（3）管网影响。由于管网、检修或抢修等人为因素影响，会使用水量明显下降，管网破裂造成管网中的水量流失，而且流失水量无法计算，都包括在总用水量中，会使总用水量增加。

城市长期用水量的影响因素主要有：

（1）工业总产值的影响。工业生产、加工过程中常常要消耗大量的水，一般情况下，工业用水占整个城市用水的绝大部分，一个城市的用水量通常与其工业规模、工业生产工艺设备和工业发展水平密切相关，有关资料统计表明，城市用水量随工业总产值的增加而增大。

（2）人均年收入水平的影响。城市用水量与居民的生活水平有着内在的联系，伴随着生活水平的提高，人均用水量也在逐步提高。人均年收入水平不同的城市，用水量变化特征是不同的；同一座城市，用水量也会随人均收入水平的变化而变化，可以认为城市用水量随人均收入水平的提高而增加。

（3）水的重复利用率的影响。我国水资源匮乏，节约用水最有效的途径之一就是实施水的重复利用。提高工业用水重复利用率将对工业用水量产生较大的影响，同时，重视生活及公用事业等方面用水的重复利用也有很大意义。可以说，城市用水量随着水的重复利用率的增大而减小。

（4）人口数量及水价的影响。城市人口包括城市常住人口和流动人口，显然，城市用水量随人口的增加而增大。目前我国各城市水价相对偏低，合理提高水价有利于节约用水，用水量会减少。

（5）管网运行、管理状况的影响。管网漏失率、管网抢修状况等因素对用水量有明显影响，管道爆裂、管网暗漏造成水的大量漏失，而这些流失的水量都计算在总用水量中，减小管网漏失率、增大管网检修力度可以减少城市用水量。

由于城市和村镇用水存在一定的差异，设计用水量的组成在工程设计时需要注意。城市设计供水量由下列各项组成：

1）综合生活用水（包括居民生活用水和公共建筑用水）。

2）工业企业用水。

3）浇洒道路和绿地用水。

4）管网漏损水量。

5）未预见用水。

6）消防用水。

镇（乡）村设计供水量应由下列各项组成：

1）生活用水。

2）公共建筑用水。

3）工业用水。

4）畜禽饲养用水。

5）管网漏损水和未预见用水。

6）消防用水。

在确定设计用水量时，应根据各种供水对象的使用要求及近期发展规划和现行用水量定额，计算出相应的用水量，最后加以综合作为设计给水工程的依据。各类用水量的计算一般以用水量定额为依据。

3.1　用　水　量　定　额

用水量定额是指不同的用水对象，在一定时期（设计年限）内制定相对合理的并能达到的用水水平。它是确定设计用水量的主要依据，直接影响给水系统相应设施的规模、工程投资、工程扩建，所以必须慎重考虑确定。用水量定额的制定由国家相关部门或行业根据全国调查数据进行统计分析后综合确定。用水量定额按地域分区和城市规模划分。

地域的划分是参照现行国家标准《建筑气候区划标准》（GB 50178—93）作相应规定。《建筑气候区划标准》主要根据气候条件将全国分为 7 个区。由于用水量定额不仅同气候有关，还与经济发达程度、水资源状况、人民生活习惯和住房标准等密切相关，故用水量定额分区参照气候分区，将用水量定额划分为 3 个区，并按行政区划作了适当调整。即：一区大致相当建筑气候区划标准的Ⅲ、Ⅳ、Ⅴ区；二区大致相当建筑气候区划标准的Ⅰ、Ⅱ区；三区大致相当建筑气候区划标准的Ⅵ、Ⅶ区。参照现行国家标准《城市居民生活用水量标准》（GB/T 50331），将四川、贵州、云南由一区调整到二区。城市规模分类是参照《中华人民共和国城市规划法》的有关规定，与现行的国家标准《城市给水工程项目建设标准》基本协调。用水量定额的变化幅度较大，在给水工程设计时，如何合理地选择设计时采用的用水量定额，却是一项十分复杂而细致的工作。这是因为用水量定额的选择涉及面广，政策性很强，水资源紧缺问题严重。因此，在选定用水量定额时，必须以国家的现行政策、法律法规为依据，综合考虑影响因素，通过实地调查，并结合现有资料和类似地区或工业企业的经验，确定适宜的用水量定额。

3.1.1 生活用水定额

生活用水定额与室内卫生设备完善程度及形式、水资源和气候条件、生活习惯、生活水平、收费标准及办法、管理水平、水质和水压等因素有关。一般说来，我国东南沿海城市和旅游城市，由于水资源丰富、水质好、经济比较发达，用水量普遍高于水资源短缺、气候寒冷的西北地区；生活水平高、水质好、居民收入水平高、收费标准低，城市居民用水量较大；按人计费大于按表计费（约为按表计费的 1.4～1.8 倍）；同类给水设备一般型高于节水型等。设计选用时，必须全面考虑相关因素的影响。

3.1.1.1 居民生活用水定额和综合生活用水定额

1. 城市居民生活用水定额

城市生活用水定额分为居民生活用水定额和综合生活用水定额，均以 L/（人·d）计。居民生活用水定额指城市中居民每人每天的饮用、烹调、洗涤、冲厕、洗澡等日常生活用水量；综合生活用水定额指城市居民每人每天的日常生活用水量和公共建筑及设施用水量两部分的总水量。公共建筑及设施用水包括娱乐场所、宾馆、浴室、商业、学校和机关办公楼等用水，但不包括城市浇洒道路、绿地和市政等用水。

城市给水工程设计时，居民生活用水定额和综合生活用水定额应根据当地国民经济和社会发展、水资源充沛程度、用水习惯，在现有用水定额基础上，结合城市总体规划和给水专业规划，本着节约用水的原则，综合分析确定。当缺乏实际用水资料情况下，可按现行的《室外给水设计规范》（GB 50013）的规定选用，参见表 3.1、表 3.2。设计选用时，应以现行设计规范为依据，按照设计用水单位所在分区和城市规模，确定用水定额的幅度范围，然后综合考虑足以影响生活用水量的因素，选择设计采用的具体定额数值。如果涉及现行规范中没有规定具体数字或其实际生活用水定额与现行设计规范规定有较大出入时，用水定额应参照类似生活用水定额，经上级主管部门同意，可作适当增减。对于国家级经济开发区和特区的生活用水，因暂住及流动人口较多，它们的用水定额较高，有的要高出所在用水分区和同等规模城市用水定额的 1～2 倍，故建议根据该城市的用水实际情况，其用水定额可酌情增加。

表 3.1   居 民 生 活 用 水 定 额   单位：L/(人·d)

城 市 规 模 用水情况 分区	特大城市		大城市		中、小城市	
	最高日	平均日	最高日	平均日	最高日	平均日
一	180～270	140～210	160～250	120～190	140～230	100～170
二	140～200	110～160	120～180	90～140	100～160	70～120
三	140～180	110～150	120～160	90～130	100～140	70～110

表 3.2   综 合 生 活 用 水 定 额   单位：L/(人·d)

城 市 规 模 用水情况 分区	特大城市		大城市		中、小城市	
	最高日	平均日	最高日	平均日	最高日	平均日
一	240～410	210～340	240～390	190～310	220～370	170～280
二	190～280	150～240	170～260	130～210	150～240	110～180
三	170～270	140～230	150～250	120～200	130～230	100～170

注   1. 特大城市指市区和近郊区非农业人口 100 万人及以上的城市；

大城市指市区和近郊区非农业人口 50 万人及以上，不满 100 万人的城市；

中、小城市指市区和近郊区非农业人口不满 50 万人的城市。

2. 一区包括：湖北、湖南、江西、浙江、福建、广东、广西、海南、上海、江苏、安徽、重庆；

二区包括：四川、贵州、云南、黑龙江、吉林、辽宁、北京、天津、河北、山西、河南、山东、宁夏、陕西、

内蒙古河套以东和甘肃黄河以东的地区；

三区包括：新疆、青海、西藏、内蒙古河套以西和甘肃黄河以西的地区。

3. 经济开发区和特区城市，根据用水实际情况，用水定额可酌情增加。

4. 当采用海水或污水再生水等作为冲厕用水时，用水定额相应减少。

2. 村镇居民生活用水定额

近年来，我国村镇经济发展较快，给水工程发展迅速，村镇居民用水定额日趋完善，国家相关部门制定了村镇居民用水定额。目前我国村镇用水量的行业规范主要由住房和城乡建设部、水利部分别制定，住房和城乡建设部于 2008 年 10 月实施的《镇（乡）村给水工程技术规程》（CJJ 123—2008），水利部于 2005 年 2 月实施的《村镇供水工程技术规范》（SL 310—2004）。我国县级或以上行政区的城市供水系统主要由住房和城乡建设部负责，县级以下行政区的村镇供水系统主要由水利部负责，但城郊的村镇有自建的独立供水系统或者由城市管网延伸。村镇居民生活用水定额应根据当地经济和社会发展、水资源充沛程度、用水习惯，在现行用水定额基础上，结合镇（乡）村规划和给水专业规划，本着节约用水的原则，综合分析确定。在缺乏实际用水资料的情况下，可按当地行业主管行政部门认可的行业规范进行选用，住房和城乡建设部的《镇（乡）村给水工程技术规程》（CJJ 123—2008）居民用水定额见表 3.3，水利部的《村镇供水工程技术规范》（SL 310—2004）居民用水定额见表 3.4。

表 3.3   镇 （乡） 村 生 活 用 水 定 额   单位：L/(人·d)

给水设备类型	社区类型	最高日用水量	时变化系数
从集中给水龙头取水	村庄	20～50	3.5～2.0
	镇（乡）区	20～60	2.5～2.0

续表

给水设备类型	社区类型	最高日用水量	时变化系数
户内有给水龙头 无卫生设备	村庄	30～70	3.0～1.8
	镇（乡）区	40～90	2.0～1.8
户内有给水排水卫生设备 无淋浴设备	村庄	40～100	2.5～1.5
	镇（乡）区	85～130	1.8～1.5
户内有给水排水卫生设备和淋浴设备	村庄	130～190	2.0～1.4
	镇（乡）区	130～190	1.7～1.4

注 分散式给水系统生活用水定额：干旱地区 10～20L/(人·d)；半干旱地区 20～30L/(人·d)；半湿润或湿润地区 30～50L/(人·d)。

表 3.4 村镇最高日居民生活用水定额 单位：L/(人·d)

主要用（供）水条件	一区	二区	三区	四区	五区
集中供水点取水，或水龙头入户且无洗涤池和其他卫生设施	30～40	30～45	30～50	40～55	40～70
水龙头入户，有洗涤池，其他卫生设施较少	40～60	45～65	50～70	50～75	60～100
全日供水，户内有洗涤池和部分其他卫生设施	60～80	65～85	70～90	75～95	90～140
全日供水，室内有给水、排水设施且卫生设施较齐全	80～110	85～115	90～120	95～130	120～180

注 1. 本表所列用水量包括了居民散养畜禽用水量、散用汽车和拖拉机用水量、家庭小作坊生产用水量。

 2. 一区包括：新疆、西藏、青海、甘肃、宁夏，内蒙古西北部，陕西和山西两省黄土沟壑区，四川西部；

 二区包括：黑龙江、吉林、辽宁，内蒙古西北部以外地区，河北北部；

 三区包括：北京、天津、山东、河南，河北北部以外的地区，陕西和山西两省黄土沟壑区以外的地区，安徽、江苏两省的北部；

 四区包括：重庆、贵州、云南，四川西部以外地区，广西西北部，湖北、湖南两省的西部山区；

 五区包括：上海、浙江、福建、江西、广东、海南、台湾，安徽、江苏两省北部以外的地区，广西西北部，湖北、湖南两省西部山区以外的地区。

 3. 取值时，应对各村镇居民的用水现状、用水条件、供水方式、经济条件、用水习惯、发展潜力等情况进行调查分析，并综合考虑以下情况：村庄一般比镇区低；定时供水比全日供水低；发展潜力小取较低值；制水成本高取较低值；村内有其他清洁水源便于使用时取较低值。调查分析与本表有出入时，应根据当地实际情况适当增减。

 4. 本表中的卫生设施主要指洗涤池、洗衣机、淋浴器和水冲厕所等。

3.1.1.2 公共建筑用水定额

1. 城市公共建筑用水定额

宿舍、旅馆等公共建筑的生活用水定额及小时变化系数，根据卫生器具完善程度和区域条件，可参照现行的《建筑给水排水设计规范》（GB 50015）的规定，参见附表1。

2. 村镇公共建筑用水定额

村镇公共建筑用水定额可参照当地行业主管行政部门认可的现行行业规范的规定。住房和城乡建设部的《镇（乡）村给水工程技术规程》（CJJ 123—2008）公共建筑用水定额，应按现行国家标准《建筑给水排水设计规范》（GB 50015）的有关规定执行，也可按生活用水量的 8%～25%计算。水利部的《村镇供水工程技术规范》（SL 310—2004）公共建筑用水定额，应根据公共建筑性质、规模及其用水定额确定：

（1）条件好的村镇，应按《建筑给水排水设计规范》确定公共建筑用水定额；条件一般或较差的村镇，可根据具体情况对规范中的公共建筑用水定额适当折减。

（2）缺乏资料时，公共建筑用水量可按居民生活用水量的 5%～25% 估算，其中村庄为 5%～10%，集镇为 10%～15%，建制镇为 10%～25%；无学校的村庄不计此项。

3.1.2　工业企业用水定额

工业企业用水包括工业企业生产用水和工作人员生活用水。在城市给水中，工业用水占很大比例。

3.1.2.1　工作人员生活用水定额

工作人员生活用水包括工业企业建筑与管理人员的生活用水、车间工人生活用水和淋浴用水。工业企业建筑与管理人员的生活用水定额可取 30～50L/(人·班)；车间工人生活用水定额应根据车间性质确定，用水时间为 8h，小时变化系数为 1.5～2.5。工业企业建筑淋浴用水定额，应根据《工业企业设计卫生标准》（GBZ 1—2002）中的车间的卫生特征分级确定，一般可采用 40～60L/(人·次)，延续供水时间为 1h。

3.1.2.2　工业企业生产用水定额

1. 城市工业企业生产用水定额

工业企业生产用水一般是指工业企业在生产过程中用于冷却、空调、制造、加工、净化和洗涤方面的用水。在城市给水中，工业用水占很大比例。生产用水中，冷却用水是大量的，特别是火力发电、冶金和化工等工业。空调用水则以纺织、电子仪表和精密机床生产等工业用得较多。工矿企业门类很多，生产工艺多种多样，用水量的增长与国民经济发展计划、工业企业规划、工艺的改革和设备的更新等密切相关，因此通过工业用水调查以获得可靠的资料是非常重要的。工业企业生产用水定额的计算方法有以下几种：

（1）按工业产品万元产值用水量计算。不同类型的工业万元产值用水量不同。如果城市中用水单耗指标较大的工业多，则万元产值的用水量也高；即使同类工业部门，由于管理水平提高、工艺条件改革和产品结构的变化，尤其是工业产值的增长，单耗指标会逐年降低。提高工业用水重复利用率、重视节约用水等可以降低工业用水单耗。随着工业的发展，工业用水量也随之增长，但用水量增长速度比不上产值的增长速度。工业用水的单耗指标由于水的重复利用率提高而有逐年下降趋势。由于高产值、低单耗的工业发展迅速，因此万元产值的用水量指标在很多城市有较大幅度的下降。

（2）按单位产品耗水量计算。工业企业的生产用水量标准，应根据生产工艺过程的要求确定或是按单位产品计算用水量，如每生产一吨普通钢需 193～360m³ 水。

（3）按每组（台）设备单位时间耗水量计算，可参照有关工业用水定额。如 1 台 10t（以小时蒸发量计）锅炉每小时需 10.0m³ 水。

工业企业生产用水量通常由企业的工艺部门提供，在缺乏资料时可参考同类型企业用水指标。在估计工业企业生产用水量时，应按当地水源条件、工业发展情况、工业生产水平，预估将来可能达到的重复利用率。

2. 村镇工业企业生产用水定额

村镇工业用水量应根据国民经济发展规划、工业类别和规模、生产工艺要求，结合现有工业用水资料分析确定。当缺乏实际用水资料的情况下，可按表 3.5 选用。对耗水量大、水质要求低或远离居民区的企业，是否将其列入供水范围应根据水源充沛程度、经济比较和水资源管理要求等确定。

表 3.5 各类乡镇工业生产用水定额

工业类别	用水定额	工业类别	用水定额
榨油	6～30m³/t	制砖	7～12m³/万块
豆制品加工	5～15m³/t	屠宰	0.3～1.5m³/头
制糖	15～30m³/t	制革	0.3～1.5m³/张
罐头加工	10～40m³/t	制茶	0.2～0.5m³/担
酿酒	20～50m³/t		

注 若有其他工业类别时，可参照相关工业用水定额选用。

农村畜禽饲养是农村经济发展的重要组成部分，畜禽逐步改变过去由每户少量饲养，正在转变为集中饲养，规模逐渐扩大，畜禽饲养所需的用水量属于村镇供水量的一部分。集体或专业户畜禽饲养用水定额，应根据畜禽饲养方式、种类、数量、用水现状和近期发展计划确定。畜禽饲养用水定额，可按表 3.6 选用。

表 3.6 畜禽饲养用水定额

畜禽类别	用水定额	畜禽类别	用水定额
马、骡、驴	40～50L/(头·d)	育肥猪	30～40L/(头·d)
育成牛	50～60L/(头·d)	羊	5～10L/(头·d)
奶牛	70～120L/(头·d)	鸡	0.5～1.0L/(只·d)
母猪	60～90L/(头·d)	鸭	1.0～2.0L/(只·d)

注 1. 本表是在圈养时的畜禽饲养用水定额，未包括清扫卫生用水。
   2. 放养畜禽时，应根据用水现状对按定额计算的用水量适当折减。
   3. 有独立水源的饲养场可不考虑此项。

3.1.3 消防用水量

消防用水只在火灾时使用，历史短暂，但从数量上说，在城市用水量中占有一定的比例，尤其是中小城市，所占比例甚大。消防用水量、水压和火灾延续时间等，应按照现行的《建筑设计防火规范》（GB 50016—2006）和《高层民用建筑设计防火规范》（GB 50045—95）（2005 年版）等执行。村镇消防用水允许间断供水或完全具备消防用水蓄水条件的，在计算供水能力时可不单列消防用水量。

城市、居住区的室外消防用水量，应按同一时间内的火灾次数和一次灭火用水量确定。同一时间内的火灾次数和一次灭火用水量不应小于附表 2 的规定。

工厂、仓库和民用建筑的室外消防用水量，可按同时发生火灾的次数和一次灭火的用水量确定，见附表 3 和附表 4。

3.1.4 市政及其他用水定额

浇洒道路和绿化用水量应根据路面种类、绿化面积、气候和土壤等条件确定，设计时综合考虑影响因素，可在下列幅度范围内选用：浇洒道路用水可按浇洒面积以 2.0～3.0L/(m²·d) 计算；浇洒绿地用水可按浇洒面积以 1.0～3.0L/(m²·d) 计算。经济条件好或规模较大的镇可根据需要适当考虑浇洒道路和绿地用水量，其余镇、村可不计此项。

管网漏损水量系指给水管网中未经使用而漏掉的水量，包括管道接口不严、管道腐蚀穿孔、水管爆裂、闸门密封圈不严以及消火栓等用水设备的漏水。城市配水管网的漏损水量宜按综合生活用水（包括居民生活用水和公共建筑用水）、工业企业用水、浇洒道路和绿地用水三部分水量之和的 10％～12％ 计算，当单位管长供水量小或供水压力高时可适当增加。未预见用水量是指在给水设计中对难以预见的因素（如规划的变化及流动人口用水等）而预留的水量。城市未预见水量应根据水量预测时难以预见因素的程度确定，宜采用综合生活用水（包括居民生活用水和公共建筑用水）、工业企业用水、浇洒道路和绿地用水、管网漏损水量四部分水量之和的 8％～12％。村镇管网漏失水量和未预见水量之和，宜按最高日用水量之和的 15％～25％ 取值，村庄取较低值，规模较大的镇区取较高值。

3.2 用 水 量 变 化

无论是城市居民还是村镇居民，用水量都是变化的，每天用水量都不同，即使在同一天在不同时刻用水量都是变化的。居民生活用水量随着气候条件、生活习惯、节假日等而发生变化，夏季比冬季用水量多，节假日在家用水量比平日多，然而节假日在外用水量又比平日少，一天内用水量高峰期主要出现在早上、中午和晚上，其余时间相对较少。工业企业用水量也不是一成不变的，随着生产工艺更新、产品数量调整、工作制度、设备更换等因素的影响，用水量时时都在发生变化。国家相关部门或行业制定的用水定额，只是一个长期统计的平均值，涉及整个国家。但在具体的给水工程设计时只是其中一个局部地方，用水定额的选用非常关键，因为用水定额的高低直接涉及供水规模、工程造价和未来在一定时期内当地的经济社会发展。因此，非常有必要了解和认识供水对象的逐日逐时用水量变化规律，以便合理地确定供水系统构筑物的设计流量，既满足用水对象在各种用水情况下对供水的要求，又避免浪费过多。

3.2.1 基本概念

由于室外给水工程服务区域较大，卫生设备数量和用水人数较多，且一般是多目标供水（如城市居民、工业、公用事业、商业和村镇居民与乡镇工业等方面），各种用水参差不齐，用水高峰相互错开，使用水量能在以小时为计量单位区间内基本保持不变的可能性较大。因此，为了降低给水工程造价，室外给水工程系统设计只需要考虑日与日、时与时之间的差异，即逐日逐时用水量变化规律。实践证明，这样考虑既可使室外给水工程设计安全可靠，又可使其经济合理。

由于用户用水量是时刻变化的，设计用水量只能按一定时间范围内的平均值进行计算，通常用以下方式表达：

（1）平均日用水量。即规划年限内，用水量最多的年总用水量除以用水天数。该值一般作为水资源规划和确定城市设计污水量的依据。

（2）最高日用水量。即用水量最多的一年内，用水量最多的一天的总用水量。该值一般作为取水工程和水处理工程规划和设计的依据。

（3）最高日平均时用水量。即最高日用水量除以 24 小时，得到的最高日平均时用水量。

（4）最高日最高时用水量。用水量最高日的 24 小时中，用水量最大的一小时用水量。该值一般作为给水管网工程规划和设计的依据。

为了反映用水量逐日逐时的变化幅度大小，在给水工程中，引入了两个重要的特征系数

——时变化系数和日变化系数。

3.2.1.1 日变化系数 K_d

在一年中，每天用水量的变化可以用日变化系数表示，即最高日供水量与平均日供水量的比值，称为用水量的日变化系数，常以 K_d 表示，其数学表达式为：

$$K_d = \frac{Q_d}{\overline{Q_d}} \qquad (3.1)$$

或

$$K_d = 365 \frac{Q_d}{Q_y} \qquad (3.2)$$

式中 Q_d——最高日用水量，又称最大日用水量，m^3/d，是一年中用水量最多一日的用水量，设计给水工程时，是指在设计期限内用水最多一日的用水量，一般作为给水取水与水处理工程规划和设计的依据；

$\overline{Q_d}$——平均日用水量，m^3/d，是一年的总用水量除以全年供水天数所得的数值；设计给水工程时，是指设计期限内发生最高日用水量的那一年的平均日用水量；

Q_y——全年用水量，m^3/a。

3.2.1.2 时变化系数 K_h

在一日内，每小时用水量的变化可以用时变化系数表示，即最高日最高时供水量与该日平均时供水量的比值，称为用水量的时变化系数，常以 K_h 表示，其数学表达式为：

$$K_h = \frac{Q_h}{\overline{Q_h}} \qquad (3.3)$$

或

$$K_h = 24 \frac{Q_h}{Q_d} \qquad (3.4)$$

式中 Q_h——最高时用水量，又称最大时用水量，m^3/h，是指在最高日用水量日内用水最多一小时的用水量，一般作为给水管网规划与设计的依据；

$\overline{Q_h}$——平均日用水量，m^3/h，是指最高日内平均每小时的用水量。

从上式可以看出，K_d、K_h 反映了一定时段内用水量变化幅度大小和用水量的不均匀程度。K_d 反映逐日变化情况，反映了年内的用水量变化情况，是制水成本分析的重要参数；K_h 反映逐时变化情况，是用来确定供水泵站和配水管网设计流量的重要参数；K_d 及 K_h 可根据多方面长时间的调查研究统计分析得出。

3.2.1.3 K_d 及 K_h 的取值

1. 城市 K_d 及 K_h 的取值

在城市供水设计中，城市供水的时变化系数 K_h、日变化系数 K_d 应根据城市性质和规模、国民经济和社会发展、供水系统布局，结合现状供水曲线和日用水变化分析确定。在缺乏实际用水资料情况下，最高日城市综合用水的时变化系数 K_h 宜采用 1.2~1.6，大中城市用水比较均匀，K_h 值较小，可取下限，小城市可取上限；日变化系数 K_d 宜采用 1.1~1.5，个别小城镇可适当加大，《城市给水工程规划规范》（GB 50282—98）给出了各类城市用水量的日变化系数 K_d 的范围，见表 3.7。

表 3.7　　　　　　　　　　　各类城市的日变化系数

特 大 城 市	大 城 市	中 等 城 市	小 城 市
1.1~1.3	1.2~1.4	1.3~1.5	1.4~1.8

2. 村镇 K_d 及 K_h 的取值

日变化系数、时变化系数应根据镇（乡）村的规模、聚居形式、生活习俗、经济发展水平和供水方式，并结合现状供水变化情况分析确定。在缺乏实际用水资料情况下，综合用水的日变化系数和时变化系数宜按以下规定确定。

（1）日变化系数。日变化系数宜采用 1.3～1.6，规模较小的供水系统宜取较大值。

（2）时变化系数。

1）全日供水工程的时变化系数，可按表 3.8 确定。

表 3.8　　　　　　　　　　　　全日供水工程的时变化系数

供水规模 Q（m^3/d）	$Q \geqslant 5000$	$5000 > Q \geqslant 1000$	$1000 > Q \geqslant 200$	$Q < 200$
时变化系数 K_h	1.6～2.0	1.8～2.2	2.0～2.5	2.3～3.0

注　企业日用水时间长且用水量比例较高时，时变化系数可取较低值；企业用水量比例很低或无企业用水量时，时变化系数可在 2.0～3.0 范围内取值；用水人口多、用水条件好或用水定额高的取较低值。

2）定时供水工程的时变化系数，可在 3.0～4.0 范围内取值，日供水时间长、用水人口多的取较低值。

3.2.2　用水量时变化曲线

用水量变化系数只能表示一段时间内最高用水量与平均用水量的比值，要表示更详细的用水量变化情况，就要用到用水量变化曲线，即以时间 t 为横坐标和与该时间对应的用水量 $Q(t)$ 为纵坐标数据绘制曲线。根据不同目的和要求，可以绘制年用水量变化曲线、月用水量变化曲线、日用水量变化曲线、小时用水量变化曲线和瞬时用水量变化曲线。

给水管网工程设计中，要求管网供水量时刻满足用户用水量，适应任何一天中 24 小时的变化情况，经常需要绘制小时用水量变化曲线，特别是最高日用水量变化曲线。绘制 24 小时用水量变化曲线时，用横坐标表示时间，纵坐标也可以采用每小时用水量占全日水量的百分数。采用这种相对表示方法，有助于供水能力不等的城镇或系统之间相互比较和参考。

1. 城镇用水量时变化系数

图 3.1 为某大城市最高日用水量时变化曲线。途中纵坐标表示逐时用水量，按最高日用

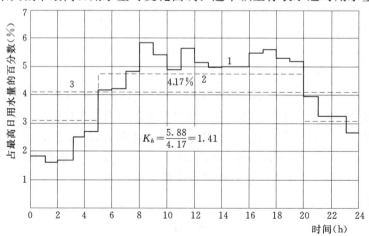

图 3.1　某大城市最高日用水量变化曲线

1—用水量时变化曲线；2—二级泵站设计供水曲线；3—平均时用水量变化曲线

水量的百分数计，横坐标表示用水的时程，即最高日用水的小时数；图中粗折线就是该城市最高日时变化曲线；图形面积等于 $\sum\limits_{i=1}^{24} Q_i\% = 100\%$，$Q_i\%$ 是以最高日用水量百分数计的每小时用水量；4.17% 的水平线表示平均时用水量的百分数，即 $\dfrac{1}{24} = 4.17\%$。从曲线上可以看出用水高峰集中在 8～10 时、11～12 时和 16～18 时，最高时（8～9 时）用水量为最高日用水量的 5.88%，$K_h = \dfrac{5.88}{4.17} = 1.41$，或者 $K_h = 24 \times \dfrac{5.88}{100} = 1.41$。

图 3.2 为小城镇最高日用水量时变化曲线，一日内出现几个高峰，且用水量变化幅度大，$K_h = \dfrac{13.86}{4.17} = 3.32$。而村镇、集体生活区的用水量变化幅度将会更大，和大城市用水量变化规律显然不同。

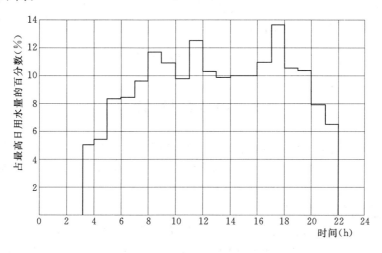

图 3.2 某市郊区用水量变化曲线

当用水人数较多，卫生设备完善程度较高，各用户用水时间相互错开，用水量的时变化系数较小，相对比较均匀，这主要集中在大型城市中。用水人数较少，用水定额较低，工业企业较多的中小城镇，由于用水时间相对集中，用水量时变化系数较大。

2. 工业企业用水量时变化系数

图 3.3 为工业企业职工生活用水量时变化曲线。从图中可知一般车间时变化系数为 $K_h = \dfrac{37.50}{12.50} = 3.00$。高温车间时变化系数 $K_h = \dfrac{31.30}{12.50} = 2.50$。职工淋浴用水量，假定集中在每班下班后一小时内使用。

工业企业生产用水量逐时变化情况，主要随企业的生产性质、工艺流程、设备等因素决定，实际设计中应该通过调查相关类似的工业企业，分析综合确定。

用水量变化曲线是长期统计资料整理的结果，统计资料越大，统计范围越广，统计数据越完善，用水量时变化曲线与实际用水情况越接近。对于新建的给水工程，用水量变化规律只能按接近工程所在地区的气候、人口、居住条件、生活习惯、工业发展情况等因素，参考附近城市的实际用水资料综合确定。对于扩建工程，应进行实地调查获得用水量变化规律的资料。

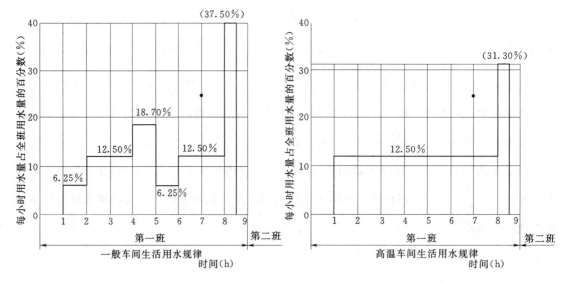

图 3.3 工业企业职工生活用水量时变化曲线

3.3 用 水 量 计 算

在给水系统设计时，一般需要计算最高日设计用水量、平均时及最高时设计用水量、消防用水量。同时，在城市给水排水工程规划时，需要预测城市用水量，常用城市用水量预测方法主要有分类估算法、单位面积法和人均综合指标法。

3.3.1 最高日设计用水量计算

城市最高日设计用水量计算，是指设计年限内该给水系统所供应的全部用水，包括居住区综合生活用水，工业企业生产用水和职工生活用水，消防用水，浇洒道路和绿地用水以及未预见水量和管网漏失水量，但不包括工业自备水源所供应的水量。

设计用水量应先分项计算，最后进行汇总。由于消防用水量是偶然发生的，不累计到设计总用水量中，仅作为设计校核使用。

1. 城市最高日综合生活用水量 Q_1

城市最高日综合生活用水量 Q_1 包括城市居民生活用水量 Q_1' 和公共建筑用水量 Q_1''。

（1）城市居民生活用水量 Q_1'。

$$Q_1' = \frac{N_1 q_1'}{1000} \quad (\text{m}^3/\text{d}) \tag{3.5}$$

式中　q_1'——设计期限内采用的最高日居民生活用水定额，L/（人·d），参见表 3.1；

　　　N_1——设计期限内规划人口数，人。

（2）公共建筑用水量 Q_1''。

$$Q_1'' = \frac{1}{1000} \sum_{i=1}^{n} N_{1i} q_{1i}'' \quad (\text{m}^3/\text{d}) \tag{3.6}$$

式中　q_{1i}''——某类公共建筑最高日用水定额，按附表 1 采用；

　　　N_{1i}——对应用水定额用水单位的数量（人、床位等）。

（3）城市最高日综合生活用水量 Q_1。

城市最高日综合生活用水量 $\qquad Q_1 = Q_1' + Q_1''$

或者城市最高日综合生活用水量 Q_1 也可直接按下式计算：

$$Q_1 = \frac{1}{1000} \sum_{i=1}^{n} N_{1i} q_{1i} \quad (\text{m}^3/\text{d}) \qquad (3.7)$$

式中 $\quad q_{1i}$——设计期限内城市各用水分区的最高日综合生活用水定额，L/（人·d），参见
　　　　　表 3.2；

　　　N_{1i}——设计期限内城市各用水分区的计划用水人口数，人。

一般情况下，城市应按房屋卫生设备类型不同，划分不同的用水区域，以分别选用用水量定额，使计算更准确。城市计划人口数往往并不等于实际用水人数，所以，应按实际情况考虑用水普及率，以便得出实际用水人数。

2. 工业企业用水量 Q_2

工业企业用水量 Q_2 包括工业企业职工生活用水和淋浴用水量 Q_2' 以及工业企业生产用水量 Q_2''。

（1）工业企业职工生活用水和淋浴用水量 Q_2'。

$$Q_2' = \sum \frac{q_{2ai} N_{2ai} + q_{2bi} N_{2bi}}{1000} \quad (\text{m}^3/\text{d}) \qquad (3.8)$$

式中 $\quad q_{2ai}$——各工业企业车间职工生活用水量定额，L/（人·班）；

　　　q_{2bi}——各工业企业车间职工淋浴用水量定额，L/（人·班）；

　　　N_{2ai}——各工业企业车间最高日职工生活用水总人数，人；

　　　N_{2bi}——各工业企业车间最高日职工淋浴用水总人数，人。

注意，N_{2ai} 和 N_{2bi} 应计算全日各班人数之和，不同车间用水量定额不同时，应分别计算。

（2）工业企业生产用水量 Q_2''。

$$Q_2'' = \sum q_{3i} N_{3i} (1-n) \quad (\text{m}^3/\text{d}) \qquad (3.9)$$

式中 $\quad q_{3i}$——各工业企业最高日生产用水量定额，m³/万元、m³/产品单位或 m³/（生产设
　　　　　备单位·d）；

　　　N_{3i}——各工业企业产值，万元/d，或产量、产品单位/d，或生产设备数量、生产设
　　　　　备单位；

　　　n——各工业企业生产用水重复利用率。

（3）工业企业用水量 Q_2。

工业企业用水量 $\qquad Q_2 = Q_2' + Q_2''$

3. 市政用水量 Q_3

市政用水量 Q_3 包括城市浇洒道路用水量和绿化用水量。

$$Q_3 = \frac{q_{4a} N_{4a} n_4 + q_{4b} N_{4b}}{1000} \quad (\text{m}^3/\text{d}) \qquad (3.10)$$

式中 $\quad q_{4a}$——城市浇洒道路用水量定额，L/（m²·次）；

　　　q_{4b}——城市大面积绿化用水量定额，L/（m²·d）；

N_{4a}——城市最高日浇洒道路面积，m^2；

n_4——城市最高日浇洒道路次数；

N_{4b}——城市最高日绿化用水面积，m^2。

4. 管网漏损水量 Q_4

管网漏损水量 Q_4 是指城镇配水管网的漏损水量，宜按城市最高日综合生活用水量 Q_1、工业企业用水量 Q_2、市政用水量 Q_3 三部分水量之和的 $10\%\sim12\%$ 计算。

$$Q_4=(0.10\sim0.12)(Q_1+Q_2+Q_3)\quad(m^3/d) \tag{3.11}$$

5. 未预见用水量 Q_5

未预见用水量 Q_5 是指在给水设计中对难以预见的因素（如规划的变化及流动人口用水等）而预留的水量，宜采用城市最高日综合生活用水量 Q_1、工业企业用水量 Q_2、市政用水量 Q_3、管网漏损水量 Q_4 四部分水量之和的 $8\%\sim12\%$。

$$Q_5=(0.08\sim0.12)(Q_1+Q_2+Q_3+Q_4)\quad(m^3/d) \tag{3.12}$$

在村镇给水系统设计时，管网漏损水量和未预见用水量可按最高日用水量的 $15\%\sim25\%$ 计算。

6. 城市最高日设计用水量 Q_d

城市最高日设计用水量 Q_d 包括城市最高日综合生活用水量 Q_1、工业企业用水量 Q_2、市政用水量 Q_3、管网漏损水量 Q_4、未预见用水量 Q_5 五部分水量之和，即

$$Q_d=Q_1+Q_2+Q_3+Q_4+Q_5\quad(m^3/d) \tag{3.13}$$

3.3.2　最高日平均时和最高时用水量计算

1. 最高日平均时用水量计算 $\overline{Q}_h$

最高日平均时用水量计算 $\overline{Q}_h$ 可按下式计算：

$$\overline{Q}_h=\frac{Q_d}{T}\quad(m^3/d) \tag{3.14}$$

式中　T——每天给水工程系统的工作时间，h，一般为 24h。

2. 最高日最高时用水量计算 Q_h

最高日最高时用水量计算 Q_h 可按下式计算：

$$Q_h=K_h\overline{Q}_h=K_h\frac{Q_d}{24}\quad(m^3/d)$$

$$=\frac{K_hQ_d\times1000}{24\times3600}=K_h\frac{Q_d}{86.4}\quad(L/s) \tag{3.15}$$

式中　K_h——时变化系数；

Q_d——最高日设计用水量，m^3/d。

式（3.15）中，K_h 为整个给水区域用水量时变化系数。由于各种用水的最高时用水量并不一定同时发生，因此不能简单将其叠加，一般是通过编制整个给水区域的逐时用水量计算表，从中求出各种用水按各自用水规律合并后的最高时用水量或时变化系数 K_h，作为设计依据。

3.3.3 消防用水量计算

由于消防用水量是偶然发生的，消防用水量 Q_x 一般单独成项，不累计到设计总用水量中，所以消防用水量 Q_x 仅作为给水系统校核计算之用，Q_x 可按下式计算：

$$Q_x = N_x q_x \tag{3.16}$$

式中 N_x、q_x——同时发生火灾次数和一次灭火用水量，按国家现行《建筑设计防火规范》（GB 50016—2006）的规定确定。

3.3.4 城市用水量预测计算

3.3.4.1 城市用水量

城市规划用水量是决定水资源使用量、给水排水工程建设规模和投资额的基本依据。城市用水量应由下列两部分组成：

第一部分应为规划期内由城市给水工程统一供给的居民生活用水、工业用水、公共设施用水及其他用水水量的总和。应根据城市的地理位置、水资源状况、城市性质和规模、产业结构、国民经济发展和居民生活水平、工业回用水、工业用水的重复使用率等因素确定。

第二部分应为城市给水工程统一供给以外的所有用水水量的总和。其中应包括：工业和公共设施自备水源供给的用水、河湖环境用水和航道用水、农业灌溉和养殖及畜牧业用水、农村居民和乡镇企业用水等。

一般情况下的城市设计用水量通常是指规划期内城市给水工程统一供给的居民生活用水、工业用水、公共设施用水及其他用水水量的总和，本书只论述城市第一部分用水量计算。工业和公共设施自备水源供给的用水量另行计算，并纳入城市用水量中进行统一规划；河湖环境用水和航道用水、农业灌溉和养殖及畜牧业用水、农村居民和乡镇企业用水等的水量应根据有关部门的相应规划计算，并纳入城市用水量统一规划。

3.3.4.2 城市用水量预测常用方法

1. 分类估算法

分类估算法先按照用水的性质对用水进行分类，然后分析各类用水的特点，确定用水量标准，并按用水量标准计算各类用水量，最后累计计算出总用水量。该方法比较详细，可以求得比较准确的用水量，主要用于给水工程的设计计算，本书城市设计用水量的计算就采用分类估算法。

2. 单位面积法

单位面积法根据城市用水区域面积估算用水量，是最高日用水量指标，是初步粗略匡算出来的用水指标。《城市给水工程规划规范》（GB 50282—98）给出了城市单位建设用地综合用水量指标，见表 3.9。在城市总体规划阶段，估算城市给水工程统一供水的给水干管管径或预测分区的用水量时，可按照不同性质用地用水量指标确定。城市居住用地用水量应根据城市特点、居民生活水平等因素确定，单位居住用地用水量指标，见表 3.10；城市公共设施用地用水量应根据城市规模、经济发展状况和商贸繁荣程度以及公共设施的类别、规模等因素确定，单位公共设施用地用水量指标，见表 3.11；城市工业用地用水量应根据产业结构、主体产业、生产规模及技术先进程度等因素确定，单位工业用地用水量指标，见表 3.12；城市单位其他用地用水量指标，见表 3.13。

表 3.9　城市单位建设用地综合用水量指标　单位：万 m³/(km²·d)

区　域	城　市　规　模			
	特大城市	大城市	中等城市	小城市
一区	1.0～1.6	0.8～1.4	0.6～1.0	0.4～0.8
二区	0.8～1.2	0.6～1.0	0.4～0.7	0.3～0.6
三区	0.6～1.0	0.5～0.8	0.3～0.6	0.25～0.5

注　1. 一区包括：贵州、四川、湖北、湖南、江西、浙江、福建、广东、广西、海南、上海、云南、江苏、安徽、重庆；

二区包括：黑龙江、吉林、辽宁、北京、天津、河北、山西、河南、山东、宁夏、陕西、内蒙古河套以东和甘肃黄河以东的地区；

三区包括：新疆、青海、西藏、内蒙古河套以西和甘肃黄河以西的地区。

2. 经济特区及其他有特殊情况的城市，应根据用水实际情况，用水指标可酌情增减。

3. 用水人口为城市总体规划确定的规划人口数。

4. 本表指标为规划期最高日用水量指标。

5. 本表指标已包括管网漏失水量。

表 3.10　单位居住用地用水量指标　单位：万 m³/(km²·d)

区　域	城　市　规　模			
	特大城市	大城市	中等城市	小城市
一区	1.70～2.50	1.50～2.30	1.30～2.10	1.10～1.90
二区	1.40～2.10	1.25～1.90	1.10～1.70	0.95～1.50
三区	1.25～1.80	1.10～1.60	0.95～1.40	0.80～1.30

注　同表 3.9 表注。

表 3.11　单位公共设施用地用水量指标　单位：万 m³/(km²·d)

用　地　名　称	用水量指标	用　地　名　称	用水量指标
行政办公用地	0.50～1.00	教育用地	1.00～1.50
商贸金融用地	0.50～1.00	医疗、休闲疗养用地	1.00～1.50
体育、文化娱乐用地	0.50～1.00	其他公共设施用地	0.80～1.20
旅馆、服务业用地	1.00～1.50		

注　本表指标已包括管网漏失水量。

表 3.12　单位工业用地用水量指标　单位：万 m³/(km²·d)

用　地　代　号	用　地　名　称	用水量指标
M1	一类工业用地	1.20～2.00
M2	二类工业用地	2.00～3.50
M3	三类工业用地	3.00～5.00

注　本表指标包括了工业用地中职工生活用水及管网漏失水量。

表 3.13　单位其他用地用水量指标　单位：万 m³/(km²·d)

用　地　代　号	用　地　名　称	用水量指标
W	仓储用地	0.20～0.50
T	对外交通用地	0.30～0.60
S	道路广场用地	0.20～0.30
U	市政公用设施用地	0.25～0.50
G	绿地	0.10～0.30
D	特殊用地	0.50～0.90

注　本表指标已包括管网漏失水量。

3. 人均综合指标法

根据历史数据，城市总用水量与城市人口具有密切关系，城市人口平均总用水量称为人均综合用水量。人均综合用水量指标包括居民生活、公共建筑、市政、消防用水量、工业用水量；人均综合生活用水量指标包括居民生活和公共建筑用水量。《城市给水工程规划规范》（GB 50282—98）推荐了我国城市每万人最高日综合用水量，折算成人均综合用水量指标，见表 3.14；根据城市特点、居民生活水平等因素确定，人均综合生活用水量指标，见表 3.15。

表 3.14　　　　　　　　　城市人均综合最高日用水量指标　　　　　单位：m³/(人·d)

区　域	城　市　规　模			
	特大城市	大城市	中等城市	小城市
一区	0.8~1.2	0.7~1.1	0.6~1.0	0.4~0.8
二区	0.6~1.0	0.5~0.8	0.35~0.7	0.3~0.6
三区	0.5~0.8	0.4~0.7	0.3~0.6	0.25~0.5

注　同表 3.9 表注。

表 3.15　　　　　　　　　人均综合生活用水量指标　　　　　　　单位：L/(人·d)

区　域	城　市　规　模			
	特大城市	大城市	中等城市	小城市
一区	300~540	290~530	280~520	240~450
二区	230~400	210~380	190~360	190~350
三区	190~330	180~320	170~310	170~300

注　综合生活用水为城市居民日常生活用水和公共建筑用水之和，不包括浇洒道路、绿地、市政用水和管网漏失水量。

城市用水量预测方法，除了上面介绍的分类估算法、单位面积法和人均综合指标法外，还有年递增率法、线性回归法、生长曲线法等。在给水排水工程规划时，要根据情况，选择合理可行的方法，必要时可以采用多种方法计算，然后比较确定。同时，在条件许可情况下，尽可能调查当地或类似地区的城市用水量，分析该地在规划设计年限内的经济和社会发展，特别是工业企业发展、人口增长、水资源等因素，确定合理的城市用水量。

【例 3.1】　我国华东地区某城市规划人口 80000 人，其中老城区人口 33000 人，自来水普及率 95%，新城区人口 47000 人，自来水普及率 100%，整个城区每天 24 小时供水，时变化系数为 1.5。老城区房屋卫生设备较差，最高日综合生活用水量定额采用 260L/(人·d)；新城区房屋卫生设备比较完善，最高日综合生活用水量定额 350L/(人·d)；主要用水工业企业及其用水资料见表 3.16。城市浇洒道路面积为 7.5hm²，用水量定额采用 1.5L/(m²·次)，每天浇洒 1 次；大面积绿化面积 13 hm²，用水量定额采用 2.0L/(m²·d)。职工生活用水量定额为：一般车间 25L/(人·班)，高温车间 35L/(人·班)；职工淋浴用水定额为：一般车间 40L/(人·班)，污染车间 60L/(人·班)。试计算：

（1）城市最高日设计用水量。

（2）城市最高日平均时和最高时设计用水量。

（3）消防时所需用水量。

表 3.16　　　　　　　　　某城市主要用水工业企业用水量计算资料

企业代号	工业产值（万元/d）	生产用水		生产班制	每班职工人数（人）		每班淋浴人数（人）	
		定额（m³/万元）	复用率（%）		一般车间	高温车间	一般车间	污染车间
F01	16.67	300	40	0～8, 8～16, 16～24	310	160	170	230
F02	15.83	150	30	7～15, 15～23	155	0	70	0
F03	8.20	40	0	8～16	20	220	20	220
F04	28.24	70	55	1～9, 9～17, 17～1	570	0	0	310
F05	2.79	120	0	8～16	110	0	110	0
F06	60.60	200	60	23～7, 7～15, 15～23	820	0	350	140
F07	3.38	80	0	8～16	95	0	95	0

【解】 1. 城市最高日设计用水量 Q_d

（1）城市最高日综合生活用水量（包括公共设施生活用水量）Q_1 为：

$$Q_1 = \frac{1}{1000} \sum_{i=1}^{n} N_{1i} q_{1i} = \frac{260 \times 33000 \times 0.95 + 350 \times 47000 \times 1}{1000} = 24600 \ (\text{m}^3/\text{d})$$

（2）工业企业用水量 Q_2。工业企业用水量 Q_2 包括工业企业职工生活用水和淋浴用水量 Q_2' 计算，见表 3.17，工业企业生产用水量 Q_2'' 计算见表 3.18。

表 3.17　　　　　　　　工业企业职工生活用水和淋浴用水量计算

企业代号	生产班制	每班职工人数（人）		每班淋浴人数（人）		职工生活与淋浴用水量（m³/d）		
		一般车间	高温车间	一般车间	污染车间	生活用水	淋浴用水	小计
F01	0～8, 8～16, 16～24	310	160	170	230	40.1	61.8	101.9
F02	7～15, 15～23	155	0	70	0	7.8	5.6	13.4
F03	8～16	20	220	20	220	8.2	14.0	22.2
F04	1～9, 9～17, 17～1	570	0	0	310	42.8	55.8	98.6
F05	8～16	110	0	110	0	2.8	4.4	7.2
F06	23～7, 7～15, 15～23	820	0	350	140	61.5	67.2	128.7
F07	8～16	95	0	95	0	2.4	3.8	6.2
合计（Q_2'）								378.2

表 3.18　　　　　　　　　　　工业企业生产用水量计算

企业代号	工业产值（万元/d）	生产用水		生产用水量（m³/d）	企业代号	工业产值（万元/d）	生产用水		生产用水量（m³/d）
		定额（m³/万元）	复用率（%）				定额（m³/万元）	复用率（%）	
F01	16.67	300	40	3000.6	F05	2.79	120	0	334.8
F02	15.83	150	30	1662.2	F06	60.60	200	60	4848.0
F03	8.20	40	0	328.0	F07	3.38	80	0	270.4
F04	28.24	70	55	889.6	合计（Q_2''）				11333.6

所以工业企业用水量 $Q_2 = Q_2' + Q_2'' = 378.2 + 11333.6 = 11711.8 \ (\text{m}^3/\text{d})$

（3）市政用水量 Q_3。市政用水量 Q_3 包括城市浇洒道路用水量和绿化用水量。

$$Q_3 = \frac{q_{4a}N_{4a}n_4 + q_{4b}N_{4b}}{1000} = \frac{1.5 \times 75000 \times 1 + 2.0 \times 130000}{1000} = 372.5 \ (\mathrm{m^3/d})$$

（4）管网漏损水量 Q_4（取 10%）。

$$Q_4 = 0.10 \times (Q_1 + Q_2 + Q_3) = 0.10 \times (24600 + 11711.8 + 372.5) = 3668.43 \ (\mathrm{m^3/d})$$

（5）未预见用水量 Q_5（取 10%）。

$$Q_5 = 0.10 \times (Q_1 + Q_2 + Q_3 + Q_4)$$
$$= 0.10 \times (24600 + 11711.8 + 372.5 + 3668.43) = 4035.27 \ (\mathrm{m^3/d})$$

城市最高日设计用水量

$$Q_d = Q_1 + Q_2 + Q_3 + Q_4 + Q_5$$
$$= 24600 + 11711.8 + 372.5 + 3668.43 + 4035.27 = 44388 \ (\mathrm{m^3/d})$$

取 $Q_d = 44500\mathrm{m^3/d}$。

2. 最高日平均时和最高时用水量计算

（1）最高日平均时用水量计算 $\overline{Q_h}$。

$$\overline{Q_h} = \frac{Q_d}{24} = \frac{44500}{24} = 1854.2 \ (\mathrm{m^3/d})$$

（2）最高日最高时用水量计算 Q_h。

$$Q_h = K_h \overline{Q_h} = 1.5 \times 1854.2 = 2781.3 \ (\mathrm{m^3/d}) = 772.6\mathrm{L/s}$$

3. 消防用水量 Q_x 计算

由于该城市规划人口为 80000 人，参照现行的《建筑设计防火规范》（GB 50016—2006），或者参见附表 2，确定消防用水量为 35L/s，同时发生火灾次数为 2 次，则该城市所需消防总流量 Q_x 为：

$$Q_x = N_x q_x = 2 \times 35 = 70 \ (\mathrm{L/s})$$

设计该城市给水系统时作为消防校核计算的依据。

复 习 思 考 题

1. 设计城市和村镇给水系统时应考虑哪些用水量？

2. 什么是用水定额？在进行给水系统设计时如何选择？用水定额对给水工程造价有什么影响？

3. 影响城市用水量的因素主要有哪些？

4. 什么是日变化系数？什么是时变化系数？试说明其意义以及如何选用。

5. 怎样估算工业企业生产用水量？

6. 对于多目标供水的给水系统，其设计流量是否是各种用水最高日用水量的叠加值？为什么？

7. 城市消防用水量如何计算？

8. 工业企业提高水的重复利用率有何意义？

9. 城市用水量预测的常见方法有哪些？

10. 某城市平均日用水量为 1.8 万 $\mathrm{m^3/d}$，日变化系数为 1.3，时变化系数为 1.7，求该城市最高日平均时和最高时设计用水量。

11. 某城市最高日用水量为 20 万 m³/d，最高日用水量变化见表 3.19，试求：（1）该城市最高日平均时和最高时的设计流量；（2）绘制用水量变化曲线。

表 3.19   某城市最高日用水量变化表

时间	0~1	1~2	2~3	3~4	4~5	5~6	6~7	7~8	8~9	9~10	10~11	11~12
用水量（%）	2.32	2.26	2.52	2.56	3.26	5.43	4.93	5.86	5.08	5.06	5.24	5.26
时间	12~13	13~14	14~15	15~16	16~17	17~18	18~19	19~20	20~21	21~22	22~23	23~24
用水量（%）	4.55	4.45	4.36	4.71	4.95	5.36	5.28	4.31	4.08	3.21	2.55	2.41

12. 浙江省某城市规划人口 50 万人，用水普及率预计为 97%，城市每年工业总产值为 85 亿元，万元产值用水量为 210t，工业用水重复利用率为 48%。试求该城市：（1）最高日设计用水量；（2）消防用水量。

第4章 给水系统工作状况

【主要内容及学习要求】

　　本章节主要阐述给水系统的流量关系，水塔和清水池容积计算，给水系统的水压关系，分区给水系统等内容。

　　通过学习本章内容，要求学生能够掌握给水系统取水构筑物、水处理构筑物、二级泵站和输配水管网的设计流量，熟悉流量调节设施及其适用范围，掌握水塔和清水池的容积计算及其给水工程中的设计要求，掌握一级、二级泵站扬程计算，熟悉无水塔管网系统的水压关系，熟悉分区给水的概念、形式及其设计要求。

　　无论生活用水，还是生产用水，其用水量都是时时刻刻发生变化的。因此，给水系统在正常工作时，必须适应这种供求关系的变化，以保证在各种最不利工作条件下，安全经济合理地满足用户对给水的要求。给水系统最不利的工作状况，一般有以下几种：

　　(1) 最高日最高时用水，是指管网通过最高时设计用水量 Q_h 时，应保证用户的设计水量、水压，此种状况属于正常供水中最不利的工作状况，供水流量较大，分析推算出水厂出水水压较高。为确保供水安全可靠，供水系统中的给水管网、水泵扬程、水塔或水池高度、供水设备等都应满足此时的供水状况需要。

　　(2) 消防时，此种情况是指在最高日最高时用水发生火灾，此时给水管网既供应最高时用水量 Q_h，又供应消防所需流量 Q_x，其总流量为 $Q_h + Q_x$，是用水流量最大的一种工作状况。尽管消防时比最高时用水所需服务水头要小，由于消防时增加了管网流量，管网的水头损失相应增加，水泵扬程增大。当最高时和消防时用水的水泵扬程相差很大（通常是中小型管网），需设专用消防泵供消防时使用。

　　(3) 最不利管段发生故障时，此种属于事故状况。由于管段在检修期间和恢复供水前，该管段停止输水，导致整个管网的水力特性发生改变，供水能力受到影响。按照国家规范规定，城市给水管网在事故工况下，必须保证 70% 以上的用水量，但设计水压不能降低。由于主要管段发生故障，会导致其他主要管段流量明显增加，水头损失增加很多，可能抵消了部门管段流量减少引起的水头损失减少的量，因此，所需出厂水压仍然有可能最大。

　　(4) 最大转输时，当设置对置水塔或靠近供水末端的网中水塔的管网系统，当二级泵站供水流量大于用水量时，多余的水将通过管网流入水塔内储存，流入水塔的流量称为转输流量，转输流量最大的 1 小时流量称为最大转输流量。由于此时管网中用户用水量较小，但因最大转输流量通过整个管网才能进入水塔，输水距离长，其管网水头损失可能仍然很大，且水塔较高，因此，也可能出现要求出厂水压最高的状况。

　　给水系统是由功能互不相同而且又彼此密切联系的各组成部分连接而成，它们必须共同工作满足用户对给水的要求。因此，除考虑上述最不利的工作状况外，还需从整体上对给水系统各组成部分的工作特点和它们在流量、压力方面的关系进行分析，以便确定各构筑物、管道和设备的设计或运行参数，以便正确地对给水系统进行设计计算。

4.1　给水系统的流量关系

为了保证供水的可靠性，给水系统中所有构筑物都应以最高日设计用水量 Q_d 为基础进行设计计算。但是，给水系统中各组成部分的工作特点不同，其设计流量也不一样。城市最高日设计用水量 Q_d 由最高日综合生活用水（包括居民生活用水和公共建筑用水）、工业企业用水、浇洒道路和绿地用水、管网漏损水量、未预见用水五部分用水量之和构成。村镇最高日设计用水量 Q_d 由最高日生活用水、公共建筑用水、工业用水、畜禽饲养用水、管网漏损水和未预见用水六部分构成，经济条件好或规模较大的镇可根据需要适当考虑浇洒道路和绿地用水量。

4.1.1　取水构筑物和给水处理系统各组成部分的设计流量

城市的最高日设计用水量确定后，取水构筑物和给水处理系统各构筑物的设计流量主要取决于一级泵站的工作情况，通常一级泵站和水厂都是连续、均匀地运行。主要原因有两方面：一是从水厂运行角度，流量稳定，有利于水处理构筑物稳定运行和管理，因为水量波动较大不利于水处理构筑物的正常运行，从而致使水厂管理复杂化；二是从工程造价角度，每天 24h 均匀运行，平均每小时的流量将会比最高时流量有较大降低，同时又能满足最高日供水要求，取水构筑物和水处理构筑物的各项尺寸、设备容量等都可以最大限度地缩小，从而降低工程造价。因此，为使水厂稳定运行和便于操作管理，降低工程造价，通常取水和水处理工程的各项构筑物、设备等，以最高日平均时设计用水量加上水厂的自用水量作为设计流量，即：

$$Q_1 = \frac{\alpha Q_d}{T} \quad (\text{m}^3/\text{d}) \tag{4.1}$$

式中　α——考虑水厂本身用水量系数，以供沉淀池排泥、滤池冲洗等用水，其值取决于水处理工艺、构筑物类型及原水水质等因素，一般在 1.05～1.10 之间；

　　　T——每日工作小时数，水处理构筑物不宜间歇工作，一般按 24 小时均匀工作考虑，只有夜间用水量很小的县镇、农村等才考虑一班或两班制运转。

取用地下水若仅需在进入管网前消毒而无需其他处理时，一级泵站可直接将井水输入管网，但为提高水泵的效率和延长井的使用年限，一般先将水输送到地面水池，再经二级泵站将水池水输入管网。因此，取用地下水的一级泵站计算流量为：

$$Q_1 = \frac{Q_d}{T} \quad (\text{m}^3/\text{d}) \tag{4.2}$$

和式（4.1）不同的是，水厂本身用水量系数 α 为 1。

对于村镇水厂，采用常规净水工艺的水厂，自用水量可按最高日用水量的 5%～10% 计算，即水厂本身用水量系数 α 在 1.05～1.10 之间；只进行消毒处理的水厂，可不计水厂自用水量，即水厂本身用水量系数 α 为 1；采用电渗析工艺的水厂，自用水量可按电渗析器日产淡水能力的 120% 计算，水厂用水量系数 α 为 2.2。

4.1.2　二级泵站和输配水管网部分的流量关系

二级泵站、输水管、配水管网的设计流量及水塔、清水池的调节容积，都应按照用户用水情况和一、二级泵站的工作情况确定。

4.1.2.1 二级泵站设计流量

1. 二级泵站的工作情况

二级泵站的工作情况与管网中是否设置流量调节构筑物（水塔或高地水池等）有关。当管网中无流量调节构筑物时，为安全、经济地满足用户对给水的要求，二级泵站必须按照用户用水量变化曲线工作，即每时每刻供水量应等于用户用水量。这种情况下，二级泵站最大供水流量 $Q_{II\max}$，应等于最高日最高时设计用水量 Q_h；为使二级泵站在任何时候既能保证安全供水，又能在高效率下经济运转，设计二级泵站时，应根据用户用水量变化曲线选用多台大小搭配的水泵（或采用改变水泵转速的方式）来适应用水量变化。实际运行时，有管网的压力来控制。如管网压力增加时，表明用水量减少，应适当减开水泵或大泵换成小泵（或降低水泵转速）；反之，应增开水泵或小泵换成大泵（或提高水泵转速），水泵切换（或改变转速）均可实现自动控制。这种供水方式，完全通过二级泵站的工况调节来适应用户用水量的变化，使二级泵站供水曲线符合用户用水量曲线。目前，大中城市一般不设水塔，均采用这种供水方式。

对于用水量变化较大的小城镇、农村或自备给水系统的小区域供水，除采用上述供水方式外，修建水塔或高地水池等流量调节构筑物来调节供水与用水之间的流量不平衡，以改善水泵的运行条件，也是一种常见的供水方式。

2. 二级泵站的设计流量

给水管网最高时供水来自给水处理系统，可能是一个或多个自来水厂，水厂处理好的清水先存放在清水池中，由二级泵站加压后送入管网。对于单水源给水系统或者用水量变化较大时，可能需要在管网中设置水塔或高位水池如村镇供水、水塔或高位水池在供水低谷时将水量储存，而在供水高峰时与二级泵站一起向管网供水，可以降低供水泵站设计规模。

供水管网设计的基本原则如下：

（1）供水管网设计流量等于最高日最高时设计用水量，即：

$$Q_s = Q_h = K_h \frac{Q_d}{86.4} \quad (\text{L/s}) \tag{4.3}$$

式中　Q_s——设计供水总流量，L/s。

（2）对于多水源给水管网系统，由于有多个泵站，水泵工作组合方案多，供水调节能力比较强，一般不需要在管网中设置水塔或高位水池进行用水量调节，设计时直接使各水源供水泵站的设计流量之和等于最高时用水流量，但各水源供水量的比例应通过水源能力、制水成本、输水费用、水质情况等技术经济比较确定。

（3）对于单水源给水管网系统，可以采用管网中不设水塔（或高位水池）或设置水塔（或高位水池）两种方案。当给水管网内不设水塔或高位水池时，供水泵站设计供水流量为最高时用水流量；当给水管网中设置水塔或高位水池时，应先设计泵站供水曲线，具体要求是：

1）管网供水泵站的设计供水量一般分为二级或三级，高峰供水时分一级，低谷供水时分一级，在高峰和低谷供水量之间为一级。分级太多不利于水泵机组的运行管理。

2）泵站各级供水量尽量接近用水线，以减小水塔或高位水池的调节容积，一般各级供水量可以取相应时段用水量的平均值。

3）分级供水时，应注意每级能否选到合适的水泵，以及水泵机组的合理搭配，并尽可能满足目前和今后一段时间内用水量增长的需要。

4）必须使泵站 24 小时供水量之和与最高日用水量相等，如果在用水量变化曲线上绘制泵站供水量曲线，各小时供水量也要用其占最高日总用水量（也就是总供水量）的百分数表示，24 小时供水量百分数之和应为 100%。

如图 4.1 中有两条虚线，水平直线虚线 3 代表最高日平均供水量，占最高日供水量的 4.17%；折线虚线 2 代表二级泵站供水曲线，分为两级，第一级从 22 时到 5 时，供水量为 2.22%，第二级为从 5 时到 22 时，供水量为 4.97%，最高日泵站总供水量为：$2.22\% \times 7 + 4.97\% \times 17 = 100\%$。

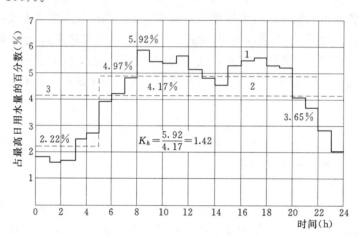

图 4.1 某城市最高日用水量变化曲线

1—用水量变化曲线；2—二级泵站设计供水线；3——级泵站供水曲线

从图 4.1 所示的用水量曲线和泵站供水曲线，可以看出水塔或高位水池的流量调节作用，供水量高于用水量时，多余的水进入水塔或高位水池内储存；相反，当供水量低于用水量时，则从水塔或高位水池流出以补泵站供水量的不足。尽管各城市的具体条件有差别，水塔或高位水池在管网内的位置可能不同，例如可放在管网的起端、中间或末端，但水塔或高位水池的调节流量作用并不因此而有变化。

【例 4.1】 某城市最高日设计用水量为 $45000 \text{m}^3/\text{d}$，最高日内用水量时变化曲线如图 4.1 所示。试求：（1）若管网中不设水塔或高位水池，供水泵站设计供水流量是多少？

（2）若管网中设有水塔或高位水池，供水泵站设计供水流量是多少？水塔或高位水池的设计供水流量是多少？水塔或高位水池的最大进水量为多少？

【解】 （1）若管网中不设水塔或高位水池，供水泵站设计供水流量为：

$$45000 \times 5.92\% \times 1000 \div 3600 = 740 \text{（L/s）}$$

（2）若管网中设有水塔或高位水池，供水泵站设计供水流量为：

$$45000 \times 4.97\% \times 1000 \div 3600 = 620 \text{（L/s）}$$

水塔或高位水池的设计供水流量为：

$$45000 \times (5.92\% - 4.97\%) \times 1000 \div 3600 = 120 \text{（L/s）}$$

水塔或高位水池的最大进水量（21~22 时达到最大，称为最高转输时）为：

$$45000 \times (4.97\% - 3.65\%) \times 1000 \div 3600 = 165 \ (\text{L/s})$$

4.1.2.2 输水管和配水管网的设计流量

输水管和配水管网的设计流量均应按输配系统在最高日最高时用水下的工作情况确定，并随有无水塔（或高地水池）及其在管网中的位置而定。

无水塔时，二级泵站到管网的输水管和配水管网都应以最高日最高时设计用水量 Q_h 作为设计流量。

设有网前水塔时，二级泵站到水塔的输水管直接应按泵站分级工作线的最大一级供水流量 $Q_{\text{II max}}$ 计算；水塔到管网的输水管和配水管网仍按最高日最高时设计用水量 Q_h 作为设计流量。

设有对置水塔时，泵站到管网的输水管应以按泵站分级工作线的最大一级供水流量 $Q_{\text{II max}}$ 作为设计流量；水塔到管网的输水管流量则应按（$Q_h - Q_{\text{II max}}$）计算；配水管网仍以最高日最高时设计用水量 Q_h 作为设计流量。但必须指出，在最高时用水，由泵站和水塔分别从两端供水，共同满足最高时用水设计流量 Q_h 的需要，在这种情况下，确定的管网管径往往比一端供水时小，所以在确定管径后，为保证供水安全，还需按最大转输时进行校核。

设有网中水塔时，由两种情况：一是水塔靠近二级泵站，并且泵站的供水流量大于泵站与水塔之间用户的用水流量，类似于网前水塔；二是水塔离泵站较远，以致泵站的供水流量小于泵站与水塔之间用户的流量，在泵站与水塔之间将出现供水分界线，类似于对置水塔。这两种情况的二级泵站的设计流量确定可参考网前水塔和对置水塔的流量计算。

4.1.2.3 水塔和清水池的调节作用

1. 水塔的流量调节

水塔在给水系统中位于二级泵站与用户之间，二级泵站供水流量和用户用水量不等时，其差额可由水塔吞吐部分流量来调节。现结合图 4.1 中供水泵站供水量和用户用水量变化曲线来说明水塔调节流量的作用。从 13 时至 15 时、20 时至 22 时、23 时至 24 时和次日 0 时至 3 时、5 时至 8 时，二级泵站每小时供水量 Q_{II} 大于用水流量 $Q_{用}$，多余的流量（$Q_{\text{II}} - Q_{用}$）进入水塔储存起来；从 12 时至 13 时、15 时至 20 时、22 时至 23 时和次日 3 时至 5 时、8 时至 13 时，二级泵站每小时供水量 Q_{II} 小于用水流量 $Q_{用}$，不足的流量（$Q_{用} - Q_{\text{II}}$）进入水塔储存起来；由水塔流入管网进行补充。供水曲线 2 和用水曲线 1 所围成的面积就是在某一时段内流入水塔或流出水塔的水量。最高日逐时累积存入及流出水塔的水量值，所得的最大值与最小值的差值是水塔调节流量所必需的容积，称为调节容积。

2. 清水池的流量调节

一级泵站通常是均匀供水，二级泵站一般为分级供水，因此，一、二级泵站的每小时供水量并不相等，清水池就是为了调节一级、二级泵站供水量的差额，扣除水厂自用水量。图 4.2 中实线 2 表示二级泵站工作曲线，虚线 1 表示一级泵站工作曲线或水厂产水曲线。由图 4.2 可以看出从 22 时到次日 5 时，多余水量储存在清水池中；在 5 时到 22 时，因水厂产水量小于二级泵站需要量，需要从清水池中取水来满足用水量的需要。但在同一天内，储存的水量等于取用的水量，即清水池所需调节容积等于累计储存水量或累计取用的水量。

上述分析可知，水塔和清水池都是给水系统中调节流量的构筑物，彼此之间存在密切联系。水塔的调节容积取决于二级泵站供水量和用户用水量的组合曲线，而清水池的调节容积决定于水厂产水量和二级泵站供水量的组合曲线。若水厂产水曲线和用户用水曲线一定时，水塔和清水池的调节容积将随二级泵站供水曲线的变化而变化。由图 4.1 可以看出，如果二

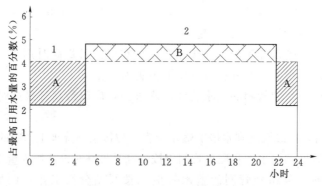

图 4.2 清水池的调节容积计算

1—水厂产水曲线；2—二级泵站的供水曲线

级泵站供水曲线越接近用水曲线，必然远离水厂产水曲线，则水塔的调节容积可以减少，但清水池的调节容积将会增大；如果二级泵站供水曲线与用户用水曲线重合，则水塔调节容积为零，即成为无水塔的管网系统，但清水池的调节容积达到最大值。反之，清水池的调节容积可大大减小，但水塔的调节容积将会明显增大。由此可见，给水系统中流量的调节由水塔和清水池共同承担，并且通过二级泵站供水曲线的拟定，两者所需的调节容积可以相互转化。所以在工程实践中，一般均增大清水池的容积而缩减水塔的容积，以节省投资。

4.2 清水池和水塔的容积计算

给水系统中的调节构筑物主要有清水池和水塔（或高位水池），清水池目前在城市供水系统中应用比较广泛，水塔在城市供水系统中应用较少，高位水池主要用在山地城市和地形高差较大的村镇供水系统。调节构筑物的作用主要是流量调节，清水池的作用主要是流量调节，兼有储存水量和保证消毒接触时间的作用等；水塔（或高位水池）的作用主要有流量调节，兼有储存水量和保证管网水压的作用。

4.2.1 流量调节设施及其选用

一般情况下，水厂的取水构筑物和净水厂规模是按最高日平均时设计的，而配水设施则需满足供水区的逐时用水量变化，为此需设置水量调节构筑物，以平衡两者的负荷变化。调节构筑物的设置方式对配水管网的造价以及水厂运行费用均有较大影响，故设计时应根据具体条件作多方案比较。调节构筑物的调节容量可以设在水厂内，也可设在水厂外；可以采用高位的布置形式（水塔或高位水池），也可采用低位的布置形式（调节水池和加压泵房）。关于调节设施的一般设置方式及其相应的适用条件，见表 4.1。

表 4.1 各种调节设施的适用条件

序号	调 节 方 式	适 用 条 件
1	在水厂设置清水池	1. 一般供水范围不很大的中小型水厂，经技术经济比较无必要在管网内设置调节水池； 2. 需昼夜连续供水，并可用水泵调节负荷的小型水厂
2	配水管网前设调节（水池）水泵	1. 净水厂与配水管网相距较远的大中型水厂； 2. 无合适地形或不适宜设置高位水池

续表

序号	调 节 方 式	适 用 条 件
3	设置水塔	1. 供水规模和供水范围较小的水厂或工业企业； 2. 间歇生产的小型水厂； 3. 无合适地形建造高位水池，而且调节容积较小
4	设置高位水池	1. 有合适的地形条件； 2. 调节容量较大的水厂； 3. 供水区的要求压力和范围变化不大
5	配水管网中设置调节（水池）泵站	1. 供水范围较大的水厂，经技术经济比较适宜建造调节水池泵站； 2. 部分地区用水压力要求较高，采用分区供水的管网； 3. 解决管网末端和低压区的用水
6	局部地区（或用户）设调节构筑物	1. 由城市供水的工业企业，当水压不能满足要求时； 2. 局部地区地形较高，供水压力不能满足要求； 3. 利用夜间进水以满足要求压力的居住建筑
7	利用水厂制水调节负荷变化	1. 水厂制水能力较富裕而调节容量不够时； 2. 当城市供水水源较多，通过经济比较，认为调度各水源的供水能力为经济时
8	水源井直接调节	1. 地下水水源井分散在配水管网中； 2. 通过技术经济比较设置水厂不经济的地下水供水； 3. 当水源井直接供管网而能解决消毒接触要求时

4.2.2 清水池容积和水塔容积的计算

4.2.2.1 清水池和水塔的调节容积

清水池和水塔的调节容积计算，通常采用两种方法：一是根据 24 小时供水量和用水量变化曲线推算；另一种是凭经验估算。

无论是清水池或水塔，调节构筑物的共同特点是调节两个流量之差，其调节容积为：

$$W = \max\sum(Q_1 - Q_2) - \min\sum(Q_1 - Q_2) \quad (m^3) \qquad (4.4)$$

式中　Q_1、Q_2——要调节的两个流量，m^3/h。

【例 4.2】　按图 4.1 所示用水曲线和泵站供水曲线，分别计算管网中设水塔和不设水塔时的清水池调节容积，以及水塔调节容积。

【解】　（1）当管网中设置水塔时，清水池调节容积计算见表 4.2 中第（5）、第（6）列，Q_1 为第（2）列，Q_2 为第（3）列，第（5）列为调节流量 $Q_1 - Q_2$，第（6）列为调节流量累计值 $\sum(Q_1 - Q_2)$，其最大值为 9.74，最小值为 −3.89，则清水池调节容积为：9.74% − (−3.89%) = 13.63%。

（2）当管网中不设水塔时，清水池调节容积计算见表 4.2 中第（7）、第（8）列，Q_1 为第（2）列，Q_2 为第（4）列，第（7）列为调节流量 $Q_1 - Q_2$，第（8）列为调节流量累计值 $\sum(Q_1 - Q_2)$，其最大值为 10.40，最小值为 −4.06，则调节容积为：10.40% − (−4.06%) = 14.46%。

（3）水塔调节容积计算见表 4.2 中第（9）、第（10）列，Q_1 为第（3）列，Q_2 为第（4）列，第（9）列为调节流量 $Q_1 - Q_2$，第（10）列为调节流量累计值 $\sum(Q_1 - Q_2)$，其最大值为 2.43，最小值为 −1.78，则水塔调节容积为：2.43% − (−1.78%) = 4.21%。

表 4.2　　　　　清水池与水塔调节容积计算表

小时	给水处理供水量（%）	供水泵站供水量（%）		清水池调节容积计算（%）				水塔调节容积计算（%）	
		设置水塔	不设水塔	设置水塔		不设水塔			
				（2）－（3）	Σ	（2）－（4）	Σ	（3）－（4）	Σ
（1）	（2）	（3）	（4）	（5）	（6）	（7）	（8）	（9）	（10）
0～1	4.17	2.22	1.92	1.95	1.95	2.25	2.25	0.30	0.30
1～2	4.17	2.22	1.70	1.95	3.90	2.47	4.72	0.52	0.82
2～3	4.16	2.22	1.77	1.94	5.84	2.39	7.11	0.45	1.27
3～4	4.17	2.22	2.45	1.95	7.79	1.72	8.83	−0.23	1.04
4～5	4.17	2.22	2.87	1.95	9.74	1.30	10.13	−0.65	0.39
5～6	4.16	4.97	3.95	−0.81	8.93	0.21	10.34	1.02	1.41
6～7	4.17	4.97	4.11	−0.80	8.13	0.06	10.40	0.86	2.27
7～8	4.17	4.97	4.81	−0.80	7.33	−0.64	9.76	0.16	2.43
8～9	4.16	4.97	5.92	−0.81	6.52	−1.76	8.00	−0.95	1.47
9～10	4.17	4.96	5.47	−0.79	5.73	−1.30	6.70	−0.51	0.97
10～11	4.17	4.97	5.40	−0.80	4.93	−1.23	5.47	−0.43	0.54
11～12	4.16	4.97	5.66	−0.81	4.12	−1.50	3.97	−0.69	−0.15
12～13	4.17	4.97	5.08	−0.80	3.32	−0.91	3.06	−0.11	−0.26
13～14	4.17	4.97	4.81	−0.80	2.52	−0.64	2.42	0.16	−0.10
14～15	4.16	4.96	4.62	−0.80	1.72	−0.46	1.96	0.34	0.24
15～16	4.17	4.97	5.24	−0.80	0.92	−1.07	0.89	−0.27	−0.03
16～17	4.17	4.97	5.57	−0.80	0.12	−1.40	−0.51	−0.60	−0.63
17～18	4.16	4.97	5.63	−0.81	−0.69	−1.47	−1.98	−0.66	−1.29
18～19	4.17	4.96	5.28	−0.79	−1.48	−1.11	−3.09	−0.32	−1.61
19～20	4.17	4.97	5.14	−0.80	−2.28	−0.97	−4.06	−0.17	−1.78
20～21	4.16	4.97	4.11	−0.81	−3.09	0.05	−4.01	0.86	−0.92
21～22	4.17	4.97	3.65	−0.80	−3.89	0.52	−3.49	1.32	0.40
22～23	4.17	2.22	2.83	1.95	−1.94	1.34	−2.15	−0.61	−0.21
23～24	4.16	2.22	2.01	1.94	0.00	2.15	0.00	0.21	0.00
累计	100.00	100.00	100.00	调节容积＝13.63		调节容积＝14.46		调节容积＝4.21	

4.2.2.2　清水池和水塔的容积

1. 清水池有效容积计算

清水池中除了储存调节用水以外，还存放消防用水和水厂生产用水，因此，清水池有效容积等于：

$$W = W_1 + W_2 + W_3 + W_4 \tag{4.5}$$

式中　W——清水池有效容积，m^3；

$\quad\quad W_1$——清水池调节容积，m^3；

$\quad\quad W_2$——消防储水量，m^3，按 2 小时火灾延续时间计算；

$\quad\quad W_3$——水厂冲洗滤池和沉淀池排泥等水厂自用水，一般取最高日用水量的 5%～10%；

$\quad\quad W_4$——安全储水量，m^3。

清水池有效容积按上式计算时，尚需复核必要的消毒接触时间（消毒时间不低于 30 分钟）。

清水池的个数或分格数不得少于 2 个，并能单独工作和分别泄空；在有特殊措施能保证供水要求时，亦可修建 1 个。

2. 水塔有效容积计算

水塔除了储存调节用水量以外，还需储存室内消防用水量。因此，水塔设计有效容积为：

$$W=W_1+W_2 \tag{4.6}$$

式中 W——水塔有效容积，m^3；

W_1——调节容积，m^3；

W_2——消防储水量，m^3，按 10min 室内消防用水量计算。

在缺乏用户用水量变化规律资料的情况下，水塔的有效容积也可凭运转经验确定，当泵站分级工作时，可按最高日设计水量的 2.5%～3%或 5%～6%设计计算。当城市用水量大时取低值，城市用水量小时取高值。工业用水可按生产上的要求（调度、事故和消防）确定水塔调节容积。

4.2.3 清水池和水塔的构造

1. 清水池的构造

给水工程中，常采用钢筋混凝土水池、预应力钢筋混凝土水池或砖石水池，形状一般为圆形或矩形，其中钢筋混凝土水池应用最广，如图 4.3 所示。一般当水池容积小于 2500m^3 时，以圆形较为经济；大于 2500m^3 时以矩形较为经济。

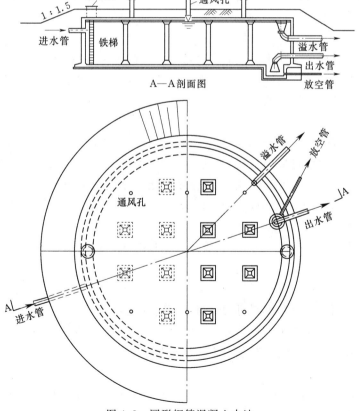

图 4.3 圆形钢筋混凝土水池

清水池进、出水管应分设，结合导流墙布置，以保证池水能经常流通，避免死水区。管道口径应通过计算确定，并留有余地，以适应挖潜改造时水量的增加。

（1）进水管。进水管管径按最高日平均时水量计算。进水管标高应考虑避免由于池中水位变化而形成进水管的气阻，可采用降低进水管标高，或进水管进池后用弯管下弯。

当清水池进水管上游设置有计量或加注化学药剂设备时，进水管应采取适应措施，保证满管出流。

（2）出水管。出水管管径一般按最高日最高时水量计算。当二级泵房设有吸水井时，清水池出水管（至吸水井）一般设置一根；当水泵直接从池内吸水时，出水管根数根据水泵台数确定。进出水管流速为 $0.7 \sim 1.0 \mathrm{m/s}$。

（3）溢水管。溢水管管径一般与进水管相同，管端为喇叭口，管上不得安装阀门。溢水管出口应设置网罩，以防爬虫等沿溢水管进入池内。如清水池全部为地下式而溢水管出口经常处于排水水位以下时，也可考虑将溢水管先经溢流井，再通至排水井，以避免清水受到污染。

（4）排水管。一般情况下，清水池在低水位条件下进行泄空。排水管管径可按 2h 内将余水泄空进行计算，但最小管径不得小于 100mm。如清水池埋深大，排水有困难时，可在池外设置排水井，利用水泵排除，也可利用潜水泵直接从清水池排除。为便于排空池水，池底应有一定底坡，并设置排水集水井。

（5）通气孔及检修孔。通气孔及检修孔的数量应根据水池大小确定。通气孔应设置在清水池顶部并设有网罩，宜结合导流墙布置，通气孔池外高度宜布置有参差，以利于空气自然对流。检修孔宜设置在清水池进水管、出水管、溢流管及集水坑附近，同时宜成对角线布置。检修孔设置不少于两个，孔的尺寸应满足池内管配件进出要求，孔顶应设置防雨盖板。

（6）导流墙。为避免池内水的短流和满足加氯后接触时间的需要，池内应设导流墙。为清洗水池排水方便，在导流墙底部隔一定距离设置流水孔，流水孔的底部应与池底相平。

（7）水位指示装置。清水池应设置水位连续测量装置，发出上、下限水位信号，用于控制水量或报警之用。

清水池池顶应有覆土，覆土厚度需满足清水池抗浮要求，避免池顶阳光直晒，并应符合保温要求，防止冬季温度过低的影响。

我国已编有容量 $50 \sim 2000 \mathrm{m^3}$ 圆形钢筋混凝土蓄水池国家标准图 04S803，容量 $50 \sim 2000 \mathrm{m^3}$ 矩形钢筋混凝土蓄水池国家标准图 05S804，以供给水工程设计时选用。

2. 水塔的构造

水塔主要由水柜（或水箱）、塔体、管道及基础组成，在气温较低的地区水塔根据气候等因素考虑是否需要进行保温采暖设置。

（1）水柜（或水箱）。水柜主要是储存水量，容积包括调节容量和消防容量。水柜通常做成圆形，必须牢固不透水，材料可用钢材、钢筋混凝土。

（2）塔体。塔体可以支撑水柜，常用钢筋混凝土、砖石或钢材建造，塔体形状有圆筒形和支柱式。近年来也采用装配式和预应力钢筋混凝土水塔。

（3）管道和设备。

1）进、出水管可分别设立，也可合用。竖管上需设置伸缩接头。为防止进水时水塔晃动，进水管宜设在水柜中心或适当升高。

2）一般情况下溢水管与排水管可合并联结。其管径一般可采用与进、出水管相同，或比进、出水管缩小一个规格（管径大于 DN200 时）。溢水管上不得安装阀门。

3）为反映水柜内水位变化，可设浮标水位尺或水位传示仪。

4）塔顶应装避雷设施。

（4）基础。水塔基础可采用单独基础、条形基础和整体基础。常用的材料有砖石、混凝土、钢筋混凝土等。

（5）保温、采暖。

1）当水源为地下水，冬季采暖室外计算温度为 $-8 \sim -23\,℃$ 地区的水塔，可只保温不采暖。

2）水源为地表水或地表水与地下水的混合水时，冬季采暖室外计算温度为 $-8 \sim -23\,℃$ 的地区，以及冬季采暖室外计算温度为 $-24 \sim -30\,℃$ 的地区，除保温外还需采暖。

我国已经编有 $50\,m^3$、$100\,m^3$、$150\,m^3$、$200\,m^3$、$300\,m^3$ 钢筋混凝土倒锥壳保温水塔和钢筋混凝土倒锥壳不保温水塔的国家标准图 07S906，以供给水工程设计时选用。

4.2.4 调节构筑物的设计要求

1．有效容积

城市净水厂清水池的有效容积，应根据产水曲线、送水曲线、自用水量及消防储备水量等确定，并满足消毒接触时间的要求。当管网无调节构筑物时，在缺乏资料的情况下，可按水厂最高日设计水量的 10%～20% 确定。供水量大的大中型城市，因 24h 用水量变化较小，取值靠近下限，以免清水池过大；供水量小的中小型城市，因 24h 用水量变化较大，取值靠近上限，满足用户对给水的要求。生产用水的清水池调节容积，应按工业生产的调度、事故和消防等要求确定。

村镇水厂调节构筑物的有效容积，应根据以下要求，通过技术经济比较确定：

（1）清水池和高位水池的有效容积可按最高日用水量的 20%～30% 设计，水塔的有效容积可按最高日用水量的 5%～10% 设计。

（2）调节构筑物的有效容积尚应满足消毒剂与水接触时间的要求，采用游离氯或二氧化氯消毒的接触时间不应小于 30min，采用氯胺消毒的接触时间不应小于 2h。

（3）供生活饮用水的调节构筑物容积，不应考虑灌溉用水。

2．村镇供水系统的调节构筑物选择

调节构筑物的形式和位置应根据下列规定，通过技术经济比较确定：

（1）清水池应设在水厂内。

（2）有适宜高地的供水系统宜设置高位水池。

（3）地势平坦的小型水厂可设置水塔。

（4）联片集中供水工程需分压供水时，可分设调节构筑物，并应与加压泵站前池或减压池相结合。

（5）调节构筑物应设于工程地质条件良好、环境卫生和便于管理的地段。

3．清水池管配件的设置规定

（1）进水管管径应根据净水构筑物的最大设计流量确定，进水管管口宜设在平均水位以下。

（2）出水管管径应根据供水泵房最大流量确定。

（3）溢流管管径不应小于进水管管径，溢流管管口应与最高设计水位持平，池外管口应设网罩。

（4）排空管不宜小于 100mm。

（5）通气管应设在水池顶部，管径不宜小于 150mm，出口宜高出覆土 0.7～1.2m，并应高低交叉布置。

（6）检修孔应便于检修人员进出。

（7）通气管、溢流管和检修孔应有防止杂物和虫子进入池内的措施。

4. 其他

（1）城镇管网供水区域较大，距离净水厂较远，且供水区域有合适的位置和适宜的地形，可考虑在水厂外建高位水池、水塔或调节水池泵站。其调节容积应根据用水区域供需情况及消防储备水量等确定。

（2）清水池的个数或分格数不得少于 2 个，并能单独工作和分别泄空；在有特殊措施能保证供水要求时，亦可修建 1 个。

（3）生活饮用水的清水池、调节水池、水塔，应有保证水的流动、避免死角、防止污染、便于清洗和通气等措施。

生活饮用水的清水池和调节水池周围 10m 以内不得有化粪池、污水处理构筑物、渗水井、垃圾堆放场等污染源；周围 2m 以内不得有污水管道和污染物。当达不到上述要求时，应采取防止污染的措施。

（4）在寒冷地区，调节构筑物应有防冻措施。

（5）水塔应根据防雷要求设置防雷装置。

4.3　给水系统的水压关系

水压是给水系统三要素之一，供水企业供给用户的水必须保证一定的水压，由二级泵站和水塔提供。给水系统在各种最不利的工作情况下，保证各用户获得足够的水量和适宜的水压，此时的水压称为给水系统最小服务水头。我国《室外给水设计规范》（GB 50013—2006）规定：当按直接供水的建筑层数确定给水管网水压时，其用户接管处的最小服务水头，一层为 10m，二层为 12m，二层以上每增加一层增加 4m。一般应根据各城市规定的建筑标准层数来确定管网的最小服务水头，不应将城市内的高层建筑物或建筑群或建在城市高地的建筑物等所需水压，作为管网水压控制条件。为了满足这类建筑物的用水，可单独设置局部加压装置，比较经济。

4.3.1　水泵扬程

4.3.1.1　水泵扬程

由水泵扬程的定义可知，水泵扬程是指单位重量液体通过水泵后所获得的能量增值。水泵扬程 H_p 由两部分组成：一是静扬程 H_0，水泵的有效扬程，根据液体的提升要求确定；二是水头损失 $\sum h$，包括吸水管路、压水管路、连接管线等的水头损失。因此，水泵扬程的数学表达式为：

$$H_p = H_0 + \sum h \tag{4.7}$$

4.3.1.2 一级泵站扬程

在给水系统中泵站主要有一级泵站和二级泵站,一级泵站扬程如图4.4所示,计算方式如下:

$$H_p = H_0 + h_s + h_d \tag{4.8}$$

式中 H_p——一级泵站扬程,m;

H_0——静扬程,m;

h_s——由最高日平均时供水量加水厂自用水量确定的吸水管路水头损失,m;

h_d——由最高日平均时供水量加水厂自用水量确定的压水管和泵站到絮凝池管线中的水头损失,m。

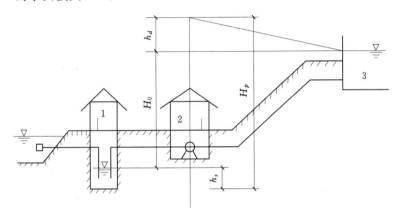

图 4.4 一级泵站扬程
1—吸水井;2—一级泵站;3—絮凝池

4.3.1.3 二级泵站扬程

1. 二级泵站扬程计算

二级泵站是从清水池取水直接送向用户或先送入水塔,而后流向用户。无水塔时直接由二级泵站向用户供水,在任何最不利情况下工作,其所需水泵扬程均由两部分组成:一是克服地形高差满足控制点用户所要求的自由水压而必需的能量,即水泵的静扬程,为水泵的有效扬程 H_{ST};二是将所需流量从泵站吸水池通过管道系统送至控制点用户,需要克服各种阻力而消耗的能量,包括泵站内水头损失 $\sum h_p$ 和泵站至控制点之间的水头损失 $\sum h$。因此,二级水泵扬程计算公式为:

$$H_p = H_{ST} + \sum h_p + \sum h \tag{4.9}$$

其中
$$H_{ST} = (Z_c + H_c) - Z_0$$

$$\sum h_p = h_s + h_d$$

$$\sum h = h_c + h_n$$

式中 H_p——二级泵站扬程,m;

H_{ST}——二级泵站所需静扬程,m;

Z_c——控制点处的地形标高,m;

H_c——控制点所要求的自由水压值,m,管网设计时根据该点建筑层数确定;

$\sum h_p$——泵站内水头损失,m;

$\sum h$——泵站至控制点之间的水头损失，m；

h_c——输水管路的水头损失，m；

h_n——配水管网的水头损失，m。

式中各符号的意义如图 4.5 所示。

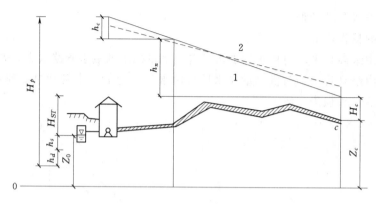

图 4.5 无水塔时管网的水压线
1—最小用水时；2—最高用水时

上述可知，泵站所需总扬程是以满足控制点用户的自由水压要求为前提计算得出的。所谓的控制点是指整个给水系统中水压最不容易满足的地点（又称最不利点），用以控制整个供水系统的水压。该点对供水系统起点（泵站或水塔）的供水压力要求最高，只要该点水压符合要求，则整个给水系统均能得到保证，这一特征是判断某点是不是控制点的基本原则。由此看来，正确地分析确定系统的控制点非常重要，是正确进行给水系统水压分析的关键。一般情况下，控制点通常在系统的下列地点：

（1）地形最高点。

（2）要求自由水压最高点。

（3）距离供水地点最远点。

当然，系统中某一地点同时满足上述条件，这一地点一定是控制点。但在实际工程中，往往不是这样，多数情况下只要具备其中一个或者两个，选出几个可能的地点通过分析比较才能确定。

2. 二级泵站扬程校核

输、配水管网的管径和二级泵站扬程是按设计年限内最高日最高时的水量和水压要求确定的，但还应满足特殊情况下的水量和水压要求。因此，在特殊供水情况下，应对管网的管径和二级泵站扬程进行校核，以确保供水安全。通过校核，当二级泵站扬程不能满足特殊供水要求时，有时需将管网中个别管段的直径放大，有时则需另选合适的水泵或设专用水泵。特殊供水情况主要有三种：消防时、最大转输时及最不利管段发生故障时。在这三种情况下，由于管网中的流量发生了变化，有可能使管网的水头损失增加，从而使二级泵站扬程增大，因而需要进行校核。校核时，二级泵站扬程仍可按前述方法计算，只是需要注意控制点的位置，并重新确定管网中的流量。具体校核方法详见第 6 章第 6 节。

4.3.2 水塔高度计算

水塔是靠重力作用将所需的流量压送到各用户的。大中城市目前一般不设水塔，因为城

市用水量大，水塔容积比较小解决不了城市水
压问题，如果容积太大造价太高，并且水塔高
度一旦确定，以后几乎没有调整水压的范围。
同时，大中城市设置也会影响城市美观。在小
城镇、工业企业或者村镇根据需要可考虑设置
水塔，能较好地保证恒定的水压。水塔的位
置，主要在靠近水厂、管网中间、管网末端。
不论哪类水塔，水塔高度是指水柜底面或最低
水位离地面的高度。水塔高度的计算如图 4.6
所示，按式（4.10）计算：

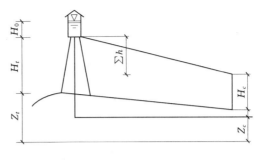

图 4.6 水塔高度计算图

$$H_t = H_c + \sum h - (Z_t - Z_c) \tag{4.10}$$

式中 H_t——水塔高度，m；

      H_c——控制点要求的自由水压，m；

      $\sum h$——按最高日最高时用水量计算的从水塔至控制点之间管路的水头损失，m；

      Z_t——水塔处的地形标高，m；

      Z_c——控制点处的地形标高，m。

由式（4.9）可以看出，水塔处地形 Z_t 越高，水塔高度 H_t 越小，造价越低。因此，在
设计给水系统时应尽量利用供水区域的地形特点，把水塔建在地形较高的地方，特别是在山
地小城市和地形高差较大的村镇。

4.3.3 无水塔管网系统的水压情况

1. 最高用水时水压情况

管网中不设水塔而由二级泵站直接供水时，管网水压情况如图 4.5 所示。供水过程中，
用水量总是变化的，用水量变化必然引起管网水压波动，用水量变化越大，管网压力波动也
就越大。最高用水时，二级泵站所需扬程 H_p 直接由控制点按式（4.10）计算得出。

2. 消防时的水压情况

输配管网的管径和二级泵站的水泵型号和台数都是根据最高日最高时用水的设计流量和
设计水压确定，但在消防时，管网额外增加了大量的消防流量，管网的水头损失会明显增
大，管网系统在消防时的水压会发生变化。因此，为保证安全供水，必须按消防时的条件进
行核算。我国城镇给水一般均按低压制消防条件进行核算，即管网通过的总流量按最高日最
高时设计用水量与消防流量之和（$Q_h + Q_x$），消防时管网的自由水压值应保证不低于
$10\text{mH}_2\text{O}$ 进行核算，以确定按最高用水时确定的管径和水泵扬程是否能适应这一工作情况
的需要。

无水塔管网系统在消防时的水压线如图 4.7 所示（着火点可考虑在控制点 c 处）。消
防时，由于管网中增加了消防流量，一方面使管网系统的水头损失明显增大；另一方面
消防时要求的自由水压 H_f（低压制）通常小于最高用水时要求的自由水压 H_c。因此，视
管网水头损失的增值 $\Delta H_x = [(\sum h_{px} + \sum h_x) - (\sum h_p + \sum h)]$ 和减少的自由水压值（$H_c -
H_f$）大小，消防时所需的水泵扬程 H_{px} 和最高用水时所需的水泵扬程 H_p 的关系可有以下
几种情况：

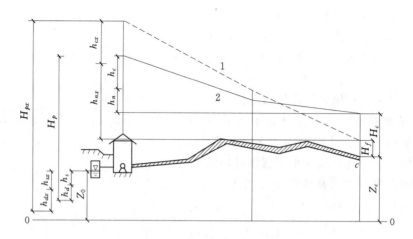

图 4.7 无水塔管网在消防时的水压线
1—消防时；2—最高时用水

（1）当 $\Delta H_x = H_c - H_f$ 时，则 $H_{px} = H_p$，但由于消防时增加消防流量，所以最高时所选水泵机组不能满足消防时的供水流量要求，这时只需在二级泵站内多设置与最高时工作型号相同的水泵，以满足最高时兼消防的需要。

（2）当 $\Delta H_x < H_c - H_f$ 时，则 $H_{px} < H_p$，这时视（$H_p - H_{px}$）值大小，应核算最高用水所选机组，通过工况点的改变（扬程降低，流量增加）能否满足消防时的流量（$Q_h + Q_x$）要求，若不能满足时，只需按第一种情况采取措施即可。

（3）当 $\Delta H_x > H_c - H_f$ 时，则 $H_{px} > H_p$，这时视（$H_p - H_{px}$）值大小采取相应措施。若按最高时所选水泵通过工况点改变（流量减少，扬程增加）能够满足消防时对扬程 H_{px} 的要求时，只需按第一种情况采取措施即可，否则应放大部分管段的管径或设专用消防泵。

由以上论述可知，管网水力计算应满足四种情况流量及水压的需要：①最高日最高时用水量；②消防时；③最高日最高时有一处最不利管段发生损坏时（限于环状管网）；④最大转输时（限于设有对置水塔的管网）。由于第②、③种情况历时较短，通常二级泵站最高时用水量大于最大转输时的供水量，所以决定管网管径及选择二级泵站的水泵型号主要依据最高日最高时管网的计算结果。第②、③、④种情况只在管网管径和水泵型号确定的基础上进行校核，可通过调节水泵运行方式和改变工况点来满足对流量和扬程的需要。如不能满足需要，可适当放大管网个别管段的管径来解决。在中小城市和村镇，由于用水量少，消防流量占比例较大的小型水厂，最高日最高时的二级泵站扬程与最高时消防的水泵扬程相差较大，并且采用放大管网管径不经济时，需要设置专用消防泵供最高时消防使用。

4.4　分区给水系统概述

4.4.1　分区给水概念、范围和意义

分区给水是根据城市地形特点将整个给水系统分成若干个区，每个区有独立的泵站和管网等，但各区之间有适当的联系，以保证供水可靠性和运行调度灵活性。分区给水的目的，

从技术上是使管网的水压不超过管道可以承受的压力，以免损坏管道和附件，并可减少管网漏水量；从经济上可以降低供水动力费用。分区给水系统的适用范围如下：

（1）供水区域很大。城镇地形比较平坦，由于供水区域很大，如采用统一给水系统，供水管网的水量和水压需满足最不利的控制点所需的水量和水压，将会导致部分非控制点（特别是离泵站较近处）的管网水压偏高，一方面容易损害管道和附件，另一方面造成管网中有富裕能量，使运行费用增加。这时可以进行经济技术比较，综合考虑适当采用分区供水的方式，减轻管道和附件所承受的压力和降低管网中的富裕能力，达到节能的效果。

（2）地形高差显著。城镇地形高差显著或者局部地形较高，可以考虑采用分区供水的方式，这时又称为分压供水系统。高压、低压供水区域可分别在同一泵站内设置不同扬程的水泵，分别向高压、低压区的用户供水。

（3）远离水厂的供水区域。有的城镇自来水厂与用水区域的距离较远，可设置加压泵站，采用分区供水。

在给水区域很大、地形高差显著或远离水厂的供水区域，分区给水具有重要的工程价值。一般来说，地形、城镇布局是决定分区位置的主要因素。分区有多种方案，确定分区方案时要结合地形，从供水系统的可靠性、工程造价、运行能耗等方面综合考虑，合理确定分区的数量和位置以及分区方式。在分区数量一定的情况下，分区位置对管网、泵站等总体造价影响不大，但对水泵运行能耗有较大的影响。分区给水不仅仅可以从技术上降低管网水压，保护管道和附件，而且从经济上降低管网中的富裕能量，使运行费用减少。分区给水的意义可以从以下几方面进行理解：

（1）降低给水系统的维修维护、运行费用等，提高供水的经济性和可靠性。采用分区给水后管网中水压会降低，减少泵站的能耗，降低城市给水管网爆管的可能性，特别是在给水管网使用时间较长的老城区，提高城市供水的可靠性，降低给水系统的维修费用。

（2）提高给水管网系统的管理。实行分区供水，有利于控制该供水区域内的水压符合用户要求，可以及时调整水泵的运行方式。同时，城市供水管网的漏损水量较大，1999 年我国城市供水企业平均漏损率为 15.14%，由此可见，降低管网漏损率对提高供水效益具有重要作用。根据各个供水分区的供水特点，确立分区计量区域，调查分析管网的漏损水量，有效控制管网的漏损水量。

（3）有利于城市给水系统运行决策。城市实施分区供水，各区的用水量比较容易计算和计量，可以根据各个供水分区的需要，比较准确地实施供水的调度方案，降低富裕的水量和水压。

4.4.2 分区给水形式

将给水管网系统划分为多个区域，各区域管网具有独立的供水泵站，供水具有不同的水压。分区给水管网系统可以降低平均供水压力，避免局部水压过高的现象，减少爆管的几率和泵站能量的浪费。管网分区的类型有两种情况：

（1）由于城镇地形较平坦，功能分区较明显或由于自然分隔而分区，如图 4.8 所示。城镇被河流分隔，两岸工业和居民用水分别供给，自成给水系统，随着城镇发展，再考虑将管网相互沟通，成为多水源给水系统。

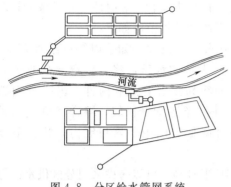

图 4.8 分区给水管网系统

（2）由于地形高差较大或远离水厂而分区，这种情况又分为串联分区、并联分区和混合分区三种方式。采用串联分区，设泵站加压（或减压措施）从某一区取水，向另一区供水；采用并联分区，不同压力要求的区域有不同泵站（或泵站中不同水泵）供水；大型管网系统可能既有串联分区又有并联分区，以便更加节约能量。并联分区的优点是各区用水分别供给，比较安全可靠；各区水泵集中在一个泵站内，管理方便。缺点是增加了输水管长度和造价；高区的水泵扬程高，

需用耐高压的输水管。串联分区的优点是输水管长度较短，可用扬程较低的水泵和低压管；缺点是不够安全可靠，低区事故影响高区供水，增加泵站的造价和管理费用。图 4.9 为并联分区给水管网系统，图 4.10 为串联分区给水管网系统。

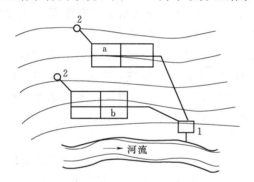

图 4.9 并联分区给水管网系统
a—高区；b—低区；1—净水厂；2—水塔

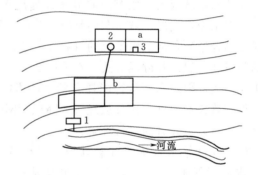

图 4.10 串联分区给水管网系统
a—高区；b—低区；1—净水厂；2—水塔；3—加压泵站

4.4.3 分区给水设计

串联或并联分区所节约的能量相近，分区数越多，能量节约越多，但最多只能节约 1/2 的能量。并联分区增加了输水管长度，串联分区增加了泵站，因此两种布置方式的造价和管理费用并不相同，选用时应进行技术经济比较后综合考虑确定。分区给水设计时，城市地形是决定分区形式的重要影响因素，水厂位置往往也影响到分区形式。因此，分区给水形式的选用主要考虑城市地形和水厂位置，进行技术经济比较确定。

1. 城市地形影响

当城市狭长时，采用并联分区较宜，因增加的输水管长度不多，可是高、低两区的泵站可以集中管理，如图 4.11（a）所示。与此相反，城市垂直于等高线方向延伸时，采用串联分区更为适宜，如图 4.11（b）所示。

2. 水厂位置影响

水厂位置常常也影响分区形式的选择，水厂靠近高区时，宜采用并联分区较宜，如图 4.12（a）所示。水厂远离高区时，采用串联分区更为适宜，以免到高区的输水管过长，增加造价，如图 4.12（b）所示。

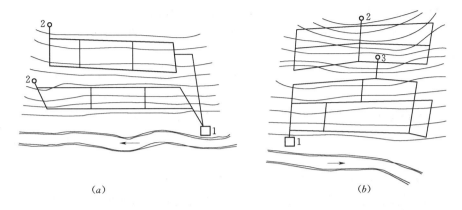

图 4.11 城市延伸方向与分区形式选择

（a）并联分区；（b）串联分区

1—水厂；2—水塔或高地水池；3—加压泵站

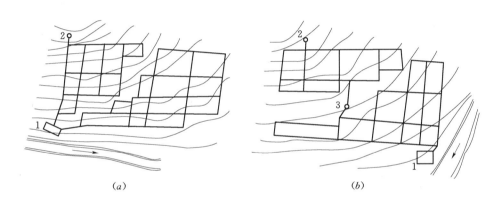

图 4.12 水厂位置与分区形式选择

（a）并联分区；（b）串联分区

1—水厂；2—水塔或高地水池；3—加压泵站

复 习 思 考 题

1. 取地表水源时，取水构筑物、水处理构筑物、一级泵站、二级泵站和配水管网按什么流量设计？

2. 管网中有、无水塔及水塔位置的变更，对二级泵站的工作情况和设计流量有何影响？

3. 无水塔管网系统，二级泵站怎样适应用户用水量的变化？试举例说明。

4. 清水池和水塔的作用分别是什么？有效容积的组成包括哪些？什么情况下设置水塔和清水池？

5. 常见的流量调节设施有哪些？适用于什么范围？

6. 水塔和清水池在给水工程设计时有哪些要求？

7. 在村镇给水系统中如何选用流量调节设施？

8. 怎样确定清水池和水塔的调节容积？

9. 如何理解水塔和清水池的调节容积是可以相互转移的？

10. 什么是控制点？有什么特征？每一管网系统各种工况的控制点是否是同一地点？试举例说明。

11. 什么是分区给水系统？设置分区给水系统有什么意义？在给水系统设计时如何选用？

12. 有水塔和无水塔的管网，二级泵站的设计流量有何差别？

13. 管网应按哪种供水条件进行设计计算？设计计算完毕后还应按哪些供水条件进行校核计算？

14. 有水塔和无水塔的管网，二级泵站的设计扬程有何差别？

15. 某城市最高日用水量为 40 万 m^3/d，用水量变化曲线参照图 4.1，求最高日最高时、平均时、一级和二级泵站的设计流量（m^3/s）。

第5章 取 水 工 程

【主要内容及学习要求】

本章节主要阐述了全球及我国水资源状况，给水水源分类及其特点，水源保护，地下取水构筑物和地表取水构筑物等内容。

通过本章内容的学习，要求学生能够熟悉我国水资源现状，熟悉给水水源的分类及其特点，了解水源保护基本措施；掌握管井、大口井等地下水取水构筑物的基本构造，并熟悉其施工方法；熟悉常用的地表水取水构筑物基本构造。

5.1 概　　述

5.1.1 水资源概述及取水工程任务

1. 水资源的概念及我国水资源概况

水是人类赖以生存的资源。随着人口增长、经济发展及人类生活水平的提高，人类对水的需求日益增长。水资源又是一种有限的，而且是不可替代的宝贵资源。迄今为止，有不少国家和地区的水资源问题已成为国民经济发展的制约因素。因此，对水资源的合理开发利用，受到普遍关注和重视。

由于人们对水资源研究和开发利用的角度不同，对水资源概念的理解也不同。关于水资源的概念，基本上可归纳为：

（1）广义概念。水资源指包括海洋、地下水、冰川、湖泊、土壤水、河川径流、大气水等在内的各种水体。

（2）狭义概念。水资源指上述广义水资源范围内逐年可以得到恢复更新的那一部分淡水。

（3）工程概念。水资源仅指上述狭义水资源范围内可以恢复更新的淡水量中，在一定技术经济条件下，可以为人们所用的那一部分水以及少量被用于冷却的海水。

上述概念是人们从不同角度对水资源含义的理解，如广义概念主要是从地学、水文学、气象学角度出发；狭义概念主要从生态环境与水资源综合开发利用角度考虑；工程概念主要从城市和工业给水及农田水利工程角度考虑。

应当指出，当涉及水资源概念时，应注意区分它的含义以及在不同场合下水资源概念的转化。例如，当提到某区域水资源问题时，往往指的是狭义概念；但当提到水资源数量不足时，往往指的是工程概念，即"可以为人们取用的那一部分水"。

就城市水资源而言，它的含义又有一定区别。如城市与工业水源供不应求，为扩大水源满足社会生活、生产需要，城市水资源不仅仅局限于淡水，还包括海水利用，废水回用等。

全球广义水资源总量约为 140 亿亿 m^3；其中除去海水、冰川、深层高矿化地下水外，可开发利用的且逐年更新的淡水（即狭义的水资源），其总量为 4.7×10^{13} m^3，仅占水资源总量的 0.03‰，而在一定技术经济条件下可以为人们取用的水量则更少。因此，联合国报告预测，21 世纪淡水将成为全世界最紧缺的自然资源。1997 年 12 月，国际人口研究组织发表研究报告认为，在未来 50 年里，全世界至少有 1/4 的人口将会面临水资源短缺。

我国水资源总量约 $2.8 \times 10^{12} m^3$，位居世界前几位。其中地表水资源约占 94%，地下水资源仅占 6% 左右。虽然我国水资源总量并不少，但人均水资源量仅 2400m^3 左右，不足世界人均占有量的 1/4，居世界第 110 位，被列入 13 个贫水国家名单之内。据分析，由于受技术经济条件的限制，我国即使采用了一些工程措施，截至 2000 年，对应于 75% 保证率的河川年径流总量中的可用水量，也只有 7000 亿 m^3 左右。值得注意的是，我国河川径流量还具有时空分布极不均匀的特点。

从地区分布而言，我国地表水资源是东南多，西北少，由东南沿海向西北内陆递减。表 5.1 为我国径流地带区划及降水、径流分区情况。年地表水资源量可近似以年径流量表示，而年径流量是由年降水量决定的。干旱与否，一般以年降水深 400mm 为分界线。我国约有 45% 的国土处于 400mm 以下，属干旱少水地区。我国沿海地区与内蒙古、宁夏等地区相比，年降水量相差达 8 倍以上，年径流深相差达 90 倍之多。可见，我国地表水资源在地区分布上是极其不均衡的。为从根本上改变我国北方水资源紧缺状况，现已采取跨流域调水等措施，以实现水资源在地区上的再分配，但任务将是艰巨的。

表 5.1 我国径流地带区划及降水、径流分区情况

降水分区	年降水深 (mm)	年径流深 (mm)	径流分区	大 致 范 围
多雨	>1600	>900	丰水	海南，广东，福建，台湾大部，湖南山地，广西南部，云南西南部，西藏东南部，浙江
湿润	800~1600	200~900	多水	广西，云南，贵州、四川、长江中下游地区
半湿润	400~800	50~200	过渡	黄、淮、海大平原，山西，陕西，东北大部，四川西北部，西藏东部
半干旱	200~400	10~50	少水	东北西部，内蒙古，甘肃，宁夏，新疆西部和北部，西藏北部
干旱	<200	<10	缺水 (干涸)	内蒙古、宁夏、甘肃的沙漠，柴达木盆地，塔里木和准噶尔盆地

从时程分布而言，我国地表水资源的时程分布也极不均匀。地表水资源的时程分布主要是由降水季度（月份）决定的。在我国的东北、华北、西北和西南地区，降水量一般集中在每年的 6~9 月，正常年份其降水量约占年降水量的 70%~80%；而 12 月至次年 2 月，降水量却极少，气候干旱。

我国地表水资源在时程上这种分布极不均匀性，不仅会造成频繁的水灾、旱灾，而且对地表水资源的开发利用也是十分不利的。同时还会加剧缺水地区的用水困难。

我国在水资源开发利用方面也存在不少问题。例如，一个地区或一个流域的工业、农业及城市生活用水分配，地表水和地下水的开采利用，当地经济发展结构与水资源的协调等，往往缺乏全面规划，统筹安排。此外，与发达国家相比，我国水资源的有效利用程度较低，往往以浪费水资源为代价取得粗放型经济增长。目前，我国工业每万元产值平均取水量约

$200m^3$，而有的经济发达国家仅 $20\sim30m^3/$万元，相差近 10 倍。我国工业用水的重复利用率目前只有 $50\%\sim60\%$；经济发达国家在 70% 以上，其中钢铁、化工和造纸业中水的重复利用率竟分别高达 98%、92% 和 85%。

我国不仅人均水资源量很少，而且水资源污染相当严重。据统计，2005 年全国城市污水排放总量为 524.5 亿 t，其中工业废水 243.1 亿 t，生活污水 281.4 亿 t，处理率为 52% 左右，全国还有 278 个城市没有建成污水处理厂；有 30 多个城市约 50 多座污水处理厂运行负荷率不足 30%，或者根本没有运行；污水处理厂污泥和垃圾普遍存在二次污染隐患；污水再生利用水平有待提高；一些企业超标排污，严重影响污水处理厂安全运行。截至 2009 年底，我国约 80% 的水域，90% 的地下水受到污染，90% 以上的城市水源受到污染，其中以有机污染物为主（以 COD 量计，年排放量约 760 万 t），其次是一些重金属离子等，突出的污染水域有"三河"（淮河、海河、辽河）和"三湖"（太湖、巢湖、滇池），已作为国家环境治理重点。

综上所述，我国水资源是相当紧缺的。所谓水资源缺乏，应包括三种情况：一是资源型缺水，如我国北方一些地区水量很少；二是污染型缺水，如我国南方一些地区虽水源丰富但污染严重而不能利用；三是管理型缺水，包括不合理开发利用和水的浪费等。据统计，截至 2005 年下半年，全国城市缺水总量达 60 亿 m^3，全国 660 多个城市中有 400 多个存在不同程度的缺水问题，其中有 136 个缺水情况严重。城市和工业缺水，一方面影响人民生活，另一方面制约了国民经济的持续发展。因此，保护水源，治理污染，合理开发利用水资源，节约用水〔包括提高水的重复利用率，废（污）水回用及改革生产设备和工艺以降低单位产品用水量〕等，是实现我国社会经济可持续发展的重要条件。

2. 取水工程任务

取水工程是给水工程的重要组成部分之一。它的任务是从水源取水，并送至水厂或用户。由于水源不同，使取水工程设施对整个给水系统的组成、布局、投资及维护运行等的经济性和安全可靠性产生重大影响。因此，给水水源的选择和取水工程的建设是给水系统建设的重要项目，也是城市和工业建设的一项重要课题。

取水工程通常从给水水源和取水构筑物两方面进行研究。属于给水水源方面需要研究的问题有：各种天然水体的存在形式，运动变化规律，作为给水水源的可能性，以及以供水为目的而进行的水源勘察、规划、调节治理与卫生防护等问题。属于取水构筑物方面需要研究的有：各种水源的选择和利用，从各种水源取水的方法，各种取水构筑物的构造形式，设计计算、施工方法和运行管理等。

5.1.2　给水水源

5.1.2.1　给水水源分类及其特点

给水水源可分为两大类：地下水源和地表水源。地下水源包括潜水（无压地下水）、自流水（承压地下水）和泉水；地表水源包括江河、湖泊、水库和海水。

大部分地区的地下水由于受形成、埋藏和补给等条件的影响，具有水质澄清、水温稳定、分布面广等特点。尤其是承压地下水（层间地下水），其上覆盖不透水层，可防止来自地表的渗透污染，具有较好的卫生条件。但地下水径流量较小，有的矿化度和硬度较高，部分地区可能出现矿化度很高或其他物质如铁、锰、氟、氯化物、硫酸盐、各种重金属或硫化氢的含量较高的情况。

大部分地区的地表水源流量较大，由于受地面各种因素的影响，通常表现出与地下水相反的特点。例如，河水浑浊度较高（特别是汛期），水温变化幅度大，有机物和细菌含量高，有时还有较高的色度。地表水易受到污染。但是地表水一般具有径流最大、矿化度和硬度低、含铁锰量较低等优点。地表水的水质水量有明显的季节性。此外，采用地表水源时，在地形、地质、水文、卫生防护等方面均较复杂。

一般情况下，采用地下水源具有下列优点：

（1）取水条件及取水构筑物构造简单，便于施工和运行管理。

（2）通常地下水无需澄清处理。当水质不符合要求时，水处理工艺比地表水简单，故处理构筑物投资和运行费用也较省。

（3）便于靠近用户建立水源，从而降低给水系统（特别是输水管和管网）的投资，节省了输水运行费用，同时也提高给水系统的安全可靠性。

（4）便于分期修建。

（5）便于建立卫生防护区。

但是，开发地下水源的勘察工作量较大。对于规模较大的地下取水工程需要较长的时间进行水文地质勘察。

地表水源水量充沛，常能满足大量用水的需要。因此，城市、工业企业常利用地表水作为给水水源，尤其是我国华东、中南、西南地区，河网发达，以地表水作为给水水源的城市、村镇、工业企业更为普遍。

5.1.2.2 给水水源选择及水源的合理利用

水源选择要密切结合城市远近期规划和工业总体布局的要求，从整个给水系统（取水、输水、水处理设施）的安全和经济来考虑。

选择水源时应考虑与取水工程有关的其他各种条件，如当地的水文、水文地质、工程地质、地形、卫生、施工等方面的条件。

正确地选择给水水源，必须根据供水对象对水质、水位的要求，对所在地区的水资源状况进行认真的勘察、研究。选择给水水源的一般原则有以下几方面：

（1）所选水源应当水质良好，水量充沛，便于防护。对于水源水质而言，应根据《地面水环境质量标准》（GB 3838—2002）判别水源水质优劣及是否符合要求。作为生活饮用水水源，其水质要符合《生活饮用水卫生标准》（GB 5749—2006）中关于水源水质的若干规定；工业企业生产用水的水源水质则根据各种生产要求而定。水源水质不仅要考虑现状，还要考虑远期变化趋势。对于水量而言，除保证当前生活、生产需水量外，也要满足远期发展所必需的水量。地下水源的取水量应不大于开采储量；天然河流（无坝取水）的取水量应不大于该河流枯水期的可取水量。

（注：当无坝取水时，河流枯水期可取水量的大小，应根据河流的水深、宽度、流速、流向和河床地形等因素，并结合取水构筑物的形式来确定。一般情况下，可取水量占枯水流量的 15%～25%，当取水量占枯水流量的百分比较大时，则应对可取水量做充分论证，必要时需要通过水力模型试验确定。）

（2）符合卫生要求的地下水，应优先作为饮用水水源。按照开采和卫生条件，选择地下水源时，通常按泉水、承压水（或层间水）、潜水的顺序。对于工业企业生产用水水源而言，如取水量不大或不影响当地饮用需要，也可采用地下水源，否则，应取用地表水。

采用地表水源时，须先考虑自天然河道中取水的可能性，而后考虑需调节径流的河流。地下水径流量有限，一般不适于用水量很大的情况。有时即使地下水储量丰富，也应作具体技术经济分析。例如由于大量开采地下水，引起取水构筑物过多，过于分散，取水构筑物的单位水量造价相对上升及运行管理复杂等问题。有时，地下水埋深过大，将增加抽水能耗，提高水的成本。水的成本中，电费占很大比例，节能是降低水价的有效途径。

（3）合理开采和利用水源至关重要。选择水源时，必须配合经济计划部门制定水资源开发利用规划，全面考虑、统筹安排，正确处理与给水工程有关部门，如农业、水力发电、航运、木材流送、水产、旅游及排水等方面的关系，以求合理地综合利用和开发水资源。特别是对于水资源比较贫乏的地区，合理开发利用水资源，对于所在地区的全面发展具有决定性的意义。例如，利用经处理后的污水灌溉农田，在工业给水系统中采用循环和复用给水，提高水的重复利用率，减少水源取水量，以解决城市或工业大量用水与农业灌溉用水的矛盾；我国沿海某些地区，河流和地下水受海水影响，淡水缺乏，此种情况下应尽可能利用海水作为某些工业给水水源；沿海地区地下水的开采与可能产生的污染（与水质不良含水层发生水力联系）、地面沉降和塌陷及海水入侵等问题，应予以充分注意。此外，随着我国建设事业的发展，水资源进一步开发利用，将有越来越多的河流实现径流调节，因此，水库水源的综合利用也是水源选择中一个重要课题。

某些沿海城市的潮汐河流，往往受到海水入侵，有时氯化物含量很高。为了取集淡水，可采用"蓄淡避咸"措施，即当河水含盐量高时，取集水库水；含盐量低时，直接取用河水。蓄淡避咸水库容量应根据取水量和"连续不可取水天数"（即连续咸水期）决定。例如，上海宝山钢铁公司和上海自来水公司，即在长江出口南支建有蓄淡避咸水库。采用蓄淡避咸方式，必须对海水入侵规律和含盐量进行充分调查研究，精确计算出在一定水文条件下河水含盐量超过标准而造成连续不可取水的天数，方可正确判断蓄淡避咸方案的可行性和确定水库容量。"蓄淡避咸"也是沿海城市潮汐河流水资源开采利用的一种措施。

在一个地区或城市，两种水源的开采和利用有时是相辅相成的。对于用水量大、工业用水量占一定比例、自然条件复杂以及水资源不丰富的地区或城市尤需重视。例如，在城市边远地区、地势较高地段、对水质有特殊要求的用水户以及远期发展的地段等，可考虑采用地下水。又如，工业用水一般采用地表水源，饮用水采用地下水源。地下水源与地表水源相结合、集中与分散相结合的多水源供水以及分质供水不仅能够发挥各类水源的优点，而且对于降低给水系统投资、提高给水系统工作可靠性有重大作用。

人工回灌地下水是合理开采和利用地下水源的措施之一。有的城市因长期过量开采地下水，往往造成地下水静水位大幅度下降，单井出水量大幅度下降，甚至水井报废。更有甚者，过量开采地下水还会引起地面沉陷。为保持开采量与补给量平衡，可进行人工回灌，即以地表水补充地下水，以丰水年补充缺水年，以用水少的冬季补充用水多的夏季等。此外，某些工业用水需要水温稳定或以地下水作为冷源，也可采用回灌方法以保持地下水储量。北京、上海、天津、郑州等城市为了不同用途均采用地下水人工回灌。回灌水的水质应以不污染地下水，不使井管发生腐蚀、不使地层发生堵塞为原则，通常采用自来水回灌。回灌法有真空回灌和压力回灌。作为回灌井，井口上必须装设一些管件和闸阀以控制回灌。

5.1.2.3　给水水源保护

选择城镇或工业企业给水水源时，通常都经过详细勘察和技术经济论证，保证水源在水量和水质方面都能满足用户的要求。然而，由于水源污染，水土流失，对水的长期超量开采等，常使水源出现水量降低和水质恶化的现象。水源一旦出现水量衰减和水质恶化现象后，就很难在短期内恢复。因此，须事先采取保护水源、防止水源枯竭和被污染的措施。应该指出，只有采取预防性的措施，才是保护给水水源的有效和经济的措施。

1. 保护给水水源的一般措施

保护给水水源有以下几方面的措施：

（1）配合经济计划部门制订水资源开发利用规划是保护给水水源的重要措施，这方面内容上文已经叙述。

（2）加强水源管理。对于地表水源要进行水文观测和预报。对于地下水源要进行区域地下水动态观测，尤应注意开采漏斗区的观测，以便对超量开采及时采取有效的措施，如开展人工补给地下水、限制开采量等。

（3）进行流域面积内的水土保持工作。水土流失不仅使农业遭受直接损失，而且还加速河流淤积，减少地下径流，导致洪水流量增加和常水流量降低，不利于水量的常年利用。为此，要加强流域面积上的造林和林业管理，在河流上游和河源区要防止滥伐森林。

防止水源水质污染有以下几方面措施：

（1）合理规划城市居住区和工业区，减轻对水源的污染。容易造成污染的工厂，如化工、石油加工、电镀、冶炼、造纸厂等应尽量布置在城市及水源地的下游。

（2）加强水源水质监督管理，制定污水排放标准并切实贯彻实施。

（3）勘察新水源时，应从防止污染角度，提出水源合理规划布局的意见，提出卫生防护条件与防护措施。

（4）对于滨海及其他水质较差的地区，要注意由于开采地下水引起的水质恶化问题，如咸水入侵，与水质不良含水层发生水力联系等问题。

（5）进行水体污染调查研究，建立水体污染监测网。水体污染调查要查明污染来源、污染途径、有害物质成分、污染范围、污染程度、危害情况与发展趋势。地下水源要结合地下水动态观测网点进行水质变化观测。地表水源要在影响其水质范围内建立一定数量的监测网点。建立水体监测网点的目的是及时掌握水体污染状况和各种有害物质的分布动态，便于及时采取措施，防止对水源的污染。

2. 给水水源卫生防护

自来水厂的水源必须设置卫生防护地带。卫生防护地带的范围和防护措施应按《生活饮用水卫生标准》（GB 5749—2006）的规定，符合下列要求。

（1）地表水源卫生防护。

1）取水点周围半径 100m 的水域内严禁捕捞、停靠船只、游泳和从事可能污染水源的任何活动，并应设有明显的范围标志和严禁事项的告示牌。

2）河流取水点上游 1000m 至下游 100m 的水域内，不得排入工业废水和生活污水；其沿岸防护范围内不得堆放废渣，不得设立有害化学物品的仓库、堆栈或装卸垃圾、粪便和有毒物品的码头；不得使用工业废水或生活污水灌溉及施用有持久性毒性或剧毒的农药，并不得从事放牧等有可能污染该段水域水质的活动。

供饮用水水源的水库和湖泊，应根据不同情况将取水点周围部分水域或整个水域及其沿岸列入此范围，并按上述要求执行。

受潮汐影响的河流取水点上、下游的防护范围，由水厂会同当地卫生防疫站环境卫生监测站根据具体情况研究确定。

3）水厂生产区范围应明确划定并设立明显标志，在生产区外围不小于 10m 的范围内，不得设置生活居住区和修建禽畜饲养场、渗水厕所、渗水坑；不得堆放垃圾、粪便、废渣或铺设污水渠道；应保持良好的卫生状况和绿化。单独设立的泵站、沉淀池和清水池的外围不小于 10m 的区域内，其卫生要求与水厂生产区相同。

（2）地下水源卫生防护。

1）取水构筑物的防护范围应根据水文地质条件、取水构筑物形式和附近地区的卫生状况进行确定，其防护措施应按地面水水厂生产区要求执行。

2）在单井或井群影响半径范围内，不得使用工业废水或生活污水灌溉和施用有持久性毒性或剧毒的农药，不得修建渗水厕所、渗水坑、堆放废渣或铺设污水渠道，并不得从事破坏深层土层的活动。如取水层在水井影响半径内不露出地面或取水层与地面水没有互相补充关系时，可根据具体情况设置较小的防护范围。

3）在地下水水厂生产区范围内，应按地面水水厂生产区要求执行。

3．卫生防护的建立与监督

水源和水厂卫生防护地带具体范围、要求、措施应由水厂提出具体意见，然后取得当地卫生部门和水厂的主管部门同意后报请当地人民政府批准公布。水厂要积极组织实施，在实施中要主动取得当地卫生、公安、水上交通、环保、农业与规划、建设部门的确认与支持。卫生防护地带建立以后要作经常性检查，发现问题要及时解决。

为确保生活饮用水水质安全，除必须满足上述水源卫生防护各项要求外，还必须遵照《中华人民共和国水污染防治法》（2008 年修订）的规定，才能有效防止水源污染。

5.2 地下水取水构筑物

5.2.1 地下水源概述和取水构筑物分类

1．地下水分类

地下水存在于土层和岩层中。各种土层和岩层有不同的透水性。卵石层、砂层和石灰岩等，组织松散，具有众多的相互连通的孔隙，透水性较好，水在其中的流动属渗透过程，故这些岩层叫透水层。黏土和花岗岩等紧密岩层，透水性极差甚至不透水，叫不透水层。如果透水层下面有一层不透水层，则在这一透水层中就会积聚地下水，故透水层又叫含水层，不透水层则称隔水层。地层构造往往就是由透水层和不透水层彼此相间构成，它们的厚度和分布范围各地不同。埋藏在地面下第一个隔水层上的地下水叫潜水。潜水有一个自由水面。潜水主要靠雨水和河流等地表水下渗而补给。多雨季节，潜水面上升；干旱季节，潜水面下降。我国西北地区气候干旱，潜水埋藏较深，约达 50～80m；南方潜水埋深较浅，一般在 3～5m 以内。

地表水和潜水相互补给。地表水位高于潜水面时，地表水补给地下潜水，相反则潜水补给地表水。

两个不透水层间的水叫层间水。在同一地区，可同时存在几个层间水或含水层。如层间水存在自由水面，称无压含水层；如层间水有压力，称承压含水层。打井时，若承压含水层中的水喷出地面，叫自流水。

在适当地形下，在某一出口处涌出的地下水叫泉水。泉水分自流泉和潜水泉，前者由承压地下水补给。这种泉水涌水量稳定，水质好。

地下水在松散岩层中流动称地下径流。地下水的补给范围叫补给区。抽取井水时，补给区内的地下水都向水井方向流动。

地下水流动需具备两个条件：岩层透水性和水位差。前者以渗透系数表达，后者以水力坡度表达。地下水流速决定于地层渗透系数和水力坡度，达西定律即表达了这种关系，这在水力学和水文地质学中已经介绍，此处从略。

当地下水流向正在抽水的水井时，其流态也可分为稳定流和非稳定流、平面流和空间流、层流与紊流或混合流等几种情况。严格说来，地下水运动并不存在稳定流，所谓稳定流也只有在短暂时间内可把非稳定流视作稳定流。特别是，当抽水量与补给量之比很小且流动十分缓慢时，可近似看作稳定流，本章后面内容将涉及此类问题。

2. 地下水取水构筑物分类

由于地下水类型、埋藏深度、含水层性质等各不相同，开采和取集地下水的方法和取水构筑物型式也各不相同。取水构筑物有管井、大口井、辐射井、复合井及渗渠等，其中以管井和大口井最为常见。大口井广泛应用于取集浅层地下水，地下水埋深通常小于12m，含水层厚度在5～20m之内。管井用于开采深层地下水。管井深度一般在200m以内，但最大深度也可达1000m以上。渗渠可用于取集含水层厚度在4～6m、地下水埋深小于2m的浅层地下水，也可取集河床地下水或地表渗透水。渗渠在我同东北和西北地区应用较多。辐射井是由集水井和若干水平铺设的辐射形集水管组成。辐射井一般用于取集含水层厚度较薄而不能采用大口井的地下水。含水层厚度薄、埋深大、不能用渗渠开采的，也可采用辐射井取集地下水，故辐射井适应性较强，但施工较困难。复合井是大口井与管井的组合，上部为大口井，下部为管井。复合井适用于地下水位较高、厚度较大的含水层。有时在已建大口井中再打入管井成为复合井以增加井的出水量和改善水质。

5.2.2 管井构造、施工和管理

5.2.2.1 管井构造

管井由其井壁和含水层中进水部分均为管状结构而得名。通常用凿井机械开凿。按其过滤器是否贯穿整个含水层，可分为完整井和非完整井，如图5.1所示。管井施工方便，适应性强，能用于各种岩性、埋深、含水层厚度和多层次含水层的取水工程。因而，管井是地下水取水构筑物中应用最广泛的一种形式。

管井直径一般为50～1000mm，井深可达1000m以上。常见的管井直径大多小于500mm，井深也在200m以内。随着凿井技术的发展和浅层地下水的枯竭与污染，直径在1000mm以上、井深在1000m以上的管井已有使用。

在采用管井取水时，应充分考虑大多数含水层中含有细砂这一特点。管井易发生漏砂及堵塞现象。因此，管井中广泛采用填砾过滤器来防止这些现象的发生。常见的管井构造由井室、井壁管、过滤器及沉淀管所组成［图5.2（a）］。当有几个含水层且各层水头相差不大时，可用图 5.2（b）所示的多层过滤器管井。当抽取结构稳定的岩溶裂隙水时，管井也可不装井壁管和过滤器。

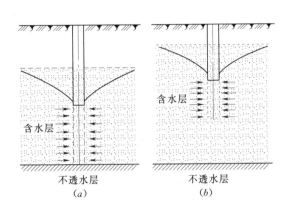

图 5.1　管井
(a) 完整井；(b) 非完整井

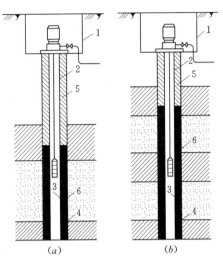

图 5.2　管井的一般构造
(a) 单层过滤器管井；(b) 双层过滤器管井
1—井室；2—井壁管；3—过滤器；4—沉淀管；
5—黏土封闭；6—规格填砾

现将管井各部分构造分述如下。

　　1. 井室

　　井室是用以安装各种设备（水泵、控制柜等）、保持井口免受污染和进行维护管理的场所。为保证井室内设备正常运行，井室应有一定的采光、采暖、通风、防水和防潮设施；为防止井室积水流入井内，井口应高出地面 0.3～0.5m。为防止地层被污染，井口一般用黏土或水泥等不透水材料封闭。封闭深度根据水文地质条件确定，一般不少于 3m。

　　抽水设备根据井的出水量、静水位、动水位和井的构造（井深、井径）等因素来决定。常用的抽水设备有深井泵、潜水深井泵和卧式水泵等。井室的形式在很大程度上取决于抽水设备（同时受气候、水源地卫生等条件的影响）。下面结合抽水设备的种类来介绍几种常见的井室结构。

　　（1）深井泵房。深井泵由泵体、装有传动轴的扬水管、泵座和电动机所组成。泵体和扬水管安装在管井内，泵座和电动机安装在井室内，因此井室也就是深井泵房。深井泵房可以建成地面式、地下或半地下式。地面式深井泵房［图 5.3（a）］在维护管理、防水、防潮、采光、通风等方面均优于地下式。

　　大水量深井泵房通常采用地上式，但地下式深井泵站［图 5.3（b）］便于城镇、厂区规划（常设在绿化带），防寒条件好，尤其适宜于北方寒冷地区，井室内一般无需采暖。

　　（2）深井潜水泵房。深井潜水泵由潜水电动机（包括电缆）、水泵和扬水管所组成。电动机和水泵一起浸没在动水位以下。电源通过附在扬水管上的防水电缆输送给电动机。为防止水中砂粒进入电机，在水泵进水段设有防砂机构。控制设备可以就近安装在室内，所以井室实际上就成了一个阀门井（图 5.4）。如果阀门未采用电动装置，井室无需考虑通风设施。由于潜水

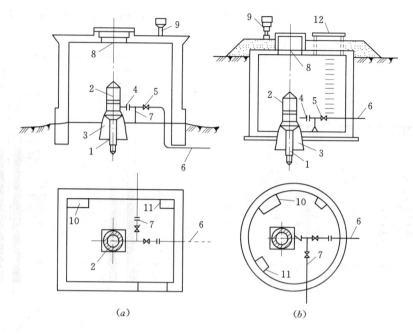

(*a*)　　　　　　　　　　　(*b*)

图 5.3　深井泵站布置

(*a*) 地面式深井泵站；(*b*) 地下式深井泵站

1—井管；2—水泵机组；3—水泵基础；4—单向阀；5—阀门；6—压水管；

7—排水管；8—安装孔；9—通风孔；10—控制柜；11—排水坑；12—人孔

泵具有结构简单、使用方便、重量轻、运转平稳和无噪声等优点，在小水量管井中，常常采用潜水泵。

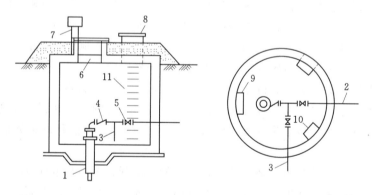

图 5.4　地下式潜水泵站

1—井管；2—压水管；3—排水管；4—单向阀；5—阀门；6—安装孔；

7—通风管；8—人孔；9—控制柜；10—排水坑；11—攀梯

（3）卧式水泵房。采用卧式水泵的管井，其井室可以与泵房分建或合建。前一种情况的井室形式类似于阀门井；后一种情况的井室实际即为一般的卧式泵站，其构造按一般泵站要求设计。由于吸水高度的限制，常常用于地下水动水位较高的情况下，而且这种井室大多设于地下。

（4）其他形式的井室。对于地下水水位很高的管井，可采用自流井或虹吸方式取水，由于无需在井口设抽水装置，又无需经常维护，井室大多做成地下式，故其结构与一般阀门井相似。

装有空气扬水装置的管井，井室与泵站分建。井室设有气水分离器。出水通常直接流入清水池，故井室形式、构造与一般深井泵站大体相同。

2. 井壁管

设置井壁管的目的在于加固井壁，隔离水质不良或水头较低的含水层。井壁管应具有足够的强度，使其能够经受地层和人工填充物的侧压力，并且应尽可能不弯曲，内壁平滑、圆整以利于抽水设备的安装和井的清洗、维修。井壁管可以是钢管、铸铁管、钢筋混凝土管、石棉水泥管、塑料管等。一般情况下，钢管适用的井深范围不受限制，但随着井深的增加应相应增大壁厚。铸铁管一般适用于井深小于 250m 的范围，它们均可用管箍、丝扣或法兰连接。钢筋混凝土管一般井深不得大于 150m，常用管顶预埋钢板圈焊接连接。井壁管直径应按水泵类型、吸水管外形尺寸等确定。当采用深井泵或潜水泵时，井壁管内径应大于水泵井下部分最大外径 100mm。

井壁管的构造与施工方法、地层岩石稳定程度有关，通常有两种情况：

(1) 分段钻进时井壁管的构造。分段钻进法，如图 5.5 (a) 所示，开始时钻进到 h_1 的深度，孔径为 d_1，然后放入井壁管管段 1，这一段管也称导向管或井口管，用以保持井的垂直钻进和防止井口坍塌。然后将孔径缩小到 d_2，继续钻进到 h_2 深度，放入管段 2。接着再将孔径减小到 d_3 继续钻进到含水层底板，下入管段 3，放入过滤器 4。最后，将管段 3 拔起使过滤器露出，并在井内切短管段 3。同样，也将管段 2 在井内切短。井壁管最后的构造如图 5.5 (b) 所示。两井壁管段应重叠 3～5m，其环形空间用水泥封填。每段井壁管的长度由钻机能力和地层情况决定，一般是几十米至百米，有时可达几百米。相邻两段井壁管的口径差 50mm 左右。由上可见，此类井壁管的构造适用于深度很大的管井。

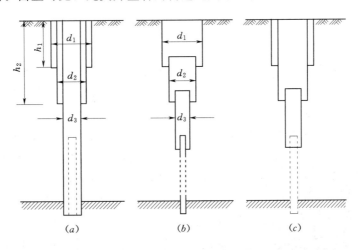

图 5.5 分段钻进时井壁管的构造

(2) 不分段钻进时井壁管的构造。在井深不大的情况下，都不进行分段钻进，而采用一次钻进的方法。当井孔地层较稳定时，在钻进中一般利用泥浆或清水对井壁的静压力，使井孔保持稳定，前者称泥浆护壁钻进法，后者称清水护壁钻进法。在钻到设计深度后，取出钻杆钻头，将井管一次下入井孔内，然后在过滤器与井孔之间填砾石，并用黏土封闭。当井孔地层不稳定时，则随钻进同时下套管，以防井孔坍塌。当钻到设计深度后，将井管一次下入套管内，并填砾，最后拔出套管，并封闭。此为套管护壁钻进法。不分段钻进的管井构造，如图5.2所示。

3. 过滤器

过滤器安装于含水层中，用以集水和保持填砾与含水层的稳定。过滤器是管井最重要的组成部分。它的构造、材质、施工安装质量对管井的单位出水量、含砂量和工作年限有很大影响，所以过滤器构造形式和材质的选择很重要。对过滤器的基本要求是：应有足够的强度和抗蚀性；具有良好的透水性且能保持人工填砾和含水层的渗透稳定性。

过滤器的类型很多，现仅就几种常用过滤器介绍如下：

(1) 钢筋骨架过滤器（图5.6）。钢筋骨架过滤器每节长3～4m，由位于两端的短管1、直径为16mm的竖向钢筋3（间距30～40mm）和支撑环2（间距为250～300mm）焊接而成。此种过滤器一般仅用于不稳定的裂隙岩、砂岩或砾岩含水层。主要是作为其他形式过滤器的骨架，如缠丝过滤器、包网过滤器的骨架。钢筋骨架过滤器用料省，易加工，孔隙率大，但其抗压强度、抗腐蚀能力较低，不宜用于深度大于200m的管井和侵蚀性较强的含水层。

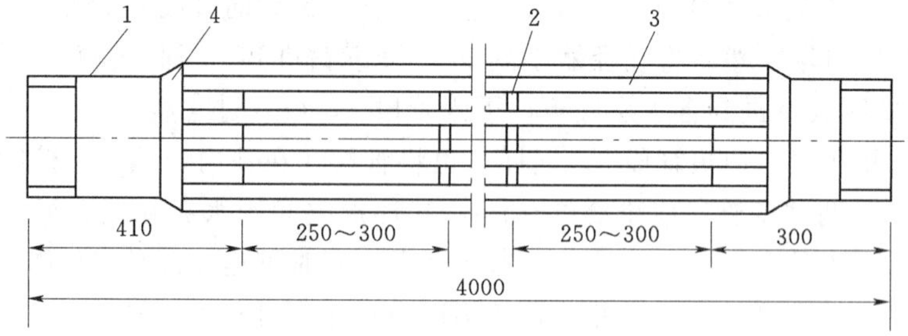

图5.6 钢筋骨架过滤器

1—短管；2—支撑环；3—钢筋；4—加固环

(2) 圆孔、条孔过滤器。圆孔、条孔过滤器可由金属或非金属管材加工制成，如钢、铸铁、钢筋混凝土及塑料等过滤器。它可用于砾石、卵石、砂岩、砾岩和裂隙含水层，而较多地用作其他过滤器的支撑骨架。

过滤器孔眼的直径或宽度 d 与和它接触的含水层粒径有关。适宜的孔眼尺寸能使洗井时含水层内细小的颗粒通过孔眼被冲走，而留在过滤器周围的粗颗粒形成透水性良好的天然反滤层，如图5.7所示。提高过滤器透水性、改善管井的工作性能（如扩大实际进水面积、减小水头损失），对提高管井单位出水量、延长使用年限都有很大作用。表5.2为不填砾石的过滤器进水孔眼直径或宽度的数据。圆孔或条孔的间距由所采用管材的允许孔隙率确定。各种管材允许孔隙率为：钢管30%～35%、铸铁管18%～25%、钢筋混凝土管10%～15%、塑料管10%。

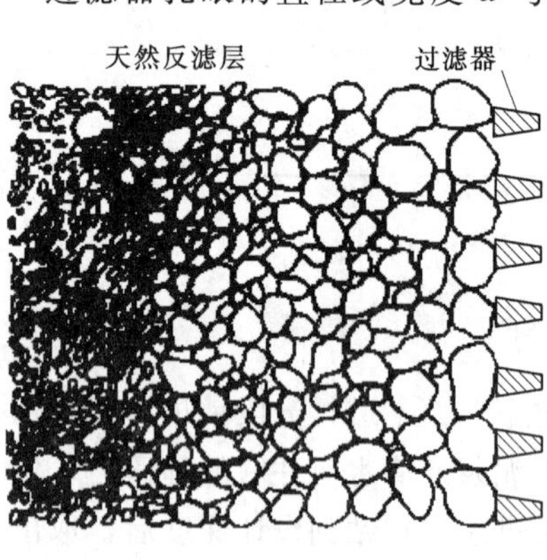

图5.7 过滤器周围的天然反滤层

表 5.2   过滤器的进水孔眼直径或宽度

过 滤 器 名 称	进水孔眼的直径或宽度 d	
	岩层不均匀系数 $\dfrac{d_{60}}{d_{10}}<2$	岩层不均匀系数 $\dfrac{d_{60}}{d_{10}}>2$
圆孔过滤器	$(2.5\sim3.0)\,d_{50}$	$(3.0\sim4.0)\,d_{50}$
条孔和缠丝过滤器	$(1.25\sim1.5)\,d_{50}$	$(1.5\sim2.0)\,d_{50}$
包网过滤器	$(1.5\sim2.0)\,d_{50}$	$(2.0\sim2.5)\,d_{50}$

注 1. d_{60}、d_{50}、d_{10} 是指颗粒中按重量计算有 60%、50%、10% 的粒径小于这一粒径。
　　 2. 较细砂层取小值，较粗砂层取大值。

非金属过滤器中如塑料过滤器具有抗蚀性强、重量轻、加工方便等优点。以直径 200mm 硬质聚丙烯、聚乙烯过滤器为例，其重量仅为同口径钢质过滤器的 15%，且可以一次注压成型。

（3）缠丝过滤器（图 5.8）。缠丝过滤器是以圆孔、条孔过滤器或以钢筋骨架过滤器为支撑骨架并在外面缠丝构成。缠丝过滤器适用于粗砂、砾石和卵石含水层。缠丝一般采用直径 $2\sim3$mm 的镀锌铁丝，其间距可根据含水层颗粒组成，参照表 5.2 确定。

在腐蚀性较强的地下水中宜用不锈钢等抗蚀性较好的金属丝。生产实践中还曾试用尼龙丝、增强塑料丝等强度较高、抗蚀性强的非金属丝代替金属丝。

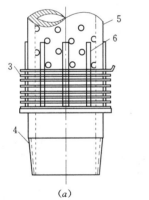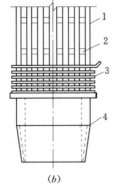

图 5.8　缠丝过滤器
（a）钢管骨架缠丝过滤器；（b）钢筋骨架缠丝过滤器
1—钢筋；2—支撑环；3—缠丝；4—连接管；
5—钢管；6—垫筋

图 5.9　包网过滤器
1—钢管；2—垫筋；3—滤网；
4—缠丝；5—连接管

（4）包网过滤器（图 5.9）。包网过滤器由支撑骨架和滤网构成。滤网一般由直径为 $0.2\sim1.0$mm 的铜丝编成，网眼大小也可根据含水层颗粒组成，参照表 5.2 确定。过滤器的微小铜丝网眼，很易为电化学腐蚀所堵塞，因此，也有用不锈钢丝网或尼龙网代替黄铜丝网。

包网过滤器与缠丝过滤器相同，适用于粗砂、砾石、卵石等含水层，但由于包网过滤器阻力大，易被细砂堵塞，易腐蚀，因而已逐渐为缠丝过滤器取代。

（5）填砾过滤器。以上述各种过滤器为骨架，围填以与含水层颗粒组成有一定级配关系的砾石层，统称为填砾过滤器。工程中应用较广泛的是在缠丝过滤器外围填砾石组成的缠丝填砾过滤器。

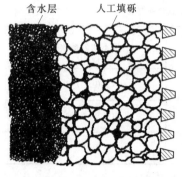

图 5.10　过滤器周围的
人工反滤层（填砾）

这种人工围填的砾石层又称人工反滤层。由于在过滤器周围的天然反滤层，是由含水层中的骨架颗粒的迁移而形成的，所以不是所有含水层都能形成效果良好的天然反滤层。因此，工程上常用人工反滤层（图 5.10）取代天然反滤层。

填砾过滤器适用于各类砂质含水层和砾石、卵石含水层，过滤器的进水孔尺寸，等于过滤器壁上所填砾石的平均粒径。

填砾粒径和含水层粒径之比应为：

$$\frac{D_{50}}{d_{50}} = 6 \sim 8 \tag{5.1}$$

式中　D_{50}——填砾中粒径小于 D_{50} 值的砂、砾石占总重量的 50%；

$\quad\quad d_{50}$——含水层中粒径小于 d_{50} 的砂、砾石占总重量的 50%。

填砾粒径和含水层粒径之比如能在式（5.1）的范围内时，填砾层通常能截留住含水层中的骨架颗粒，使含水层保持稳定，而细小的非骨架颗粒则随水流排走，故具有较好的渗水能力。

从室内试验观察，在式（5.1）级配比范围内，填砾厚度为填砾粒径的 3～4 倍时，即能保持含水层的稳定。考虑到井孔的圆度、井孔的倾斜度及过滤器与井孔中心有偏差等因素，工程上规定了较大的厚度。在砾石、卵石、粗砂含水层中的填砾厚度，应根据含水层特征、填砾层数和施工条件等确定，一般可采用 75～150mm。当施工条件许可时，加大填砾层厚度对改善管井工作条件十分有利。因增加填砾层厚度，实际上扩大含水层与填砾层接触面（即进水断面），降低进水流速，改善含水层渗透稳定性，同时也降低进水水头损失，有利于提高井的单位出水量。

填砾层在管井运行后可能出现下沉现象，为此，填砾层应超过过滤器顶 8～10m，如图 5.11 所示。

过滤器缠丝间距须小于砾石粒径。

应该提及，填砾过滤器中滤管的缠丝或包网，在地下水中都不同程度地存在化学腐蚀或沉积，其结果使管井出现严重漏砂或堵塞，最终导致管井报废。为此，多年来人们在改进过滤器材质、过滤器构造及反滤层结构方面进行了研究，包括取消易腐蚀、易积垢的缠丝或包网，直接以穿孔管（圆孔或条孔）代替，用多层（均匀颗粒）填砾或单层（混合）填砾作人工反滤层等，取得了良好的效果。

（6）砾石水泥过滤器。砾石水泥过滤器是由水泥浆胶结砾石制成，又称无砂混凝土过滤器。被水泥胶结的砾石，其孔隙仅一部分被水泥填充，故有一定的透水性。砾石水泥过滤器的孔隙率与砾石

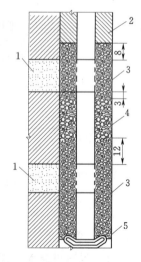

图 5.11　填砾过滤器的
管井构造（单位：m）

1—含水层；2—黏土封闭；
3—规格填砾；4—非规格
填砾；5—井管找中器

的粒径、水灰比、灰石比有关，一般可达 20%。

砾石水泥过滤器取材容易、制作方便、价格低廉。但此种过滤器强度较低、重量大，在细粉砂或含铁量高的含水层中易堵塞，使用时应予注意。如在这种过滤器周围填入一定规格的砾石，能取得良好的效果。

4. 沉淀管

沉淀管接在过滤器的下面，用以沉淀进入井内的细小砂粒和自地下水中析出的沉淀物，其长度根据井深和含水层出砂可能性而定，一般为 2~10m。井深小于 20m，沉淀管长度取 2m；井深大于 90m，沉淀管长度取 10m。如果采用空气扬水装置，当管井深度不够时，也常用加长沉淀管来提高空气扬水装置的效率。

前面曾提及，由于地层构造不同，实际还有许多其他形式的管井。如在稳定的裂隙和岩溶基岩地层中取水时，一般可以不设过滤器，仅在上部覆盖层和基岩风化带设护口井壁管，如图 5.12（a）所示。这种管井，水流阻力小，使用期限长，建造费用低。但在强烈的地震区建井，仍需要有坚固的井壁管和过滤器。此外，在有坚硬覆盖层的砂质承压含水层中，也可采用无过滤器管井，如图 5.12（b）所示。这种管井出水量的大小，直接影响含水层顶板的稳定性。因出水量大，则由此形成的进水漏斗也大，从而降低顶板的稳定性。对此，可在进水漏斗内回填一定粒径的砾石，防止漏斗的进一步扩大以提高顶板的稳定性。

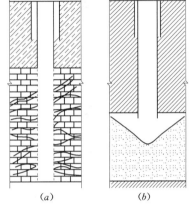

图 5.12　无过滤器管井
（a）设于裂隙或岩溶地层中的管井；
（b）设于砂质含水层中的管井

5.2.2.2　管井施工

管井施工建造一般包括钻凿井孔、井管安装、填砾石、管外封闭、洗井等过程，最后进行抽水试验。现分述如下。

1. 钻凿井孔

钻凿井孔的方法主要有冲击钻进和回转钻进。这两种方法在钻凿 20m 以上的管井、给水工程中广泛采用。对于 20m 以下的浅管井，还可用挖掘法、击入法和水冲法等。

（1）冲击钻进。冲击钻进主要依靠钻头对地层的冲击作用钻凿井孔。此法为我国劳动人民所创。数千年前人们就利用竹弓弹力、硬木桩和铁帽钻头开凿井孔。早在汉代我国的冲击钻进技术已达到很高的水平。当时四川的天然气井和盐井，就是用冲击法开凿的，井深可达 120m。当然，钻进速度很慢，往往需数年甚至数十年才完成一眼井。

现代冲击钻进是用冲击式钻机来完成。常用的钻机型号较多，性能各异，如 CZ－20 型钻机，其最大开孔直径为 700mm，最大凿井深度为 150m；而 CZ－30 型钻机，最大开孔直径为 1200mm，最大凿井深度可达 300m。因此，凿井施工前必须根据地层情况、管井孔径、深度以及施工地点的运输和动力条件选好钻机型号。

冲击钻进法钻进效率低，速度慢，但此法所用机具设备简单、轻便，故仍不失为水井施工的方法之一。有关冲击钻进法所需机具及施工方法这里不作详细介绍。

（2）回转钻进。回转钻进主要依靠钻头旋转对地层的切削、挤压、研磨破碎作用钻凿井孔。根据泥浆流动的方向或钻头形式，又可分为一般回转（正循环）钻进、反循环回转钻进和岩芯回转钻进。

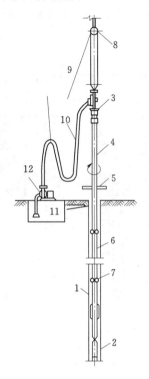

图 5.13 一般回转钻进的机具装置示意

1—井孔；2—钻头；3—提引水龙头；
4—方形钻杆；5—方孔转盘；6—圆
形钻杆；7—接箍；8—滑轮；9—钢
丝绳；10—胶管；11—泥浆池；
12—泥浆泵

1）一般回转（正循环）钻进。一般回转钻进的机具装置，如图 5.13 所示。伸进井孔 1 的为空腹的钻杆。钻杆下端连接钻头 2，上端连接提引水龙头 3。钻杆的上部分为一节长度约 7m 的空腹方形钻杆 4，此杆穿过钻机的方孔转盘 5。当方孔转盘旋转时，即能带动方形钻杆、钻头一起旋转。钻杆的下部分为空腹的圆形钻杆 6。随着钻井加深，可用接箍 7 接长圆形钻杆。提引水龙头 3 用滑轮 8 悬吊于钻井架，并通过钢丝绳 9 接钻机的绞车，以便钻杆上下升降。提引水龙头有轴承装置，能保证钻杆随转盘自由转动。与提引水龙头连接的还有胶管 10、泥浆泵 12。常用的旋转钻头是鱼尾钻头。

回转钻进过程是：钻机的动力机通过传动装置使方孔转盘旋转。旋转的转盘带动钻杆旋转，从而使钻头切削地层。当钻进一定深度后（一节方形钻杆的长度），即提起钻杆并接长一段圆形钻杆，然后继续钻进。如此重复上述过程，直至设计井深。在钻进的同时，为清除孔内岩屑，保持井孔稳定以及冷却钻头，在泥浆池内调制一定浓度的泥浆，由泥浆泵吸取，通过胶管，经提引水龙头，沿钻杆腹腔向下从钻头喷射至工作面上。泥浆与岩屑混合在一起沿井孔与钻杆环状空间上升至地面流入泥浆池 11。泥浆在池内沉淀除去岩屑后，又被泥浆泵送至井下。这种泥浆循环方式的钻进，称正循环回转钻进，因岩屑能随钻进连续消除，故其效率和进尺速度较冲击钻进高。回转钻进法对松散岩层和基岩均适用。

2）反循环回转钻进。在正循环回转钻进中，往往由于井壁裂缝和坍塌，发生循环泥浆漏失或井壁与钻杆环状空间扩大，使泥浆上升流速降低，影响岩屑排出，降低进尺速度。反循环回转钻进是克服上述问题的一种方法。

反循环回转钻进原理如图 5.14 所示。泥浆泵 5 的吸水胶管与提引水龙头 4 相接，泥浆循环方向与正循环相反，工作面上的岩屑与泥浆由钻头 3 吸入，在钻杆 2 腹腔内上升，回流入泥浆沉淀池 6 内。在泥浆池内经沉淀去除岩屑后的泥浆，沿井壁与钻杆的环状空间下流至井底。这样，挟带岩屑的泥浆沿钻杆内上升流速不变，能保证岩屑的清除，进尺速度较正循环快，但反循环泥浆回流仅依靠吸泥泵的真空作用，因此钻进深度有限，一般只达 100m 左右。

3）岩芯回转钻进。岩芯回转钻进设备与工作情况和一般回转钻进基本相同，只是所用的是岩芯钻头。岩芯钻头只将沿井壁的岩石粉碎，保留中间部分，因此效率较高，并能将岩芯取到地面供考察地层构造用。岩芯回转法适用于钻凿坚硬的岩层。

数十年来，石油、采矿事业的发展促进了钻井技术的迅速发展。一些新型高效能的钻井设备，如多用钻机、全液压操纵钻机、柔杆钻机、高频冲击钻机、动力头钻机等都已成功地应用于石油、采矿等领域，其中某些新设备已开始应用于水井钻凿。可以预料，水井的钻凿技术今后将有更大发展。

凿井方法的选择对降低管井造价、加快凿井进度、保证管井质量都有很大的影响，因此在实际工作中，应结合具体情况，选择适宜的凿井方法。

2. 井管安装、填砾、管外封闭

当钻进到预定深度后，即可进行井管安装。在安装井管以前，应根据从钻凿井孔时取得的地层资料，对管井构造设计进行核对、修正，如过滤器的长度和位置等。井管安装应在井孔凿成后及时进行，尤其是非套管施工的井孔，以防井孔坍塌。井管安装必须保证质量，如井管偏斜和弯曲都将影响填砾质量和抽水设备的安装及正常运行。

井管安装除了一般的吊装下管方法以外，还有适用于长度大、重量大的井管安装的浮板下管法和适用于不能承受拉力的非金属井管安装的托盘下管法。浮板下管法（图 5.15）是利用在井管中设置的

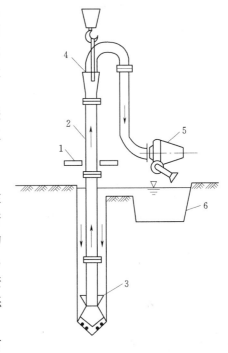

图 5.14　反循环回转钻进原理
1—转盘；2—钻杆；3—钻头；4—提引水龙头；
5—泥浆泵；6—泥浆沉淀池

密闭隔板（浮板），使在井管下沉时产生浮力，从而减轻吊装设备的负荷和井管自重产生的拉力。浮板在井管安装完成后用钻杆凿通即可。托盘下管法（图 5.16）是利用混凝土或坚韧木材制成的托盘 4 来托持全部的井管 1，借助起重钢丝绳 2 放入井孔内。当托盘放至井底后，提升中心钢丝绳 5，抽出销钉 3，即可收回起重钢丝绳，托盘则留在井底，下管工作即告完成。

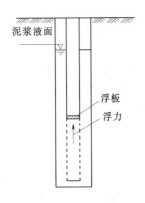

图 5.15　浮板下管法

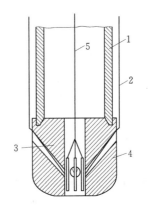

图 5.16　托盘下管法
1—井管；2—起重钢丝绳；3—销钉；
4—托盘；5—中心钢丝绳

填砾和管外封闭是紧接下管后的一道工序。填砾规格、填砾方法、不良含水层的封闭和

井口封闭等质量的优劣,都可能影响管井的水量和水质。

填砾首先要保证砾石的质量,应以坚实、圆滑砾石为主,并应按设计要求的粒径进行筛选和冲洗,去除杂质和不合格的部分。

填砾时,要随时测量砾面高度,以了解填入的砾料是否有堵塞现象。为避免砾石堵塞及颗粒大小分层,填砾应均匀、连续地进行。

井管外封闭一般用黏土球,球径为 25mm 左右,用优质黏土制成,其湿度要适宜,要求下沉时黏土球不化解。当填至井口时应进行夯实。

3. 洗井和抽水试验

在凿井过程中,泥浆和岩屑不仅滞留在井周围的含水层中,而且还在井壁上形成一层泥浆壁。洗井就是要消除井孔及周围含水层中的泥浆和井壁上的泥浆壁,同时还要冲洗出含水层中部分细小颗粒,使井周围含水层形成天然反滤层。因此,洗井是影响水井出水能力的重要工序。

洗井工作要在上述工序完成之后立即进行,以防泥浆壁硬化,给洗井带来困难。

洗井之前应用抽筒清除井筒内泥浆。

洗井方法有活塞洗井、压缩空气洗井、联合洗井等多种方法。

活塞洗井法是用安装在钻杆上带有活门的活塞,在井壁管内上下拉动,使过滤器周围形成反复冲洗的水流,以破坏泥浆壁,清除含水层中残留泥浆和细小颗粒。活塞洗井效果好,洗井较彻底。对于非金属井管,因其机械强度较差,要防止在提拉活塞时损坏井管。如采用较轻软的活塞,减慢提拉速度,可防止井管损坏。

压缩空气洗井有多种方法,其中以喷嘴反冲洗井法设备较简单,效率较高,采用较广。喷嘴反冲洗井装置为:一根空气管伸入井管中,空气管上端与空气压缩机相接,并悬吊于井架,能升降;空气管下端焊有 3~4 支短管,其上有若干小喷气孔。如此,压缩空气将以很高的速度经各喷气孔向井壁呈涡旋形喷射。借水气混合冲力能有效地破坏泥浆壁,并夹带泥浆、砂粒到井口外面。冲洗时自上而下或自下而上分段冲洗。对于细粉砂地层一般不宜采用此法。

联合洗井是压缩空气与活塞联合运用或泥浆泵与活塞联合运用,两者都能达到较好的洗井效果。

洗井方法很多,应根据施工状况、地层情况及设备条件加以选用。

当洗井达到破坏泥浆壁、出水变清、井水含砂在 1/50000~1/20000 以下时(1/50000以下适用于粗砂地层,1/20000 以下适用于中、细砂地层),就可以结束洗井工作。

抽水试验是管井建造的最后阶段,目的在于测定井的出水量,了解出水量与水位降落值的关系,为选择、安装抽水设备提供依据,同时采取水样进行分析,以评价井的水质。

抽水试验前应测出静水位,抽水时应测定与出水量相应的动水位。抽水试验的最大出水量一般应达到或超过设计出水量,如受设备条件限制,也不应小于设计出水量的 75%。抽水试验时,水位下降次数一般为 3 次,至少为 2 次。每次都应保持一定的水位降落值与出水量稳定延续时间。

抽水试验过程中,除认真观测和记录有关数据以外,还应在现场及时进行资料整理工作,例如绘制出水量与水位降落值的关系曲线、水位、出水量与时间关系曲线以及水位恢复曲线等，以便发现问题，及时处理。

5.2.2.3　管井的维修管理

1. 管井的验收

管井竣工后，应由使用、施工或设计单位根据设计图纸及验收规范共同验收，检验井深、井径、水位、水量、水质和有关施工文件。作为饮用水水源的管井，应经当地的卫生防疫部门对水质检验合格后，方可投产使用。

管井验收时，施工单位应提交下列资料：

（1）管井施工说明书。该说明书系综合性施工技术文件，如管井的地质柱状图，其中包括岩层名称、厚度、埋藏深度，井的结构，过滤器和填砾规格，井位的坐标及井口绝对标高，抽水试验记录表，水的化学及细菌分析资料，过滤器安装、填砾、封闭时的记录资料等。

（2）管井使用说明书。该文件包括：该井最大开采量和选用的抽水设备类型和规格；水井使用中可能发生的问题及使用维修方面的建议；为防止水质恶化和管井损坏所提出的关于维护方面的建议。

（3）钻进中的岩样。钻进中的岩样分别装在木盒中，并附岩石名称、取样深度和详细的描述。

上述资料是水井管理的重要依据，使用单位必须将此作为管井的技术档案妥善保存，以便分析、研究管井运行中存在的问题。如更换管理人员，应进行详细交接工作，使新的管理人员了解井的使用历史和存在的问题。

2. 管井的使用

管井使用的合理与否，将影响其使用年限。生产实践表明，很多管井由于使用不当，出现出水量衰减、涌砂甚至导致早期报废。管井使用应注意下列问题：

（1）抽水设备的出水量应小于管井的出水能力，并使管井过滤器表面进水流速小于允许进水流速，否则，有可能产生出水含砂量增加，破坏含水层渗透稳定性。

（2）建立管井使用卡制度。每口管井都应有使用卡，使值班或巡视人员逐日按时记录井的出水量、水位、出水压力和电机电流、电压、温度，据以检查、研究出现异常现象的问题，以便及时处理。为此，管井应安装水表及观测水位的装置。

（3）严格执行必要的管井、机泵的操作规程和维修制度。如深井泵运行应遵守预润手续；及时加注机、泵润滑油等。机泵必须定期检修，水井也要及时清理沉淀物，必要时还要进行洗井，以恢复其出水能力。

（4）对于季节性供水的管井，在停运期间，应定期抽水，以防长期停用使电机受潮和加速井管腐蚀与沉积。对于地下式井室的管井和高矿化度地下水的地区，更应注意这一情况。

3. 管井出水量减少的原因和恢复或增加出水量的措施

（1）管井出水量减少的原因及恢复出水量的措施。管井在使用过程中，往往会有出水量减少现象，其原因很多，问题也较复杂。通常有管井本身和水源两方面的原因。

属于管井的原因，除抽水设备故障外，一般多为过滤器或其周围填砾、含水层填塞造成的，主要有以下4种情况：

1）过滤器进水孔尺寸选择不当，缠丝或滤网腐蚀破裂，井管接头不严或错位、井壁断裂等原因，使砂粒、砾石大量涌入井内，造成堵塞。

2）过滤器表面及周围填砾、含水层被细小泥砂堵塞。

3）过滤器及周围填砾、含水层被腐蚀胶结物和地下水中析出的盐类沉淀物填塞。

4）因细菌繁殖造成堵塞。

在采取具体消除故障措施之前，应掌握有关管井构造、施工、运行资料和抽水试验、水质分析资料等，对造成堵塞的原因进行分析、判断，然后根据不同情况采取不同措施。近年，生产实践中采用井下彩色摄影、摄像等直接观测方法，为确切了解管井内部状况提供可靠根据。

属于第一种情况的堵塞，应更换过滤器或修补封闭漏砂部位。弹力套筒补井是一种较好的补井方法。此法是将 2mm 厚钢板卷成长度 3～5m（视补井需要）的开口套筒，如图 5.17（a）所示，然后将套筒卷紧，如图 5.17（b）所示，安置在特制的紧固器上，送入井下预定位置，最后松开紧固器，套筒则借自身弹力张开［图 5.17（c）］，紧紧贴在井管上，达到封闭的目的。

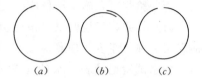

图 5.17　弹性套筒横断面

属于第二种情况的堵塞可用下列方法：

1）用安装在钻杆上的钢丝刷，在过滤器内上下拉动，清除过滤器表面上的泥砂。

2）活塞洗井。

3）压缩空气洗井。

第三钟情况系化学性的堵塞。地下水含有盐类，是天然的电解质，浸在其中的金属过滤器必然产生程度不同的电化学腐蚀。不仅电位不同的金属，如镀锌铁丝与钢管或铜网与钢管、铸铁管均易于产生电化学腐蚀，而且钢管、铸铁管由于本身材质不纯，也会产生电化学腐蚀。尤其是，当地下水含有溶解氧时（如水井抽水、水位升降与空气接触曝气），更会加速电化学腐蚀。腐蚀产物，逐渐在管壁上结垢，使过滤器堵塞。此外，地下水溶解有钙、镁等盐类，由于井孔抽水，地下水压力降低，使溶于水中的气体（CO_2、H_2S 等）析出，破坏了地下水的化学平衡，使水中盐类沉积于过滤器及其周围的含水层，形成不透水的胶结层。上述化学性堵塞，除在设计管井时考虑相应的措施外，在维护中可用酸洗法来清除。常用浓度为 18%～35% 的工业盐酸清洗。为防止酸液侵蚀过滤器及注酸设备，应加入缓蚀剂（甲醛的水溶液）。注酸可采用图 5.18 所示的简易装置。洗毕，应立即抽水，防止酸洗剂的扩散，以保证出水水质。

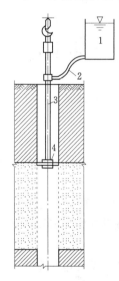

图 5.18　简易注酸装置

1—储酸器；2—胶皮管；
3—注酸管；4—胶皮活塞

应该注意，注酸洗井必须严格按操作规程进行，以保证安全。

属于第四种情况，因细菌繁殖而堵塞的管井，可用氯化法或酸洗法使其缓解。

属于水源方面引起管井出水量减少的原因有：

1）地下水位区域性下降，使管井出水量减少。区域水位下降一般发生在长期超量开采的地区，对于此情况除在设计时应充分估计到地下水位可能降低的幅度而采取相应措施外，还应调整现有抽水设备的安装高度，必要时需改建取水井，使之适应新的水文地质情况。

2）含水层中地下水的流失。地下水流失可能是地震、矿坑开采或其他自然与人类活动的结果，使地下水流入其他透水层、矿坑或其他地点。

（2）增加管井出水量的措施。

1）真空井法。此法系将井管的全部或部分密闭，井孔抽水时，使管井处于负压下进水（实质上是增加水位降落值），以达到增加出水量的目的。由于抽水设备不同，真空井有多种形式。图 5.19 所示为对口抽真空井，图 5.20 所示为深井潜水泵真空井的一种型式。

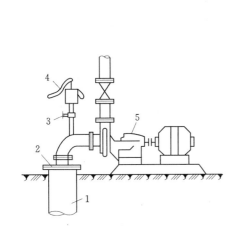

图 5.19 对口抽真空井

1—井管；2—密闭法兰；3—阀门；
4—手压泵；5—卧式离心泵

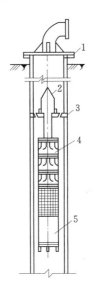

图 5.20 深井潜水泵真空井

1—密闭法兰；2—起吊用的吊环；3—分隔装置；
4—潜水泵；5—电动机

2）爆破法。在坚硬裂隙岩溶含水层中取水时，常因孔隙、裂隙、溶洞发育不均匀，影响地下水的流动，从而影响水井的出水量。往往同一含水层各井的出水量可能因此相差很大。在这种情况下，采用井中爆破法处理，以增强含水层的透水性。

这种方法通常是将炸药和雷管封置在专用的爆破器内，用钢丝绳悬吊在井中预定位置，用电起爆。当含水层很厚时，可以自下而上分段进行爆破。爆破的岩石、碎片用抽筒或压缩空气清理出井外。

应该指出，爆破法不是对所有含水层都有效。在松软岩层中爆破时，在局部高温高压作用下，含水层可能变得更为致密或裂隙被黏土碎屑所填充，减弱了透水性，得到相反的效果。在坚硬岩层中，爆破能形成一定范围的破碎圈和振动圈，容易造成新的裂隙密集带，沟通其他断裂或者岩溶富水带，效果显著。因此，在爆破前，必须进行含水层岩性、厚度和裂隙溶洞发育程度等情况分析，拟定爆破计划。

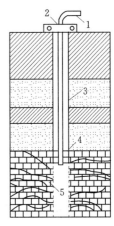

图 5.21 基岩井孔注酸
装置示意图

1—注酸管；2—夹板；3—井壁管；4—封闭塞；5—裂隙基岩

3）酸处理法。对于石灰岩地区的管井可采用注酸的方法，以增大或串通石灰岩裂隙或溶洞，增加出水量。图 5.21 为基岩井孔注酸装置示意图。注酸管用封闭塞在含水层上端加以封闭，注酸后即以 980kPa 以上的压力水注入井内，使酸液渗入岩层裂隙中。注水时间约 2～3h，酸处理后，应及时排除反应物，以免沉淀在井孔内及周围的含水层中。

5.2.3 大口井、辐射井、复合井和渗渠

5.2.3.1 大口井

1. 大口井的形式与构造

大口井与管井一样，也是一种垂直建造的取水井，由于井径较大，故名大口井（图 5.22）。大口井是广泛用于开采浅层地下水的取水构筑物。大口井直径一般为 5～8m，最大不宜超过 10m。井深一般在 15m 以内。农村或小型给水系统也有采用直径小于 5m 的大口井，城市或大型给水系统也有采用直径 8m 以上的大口井。由于施工条件限制，我国大口井多用于开采埋深小于 12m，厚度在 5～20m 的含水层。大口井也有完整式和非完整式之分，如图 5.22 所示。完整式大口井贯穿整个含水层，仅以井壁进水，可用于颗粒粗、厚度薄（5～8m）、埋深浅的含水层。由于井壁进水孔易于堵塞，影响进水效果，故采用较少。非完整式大口井未贯穿整个含水层，井壁、井底均可进水，由于其进水范围大，集水效果好，含水层厚度大于 10m 时，应做成非完整式。

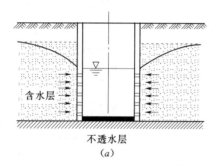

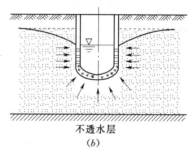

图 5.22 大口井

(a) 完整式；(b) 非完整式

大口井具有构造简单、取材容易、使用年限长、容积大，能兼起调节水量作用等优点，在中小城镇、铁路、农村供水采用较多。但大口井深度浅，对水位变化适应性差，采用时，必须注意地下水位变化的趋势。

大口井的一般构造如图 5.23 所示。它主要由井筒、井口及进水部分组成。

（1）井筒。井筒通常用钢筋混凝土或砖、石等做成，用以加固井壁及隔离不良水质的含水层。

用沉井法施工的大口井，在井筒最下端应设钢筋混凝土刃脚（图 5.27），在井筒下沉过程中用以切削土层，便于下沉。为减小摩擦力和防止井筒下沉中受障碍物的破坏，刃脚外缘应凸出井筒 5～10cm。井筒如采用砖、石结构，也需用钢筋混凝土刃脚。刃脚高度不小于 1.2m。

图 5.23 大口井的构造（单位：m）

1—井筒；2—吸水管；3—井壁透水孔；
4—井底反滤层；5—刃脚；6—通风管；
7—排水坡；8—黏土层

大口井外形通常为圆筒形，如图 5.24 所示。圆筒形井筒易于保证垂直下沉；受力条件好，节省材料；对周围地层扰动很少，利于进水。但圆筒形井筒紧贴土层，下沉摩擦力较大。深度较大的大口井常采用阶梯圆形井筒。此种井筒系变断面结构，结构合理，具有圆形井筒的优点，下沉时可减小摩擦力。

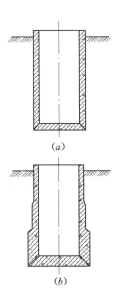

图 5.24　大口井的外形

（a）圆筒形；（b）阶梯圆筒形

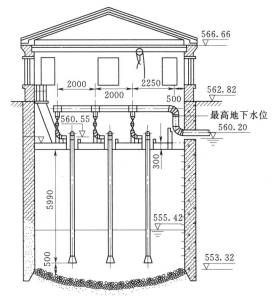

图 5.25　与泵站合建的大口井

（2）井口。井口为大口井露出地表的部分。为避免地表污水从井口或沿井壁侵入，污染地下水，井口应高出地表 0.5m 以上，并在井口周边修建宽度为 1.5m 的排水坡。如覆盖层系透水层，排水坡下面还应填以厚度不小于 1.5m 的夯实黏土层。在井口以上的部分，有的与泵站合建在一起，如图 5.25 所示，其工艺布置要求与一般泵站相同；有的与泵站分建，只设井盖。井盖上部设有人孔和通风管，如图 5.23 所示。在低洼地区及河滩上的大口井，为防止洪水冲刷和淹没人孔，应用密封盖板。通风管应高于设计洪水位。

（3）进水部分。进水部分包括井壁进水孔（或透水井壁）和井底反滤层。

1）井壁进水孔。常用的进水孔有水平孔和斜形孔两种，如图 5.26 所示。

水平孔施工较容易，采用较多。壁孔一般为 100～200mm 直径的圆孔或 100mm×150mm～200mm×250mm 矩形孔，交错排列于井壁，其孔隙率在 15% 左右。为保持含水层的渗透性，孔内装填一定级配的滤料层，孔的两侧设置不锈钢丝网，以防滤料漏失。水平孔不易按级配分层加填滤料，为此也可用预先装好滤料的铁丝笼填入进水孔。

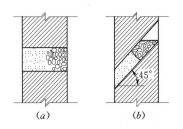

图 5.26　大口井井壁进水孔形式

（a）水平孔；（b）料形孔

斜形孔多为圆形，孔倾斜度不超过 45°，孔径 100～200mm，孔外侧设有格网。斜形孔滤料稳定，易于装填、更换，是一种较好的进水孔形式。进水孔中滤料可分两层填充，每层为半井壁厚度。

与含水层相邻一层的滤料粒径，可按下式确定：

$$D = (6 \sim 8) d_i \tag{5.2}$$

式中　　D——与含水层相邻一层滤料的粒径；

d_i——含水层颗粒的计算粒径。细、粉砂，$d_i = d_{40}$；中砂，$d_i = d_{30}$；粗砂，$d_i = d_{20}$。
d_{40}、d_{30}、d_{20} 分别表示含水层颗粒中粒径小于 d_{40}、d_{30}、d_{20} 占总重量的 40%、30%、20%。

两相邻滤料层粒径比一般为 2～40。

当含水层为砂砾或卵石时，亦可用孔径为 25～500mm 不装滤料的圆形或锥形孔（里大外小）。

2）透水井壁。透水井壁由无砂混凝土制成。透水井壁有多种形式，如：有以 50cm×50cm×20cm 无砂混凝土砌块构成的井壁，也有以无砂混凝土整体浇制的井壁。如井壁高度较大，可在中间适当部位设置钢筋混凝土圈梁，以加强井壁强度，一般每 1～2m 设一道。梁高通常为 0.1～0.2m。

无砂混凝土大口井制作方便，结构简单，造价低，但在细粉砂地层和含铁地下水中易堵塞。

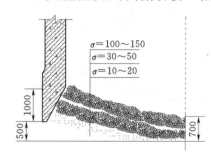

图 5.27　井底反滤层

3）井底反滤层。除大颗粒岩层及裂隙含水层外，在一般含水层中都应铺设反滤层。反滤层一般为 3～4 层，呈锅底状，滤料自下而上逐渐变粗，每层厚度为 200～300mm，如图 5.27 所示。含水层为细、粉砂时，层数和厚度应适当增加。由于刃脚处渗透压力较大，易涌砂，靠刃脚处滤层厚度应加厚 20%～30%。

井底反滤层滤料级配与井壁进水孔相同。

大口井井壁进水孔易于堵塞，多数大口井主要依靠井底进水，故大口井能否达到应有的出水量，井底反滤层质量是重要因素，如反滤层铺设厚度不均匀或滤料不合规格都有可能导致堵塞和翻砂，使出水量下降。

2. 大口井的施工

大口井的施工方法有大开槽法和沉井法，分别介绍如下。

（1）大开挖施工法。在开挖的基槽中，进行井筒砌筑或浇注以及铺设反滤层等工作。大开挖施工的优点是：可以直接采用当地材料（石、砖），便于井底反滤层施工，且可在井壁外围填反滤层，改善进水条件。但此法施工土方量大，施工排水费用高。一般情况，此法只适用于建造口径小（$D < 4$m）、深度浅（$H < 9$m）或地质条件不宜于采用沉井法施工的大口井。

（2）沉井施工法。在井位处先开挖基坑，然后在基坑上浇注带有刃脚的井筒。待井筒达到一定强度后，即可在井筒内挖土。这时井筒靠自重切土下沉。随着井内继续挖土，井筒不断下沉，直至设计标高。如果下沉至一定深度时，由于摩擦力增加而下沉困难时，可外加荷载，克服摩擦力，使井下沉。

井筒下沉时有排水与不排水两种方式。

排水下沉即在下沉过程中进行施工排水，使井筒内在施工过程中保持干涸的空间，便于井内施工操作。其优点是：施工方法简单，方便；可直接观察地层变化；便于发现问题及时排除障碍，易于保持垂直下沉；能保证反滤层铺设质量。缺点是排水费用较高；在细粉砂地层易发生流砂现象，使一般排水方法难于奏效，必要时要采用设备较复杂的井点排水施工。

不排水下沉即井筒下沉时不进行施工排水，利用机械（如抓斗、水力机械）进行水下取土。其优点是：能节省排水费用；施工安全；井内外不存在水位差，可避免流砂现象的发生。在透水性好、水量丰富或细粉砂地层，更应采用此法。缺点是施工时不能及时发现井下的问题，排除故障比较困难。必要时，还需有潜水员配合，且反滤层质量不容易保证。

由上可知，沉井法施工有很多优点，如土方量少、排水费用低、扰动程度轻、对周围建筑物影响小等。因此，在地质条件允许时，应尽量采用沉井施工法。

5.2.3.2 辐射井

1. 辐射井的形式

辐射井是由集水井与若干辐射状铺设的水平或倾斜的集水管（辐射管）组合而成。按集水井本身取水与否，辐射井分为两种形式：一是集水井底（即井底进水的大口井）与辐射管同时进水；二是井底封闭，仅由辐射管集水，辐射管可为单层，也可为多层，如图 5.28 所示为单层辐射管的辐射井。前者适用于厚度较大的含水层（5～10m），但大口井与集水管的集水范围在高程上相近，互相干扰影响较大。后者适用于较薄的含水层（不大于 5m）。由于集水井封底，对于辐射管施工和维修均较方便。

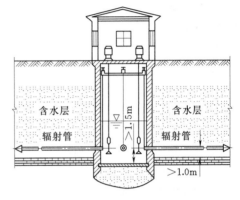

图 5.28 单层辐射管的辐射井

按补给情况，辐射井可分：集取地下水的辐射井，图 5.29（a）即表示集取地下水的辐射井，集取河流或其他地表水体渗透水的辐射井，如图 5.29（b）、（c）所示；集取岸边地下水和河床地下水的辐射井，如图 5.29（d）所示。

按辐射管铺设方式，可分单层辐射管的辐射井（图 5.28）和多层辐射管的辐射井。

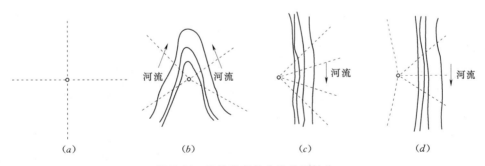

图 5.29 按补给条件分类的辐射井

辐射井是一种适应性较强的取水构筑物。一般不能用大口井开采的、厚度较薄的含水层以及不能用渗渠开采的厚度薄、埋深大的含水层，可用辐射井开采。位于咸水上部的淡水透镜体，较其他取水构筑物更为适宜。

辐射井又是一种高效能地下水取水构筑物。辐射井进水面积大，其单井产水量在各类地下水取水构筑物之首。高产辐射井日产水量在 10 万 m^3 以上。

辐射井还有以下优点：管理集中，占地省，便于卫生防护等。

应该指出，辐射管施工难度较高。辐射井产水量的大小，不仅取决于水文地质条件（如含水层透水性和补给条件）和其他自然条件，而且很大程度上决定于辐射管的施工质量和施工技术水平。

2. 辐射井的构造

以下就辐射井的两个组成部分，即集水井和辐射管的构造介绍如下：

（1）集水井。集水井的作用是汇集从辐射管来的水；安放抽水设备以及作为辐射管施工的场所；对于不封底的集水井还兼有取水井之作用。据上述要求，集水井直径不应小于 3m。我国多数辐射井都采用不封底的集水井，用以扩大井的出水量。但不封底的集水井对辐射管施工及维护均不方便。

集水井通常都采用圆形钢筋混凝土井筒，沉井施工。

（2）辐射管。辐射管的配置可分为单层或多层，每层根据补给情况采用 4～8 根。最下层距含水层底板应不小于 1m，以利于进水。最下层辐射管还应高于集水井井底 1.5m，以便顶管施工。为减小互相干扰，各层应有一定间距。当辐射管直径为 100～150mm 时，层间间距采用 1～3m。

辐射管的直径和长度，视水文地质条件和施工条件而定。辐射管直径一般为 75～100mm。当地层补给条件好，透水性强，施工条件许可时，宜采用大管径。辐射管长度一般在 30m 以内。当设在无压含水层中时，迎地下水水流方向的辐射管宜长一些。

为利于集水和排砂，辐射管应有一定坡度向集水井倾斜。

辐射管一般采用厚壁钢管（壁厚 6～9mm），以便于直接顶管施工。当采用套管施工时，亦可采用薄壁钢管、铸铁管及其他非金属管。辐射管进水孔有条形孔和圆形孔两种，其孔径或缝宽应按含水层颗粒组成确定，参见表 5.2。圆孔交错排列，条形孔沿管轴方向错开排列。孔隙率一般为 15%～20%。为了防止地表水沿集水井外壁下渗，除在井口外围填黏土外，最好在靠近井壁 2～3m 的辐射管上不穿孔眼。

对于封底的辐射井，其辐射管在井内出口处应设闸阀，以便于施工、维修和控制水量。

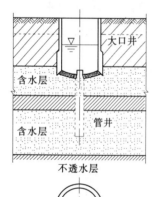

图 5.30 复合井

5.2.3.3 复合井

复合井是大口井与管井的组合。它由非完整式大口井和井底以下设有的一根至数根管井过滤器所组成（图 5.30）。实际上，这是大口井和管井上下重合的分层或分段取水系统。它适用于地下水位较高、厚度较大的含水层。复合井比大口井更能充分利用厚度较大的含水层，增加井的出水量。在水文地质条件适合的地区，比较广泛地作为城镇水源、铁路沿线给水站及农业用井。在已建大口井中，如水文地质条件适当，也可在大口井中打入管井过滤器改造为复合井，以增加井水量和改良水质。模型试验资料表明，当含水层厚度较厚（$\frac{m}{r_0}=3\sim6$，m 为含水层厚度，r_0 为大口井半径）或含水层透水性较差时，采用复合井，水量增加较为显著。

5.2.3.4 渗渠

渗渠即水平铺设在含水层中的集水管（渠）。渗渠可用于集取浅层地下水，如图 5.31 所示。也可铺设在河流、水库等地表水体之下或旁边，集取河床地下水或地表渗透水，如图

5.32 所示。由于集水管是水平铺设的，也称水平式地下水取水构筑物。渗渠的埋深一般为 4～7m，很少超过 10m。因此，渗渠通常只适用于开采深度小于 2m、厚度小于 6m 的含水层。渗渠也有完整式和非完整式之分。

渗渠通常由水平集水管、集水井、检查井和泵站所组成（图 5.31）。

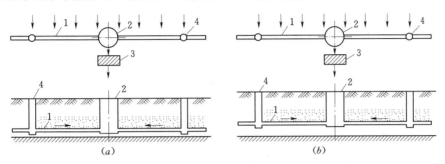

图 5.31　渗渠（集取地下水）
(a) 完整式；(b) 非完整式
1—集水管；2—集水井；3—泵站；4—检查井

集水管一般为穿孔钢筋混凝土管；水量较小时，可用穿孔混凝土管、陶土管、铸铁管；也可用带缝隙的干砌块石或装配式钢筋混凝土暗渠。钢筋混凝土集水管管径应根据水力计算确定。一般在 600～1000mm。管上进水孔有圆孔和条孔两种。圆孔孔径为 20～30mm；条孔宽为 20mm，长度 60～100mm。孔眼内大外小，交错排列于管渠的上 1/2～2/3 部分。孔眼净距满足结构强度要求。但孔隙率一般不应超过 15%。

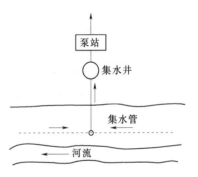

图 5.32　平行于河流布置的渗渠

集水管外需铺设人工反滤层。铺设在河滩下和河床下渗渠反滤层构造分别如图 5.33 (a)、(b) 所示。反滤层的层数、厚度和滤料粒径计算和大口井井底反滤层相同。最内层填料粒径应比进水孔略大。各层厚度可取 200～300mm。

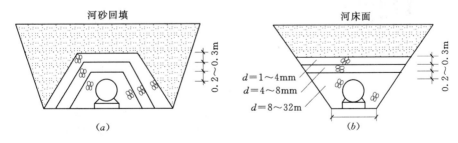

图 5.33　渗渠人工反滤层构造
(a) 铺设在河滩下的渗渠；(b) 铺设在河床下的渗渠

渗渠的渗流允许速度可参照管井的渗流允许流速。

为便于检修、清通，集水管端部、转角、变径处以及每 50～150m 均应设检查井。洪水期能被淹没的检查井井盖应密封，用螺栓固定，防止洪水冲开井盖涌入泥砂，淤塞渗渠。

5.3 地表水取水构筑物

地表水水源较地下水水源一般水量较充沛，分布较广泛，因此常常利用地表水作为给水水源。

由于地表水水源的种类、性质和取水条件各不相同，因而地表水取水构筑物有多种形式。按水源分，则有河流、湖泊、水库、海水取水构筑物，按取水构筑物的构造形式分，则有固定式（岸边式、河床式、斗槽式）和活动式（浮船式、缆车式）两种。在山区河流上，则有带低坝的取水构筑物和低栏栅式取水构筑物。

5.3.1 江河固定式取水构筑物

江河取水构筑物的类型很多，但可分为固定式取水构筑物和活动式取水构筑物两类。在型式选择时，应根据取水量和水质要求，结合河床地形、河床冲淤、水位变幅、冰冻和航运等情况以及施工条件，在保证取水安全可靠的前提下，通过技术经济比较确定。

固定式取水构筑物与活动式取水构筑物相比具有取水可靠、维护管理简单、适应范围广等优点，但投资较大，水下工程量较大，施工期长，在水源水位变幅较大时，尤其这样。固定式取水构筑物设计时应考虑远期发展的需要，土建工程一般按远期设计，一次建成；水泵机组设备可分期安装。

江河固定式取水构筑物主要分为岸边式和河床式两种，另外还有斗槽式等。

5.3.1.1 岸边式取水构筑物

直接从江河岸边取水的构筑物，称为岸边式取水构筑物，是由进水间和泵房两部分组成。它适用于江河岸边较陡，主流近岸，岸边有足够水深，水质和地质条件较好，水位变幅不大的情况。

按照进水间与泵房的合建与分建，岸边式取水构筑物的基本型式可分为合建式和分建式。

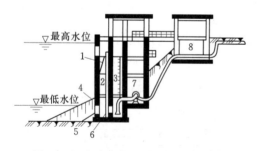

图 5.34　合建式岸边取水构筑物（一）

1—进水间；2—进水室；3—吸水室；4—进水孔；
5—格栅；6—格网；7—泵房；8—阀门井

1. 合建式岸边取水构筑物

合建式岸边取水构筑物是进水间与泵房合建在一起，设在岸边，如图5.34所示。河水经过进水孔进入进水间的进水室，再经过格网进入吸水室，然后由水泵抽送至水厂或用户。在进水孔上设有格栅，用以拦截水中粗大的漂浮物。设在进水间中的格网用以拦截水中细小的漂浮物。

合建式的优点是布置紧凑，占地面积小，水泵吸水管路短，运行管理方便，因而采用较广泛，适用在岸边地质条件较好时。但合建式土建结构复杂，施工较困难。

当地基条件较好时，进水间与泵房的基础可以建在不同的标高上，呈阶梯式布置（图5.34）。这种布置可以利用水泵吸水高度以减小泵房深度，有利于施工和降低造价，但水泵启动时需要抽真空。

当地基条件较差时，为了避免产生不均匀沉降，或者由于供水安全性要求高，水泵需要自灌启动时，则宜将进水间与泵房的基础建在相同标高上（图5.35）。但是泵房较深，土建费用增加，通风及防潮条件差，操作管理不甚方便。

为了缩小泵房面积，减小泵房深度，降低泵房造价，可采用立式泵或轴流泵取水（图5.36）。这种布置将电机设在泵房上层，操作方便，通风条件较好。但立式泵安装较困难，检修不方便。在水位变化较大的河流上，水中漂浮物不多，取水量不大时，也可采用潜水泵取水。潜水泵和潜水电机可以设在岸边进水间内，当岸坡地质条件好时亦可设在岸边斜坡上。这种取水方式结构简单，造价低；但水泵电机淹没在水下，故检修较困难。

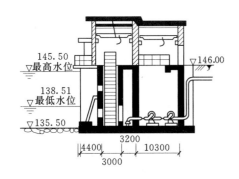 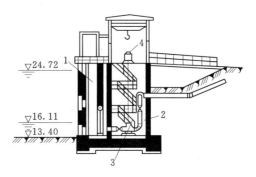

图5.35　合建式岸边取水构筑物（二）　　　　图5.36　合建式岸边取水构筑物（三）

1—进水间；2—泵房；3—立式泵；4—立式电动机

2. 分建式岸边取水构筑物

当岸边地质条件较差，进水间不宜与泵房合建时，或者分建对结构和施工有利时，则宜采用分建式（图5.37）。进水间设于岸边，泵房则建于岸内地质条件较好的地点，但不宜距进水间太远，以免吸水管过长。进水间与泵房之间的交通大多采用引桥，有时也采用堤坝连接。分建式土建结构简单，施工较容易，但操作管理不善，吸水管路较长，增加了水头损失，运行安全性不如合建式。

5.3.1.2　河床式取水构筑物

河床式取水构筑物与岸边式基本相同，

图5.37　分建式岸边取水构筑物

1—进水间；2—引桥；3—泵房

但用伸入江河中的进水管（其末端设有取水头部）来代替岸边式进水间的进水孔。因此，河床式取水构筑物是由泵房、进水间、进水管（即自流管或虹吸管）和取水头部等部分组成。

当河床稳定，河岸较平坦，枯水期主流离岸较远，岸边水深不够或水质不好，而河中又具有足够水深或较好水质时，适宜采用河床式取水构筑物。

河床式取水构筑物的布置如图5.38所示，河水经取水头部的进水孔流入，沿进水管流至集水间，然后由泵抽走。集水间与泵房可以合建，也可以分建。河床式取水构筑物实例如图5.39所示。

按照进水管形式的不同，河床式取水构筑物有以下类型：

1. 自流管取水

图5.38和图5.40分别表示集水间与泵房合建和分建的自流管取水构筑物，河水通过自

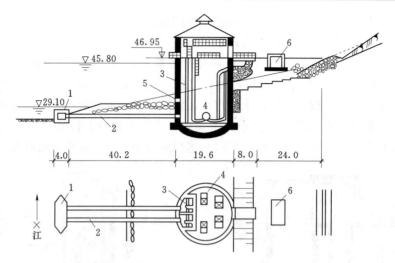

图 5.38 自流管取水构筑物（集水间与泵房合建）

1—取水头部；2—自流管；3—集水间；4—泵房；5—进水孔；6—阀门井

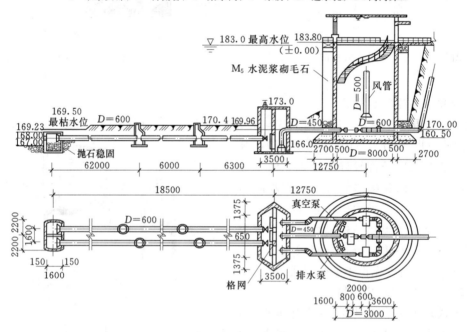

图 5.39 河床式取水构筑物实例

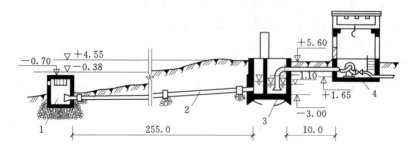

图 5.40 自流管取水构筑物（集水间与泵房分建）

1—取水头部；2—自流管；3—集水间；4—泵房

流管进入集水间。由于自流管淹没在水中，河水靠重力自流，工作较可靠。但敷设自流管时，开挖土石方量较大，适用于自流管埋深不大时，或者在河岸可以开挖隧道以敷设自流管时。

在河流水位变幅较大，洪水期历时较长，水中含沙量较高时，为了避免在洪水期引入底层含沙量较多的水，可在集水间壁上开设进水孔（图5.38），或设置高位自流管，以便在洪水期取上层含沙量较少的水。分层取水对降低进水含沙量有一定作用，但也要结合具体情况采用。某些河流（如山区河流）水位变化频繁，高水位历时不长，采用分层取水不仅操作不便，而且在水位陡落时，如不能及时开启自流管上的阀门，易于造成断水。河水含沙量分布比较均匀时、分层取水意义不大。

2. 虹吸管取水

图5.41为虹吸管取水构筑物。河水通过虹吸管进入集水井中，然后由水泵抽走。当河水位高于虹吸管顶时，无需抽真空即可自流进水；当河水位低于虹吸管顶时，需先将虹吸管抽真空方可进水。在河滩宽阔，河岸较高，且为坚硬岩石，埋设自流管需开挖大量土石方，或管道需要穿越防洪堤时可采用虹吸管。由于虹吸管高度最大可达7m，与自流管相比提高了埋管的高程，因此可大大减少水下土石方量，缩短工期，节约投资。但虹吸管对管材及施工质量要求较高，运行管理要求严格，并需保证严密不漏气；需要装置真空设备，工作可靠性不如自流管。

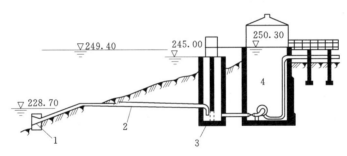

图5.41 虹吸管取水构筑物
1—取水头部；2—虹吸管；3—集水井；4—泵房

3. 水泵直接吸水

如图5.42所示，不设集水间，水泵吸水管直接伸入河中取水。由于可以利用水泵吸水高度以减小泵房深度，又省去集水间，故结构简单，施工方便，造价较低。在不影响航运时，水泵吸水管可以架空敷设在桩架或支墩上。为了防止吸水头部被杂草或其他漂浮物堵塞，可利用水泵从一个头部吸水管抽水，向另一个被堵塞的头部吸水管进行反冲洗。这种形式一般适用于水中漂浮物不多，吸水管不长的中小型取水泵房。

4. 桥墩式取水

整个取水构筑物建在水中，在进水间的壁上设置进水孔，如图5.43所示。由于取水构筑物建

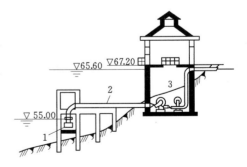

图5.42 直接吸水式取水构筑物
1—取水头部；2—水泵吸水管；3—泵房

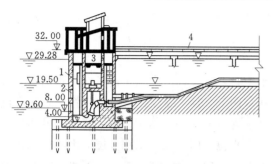

图 5.43 桥墩式取水构筑物

1—进水间；2—进水孔；3—泵房；4—引桥

在江内，缩小了水流过水断面，容易造成附近河床冲刷，因此，基础埋深较大，施工较复杂，此外，还需要设置较长的引桥与岸边连接，非但造价昂贵，而且影响航运，故只宜在大河、含沙量较高、取水量较大、岸坡平缓、岸边无建泵房条件的情况下使用。

5.3.2 江河移动式取水构筑物

在水源水位变幅大、供水要求急和取水量不大时，可考虑采用移动式取水构筑物（浮船式和缆车式）。

1. 浮船式取水构筑物

浮船式取水构筑物具有投资少、建设快、易于施工（无复杂的水下工程）、有较大的适应性和灵活性、能经常取得含沙量少的表层水等优点。因此，在我国西南、中南等地区应用较广泛，如图 5.44～图 5～46 所示。目前一只浮船的最大取水能力已达 30 万 m³/d。但它也存在缺点，例如，河流水位涨落时，需要移动船位，阶梯式连接时尚需拆换接头以致短时停止供水，操作管理麻烦；浮船还要受到水流、风浪、航运等的影响，安全可靠性较差。

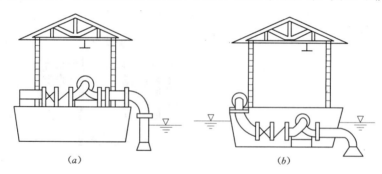

图 5.44 取水浮船竖向布置

（a）上承式；（b）下承式

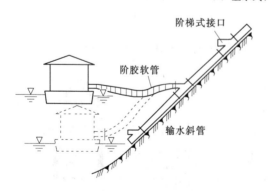

图 5.45 柔性连络管阶梯式连接

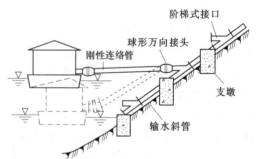

图 5.46 刚性连络管阶梯式连接

2. 缆车式取水构筑物

缆车式取水构筑物由泵车、坡道或斜桥、输水管和牵引设备等部分组成，其布置如图 5.47 所示。当河水涨落时，泵车由牵引设备带动，沿坡道上的轨道上下移动。

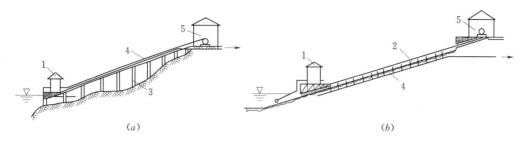

图 5.47 缆车式取水构筑物布置

(a) 斜桥式；(b) 斜墩式

1—泵车；2—坡道；3—斜桥；4—输水斜管；5—卷扬机房

缆车式取水构筑物的优点与浮船取水构筑物基本相同。缆车移动比浮船方便，缆车受风浪影响小，比浮船稳定。但缆车取水的水下工程量和基建投资比浮船取水大，宜在水位变幅较大、涨落速度不大（不超过 2m/h）、无冰凌和漂浮物较少的河流上采用。

缆车取水构筑物位置应选择在河岸地质条件较好，并有 10°～28°的岸坡处为宜。河岸太陡，则所需牵引设备过大，移车较困难；河岸平缓，则吸水管架太长，容易发生事故。

5.3.3 湖泊和水库取水构筑物

我国湖泊较多。解放以来，为了农业灌溉、发电和工业生产用水、人民生活用水，已修建了大量水库，而今后还要修建更多的水库。为了满足工业生产用水和人民生活用水的需要，开发利用湖泊、水库的水资源，从湖泊和水库取水，现已日益增多。

5.3.3.1 湖泊和水库的水文、水质特征

湖泊的地貌形态，在外部因素（主要是水流、风和冰川等）和内部因素（主要是风浪、湖流、水生植物和动物的活动）的作用下，是会发生演变的。在风浪作用下，湖的凸岸一般产生冲刷，而在湖的凹岸（湖湾）多产生淤积。从河流、溪沟中水流带来的泥沙，风吹来的泥沙，湖岸破坏的土石和水生动植物的尸体，都沉积在湖底，颗粒粗的多沉积在湖的沿岸区，颗粒细的则沉积在湖的深水区。

水库实际上是人工湖泊。按其构造可分为湖泊式和河床式两种。湖泊式水库是指被淹没的河谷具有湖泊的形态特征，即面积较宽广，水深较大，库中水流和泥沙运动都接近于湖泊的状态，具有湖泊的水文特征。河床式水库是指淹没的河谷较狭窄，库身狭长弯曲，水深较浅，水库内水流泥沙运动接近于天然河流状态，具有河流的水文特征。

湖泊、水库的储水量，是与湖面、库区的降水量，入湖（入库）的地面、地下径流量等有关；也与湖面、库区的蒸发量，出湖（出库）的地面和地下径流量等有关。

湖泊、水库的水位变化，主要是由水量变化而引起。其年变化规律基本上属于周期性变化。以雨水补给的湖泊，一般最高水位出现在夏秋季节，最低水位出现在冬末春初。干旱地区的湖泊、水库，在融雪及雨季期间，水位陡涨，然后由于蒸发损失引起水位下降，甚至使湖泊、水库蒸发到完全干涸为止。湖泊中的增减水现象，也是引起湖泊水位变化的一个因素。所谓增减水现象，是由于漂流（由于对湖面的摩擦力、与风同时产生的波浪的背压力）将大量的水从湖的背风岸迁移至湖的向风岸，结果在湖的背风岸引起水位下降，向风岸引起水位上升。在水深较大的湖泊，由于增减水现象的出现，还会在水下形成与漂流方向相反的补偿流，如果补偿流的流势大，则湖泊水位变化较小。在有浅滩面积较大的湖岸，由于底部摩擦力的作用，补

偿流的水量不足以补偿增水现象水位升高所需要的水量,因此水位变化较剧烈。这就是在浅水滩大的湖湾向风岸,当冬季刮大风时,造成湖水浊度大大超过夏季暴雨时的湖水浊度的原因。

湖泊、水库是由河流、地下水、降雨时的地面径流作为补给水的,因此其水质与补给水来源的水质有密切关系。因而各个湖泊、水库的水质,其化学成分是不同的。湖泊(或水库)不同位置的化学成分也不完全一样,含盐量也不一样,同时各主要离子间不保持一定的比例关系,这是与海水水质区别之处。湖水水质化学变化常常具有生物作用,这又是与河水、地下水的水质的不同之处。湖泊、水库中的浮游生物较多,多分布于水体上层 10m 深度以内的水域中,如蓝藻分布于水的最上层,硅藻多分布于较深处。浮游生物的种类和数量,近岸处比湖中心多,浅水处比深水处多,无水草处比有水草处多。

5.3.3.2 取水构筑物位置选择

在湖泊、水库取水时,取水构筑物位置选择应注意以下几点:

(1) 不要选择在湖岸芦苇丛生处附近。一般在这些湖区有机物丰富,水生物较多,水质较差,尤其是水底动物(如螺、蚌等)较多,而螺丝等软体动物吸着力强,若被吸入后将会产生严重的堵塞现象。例如,太湖某水厂 DN600 的吸水管,运行 5 年后管壁上附着滋长的丁螺达 100mm 厚,不得不更换吸水管。湖泊中有机物一般比较丰富,就是在非芦苇丛生的湖区,也应考虑在水泵吸水管上投氯,使水底动物和浮游生物在进入取水构筑物时就被杀死,消除后患。

(2) 不要选择在夏季主风向的向风面的凹岸处。因为在这些位置有大量的浮游生物集聚并死亡,沉至湖底后腐烂,从而使水质恶化,水的色度增加,且产生臭味。同时藻类如果被吸入水泵提升至水厂后,还会在沉淀池(特别是斜管沉淀池)和滤池的滤料内滋长,使滤料产生泥球,增大滤料阻力。

(3) 为了防止泥沙淤积取水头部,取水构筑物位置应选在靠近大坝附近,或远离支流的汇入口。因为在靠近大坝附近或湖泊的流出口附近,水深较大,水的浊度也较小,也不易出现泥沙淤积现象。

(4) 取水构筑物应建在稳定的湖岸或库岸处。在风浪水流的冲击下,湖岸、库岸常常会遭到破坏,甚至发生崩坍和滑坡。一般在岸坡坡度较小、岸高不大的基岩或植被完整的湖岸和库岸是比较稳定的地方。

5.3.3.3 湖泊和水库取水构筑物的类型

1. 隧洞式取水和引水明渠取水

隧洞式取水构筑物可采用水下岩塞爆破法施工。这就是在选定的取水隧洞的下游一端,先行挖掘修建引水隧洞,在接近湖底或库底的地方预留一定厚度的岩石,即岩塞,最后采用水下爆破的办法,一次炸掉预留岩塞,从而形成取水口。这一方法,在国内外均获得采用。图 5.48 为隧洞式取水岩塞爆破法示意图。

我国不少取水构筑物,如岳阳电厂从芭蕉湖取水,宣威电厂从钱屯水库取水,鄂城钢铁厂从梁子湖取水,均采用引水明渠的取水方式。

2. 分层取水的取水构筑物

这种取水方式适宜于深水湖泊或水库。在不同

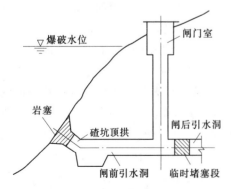

图 5.48 岩塞爆破法示意图

季节、不同水深、深水湖泊或水库的水质相差较大，例如，在夏秋季节，表层水藻类较多，在秋末这些漂浮生物死亡沉积于库底或湖底，因腐烂而使水质恶化发臭。在汛期、暴雨后的地面径流带有大量泥沙流入湖泊水库，使水的浊度骤增，显然泥沙含量越靠湖底、库底越高，如大伙房水库，水深 0.6m 处浊度为 16 度，水深 22.6m 处，浊度高达 160 度。采用分层取水的方式，可以根据不同水深的水质情况，取得低浊度、低色度、无嗅的水。图 5.49 为大连市某水库的坝内合建式取水塔。水库有效库容为 900 万 m^3 时，设计日取水量为 8200m^3。

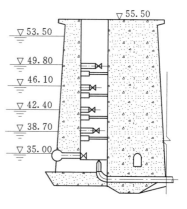

图 5.49 坝内合建式取水塔

3. 自流管式取水构筑物

在浅水湖泊和水库取水，一般采用自流管或虹吸管把水引入岸边深挖的吸水井内，然后水泵的吸水管直接从吸水井内抽水（与河床式取水构筑物类似），泵房与吸水井既可合建，也可分建。图 5.50 为自流管合建式取水构筑物。

以上为湖泊、水库常用的取水构筑物类型，具体选择时应根据水文特征和地形、地貌、气象、地质、施工等条件进行技术经济比较后确定。

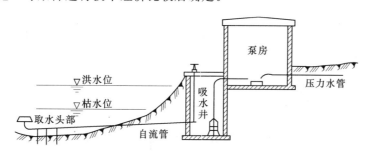

图 5.50 自流管合建式取水构筑物

复 习 思 考 题

1. 我国水资源总量为多少？其中地表水资源分布有何特点？
2. 我国水资源开发存在什么问题？水资源污染状况是否严重？
3. 取水工程的任务是什么？
4. 地表水和地下水各有何特点？
5. 给水水源的选择一般应从哪些方面考虑？
6. 地表水源、地下水源卫生防护主要有哪些要求？
7. 管井由哪些部分组成？管井施工建造一般包括哪些过程？
8. 管井出水量减少的原因有哪些？
9. 大口井主要有哪些部分组成？其施工方法主要有哪两种？
10. 地表水取水构筑物有哪几种类型？
11. 地表水取水构筑物位置选择应注意哪几点？

第6章　城市输配水管网

【主要内容及学习要求】

　　本章节主要阐述了室外输配水管网布置要求及布置形式,给水管网定线以及管网的水力计算方法,同时阐述了输水管渠和分区给水系统。

　　通过学习本章内容,要求学生能够熟悉室外输配水管网布置要求及布置形式,熟悉给水管网定线原则,掌握给水管网沿线流量、节点流量、管段计算流量等的计算方法,掌握给水管径及管路水头损失的计算,掌握输水管渠的计算,熟悉分区给水系统。

　　输水和配水系统是保证输水到给水区内并且配水到所有用户的全部设施。它包括输水管渠、配水管网、泵站、水塔和水池等。

　　对输水和配水系统的总要求是,供给用户所需的水量,保证配水管网足够的水压,保证不间断给水。

　　输水管渠指从水源到城市水厂或者从城市水厂到相距较远管网的管线或渠道。它的作用很重要,在某些远距离输水工程,投资是很大的。

　　管网是给水系统的主要组成部分。它和输水管渠、二级泵站及调节构筑物(水池、水塔等)有密切的联系。

6.1　管网及输水管渠布置

6.1.1　管网布置形式

　　给水管网的布置应满足以下要求:

　　(1) 按照城市规划平面图布置管网,布置时应考虑给水系统分期建设的可能,并留有充分的发展余地。

　　(2) 管网布置必须保证供水安全可靠,当局部管网发生事故时,断水范围应减到最小。

　　(3) 管线遍布在整个给水区内,保证用户有足够的水量和水压。

　　(4) 力求以最短距离敷设管线,以降低管网造价和供水能量费用。

　　尽管给水管网有各种各样的要求和布置,但不外乎两种基本形式:树状网(图6.1)和环状网(图6.2)。树状网一般适用于小城市和小型工矿企业,这类管网从水厂泵站或水塔到用户的管线布置呈树枝状。显而易见,树状网的供水可靠性较差,因为管网中任一段管线损坏时,在该管段以后的所有管线就会断水。另外,在树状网的末端,因用水量已经很小,管中的水流缓慢,甚至停滞不流动,因此水质容易变坏,有出现浑水和红水的可能。

　　环状网中,管线连接成环状,这类管网当任一段管线损坏时,可以关闭附近的阀门使其和其余管线隔开,然后进行检修,水还可从另外管线供应用户,断水的地区可以缩小,从而供水可靠性增加。环状网还可以大大减轻因水锤作用产生的危害。而在树状网中,则往往因此而使管线损坏。但是环状网的造价明显地比树状网为高。

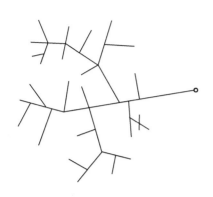

图 6.1 树状网

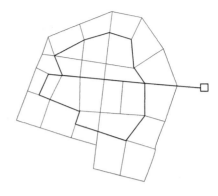

图 6.2 环状网

一般，在城市建设初期可采用树状网，以后随着给水事业的发展逐步连成环状网。实际上，现有城市的给水管网，多数是将树状网和环状网结合起来。在城市中心地区，布置成环状网，在郊区则以树状网形式向四周延伸。供水可靠性要求较高的工矿企业须采用环状网，并用树状网或双管输水到个别较远的车间。

给水管网的布置既要求安全供水，又要贯彻节约投资的原则。而安全供水和节约投资之间不免会产生矛盾，为安全供水采用环状网较好，要节约投资最好采用树状网，在管网布置时，既要考虑供水的安全，又尽量以最短的路线埋管，并考虑分期建设的可能，即先按近期规划埋管，随着用水量的增长逐步增设管线。

6.1.2 管网定线

6.1.2.1 城市管网

城市给水管网定线是指在地形平面图上确定管线的走向和位置。定线时一般只限于管网的干管以及干管之间的连接管，不包括从干管到用户的分配管和接到用户的进水管。图 6.3 中，实线表示干管，管径较大，用以输水到各地区。虚线表示分配管，它的作用是从干管取水供给用户和消火栓，管径较小，常由城市消防流量决定所需最小的管径。

由于给水管线一般敷设在街道下，就近供水给两侧用户，所以管网的形状常随城市的总平面布置图而定。

城市管网定线取决于城市平面布置，供水区的地形，水源和调节水池位置，街区和用户特别是大用户的分布，河流、铁路、桥梁等的位置等，考虑的要点如下：

（1）定线时，干管延伸方向应和二级泵站输水到水池、水塔、大用户的水流方向一致，如图 6.3 中的箭头所示。循水流方向，以最短的距离布置一条或数条干管，干管位置应从用水量较大的街区通过。干管的间距，可根据街区情况，采用 $500 \sim 800 \mathrm{m}$。从经济上来说，给水管网的布置采用一条干管接出许多支管，形成树状网，费用最省，但从供水可靠性着想，以布置几条接近平行的干管

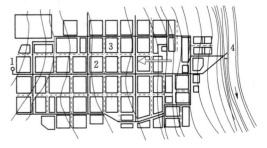

图 6.3 干管和分配管
1—水塔；2—干管；3—分配管；4—水厂

并形成环状网为宜。

干管和干管之间的连接管使管网形成了环状网。连接管的作用在于局部管线损坏时，可以通过它重新分配流量，从而缩小断水范围，较可靠地保证供水。连接管的间距可根据街区的大小考虑在 800～1000m。

（2）干管一般按城市规划道路定线，但尽量避免在高级路面或重要道路下通过，以减小今后检修时的困难。管线在道路下的平面位置和标高，应符合城市或厂区地下管线综合设计的要求，给水管线和建筑物、铁路以及其他管道的水平净距，均应参照有关规定。

考虑了上述要求，城市管网将是树状网和若干环组成的环状网相结合的形式，管线大致均匀地分布于整个给水区。

管网中还须安排其他一些管线和附属设备，例如：

在供水范围内的道路下需敷设分配管，以便把干管的水送到用户和消火栓。分配管直径至少为 100mm，大城市采用 150～200mm，主要原因是通过消防流量时，分配管中的水头损失不致过大，以免火灾地区的水压过低。

城市内的工厂、学校、医院等用水均从分配管接出，再通过房屋进水管接到用户。一般建筑物用一条进水管，用水要求较高的建筑物或建筑物群，有时在不同部位接入两条或数条进水管，以增加供水的可靠性。

6.1.2.2　工业企业管网

工业企业内的管网布置有它的特点。根据企业内的生产用水和生活用水对水质和水压的要求，两者可以合用一个管网，或者可按水质或水压的不同要求分建两个管网。即使是生产用水，由于各车间对水质和水压要求不完全一样，因此在同一工业企业内，往往根据水质和水压要求，分别布置管网，形成分质、分压的管网系统。消防用水管网通常不单独设置，而是由生活或生产给水管网供给消防用水。

根据工业企业的特点，可采取各种管网布置形式。例如生活用水管网不供给消防用水时，可为树状网，分别供应生产车间、仓库、辅助设施等处的生活用水。生活和消防用水合并的管网，应为环状网。

生产用水管网可按照生产工艺对给水可靠性的要求，采用树状网、环状网或两者相结合的形式。不能断水的企业，生产用水管网必须是环状网，到个别距离较远的车间可用双管代替环状网。大多数情况下，生产用水管网是环状网、双管和树状网的结合形式。

大型工业企业的各车间用水量一般较大，所以生产用水管网不像城市管网那样易于划分干管和分配管，定线和计算时全部管线都要加以考虑。

工业企业内的管网定线比城市管网简单，因为厂区内车间位置明确，车间用水量大且比较集中，易于做到以最短的管线到达用水量大的车间的要求。但是，由于某些工业企业有许多地下建筑物和管线，地面上又有各种运输设施，以致定线比较困难。

6.1.3　输水管渠定线

从水源到水厂或水厂到相距较远管网的管、渠叫做输水管渠。当水源、水厂和给水区的位置较近时，输水管渠的定线问题并不突出。但是由于需水量的快速增长以及水源污染的日趋严重，为了从水量充沛、水质良好、便于防护的水源取水，就需有几十公里甚至几百公里外取水的远距离输水管渠，定线就比较复杂。

输水管渠在整个给水系统中是很重要的。它的一般特点是距离长，因此与河流、高地、交通路线等的交叉较多。

输水管渠有多种形式,常用的有压力输水管渠和无压输水管渠。远距离输水时,可按具体情况,采用不同的管渠形式。用得较多的是压力输水管渠,特别是输水管。

多数情况下,输水管渠定线时,缺乏现成的地形平面图可以参照。如有地形图时,应先在图上初步选定几种可能的定线方案,然后到现场沿线踏勘了解,从投资、施工、管理等方面,对各种方案进行技术经济比较后再作决定。缺乏地形图时,则需在踏勘选线的基础上,进行地形测量,绘出地形图,然后在图上确定管线位置。

输水管渠定线时,必须与城市建设规划相结合,尽量缩短线路长度,减少拆迁,少占农田,便于管渠施工和运行维护,保证供水安全;选线时,应选择最佳的地形和地质条件,尽量沿现有道路定线,以便施工和检修;减少与铁路、公路和河流的交叉;管线避免穿越滑坡、岩层、沼泽、高地下水位和河水淹没与冲刷地区,以降低造价和便于管理。这些是输水管渠定线的基本原则。

当输水管渠定线时,经常会遇到山嘴、山谷、山岳等障碍物以及穿越河流和干沟等。这时应考虑:在山嘴地段是绕过山嘴还是开凿山嘴;在山谷地段是延长路线绕过还是用倒虹吸管;遇独山时是从远处绕过还是开凿隧洞通过;穿越河流或干沟时是用过河管还是倒虹吸管等。即使在平原地带,为了避开工程地质不良地段或其他障碍物,也须绕道而行或采取有效措施穿过。

输水管渠定线时,前述原则难以全部做到,但因输水管渠投资很大,特别是远距离输水时,必须重视这些原则,并根据具体情况灵活运用。

路线选定后,接下来要考虑采用单管渠输水还是双管渠输水,管线上应布置哪些附属构筑物,以及输水管的排气和检修放空等问题。

为保证安全供水,可以用一条输水管渠而在用水区附近建造水池进行流量调节,或者采用两条输水管渠。输水管渠条数主要根据输水量、事故时需保证的用水量、输水管渠长度、当地有无其他水源和用水量增长情况而定。供水不许间断时,输水管渠一般不宜少于两条。当输水量小、输水管长或有其他水源可以利用时,可考虑单管渠输水另加调节水池的方案。

输水管渠的输水方式可分成两类:第一类是水源低于给水区,例如取用江河水时,需要采用泵站加压输水,根据地形高差、管线长度和水管承压能力等情况,有时需在输水途中再设置加压泵站;第二类是水源位置高于给水区,例如取用蓄水库水时,有可能采用重力管渠输水。

根据水源和给水区的地形高差及地形变化,输水管渠可以是重力式或压力式。远距离输水时,地形往往有起有伏,采用压力式的较多。重力管渠的定线比较简单,可敷设在水力坡线以下并且尽量按最短的距离供水。

远距离输水时,一般情况往往是加压和重力输水两者的结合形式。有时虽然水源低于给水区,但个别地段也可借重力自流输水;水源高于给水区时,个别地段也有可能采用加压输水,如图 6.4 所示,在 1、3 处设泵站加压,上坡部分如 1—2 段和 3—4 段用压力

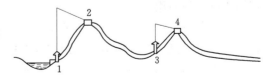

图 6.4 重力管和压力管相结合输水
1、3—泵站;2、4—高位水池

管，下坡部分根据地形采用无压或有压管渠，以节省投资。

为避免输水管渠局部损坏时，输水量降低过多，可在平行的 2 条或 3 条输水管渠之间设置连接管，并装置必要的阀门，以缩小事故检修时的断水范围。

输水管的最小坡度应大于 1∶5D，D 为管径，以 mm 计。输水管线坡度小于 1∶1000 时，应每隔 0.5～1km 装置排气阀。即使在平坦地区，埋管时也应人为地做成上升和下降的坡度，以便在管坡顶点设排气阀，管坡低处设泄水阀。排气阀一般以每公里设一个为宜，在管线起伏处应适当增设。管线埋深应按当地条件决定，在严寒地区敷设的管线应注意防止冰冻。

图 6.5 为输水管的平面和纵断面图。

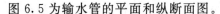
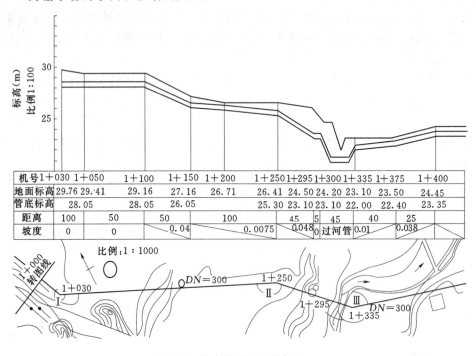

图 6.5　输水管平面和纵断面

6.2　管段流量计算

给水管网的管线主要是由干管系统所组成。干管的基本任务是沿着主要的供水方向把水送到整个供水区域内。在干管之间的适当位置以连通管连接起来，就构成干管管网；再将干管管网上连接配水管线，就组成了配水管网。这个管网的基本任务是直接供给城市中生活、生产用水以及消防用水。

给水工程总投资中，管网所占的费用很大，一般为 70%～80%，因此必须进行多种方案比较，以得到经济合理地满足近期和远期用水的最佳方案。

给水管网的计算就是决定管径和供水时的水头损失。为了确定管径，就必须先确定设计流量。新建和扩建的城市管网按最高时用水量计算，据此求出所有管段的直径、水头损失、水泵扬程和水塔高度（当设置水塔时）。并在此管径基础上，按其他用水情况，如消防时、事故时、对置水塔系统在最大转输时各管段的流量和水头损失，从而可以知道按最高用水时确定的管径和水泵扬程能否满足其他用水时的水量和水压要求。本章所要解决的就是通过管网的流量、每段管子的管径和管段的水头损失三个问题。

6.2.1 沿线流量

给水管网在工作时，水不断地从干管管网流向配水管网，同时沿线向两边供水，因干管和分配管上接出许多用户，水管沿线既有工厂、机关、旅馆等大量用水的单位，也有数量很多但水量较少的居民用水，沿管线配水，情况比较复杂。现取出配水管网上的一段管路，干管配水情况如图 6.6 所示，向两旁用户供水，沿线有数量较多的用户用水 q_1、q_2、q_3、…，每个配水点的流量 q_i 并不大，同时流量也不固定，在不同时间内水量变化很大，因此，管网真实情况确实很复杂。还有分配管的供工厂、机关等大用水户的集中流量 Q_1、Q_2、Q_3、Q_4、…，如图 6.6 所示。各用户用水量大小不等，用水高峰不同时出现，各户用水大小随时间变化，所以在干管管网上每一管段的配水情况都是极其复杂的。

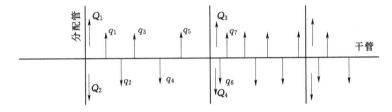

图 6.6　干管配水情况

如果按照实际用水情况来计算管网，非但不可能，并且因用户用水量经常变化也没有必要。因此，计算时往往加以简化，即假定用水量均匀分布在全部干管上，由此算出干管线单位长度的流量，叫做比流量。

$$q_s = \frac{Q - \sum q}{\sum l} \tag{6.1}$$

式中　q_s——比流量，L/(s·m)；

　　　Q——管网供水的总流量，L/s；

　　　$\sum q$——管网供应大用户集中流量的总和，L/s；

　　　$\sum l$——配水的干管有效长度，m，不供水的管段不计算在内，单侧供水的管子只算一半长度，经过无建筑的地区、广场、公园等不予计算管长。

从式（6.1）看出，干管的总长度一定时，比流量随用水量增减而变化，最高用水量和最大转输时的比流量不同，所以在管网计算时须分别计算，城市内人口密度或房屋卫生设备条件不同的地区，也应该根据各区的用水量和干管线长度，分别计算其比流量，以得出比较接近实际用水的结果。

有了比流量 q_s 就可以计算某一管段的配水流量，称之为"沿线流量"。从比流量求出各管段沿线流量的公式如下：

$$q_l = q_s l \tag{6.2}$$

式中　q_l——沿线流量，L/s；

　　　l——该管段的长度，m。

整个管网的沿线流量总和 $\sum q_l$，等于 $q_s \sum l$。从式（6.1）可知，$q_s \sum l$ 值等于管网供给的总用水流量减去大用户集中用水总流量，即等于 $Q-\sum q$。

但是，按照用水量全部均匀分布在干管上的假定，以求出比流量的方法，存在一定的缺陷。因为它忽视了沿线供水人数和用水量的差别，所以与各管段的实际配水量并不一致。为此提出另一种按该管段的供水面积决定比流量的计算方法，即将式（6.1）中的管段总长度用供水区总面积 $\sum A$ 代替，得出的是以单位面积计算的比流量 q_A。这样，任一管段的沿线流量，等于其供水面积和比流量 q_A 的乘积。供水面积可用等分角线的方法来划分街区。在街区长边上的管段，其两侧供水面积均为梯形；在街区短边上的管段，其两侧供水面积均为三角形。如图 6.7 所示，管段 1—2 负担的面积为 A_1+A_2；图 6.8 中，管段 3—4 负担的面积为 A_3+A_4。这种方法虽然比较准确，但计算较为复杂，对于干管分布比较均匀、干管间距大致相同的管网，并无必要按供水面积计算比流量。

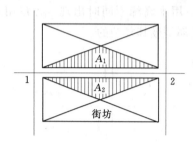
图 6.7　按对角线划分供水面积

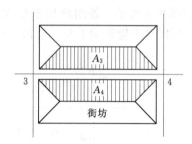
图 6.8　按等分角线划分供水面积

6.2.2　节点流量

管网中管段的流量，由两部分组成：一部分是沿该管段长度 l 配水的沿线流量 q_l；另一部分是通过该管段输水到以后管段的转输流量 q_t。转输流量沿整个管段不变，而沿线流量由

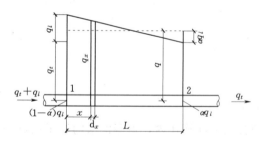
图 6.9　沿线流量折算成节点流量

于管段沿线配水，所以管段中的流量顺水流方向逐渐减少，到管段末端只剩下转输流量。如图 6.9 所示，管段 1—2 起端 1 的流量等于转输流量 q_t 加沿线流量 q_l，到末端 2 只有转输流量 q_t，因此每一管段从起点到终点的流量是变化的。对于流量变化的管段，难以确定管径和水头损失，所以有必要将沿线流量转化成从节点流出的流量。这样，沿管线不再有流量流出，即管段中的流量不再沿管线变化，就可根据该流量确定管径。

沿线流量转化成节点流量的原理是求出一个沿线不变的折算流量 q，使它产生的水头损失等于实际上沿线变化的流量 q_x 产生的水头损失。

图 6.9 中的水平虚线表示沿线不变的折算流量 q：

$$q=q_t+\alpha q_l \tag{6.3}$$

式中 α 叫折算系数，是把沿线变化的流量折算成在管段两端节点流出的流量，即节点流量系数。按沿线流量转化成节点流量的原理，经推导，可得到折算系数：

$$\alpha=\sqrt{\gamma^2+\gamma+\frac{1}{3}}-\gamma \tag{6.4}$$

式中，$\gamma=\dfrac{q_t}{q_l}$。式（6.4）表明，折算系数 α 只和 γ 值有关。在管网末端的管段，因转输流量 q_t 为零，则 $\gamma=0$，得：

$$\alpha=\sqrt{\frac{1}{3}}=0.557$$

如果 $\gamma=100$，即转输流量远大于沿线流量的管段（在管网的起端），折算系数为：

$$\alpha=0.5$$

由此可见，因管段在管网中的位置不同，γ 值不同，折算系数 α 值也不等。一般而言，在靠近管网起端的管段，因转输流量比沿线流量大得多，α 值接近 0.5；相反，靠近管网末端的管段，α 值大于 0.5。通常为了便于管网计算，统一采用 $\alpha=0.5$，即将沿线流量折半作为管段两端的节点流量，解决工程问题时，已足够精确。

因此，管网任一节点的节点流量为：

$$q_i=\alpha\sum q_l=0.5\sum q_l \tag{6.5}$$

即任一节点 i 的节点流量 q_i 等于与该节点相连各管段的沿线流量 q_l 总和的一半。

城市管网中，工业企业等大用水户所需流量，可直接作为接入大用水户的节点流量。工业企业内的生产用水管网，用水量大的车间，用水量也可以直接作为节点流量。

这样，管网图上只有集中在节点的流量，包括由沿线流量折算的节点流量和大用水户的集中流量。管网计算中，节点流量一般在管网计算图的节点旁引出箭头注明，以便于进一步计算。

6.2.3　管段计算流量

求出节点流量后，即可进行管网的流量分配，分配到各管段的流量已经包括了沿线流量和转输流量。求出各管段流量后，即可根据该流量确定管径和进行水力计算，所以流量分配在管网计算中是一个重要环节。

1. 枝状网

以图 6.10 单水源的枝状网为例。图中从水源（二级泵站，高地水池等）供水到枝状网各节点的水流方向只有一个，如果任一管段发生事故时，该管段以后的地区就会断水，因此任一管段的流量等于该管段以后（顺水流方向）所有节点流量的总和。

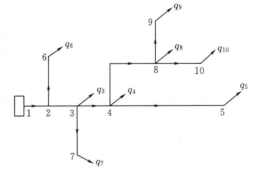

图 6.10　枝状网流量分配

例如，图 6.10 中管段 3—4 的流量为：

$$q_{3-4}=q_4+q_5+q_8+q_9+q_{10}$$

可以看出，枝状网的流量分配比较简单，各管段的流量容易确定，并且每一管段只有唯一的流量值。

2. 环状网

环状网的流量分配比较复杂。因各管段的流量与以后各节点流量没有直接的联系。但环状网流量分配时必须保持每一节点的水流连续性，也就是流向任一节点的流量必须等于流离该节点的流量，以满足节点流量平衡的条件，用公式表示为：

$$q_i+\sum q_{ij}=0 \tag{6.6}$$

式中 q_i——节点 i 的节点流量；

　　　q_{ij}——从节点 i 到节点 j 的管段流量。

　　假定离开节点的管段流量为正，流向节点的为负。

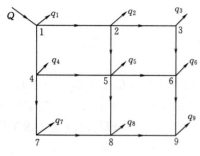

图 6.11 环状网流量分配

则以图 6.11 的节点 1 为例，离开节点的流量为 q_1，q_{1-2}，q_{1-4}，流向节点的流量为 Q，因此根据式 (6.6) 得：

$$-Q+q_1+q_{1-2}+q_{1-4}=0$$

或

$$Q-q_1=q_{1-2}+q_{1-4}$$

　　可以看出，对节点 1 来说，即使进入管网的总流量 Q 和节点流量 q_1 已知，各管段的流量，如 q_{1-2} 和 q_{1-4} 等值，还可以有不同的分配，即有不同的管段流量。假设在分配流量时，对其中的一条，例如管段 1—2 分配很大的流量 q_{1-2}，而另一管段 1—4 分配很小的流量 q_{1-4}，因 $q_{1-2}+q_{1-4}$ 仍等于 $Q-q_1$，即保持水流的连续性，这时敷管费用虽然比较经济，但明显和安全供水产生矛盾。因为当流量很大的管段 1—2 损坏需要检修时，全部流量必须在管段 1—4 中通过，使该管段的水头损失过大，从而影响到整个管网的供水量或水压。

　　因此，环状网流量分配时，应同时考虑经济性和可靠性。经济性是指流量分配后得到的管径，应使一定年限内的管网建造费用和管理费用最小。可靠性是指能向用户不间断地供水，并且保证应有的水量、水压和水质。很清楚，经济性和可靠性之间往往难以兼顾，一般只能在满足可靠性的要求下，力求管网最为经济。

　　环状网流量分配的步骤是：

　　(1) 按照管网的主要供水方向，先拟定各管段的水流方向，并选定整个管网的控制点。控制点是管网正常工作时和事故时必须保证所需水压的点。

　　(2) 为了可靠供水，从二级泵站到控制点之间选定几条主要的平行干管线，这些平行干管中尽量均匀分配流量，并且符合水流连续性即满足节点流量平衡的条件。这样一条干管损坏，流量由其他干管转输时，不会使这些干管中的流量增加过多。

　　(3) 与干管垂直的连接管，其作用主要是沟通平行干管之间的流量，有时起到一定的输水作用，有时只是就近供水到用户，平时流量一般不大，只有在干管损坏时才转输较大的流量，因此连接管中可分配较少的流量。

　　多水源管网，应由每一水源的供水量定出其大致供水范围，初步确定各水源的供水分界线，然后从各水源开始，循供水主流方向按每一节点符合 $q_i+q_{ij}=0$ 的条件，以及经济和安全供水的考虑，进行流量分配。位于分界线上各节点的流量，往往由几个水源同时供给。各水源供水范围内的全部节点流量加上分界线上由该水源供应的节点流量之和，应等于该水源的供水量。

　　环状网流量分配后即可得出各管段的计算流量，由此流量即可确定管径。

6.3 管 径 计 算

　　根据管网流量分配后得到的各个管段的计算流量，按下式计算管段直径：

$$D = \sqrt{\frac{4q}{\pi v}} \qquad (6.7)$$

从上式可知，管径不仅与管段流量有关，而且与管段内流速有关，如果管段的流量已知，但流速未定，管径还是无法确定，因此欲确定管径必须先选定流速。

为了防止管网因水锤现象出现事故，最大设计流速不应超过 $2.5\sim3m/s$；在输送混浊的原水时，为了避免水中悬浮物质在水管内沉积，最低流速通常不得小于 $0.6m/s$。可见技术上允许的流量幅度是较大的。因此，需在上述流速范围内，根据当地的经济条件，考虑管网的造价和经营管理费用，来选定合适的流速。

从式（6.7）可以看出，流量一定时，管径和流速的平方根成反比。流量相同时，如果流速取得小些，管径相应增大，此时管网造价增加，可是管段中的水头损失却相应减少，因此水泵所需扬程可以降低，经常的输水电费可以节约。相反，如果流速用得大些，管径虽然小，管网造价有所降低，但因水头损失增大，经常的电费势必增加。因此，一般采用优化方法求得流速或管径的最优解，在数学上表现为求一定年限 t（称为投资偿还期）内管网造价和管理费用（主要是电费）之和为最小的流速，称为经济流速，以此来确定管径。

设 C 为一次投资的管网造价，M 为每年管理费用，则在投资偿还期 t 年内的总费用如式（6.8）所示。管理费用中包括电费 M_1 和折旧费（包括大修费）M_2，因后者和管网造价有关，按管网造价的百分数计，可表示为 $\frac{p}{100}C$，由此得出：

$$W_t = C + Mt \qquad (6.8)$$

$$W_t = C + \left(M_1 + \frac{p}{100}C\right)t \qquad (6.9)$$

式中　p——管网的折旧和大修率，以管网造价的百分数计。

如以一年为基础求出年折算费用，即有条件地将造价折算为一年的费用，则得年折算费用为：

$$W = \frac{C}{t} + M = \left(\frac{1}{t} + \frac{p}{100}\right)C + M_1 \qquad (6.10)$$

管网造价和管理费用都和管径有关。当流量已知时，则造价和管理费用与流速 v 有关，因此年折算费用既可以用流速 v 的函数也可以用管径 D 的函数表示。流量一定时，如管径 D 增大（v 相应减少），则式（6.10）中右边第 1 项管网造价和折旧费增大，而第 2 项电费减少。这种年折算费用 W 和管径 D 以及年折算费用 W 和流速 v 的关系，分别如图 6.12 和图 6.13 所示。

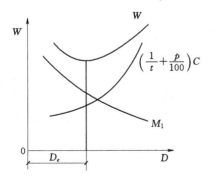

图 6.12　年折算费用与管径的关系

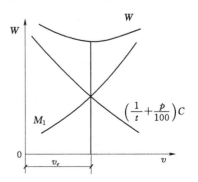

图 6.13　年折算费用与流速的关系

从图 6.12 和图 6.13 可以看出,年折算费用 W 存在最小值,其相应的管径和流速称为经济管径 D_e 和经济流速 v_e。各城市的经济流速值应按当地条件,如水管材料和价格、施工费用、电费等来确定,不能直接套用其他城市的数据。另一方面,管网中各管段的经济流速也不一样,需随管网图形、该管段在管网中的地位、该管段流量和管网总流量的比例等决定。

由于实际管网的复杂性,加之情况在不断变化,例如流量在不断增加,管网逐步扩展,许多经济指标如水管价格、电费等也随时变化,要从理论上计算管网造价和年管理费用相当复杂且有一定的难度。在条件不具

表 6.1　平均经济流速

管径(mm)	平均经济流速(m/s)
$D=100\sim400$	$0.6\sim0.9$
$D\geqslant400$	$0.9\sim1.4$

备时,设计中也可采用平均经济流速(表 6.1)来确定管径,得出的是近似经济管径。一般大管径可取较大的平均经济流速,小管径可取较小的平均经济流速。

6.4 管段水头损失计算

6.4.1 管(渠)道总水头损失

管(渠)道总水头损失,可按下列公式计算:

$$h_z = h_y + h_j \tag{6.11}$$

其中

$$h_j = \sum \xi \frac{v^2}{2g} \tag{6.12}$$

式中　h_z——管(渠)道总水头损失,m;

　　　h_y——管(渠)道沿程水头损失,m;

　　　h_j——管(渠)道局部水头损失,m;

　　　ξ——管(渠)道局部水头损失系数。

管道局部水头损失与管线的水平及竖向平顺等情况有关。调查国内几项大型输水工程的管道局部水头损失数值,一般占沿程水头损失的 5%～10%。所以一些工程在可研阶段,根据管线的敷设情况,管道局部水头损失可按沿程水头损失的 5%～10%计算。

配水管网水力平差计算中,一般不考虑局部水头损失,主要考虑沿程水头损失。因为配件和附件如弯管、渐缩管和阀门等的局部水头损失与沿程水头损失相比很小,通常忽略不计,由此产生的误差极小。

6.4.2 管(渠)道沿程水头损失

改革开放以来给水工程所用管材发生很大变化。灰口铸铁管逐步淘汰,塑料管材(如热塑性的聚氯乙烯管和聚乙烯管,以及热固性的玻璃纤维增强树脂夹砂管等)品种愈来愈多,规格愈来愈齐全,在给水工程得到了愈来愈广泛的应用。近年来,大口径预应力钢筒管道生产技术已广泛应用在输水工程上。此外,应用历史较长的钢管的防腐技术有了进展,已普遍采用水泥砂浆和涂料作内衬。这样原室外给水设计规范中所采用的以旧钢管和旧铸钢管为研究对象建立的舍维列夫水力计算公式的适用性愈来愈小。《建筑给水排水设计规范》(GB 50015—2003)对原采用的水力公式进行了修正,明确采用海澄—威廉公式作为各种管材水力计算公式。各种塑料管技术规程也规定了相应的水力计算公式。

欧美国家采用的水力计算公式和配水管网计算软件,一般多用海澄—威廉公式。该公式

也在国内的一些工程实践中应用，效果较好。由于各种管材的内壁粗糙度不同，以及受水流流态（雷诺数 Re）的影响，很难采用一种公式进行各种材质的管道沿程水头损失计算。根据国内外有关水力计算公式的应用情况和国内常用管材料的种类与水流流态的状况，并考虑与相关规范（标准）在水力计算方面的协调，《室外给水设计规范》（GB 50013—2006）制定了3种类型的水力计算公式。

1. 塑料管及内衬与内涂塑料的钢管

通常按达西公式计算：

$$h_y = \lambda \frac{l}{d_j} \frac{v^2}{2g} \tag{6.13}$$

式中　λ——沿程阻力系数；

　　　l——管段长度，m；

　　　d_j——管道计算内径，m；

　　　v——管道断面水流平均流速，m/s；

　　　g——重力加速度，m/s²。

式（6.13）是达西于1867年根据前人的观测资料和实践经验总结、归纳出来的一个通用公式，称为达西公式。该公式对于计算各种流态下的管道沿程水头损失都能适用。式中的无量纲系数 λ 不是一个常数，它包括公式中已有所反映的和还没有反映的那些影响水头损失的因素。所以该公式的表面形式并不完全反映式中各量之间的真实关系，但它把水头损失的问题转化为求阻力系数的问题。因此，式（6.13）中的沿程阻力系数 λ 的计算，应根据不同情况选择相应的计算公式。《埋地聚氯乙烯给水管道技术规程》（CECS17）规定沿程阻力系数 λ 按布拉修斯公式 $\lambda = \dfrac{0.304}{Re^{0.239}}$ 计算。《埋地硬聚氯乙烯给水管道工程技术规程》（CJJ 101）规定沿程阻力系数 λ 按柯列布鲁克—怀特公式 $\dfrac{1}{\sqrt{\lambda}} = -2\lg\left[\dfrac{2.51}{Re\sqrt{\lambda}} + \dfrac{\Delta}{3.72d_j}\right]$ 计算，其中，Δ 为管道当量粗糙度（mm），见表6.2。

在层流中 $\lambda = 64/Re$，即 λ 仅与雷诺数有关，与管壁粗糙无关。

表6.2　　　　　各种管道沿程水头损失水力计算参数（n、C_h、Δ）值

管　道　种　类		粗糙系数 n	海澄—威廉系数 C_h	当量粗糙度 Δ（mm）
钢管、铸铁管	水泥砂浆内衬	0.011～0.012	120～130	
	涂料内衬	0.0105～0.0115	130～140	
	旧钢管、旧铸铁管（未作内衬）	0.014～0.018	90～100	
混凝土管	预应力混凝土管（PCP）	0.012～0.013	110～130	
	预应力钢筒混凝土管（PCCP）	0.011～0.0125	120～140	
矩形混凝土管 DP（渠）道（现浇）		0.012～0.014	—	—
化学管材（聚乙烯管、聚氯乙烯管、玻璃纤维增强树脂夹砂管等），内衬与内涂塑料的钢管		—	140～150	0.010～0.030

2. 混凝土管（渠）及采用水泥砂浆内衬的金属管道

输配水的水头损失计算中，绝大多数按紊流状态计算。

由于紊流的复杂性，式（6.13）中沿程阻力系数 λ，目前还不能像层流那样严格地从理论上推导出来。现有确定沿程阻力系数 λ 的公式可分为两类：其一是根据紊流沿程损失的实测资料综合而成的纯经验公式；其二是以紊流的半经验理论为基础，结合实验结果得到的半经验公式。

1775 年谢才（Chézy）提出的计算均匀流的经验公式（称为谢才公式）：

$$v = C\sqrt{Ri} \tag{6.14}$$

由式（6.14）得：

$$i = \frac{h_y}{l} = \frac{v^2}{C^2 R} \tag{6.15}$$

式中 i——管段单位长度的水头损失（水力坡度）；

C——流速系数（谢才系数）；

R——水管的水力半径，m。

巴甫洛夫斯基给出了式（6.15）中流速系数（谢才系数）C 的经验公式：

$$C = \frac{1}{n}R^y \tag{6.16}$$

其中

$$y = 2.5\sqrt{n} - 0.13 - 0.75(\sqrt{n} - 0.10)\sqrt{R} \tag{6.17}$$

式中 y——指数；

n——管（渠）道的粗糙系数，见表 6.2。

式（6.17）适用于：$0.1 \leqslant R \leqslant 3.0$；$0.011 \leqslant n \leqslant 0.040$。

管道计算时，y 值也可取 1/6，即按下式计算

$$C = \frac{1}{n}R^{\frac{1}{6}} \tag{6.18}$$

将式（6.15）进行变换：

$$i = \frac{h_y}{l} = \frac{v^2}{C^2 R} = \frac{2g}{C^2 R}\frac{v^2}{2g} = \frac{8g}{C^2 d_j}\frac{v^2}{2g} = \frac{\lambda}{d_j}\frac{v^2}{2g} \tag{6.19}$$

其中

$$R = \frac{d_j}{4}, \quad \lambda = \frac{8g}{C^2}$$

式中 R——水力半径；

d_j——管道计算内径；

λ——阻力系数。

式（6.19）用设计流量 q 表示时，水力坡度为：

$$i = \frac{h_y}{l} = \frac{\lambda}{d_j}\frac{q^2}{\left(\frac{\pi}{4}d_j^2\right)^2 2g} = \frac{64}{\pi^2 C^2 d_j^5}q^2 = \alpha q^2 \tag{6.20}$$

式中，$\alpha = \dfrac{64}{\pi^2 C^2 d_j^5}$，叫做比阻。

则水头损失公式为：

$$h_y = il = \alpha l q^2 = s q^2 \tag{6.21}$$

式中，$s = \alpha l$，称为水管摩阻，单位 s^2/m^5。

对于混凝土管和钢筋混凝土管，因为 $n = 0.012 \sim 0.013$，则由式（6.18）可计算出不同 n 值时的流速系数（谢才系数）C，将计算得到的 C 值带入式（6.20），得出以下公式：

$$n = 0.013 \text{ 时}，i = 0.001743 \frac{q^2}{d_j^{5.33}} \quad \alpha = \frac{0.001743}{d_j^{5.33}} \tag{6.22}$$

$$n = 0.012 \text{ 时}，i = 0.001482 \frac{q^2}{d_j^{5.33}} \quad \alpha = \frac{0.001482}{d_j^{5.33}} \tag{6.23}$$

式（6.22）、式（6.23）的比阻 α 值可按不同的管径 d_j 列成表格，工程上可以直接通过查表求 α 值。

就谢才公式本身而言，式（6.14）适用于有压或无压均匀流动的各阻力区。但是，上述直接计算流速系数（谢才系数）C 的经验公式中，只包括 n 和 R，不包括流速 v 和运动黏滞系数 ν，也就是与雷诺数 Re 无关。因此，如果直接应用上述经验公式（6.16）和式（6.18）计算谢才系数 C 时，谢才系数公式就仅适用于紊流粗糙管区。

3. 输配水管道、配水管网水力平差计算

输配水管道、配水管网水力平差采用海澄—威廉（A. Hazen，G. S. williams）公式计算：

$$i = \frac{h_y}{l} = \frac{10.67 q^{1.852}}{C_h^{1.852} d_j^{4.87}} \tag{6.24}$$

式中　q——设计流量，m^3/s；

　　　C_h——海澄—威廉系数，见表 6.2；

　　　其他符号意义同前。

6.5　给水管网水力计算

6.5.1　枝状网的水力计算

枝状网的计算比较简单，主要原因是枝状网中每一管段的流量容易确定，只要在每一节点应用节点流量平衡条件 $q_i + \sum q_{ij} = 0$，无论从二级泵站起顺水流方向推算，或是从控制点起向二级泵站方向推算，只能得到唯一的管段流量，或者说枝状网只有唯一的流量分配。任一管段的流量确定后，即可按经济流速求出管径，并求得水头损失。此后，选定一条干线，例如从二级泵站到控制点的任一条干管线，将此干线上各管段的水头损失相加，求出干线的总水头损失，由该水头损失即可求出二级泵站的水泵扬程或水塔高度。这里，控制点的选择很重要，在保证该点水压达到最小服务水头时，整个管网不会出现水压不足的地区。如果控制点选择不当而出现某些地区水压不足时，应重新选定控制点进行计算。

干线计算完成以后，可得出干线上各节点包括接出支线处节点的水压标高（等于节点处地面标高加服务水头）。因此，在计算枝状网的支线时，起点的水压标高已知，而支线终点的水压标高等于终点地面标高与服务水头之和。支线起点和终点的水压标高之差除以支线长度，即得支线的水力坡度，再从支线每一管段的流量并参照此水力坡度选定相近的标准管径。

【例 6.1】　某城市供水区最高日最高时用水量为 $0.09375\text{m}^3/\text{s}$，要求最小服务水头为 157kPa（15.7m）。节点 4 接某工厂，工业用水量为 $400\text{m}^3/\text{d}$，两班制，均匀使用。城市地形平坦，地面标高 5.00m，水管管材按旧钢管考虑。管网布置如图 6.14 所示，试求水塔高度和水泵扬程。

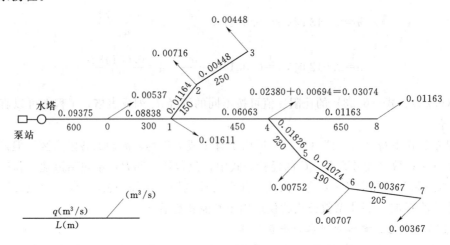

图 6.14　枝状网水力计算图

【解】　（1）最高日最高时设计水量：

$$Q_{设} = Q_{最高时} = 0.09375\text{m}^3/\text{s}$$

$$Q_{工} = 400/(16 \times 3600) = 0.00694 \quad (\text{m}^3/\text{s})$$

（2）管线总长度：$\sum L = 3025\text{m}$，其中水塔到节点 0 的管段两侧无用户。

（3）比流量：$q_s = \dfrac{0.09375 - 0.00694}{3025 - 600} = 0.0000358\text{m}^3/(\text{m}\cdot\text{s})$

（4）沿线流量：见表 6.3。

表 6.3　　　　　　　　　　　　　　沿 线 流 量 计 算

管　　段	管段长度（m）	沿线流量（m³/s）
0—1	300	×0.0000358　0.01074
1—2	150	0.00537
2—3	250	0.00895
1—4	450	0.01611
4—8	650	0.02327
4—5	230	0.00823
5—6	190	0.00680
6—7	205	0.00734
合计	2425	0.08681

（5）节点流量：见表 6.4。

表 6.4　　　　　　　　　　　节　点　流　量　计　算

节　点	节点流量（m³/s）
0	1/2×0.01074＝0.00537
1	1/2（0.01074＋0.00537＋0.01611）＝0.01611
2	1/2（0.00537＋0.00895）＝0.00716
3	1/2×0.00895＝0.00448
4	1/2（0.01611＋0.02327＋0.00823）＋0.00694＝0.03074
5	1/2（0.00823＋0.00680）＝0.00752
6	1/2（0.00680＋0.00734）＝0.00707
7	1/2×0.00734＝0.00367
8	1/2×0.02327＝0.01163
合　计	0.09375

（6）因城市用水区地形平坦，控制点选在离泵站最远的节点 8。干管各管段的水力计算见表 6.5。管径按平均经济流速（表 6.1）选用。

表 6.5　　　　　　　　　　　干　管　水　力　计　算

干管	流量（m³/s）	流速（m/s）	管径（mm）	管段长度（m）	水力坡度（m/m）	水头损失（m）
水塔—0	0.09375	0.75	400	600	0.00251	1.51
0—1	0.08838	0.70	400	300	0.00225	0.67
1—4	0.06063	0.86	300	450	0.00454	2.04
4—8	0.01163	0.66	150	650	0.00624	4.06
						$\sum h=8.28$

表 6.5 中的水头损失是按海澄—威廉（A. Hazen，G. S. williams）公式（6.24）计算得到水力坡度 i 后，乘以管段长度得到的。海澄—威廉系数 C_h 由表 6.2 查得旧钢管为 90～100，取 95。

（7）干管上各支管接出处节点的水压标高：

节点 4：15.70＋5.00＋4.06＝24.76（m）

节点 1：24.76＋2.04＝26.80（m）

节点 0：26.80＋0.67＝27.47（m）

水塔：27.47＋1.51＝28.98（m）

各支线的允许水力坡度为：

$$i_{1-3}=\frac{26.80-(15.7+5)}{150+250}=\frac{6.10}{400}=0.01525$$

$$i_{4-7}=\frac{24.76-(15.7+5)}{230+190+205}=\frac{4.06}{625}=0.006496$$

参照水力坡度和流量选定支线各管段的管径和流速，并以此计算管段的水头损失，计算结果示于表 6.6。

表 6.6　　　　　　　　　　　　　　支 线 水 力 计 算

管　　段	流量 （m³/s）	管径 （mm）	管段长度 （m）	水力坡度 （m/m）	水头损失 （m）
1－2	0.01164	150	150	0.00625	0.94
2－3	0.00448	100	250	0.00768	1.92
4－5	0.01826	200	230	0.00355	0.82
5－6	0.01074	150	190	0.00539	1.02
6－7	0.00367	100	205	0.00531	1.09

　　表中管径是参照水力坡度和流量，按照海澄—威廉公式（6.24）计算得到的。参照水力坡度和流量选定支线各管段的管径时，应注意市售标准管径的规格，还应注意支线各管段水头损失之和不得大于允许的水头，例如支线 4—5—6—7 的总水头损失为 2.93m，而允许的水头损失按支线起点和终点的水压标高差计算为 4.06m，符合要求，否则须调整管径重新计算，直到满足要求为止。由于标准管径的规格不多，可供选择的管径有限，所以调整的次数不多。

　　（8）求水塔高度和水泵扬程。按水塔高度计算公式：$H_t = H_c + h_n - (Z_t - Z_c)$ 得到水塔水柜底高于地面的高度：

$$H_{塔} = 15.70 + 5.00 + 4.06 + 2.04 + 0.67 + 1.51 - 5.00 = 23.98 （m）$$

　　水塔建于水厂内，靠近泵站，因此水泵扬程为：

$$H_{泵} = 5.00 + 23.98 + 3.0 - 4.70 + 3.00 = 30.28 （m）$$

　　上式中 3.00m 为水塔的水深，4.70m 为泵站吸水井最低水位标高，3.00m 为泵站内和到水塔的管线总水头损失。

6.5.2　环状网的水力计算

6.5.2.1　环状网水力计算的原理

　　管网计算目的在于求出各水源节点（如泵采站、水塔等）的供水量、各管段中的流量和管径以及全部节点的水压。

　　首先分析环状网水力计算的条件。对于任何环状网，管段数 P、节点 J（包括泵站、水塔等水源节点）和环数 L 之间存在下列关系：

$$P = J + L - 1 \qquad\qquad (6.25)$$

　　管网计算时，节点流量、管段长度、管径和阻力系数等已知，需要求解的是管网各管段的流量或水压，所以 P 个管段就有 P 个未知数。由式（6.25）可知，环状网计算时必须列出 $J + L - 1$ 个方程，才能求出 P 个流量。

　　管网计算的原理是基于质量守恒和能量守恒，由此得出连续性方程和能量方程。

　　所谓连续性方程，就是对于任一节点来说，流向该节点的流量必须等于从该节点流出的流量，如式（6.6）所示。式（6.6）中的 q_{ij} 值的符号可以任意假定，这里假设离开节点的流量为正，流向节点的流量为负。连续性方程是和流量成一次方关系的线性方程。如管网有 J 个节点，只可写出类似于式（6.6）的独立方程 $J - 1$ 个。因为其中任一方程可从其余方程导出：

$$
\left.\begin{array}{c}
(q_i + \sum q_{ij})_1 = 0 \\
(q_i + \sum q_{ij})_2 = 0 \\
\vdots \\
(q_i + \sum q_{ij})_{j-1} = 0
\end{array}\right\} \tag{6.26}
$$

能量方程表示管网每一环中各管段的水头损失总和等于零的关系。这里采用水流顺时针方向的管段水头损失为正,逆时针方向的为负。由此得出:

$$
\left.\begin{array}{c}
\sum (h_{ij})_{\text{I}} = 0 \\
\sum (h_{ij})_{\text{II}} = 0 \\
\vdots \\
\sum (h_{ij})_L = 0
\end{array}\right\} \tag{6.27}
$$

式中:I,II,…,L 表示管网各环的编号。

如果水头损失用指数公式 $h = sq^n$ 表示时,则式(6.27)可写成:

$$
\left.\begin{array}{c}
\sum (s_{ij}q_{ij}^n)_{\text{I}} = 0 \\
\sum (s_{ij}q_{ij}^n)_{\text{II}} = 0 \\
\vdots \\
\sum (s_{ij}q_{ij}^n)_L = 0
\end{array}\right\} \tag{6.28}
$$

表示管段流量和水头损失的关系,可由 $h = sq^n$ 导出:

$$
q_{ij} = (h_{ij}/s_{ij})^{\frac{1}{n}} = \left(\frac{H_i - H_j}{s_{ij}}\right)^{1/n} \tag{6.29}
$$

式中 i、j——从节点 i 到节点 j 的管段;

H_i、H_j——节点 i 和节点 j 对某一基准点的水压,m;

h_{ij}——管段 i—j 的水头损失;

s_{ij}——管段 i—j 的摩阻。

将式(6.29)代入连续性方程式(6.6)中,得到流量和水头损失的关系如下:

$$
q_i = \sum_1^N \left[\pm \left(\frac{H_i - H_j}{s_{ij}}\right)^{1/n} \right] \tag{6.30}
$$

式中 N——连接该节点的管段数。

总括号内的正负号视进出该节点的各管段流量方向而定,这里假定流离节点的管段流量为正,流向节点时为负。

6.5.2.2 环状网水力计算的方法

给水管网计算实质上是联立求解连续性方程、能量方程和管段压降方程。

在管网水力计算时,根据求解的未知数是管段流量还是节点水压,可以分为解环方程、解节点方程和解管段方程三类,在具体求解过程中可采用不同的算法。

1. 解环方程

环状网在初步分配流量时,已经符合连续性方程 $q_i + \sum q_{ij} = 0$ 的要求。但在选定管径和求得各管段水头损失以后,每环往往不能满足 $\sum h_{ij} = 0$ 和 $\sum S_{ij} q_{ij}^n = 0$ 的要求。因此解环方程的环状网计算过程,就是在按初步分配流量确定的管径基础上,重新分配各管段的流量,反复计算,直到同时满足连续性方程组和能量方程组时为止,这一计算过程称为管网平差。换言之,平差就是要求 $J-1$ 个线性连续性方程组,和 L 个非线性能量方程组,以得出 P 个管段的流量。一般情况下，不能用直接法求解非线性能量方程组，而常用逐步近似法求解。

解环方程时，哈代—克罗斯（Hardy—Cross）法是其中常用的一种算法。由于环状网中，环数少于节点数和管段数，相应的以环方程数为最少，因而成为手工计算时的主要方法。

2. 解节点方程

解节点方程是在假定每一节点水压的条件下，应用连续性方程以及管段压降方程，通过计算调整，求出每一节点的水压。节点的水压已知后，即可以从任一管段两端节点的水压差得出该管段的水头损失，进一步从流量和水头损失之间的关系算出管段流量。工程上常用的算法有哈代—克罗斯法。

解节点方程是应用计算机求解管网计算问题时应用最广的一种算法。

3. 解管段方程

该法是应用连续性方程和能量方程，求得各管段流量和水头损失，再根据已知节点水压求出其余各节点水压。大中城市的给水管网，管段数多达数百条甚至数千条，需借助计算机才能快速求解。

6.5.2.3　输水管渠的水力计算

从水源到城市水厂或工业企业自备水厂的输水管渠设计流量，应按最高日平均时供水量，并计入输水管（渠）的漏损水量和净水厂自用水量；从净水厂至管网的清水输水管道的设计流量，当管网有调节构筑物时，应按最高日最高时用水条件下，由净水厂负担的供水量计算确定（输水管道的设计水量应为最高日最高时供水量减去由调节构筑物每小时供应的水量）；当无调节构筑物时，应按最高日最高时供水量确定。

上述输水管渠，当负有消防任务时，应分别包括消防补充流量或消防流量。

输水管渠计算的任务是确定管径和水头损失。确定大型输水管的尺寸时，应考虑到具体埋设条件、所用材料、附属构筑物数量和特点、输水管渠条数等，通过方案比较确定。

输水干管不宜少于两条，当有安全储水池或其他安全供水措施时，也可修建一条输水干管。实际工程中，为了提高供水的可靠性，常在两条平行的输水管线之间用连通管相连。输水干管和连通管的管径以及连通管根数，应按输水干管任何一段发生故障时仍能通过事故水量计算确定，城镇的事故水量为设计水量的70%。

以下着重就输水管事故时，如何保证必要的输水量问题进行探讨。

1. 重力供水时的压力输水管

水源在高地时，如果水源水位与水厂处理构筑物水位的高差足够时，可利用水源水位向水厂重力输水。以下研究重力供水时，由 n 条平行管线组成的输水管系统在事故时所能供应的流量。

设水源水位标高为 Z，输水管输水到水处理构筑物，其水位为 Z_0，这时的水位差 $H = Z - Z_0$，称为位置水头，该水头用以克服输水管的水头损失。

假定输水管输水量为 Q，平行的输水管线为 n 条，则每条管线的流量为 Q/n。设平行管线的管材、直径和长度相同，并且沿程水头损失按式（6.21）计算，则该系统的水头损失为：

$$h = s\left(\frac{Q}{n}\right)^2 = \frac{s}{n^2}Q^2 \tag{6.31}$$

式中 s——每条管线的摩阻。

当一条管线损坏时，该系统使用其余 $n-1$ 条管线的水头损失为：

$$h_a = s\left(\frac{Q_a}{n-1}\right)^2 = \frac{s}{(n-1)^2}Q_a^2 \qquad (6.32)$$

式中 Q_a——管线损坏时需保证的流量或允许的事故流量。

因为重力输水系统的位置水头一定，正常时和事故时的水头损失都应等于位置水头，即 $h = h_a = Z - Z_0$，但是正常时和事故时输水系统的摩阻却不相等。由式（6.31）、式（6.32）得事故时流量为：

$$Q_a = \frac{n-1}{n}Q = \alpha Q \qquad (6.33)$$

当平行管线数 $n=2$ 时，则 $\alpha = (2-1)/2 = 0.5$，这样的事故流量只有正常供水量的一半。如果只有一条输水管，则 $Q_a = 0$，即事故时流量为零，不能保证不间断供水。

如上所述，实践中为了提高供水可靠性，常采用在平行管线之间增设连接管的方式，这样，当管线某段损坏时，无需整条管线全部停止运行，而只需用阀门关闭损坏的一段进行检修。采用这种措施可以提高事故时的流量。

【例 6.2】 设两条平行敷设的输水管线，其管材、直径和长度相等，用 2 个连通管将输水管线等分成三段，每一段单根管线的摩阻均为 s，采用重力供水，位置水头一定。图 6.15（a）表示输水管线正常工作时的情况，图 6.15（b）表示一段损坏时的水流情况。求输水管事故时与正常工作时的流量比。

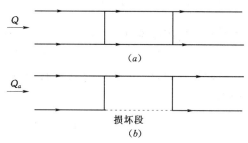

图 6.15 重力输水系统

【解】 正常工作时的水头损失为：

$$h = 3s\left(\frac{Q}{2}\right)^n = 3 \times \left(\frac{1}{2}\right)^n sQ^n \qquad (6.34)$$

某一段损坏时水头损失为：

$$h_a = 2s\left(\frac{Q_a}{2}\right)^n + sQ_a^n = \left[2 \times \left(\frac{1}{2}\right)^n + 1\right]sQ_a^n \qquad (6.35)$$

因为连通管的长度与输水管相比很短，所以式中连通管的沿程水头损失和局部水头损失忽略不计。

考虑到采用重力供水，正常时和事故时的水头损失都应等于位置水头，则由式（6.34）和式（6.35）得到事故时与正常工作时的流量比例为：

$$a = \frac{Q_a}{Q} = \left[\frac{3 \times \left(\frac{1}{2}\right)^n}{2 \times \left(\frac{1}{2}\right)^n + 1}\right]^{1/n} \qquad (6.36)$$

水力计算如果采用谢才公式，$n=2$，则 $\alpha = \frac{Q_a}{Q} = \left(\frac{1}{2}\right)^{1/2} = 0.707$；如果采用海澄—威廉公式，$n=1.852$，则 $\alpha = \frac{Q_a}{Q} = \left[\frac{3 \times \left(\frac{1}{2}\right)^{1.852}}{2 \times \left(\frac{1}{2}\right)^{1.852} + 1}\right]^{1/1.852} = 0.713$。

城市的事故用水量规定为设计水量的 70％，即要求 $a \geq 0.70$。所以为满足输水管损坏时的事故流量要求，应敷设两条平行管线，并用连通管将平行管线按总长度至少等分成三段。

2. 水泵供水时的压力输水管

水泵供水时的实际流量，应由水泵特性曲线 $H_p = f(Q)$ 和输水管特性曲线 $H_0 + \sum(h)$

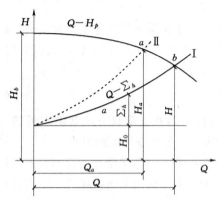

图 6.16　水泵和输水管特性曲线

$= f(Q)$ 求出。设输水管特性曲线中的流量指数 $n=2$，则水泵特性曲线 $H = f(Q)$ 和输水管特性曲线的联合工作情况如图 6.16 所示：I 为输水管正常工作时的 $Q-(H_0 + \sum h)$ 特性曲线；II 为事故时，当输水管任一段损坏时，阻力增大，使曲线的交点从正常工作时的 b 点移到 a 点，与 a 点相应的横坐标即表示事故时流量 Q_a。水泵供水时，为了保证管线损坏时的事故流量，输水管的分段数计算方法如下：

设输水管接入水塔，这时，输水管损坏只影响进入水塔的水量，直到水塔放空无水时，才影响管网用水量。假定输水管 $Q-(H_0 + \sum h)$ 特性方程表示为：

$$H = H_0 + (s_D + s_d)Q^2 \tag{6.37}$$

设两条不同直径的输水管用连通管分成 n 段，则任一段损坏时，$Q-(H_0 + \sum h)$ 特性方程为：

$$H_a = H_0 + \left(s_p + s_d - \frac{s_d}{n} + \frac{s_1}{n}\right)Q_a^2 \tag{6.38}$$

其中

$$\frac{1}{\sqrt{s_d}} = \frac{1}{\sqrt{s_1}} + \frac{1}{\sqrt{s_2}} \tag{6.39}$$

$$s_d = \frac{s_1 s_2}{(\sqrt{s_1} + \sqrt{s_2})^2} \tag{6.40}$$

式中　H_0——水泵静扬程，等于水塔水面和泵站吸水井水面的高差；

s_p——泵站内部管线的摩阻；

s_d——两条输水管的当量摩阻；

s_1、s_2——每条输水管的摩阻；

n——输水管分段数，输水管之间只有一条连通管时，分段数为 2，其余类推；

Q——正常时流量；

Q_a——事故时流量。

连通管的长度与输水管相比很短，其阻力忽略不计。

水泵 $Q-H_p$ 特性方程为：

$$H_p = H_b - sQ^2 \tag{6.41}$$

输水管任一段损坏时的水泵特性方程为：

$$H_a = H_b - sQ_a^2 \tag{6.42}$$

式中　s——水泵的摩阻。

联立求解式（6.41）和式（6.42），得到正常工作时水泵的输水流量：

$$Q=\sqrt{\frac{H_b-H_0}{s+s_p+s_d}} \quad (6.43)$$

从式（6.43）看出，因 H_0、s、s_p 一定，故 H_b 减少或输水管当量摩阻 s_d 增大，均可使水泵流量减少。

解式（6.38）和式（6.42），得事故时的水泵输水量：

$$Q_a=\sqrt{\frac{H_b-H_0}{s+s_p+s_d+\frac{1}{n}(s_1-s_d)}} \quad (6.44)$$

从式（6.43）和式（6.44）得事故时和正常时的流量比例为：

$$\frac{Q_a}{Q}=\alpha=\sqrt{\frac{s+s_p+s_d}{s+s_p+s_d+(s_1-s_d)\frac{1}{n}}} \quad (6.45)$$

按事故用水量为设计水量的 70%，即 $\alpha=0.7$ 的要求，所需分段数等于：

$$n=\frac{(s_1-s_d)\alpha^2}{(s+s_p+s_d)(1-\alpha^2)}=\frac{0.96(s_1-s_d)}{s+s_p+s_d} \quad (6.46)$$

【例 6.3】 某城市从水源泵站到水厂敷设两条铸铁输水管（水泥砂浆内衬），每条输水管长度为 12400m，管径分别为 250mm 和 300mm，如图 6.17 所示，水泵静扬程 40m，水泵特性曲线方程：$H_p=141.3-2600Q^2$，式中 Q 的单位为 m^3/s。泵站内管线的摩阻 $s_p=210s^2/m^5$。假定 $DN300$ 输水管线的一段损坏，试求事故水量为 70% 设计水量时的分段数，及正常时和事故时的流量比。

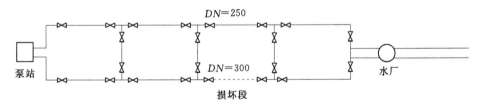

DN=250

DN=300

泵站

水厂

损坏段

图 6.17 输水管分段数计算

【解】 由于输水管采用水泥砂浆内衬铸铁管，粗糙系数 n 取 0.012（查表 6.2），将 n 代入式（6.18）求出流速系数（谢才系数）C，然后按 $\alpha=\frac{64}{\pi^2 C^2 d_j^5}$，求出管径为 250mm 和 300mm 的输水管摩阻分别为：

$$S_1=2.41\times12400=29884 \quad (s^2/m^5)$$
$$S_1=0.91\times12400=11284 \quad (s^2/m^5)$$

由式（6.40），两条输水管的当量摩阻为：

$$S_d=\frac{29884\times11284}{\sqrt{29884}+\sqrt{11284}}=4329.06 \quad (s^2/m^5)$$

由式（6.46），所需要的分段数为：

$$n=\frac{(29884-4329.06)\times0.7^2}{(2600+210+4329.06)(1-0.7^2)}=3.44$$

拟分成 4 段，即 $n=4$，由式（6.44），得事故时流量为：

$$Q_a = \sqrt{\dfrac{141.3-40.0}{2600+210+4329.06+(29884-4329.06)\times\dfrac{1}{4}}} = 0.0865 \ (\text{m}^3/\text{s})$$

由式（6.43），正常工作时流量为：

$$Q = \sqrt{\dfrac{141.3-40.0}{2600+210+4329.06}} = 0.1191 \ (\text{m}^3/\text{s})$$

事故时和正常工作时的流量比为：$\alpha = \dfrac{0.0865}{0.1191} = 0.73$，大于规定的 70% 要求。

复 习 思 考 题

1. 城市输配水系统包括哪些组成部分？

2. 城市给水管网定线是指什么？定线时应主要考虑哪些问题？

3. 何为比流量、沿线流量、节点流量？

4. 树状网计算过程是怎样的？

5. 树状网计算时，干线和支线如何划分？两者确定管径的方法有何不同？

6. 什么叫控制点？每一管网有几个控制点？

7. 输水管为什么要分段？如何计算分段数？

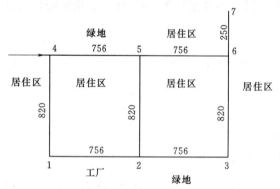

图 6.18　某城市干管各管段名称及长度

8. 某城市最高时总用水量为 284.7L/s，其中集中供应工业用水量为 189.2L/s，干管各管段名称及长度（单位 m）如图 6.18 所示，管段 4—5、1—2 及 2—3 为单侧配水，其余为双侧配水，试求：（1）干管的比流量；（2）各管段的沿线流量；（3）各节点流量。

9. 某城镇近期管网规划拟采用树状管网，管网布置示意图如图 6.19 所示，已知该城镇最高时设计用水量为 396m³/h，其中大用户集中流量为 26.84L/s，分别于

5、7 节点各取出一半；各管段长度为：$L_{1-2} = L_{1-3} = l_{4-7} = 800\text{m}$，$L_{0-1} = L_{1-4} = 1200\text{m}$，$L_{4-5} = L_{4-6} = 900\text{m}$；其中 0—1 管段为输水管，4—5 管段为单侧配水，其余管段均按双侧配水计。试确定管网各管段的设计流量。

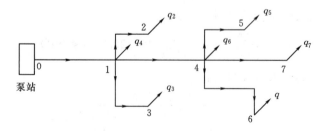

图 6.19　某城镇管网布置示意图

第 7 章 室 外 排 水 工 程

【主要内容及学习要求】

本章节主要阐述排水工程的任务，排水体制，排水系统的组成，排水管渠系统的规划和布置形式等内容。

通过学习本章内容，要求学生能够熟悉排水工程的任务和意义、污水分类和污水的最终出路，掌握排水体制的分类、特点、选择原则，掌握城市污水、工业和雨水管网系统的组成及其功能，掌握排水工程规划的依据和内容，排水管网布置的原则及影响因素，排水管网布置的基本形式，了解区域排水系统的特点。

在城市居民的生活、工业生产和各种公共建筑中，每天都要产生大量的污水和废弃物，需要及时妥善地排除、处理或利用，否则将会影响人们的正常生活。在现代城市发展进程中，城市区域不透水地表比例较大，从而破坏了原有的自然降雨径流过程，使径流量变大。若不及时排除降雨和融雪产生的径流，不仅会给城市的生产和生活带来不便，而且可能造成洪涝灾害，引起严重后果。因此，城市需要建设一整套的工程设施来收集、输送、处理和利用污水或排放设施。

排水系统设计应综合考虑下列因素：

(1) 污水的再生利用，污泥的合理处置。

(2) 与邻近区域内的污水和污泥的处理和处置系统相协调。

(3) 与邻近区域及区域内给水系统和洪水的排除系统相协调。

(4) 接纳工业废水并进行集中处理和处置的可能性。

(5) 适当改造原有排水工程设施，充分发挥其工程效能。

7.1 排 水 工 程 的 任 务

7.1.1 排水工程的任务及意义

1. 排水工程的任务

现代城市需要采用排水管网系统收集、输送生活与生产过程中产生的污水和降雨的径流，减轻或消除由此造成的灾害。收集、输送、处理和利用污水等一整套的工程设施称为排水工程，包括污水管网、雨水管网、合流制管网、污水处理厂及排放设施、城市内河与排洪设施等。

排水工程的基本任务是保护环境免受污染，以促进工农业生产的发展和保障人民的健康与正常生活，主要内容包括：①收集各种污水并及时将其输送至适当地点；②妥善处理后排放或再利用。城市排水管网系统的作用是及时可靠地排除城市区域内产生的生活污水、工业废水和降水，使城市免受污水之害和免受暴雨积水之害，从而给城市创造一个舒适安全的生存和生产环境，使城市生态系统的能量流动和物质循环正常进行，维持生态平衡，实施可持续发展。

2. 排水工程的意义

排水工程在我国经济社会发展中具有十分重要的意义，主要表现在环境保护、卫生和经济方面。

从环境保护方面讲，排水工程有保护和改善环境，消除污水危害的作用。保护水环境是进行经济建设必不可少的条件，是保障人民健康和造福子孙后代的大事。随着现代工业的发展和城市人口的集中，产生的污水量日益增加，污水成分也日趋复杂，由于污水或污染物引起的水环境污染问题持续出现，已经引起国内外各界人士的广泛关注。20 世纪 60 年代以来，曾发生过多起轰动世界的公害事件，如日本的"水俣病"、"骨痛病"等。根据 2009 年《中国环境状况公报》显示，2009 年，全国废水排放总量为 589.2 亿 t，比上年增加 3.0%；化学需氧量排放量为 1277.5 万 t，比上年下降 3.3%；氨氮排放量为 122.6 万 t，比上年下降 3.5%；全国地表水污染依然较重，七大水系总体为轻度污染，浙闽区河流为轻度污染，西北诸河为轻度污染，西南诸河水质良好，湖泊（水库）富营养化问题突出。目前，我国水环境问题总体形势依然严峻，有些地方环境污染十分严重，环境污染事件频繁发生，如沱江特大污染事故，松花江水污染事件，珠江北江水污染事件，湘粤边界跨省镉、砷污染事故。湖泊富营养化严重的有：滇池，水质总体为劣 V 类，主要污染指标为总磷和总氮，草海处于重度富营养状态，外海处于中度富营养状态；巢湖，水质总体为 V 类，主要污染指标为总磷、总氮和石油类，西半湖处于中度富营养状态，东半湖处于轻度富营养状态；太湖，水质总体为劣 V 类，主要污染指标为总氮和总磷，湖体处于轻度富营养状态。在现代化建设中，应注意研究和解决好污水的治理问题，建设和管理好排水工程，减少或者禁止向地表水体中排放超过水体环境容量的污染物质，充分发挥排水工程在水环境环保中的积极作用。

从卫生上讲，排水工程的兴建对保障人民的健康具有深远的意义。通常，污水污染对人体健康的危害有两种形式：一种是污染后，水中含有致病微生物而引起传染病的蔓延，如霍乱病。1970 年苏联伏尔加河口重镇阿斯特拉罕爆发的霍乱病，主要原因是伏尔加河水质受到污染引起的。另一种是被污染的水中含有毒物质，引起人们急性或慢性中毒，甚至引起癌症或其他各种"公害病"。某些引起慢性中毒的有毒物质对人类的危害甚大，因为它们常常通过食物链而逐渐在人体内富集，开始只是在人体内形成潜在危害，不易发现，一旦爆发，不仅危及一代人，而且影响几代人。兴建完善的排水工程，将污水进行妥善处理，对于预防和控制各种传染病、癌症或"公害病"有着重要的作用。

从经济上讲，排水工程也具有重要意义。首先，水是非常宝贵的自然资源，对国民经济发展具有关键性作用，土地、矿产资源和水是我国经济发展的主要限制因素。目前，一些国家和地区已出现因水源污染不能使用而引起的"水荒"，被迫不惜付出高昂的代价从远处进行调水或进行海水淡化，以取得足够数量的淡水。现代排水工程的建设和实施目的正是保护水体，防治公共水体污染，是经济效益的基本方式之一。同时，城市污水资源化，可重复利用于城市或工业，是节约用水和解决淡水资源短缺的一种重要途径。其次，污水的妥善处置以及雨雪水的及时排除，是保证工农业生产正常运行的必要条件之一。在发展中国家，由于工业废水和生活污水未能有效妥善地处置，造成周围环境或水域的污染，使农作物大幅度减产甚至枯死，工厂被迫停产，特别是有些地方还污染城市和农村的饮用水水源，造成部分城市和农村出现饮水困难。同时，废水能否妥善处置，对工业生产新工艺的发展也有重要的影响。如原子能工业，只有在含放射性物质的废水治理技术达到一定的生产水平后，才能大规模投入生产，发挥经济效益。此外，污水利用本身也有很大的价值，如有控制地利用污水灌溉农田，减少农业生产用水，可以将节省下来的淡水用于其他方面提高经济效益。

7.1.2 污水的分类

水在使用过程中受到不同程度的污染，改变了它原来的化学成分和物理性质，这些被污染的水称为污水或废水，包括来自人们生活和生产活动排出的水及被污染的初期雨水和冰雪融化水。

按其来源的不同，污水可分为生活污水、工业废水和降水等三类。

1. 生活污水

生活污水是指人们在日常生活中排出的废水，包括从厕所、浴室、厨房、食堂和洗衣房等排出的废水。它来自住宅、公共场所、机关、学校、医院、商店以及工厂中的生活区部分。生活污水含有大量易腐败的有机物，如蛋白质、动植物脂肪、碳水化合物、尿素等。还含有许多人工合成的有机物如各种肥皂和洗涤剂等，以及常在粪便中出现的病原微生物，如寄生虫卵和肠系传染病菌等。此外，生活污水中也含有植物生长所需要的氮、磷、钾等成分。这类污水需要经过处理后才能排入水体、灌溉农田或再利用。

2. 工业废水

工业废水是指在工业生产中排出的废水，来自车间或矿场。由于各种工厂的生产类别、工艺过程、使用的原材料以及用水成分的不同，工业废水的性质变化很大。工业废水按照污染程度的不同，可分为生产废水和生产污水两类。

生产废水是指在使用过程中受到轻度污染或水温稍有增高的水。如冷却水便属于这一类，通常经简单处理后即可在生产中重复使用，或直接排放水体。

生产污水是指在使用过程中受到较严重污染的水。这类水多具有危害性。例如，有的含大量有机物，有的含氰化物、铬、汞、铅、镉等有害和有毒物质，有的含多氯联苯、合成洗涤剂等合成有机化学物质，有的含放射性物质等。这类污水大都需经适当处理后才能排放，或在生产中使用。废水中有害或有毒物质往往是宝贵的工业原料，对这种废水应尽量回收利用，为国家创造财富，同时也减轻污水的污染。

工业废水按所含主要污染物的化学性质，可分为以下几类：

（1）主要含无机物的，包括冶金、建筑材料等工业所排出的废水。

（2）主要含有机物的，包括食品工业、炼油和石油化工工业等废水。

（3）同时含大量有机物和大量无机物的废水，包括焦化厂、化学工业中的氮肥厂、轻工业中的洗毛厂等废水。

工业废水按所含污染物的主要成分分类，可分为酸性废水、碱性废水、含氰废水、含汞废水、含油废水、含有机磷废水和放射性废水等。这种分类明确地指出了废水中主要污染物的成分。在不同的工业企业，由于产品、原料和加工过程不同，排出的是不同性质的工业废水。

3. 降水

降水即大气降水，包括雨水和冰雪融化水。降落雨水一般比较清洁，但其形成的径流量大，若不及时排泄，则将积水为害，妨碍交通，甚至危及人们的生产和日常生活。目前，在我国的排水体制中，认为雨水较为洁净，一般不需处理，直接就近排入水体。

天然雨水一般比较清洁，但初期降雨时所形成的雨水径流会挟带大气中、地面和屋面上的各种污染物质，使其受到污染，所以初期径流的雨水，往往污染严重，应予以控制排放。有的国家对污染严重地区雨水径流的排放作了严格要求，如工业区、高速公路、机场等处的暴雨雨水要经过沉淀、撇油等处理后才可以排放。近年来由于水污染加剧，水资源日益紧张，雨水的作用被重新认识。长期以来雨水直接径流排放，不仅加剧水体污染和河道洪涝灾害，同时也是对水资源的一种浪费。

7.1.3 污水量及其污染程度的表示

污水量是以 L 或 m³ 计量的，单位时间（s、h、d）的污水量称污水流量，通常以 L/s、m³/h 或 m³/d 计。污水中的污染物质浓度，是指单位体积污水中所含污染物质的数量，通常以 mg/L 或 g/m³ 计，用以表示污水的污染程度。生活污水量和用水量接近，且所含污染物质的数量和成分相对比较稳定，通常以 BOD_5、COD_{Cr}、COD_{Mn} 来表示污水中有机污染物浓度。工业废水的水量和污染物质的浓度差别很大，随工业生产的性质和工艺过程而定。

7.1.4 污水的最终处置

污水的最终处置或者是返回到自然水体、土壤；或者是经过人工处理，使其再回用到生产和生活中去；或者采取隔离措施。自然环境具有容纳污染物质的能力，但有一定的界限，超过这种界限，就会造成污染，环境的这种容纳界限称为环境容量。若排出的污水不超过水体的环境容量时，可不经过处理直接排入水体，否则应处理后再排放。

根据不同的要求，经过处理后的污水其最后出路有：排入水体、灌溉农田、重复使用。

（1）排入水体是污水的自然归宿。自然水体对污水在物理、化学和微生物等作用下，具有一定的稀释与净化能力，这是最常用的一种处置方法。

（2）灌溉农田是污水利用的一种方式，也是污水处理的一种方法，称为污水的土地处理法。但是灌溉农田的污水必须符合相应的国家标准，否则污水会对土壤造成污染，一旦土壤被污染修复起来非常困难。因为它不仅污染土壤，而且会污染地下水，选择时要慎重。

（3）重复使用是一种合适的污水处置方式。污水的治理由通过处理达到无害化后排放，发展到处理后重复使用，这是控制水污染、保护水资源的重要手段，是节约用水的重要途径，特别是提高工业用水的重复使用率效果比较明显。城市污水重复使用的方式有自然复用、间接复用和直接复用。

7.2 排水系统的体制

7.2.1 排水系统体制

城市排出的废水按来源不同通常分为生活污水、工业废水和雨水三种类型，可采用一个排水管网系统排除，也可采用两个或两个以上各自独立的排水管网系统排除，废水的这种不同的排除方式所形成的排水系统，称为排水系统的体制（简称排水体制）。排水系统的体制，一般分为合流制和分流制两种基本方式。

7.2.1.1 合流制排水系统

合流制排水系统是指用同一种排水管网系统收集和输送生活污水、工业废水和雨水的系统。根据污水汇集后的处置方式不同，又可把合流制分为下列三种情况：

1. 直排式合流制

直排式合流制排水系统是最早出现的排水系统，是将排除的混合污水（包括生活污水、工业废水和雨水）用同一种排水管网系统，不经处理直接就近排入水体，国内外很多老城市在早期几乎都是采用这种合流制排水系统，如图7.1所示。这种排水方式往往是在工业尚不发达，城市人口较少，生活污水和工业废水量不大，地表水体的净化能力较强的情况下，直接排入水体，导致的环境卫生和水体污染问题还不是很明显。但是，随着现代化城镇和工业企业的建设和发展，人口增加和生活水平不断提高，生活污水和工业废水量增加，水质日趋复杂，造成的水体污染比较严重。因此，目前直排式合流制排水系统在室外排水设计规范中已经被禁止使用，老城区的也逐渐进行改造。

2. 截留式合流制

由于污水未经处理就排放，使受纳水体遭受严重污染。现在常采用的是截流式合流制排水系统，这种系统建造一条截流干管，在合流干管与截流干管相交前或相交处设置溢流井，并在截留干管下游设置污水厂，如图7.2所示。晴天和降雨初期时，所有污水都输送至污水处理厂，经处理后排入水体，随着降雨量的增加，雨水径流增大，当混合污水的流量超过截流管的输水能力后，以雨水占主要比例的混合污水经溢流井溢出，直接排入水体。截流式合流制排水系统仍有部分混合污水未经处理直接排放，使水体遭受污染。然而，由于截流式合流制排水系统在旧城市的排水系统改造中比较简单易行，节省投资，并能大量降低污染物质的排放。因此，在国内外老城市排水系统改造时经常采用。

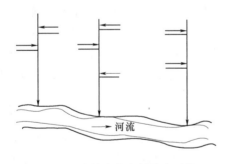

图7.1 直排式合流制排水系统

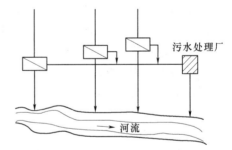

图7.2 截流式合流制排水系统

3. 完全合流制

完全合流制排水系统是将生活污水、工业废水和雨水集中于一种排水管网系统进行排除，并全部输送到城市污水处理厂，如图7.3所示。显然，这种排水体制的卫生条件较好，对保护城市水环境非常有利，在街道下管道综合也比较方便，但工程量较大，初期投资大，污水厂的处理负荷不均匀，污水量波动幅度很大，给污水厂的运行管理带来不便。同时，水厂的工程造价和运行费用较高，显然不经济。因此，目前在国内采用很少。

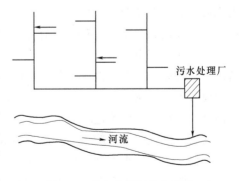

图7.3 完全合流制排水系统

7.2.1.2 分流制排水系统

将生活污水、工业废水和雨水分别在两套或两套以上排水管网系统内排放的排水系统称为分流制排水系统。排除城市生活污水或工业废水的管网系统称为污水管网系统；排除雨水的管网系统称为雨水管网系统。根据雨水的排除方式不同，分流制又分为下列两种情况。

1. 完全分流制

在同一排水区域内，既有污水管网系统，又有雨水管网系统，如图 7.4 所示。生活污水和工业废水通过污水排水管网系统送至污水处理厂，经处理后再排入水体。雨水是通过雨水排水管网系统直接排入水体。这种排水体制比较符合环境保护的要求，但城市排水管网的一次性投资较大。

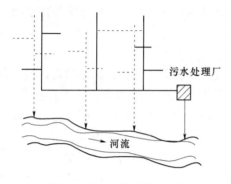
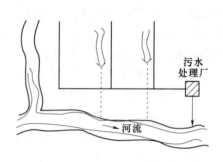

图 7.4 完全分流制排水系统　　　图 7.5 不完全分流制排水系统

2. 不完全分流制

不完全分流制排水系统，是指只有污水排水系统，没有完整的雨水排水系统，如图 7.5 所示。各种污水通过污水排水系统送至污水处理厂，经过处理后排入水体。雨水沿着地面、道路边沟、明渠和小河进入水体。如城镇的地势适宜，不易积水时，在城镇建设初期，可先解决污水的排水问题，待城镇进一步发展后，再建雨水排水系统，最后形成完全分流制排水系统。这样可以节省初期投资，有利于城镇的逐步发展。

3. 截流式分流制

截流式分流制，又称为半分流制排水系统，是在完全分流制的基础上增设雨水截流井，把初期雨水引入截流干管与污水一并送至污水处理厂，中期以后的雨水则经雨水干管直接排入水体，如图 7.6 所示。由于降雨初期雨水污染比较严重，必须进行处理才能排放，因此在雨水截流干管上设置溢流井或雨水跳跃井，把初期降雨引入污水管道系统，送至城市污水处理厂一并处理和利用。这种排水体制，可以更好地保护水环境，但工程费用和运行费用较大。在一些工厂由于地面污水严重，初期雨水水质污染严重，应进行处理才能排放，在这种情况下，可以考虑采用截流式分流制排水系统。实施中需注意初期雨水量的确定，可在截流井中设置流量控制设施，需注意系统中雨水、污水和截流干管的高程条件，在截流井中设置止回阀，避免污水回流进入雨水系统。

在工业企业中，一般采用分流制排水系统。然而，由于工业废水的成分和性质往往很复杂，不但与生活污水不宜混合，而且彼此之间也不宜混合，否则将造成污水和污泥处理复杂化，并给废水重复利用和回收有用物质造成很大困难。所以，在多数情况下，采用分质分流、清污分流的几种管道系统来分别排除。但如生产污水的成分和性质同生活污水类似时，可将生活污水和生产污水用同一管道系统排放。水质较清洁的生产废水可直接排入雨水管网或循环重复使用。

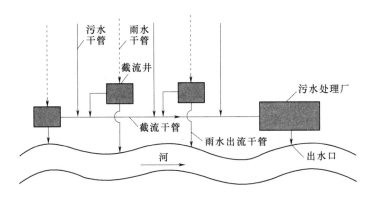

图 7.6　截流式分流制排水系统

在一座城市中，有时是混合排水体制，即既有分流制也有合流制的排水系统。在大城市中，因各区域的自然条件以及城市发展可能相差较大，因地制宜在各区域采用不同的排水体制也是合理的。

7.2.2　排水体制选择

7.2.2.1　排水体制选择的主要影响因素

合理地选择排水系统的体制，是城市和工业企业排水系统规划和设计的重要问题。它不仅从根本上影响排水系统的设计、施工、维护管理，而且对城市和工业企业的规划和环境保护影响深远，同时也影响排水系统工程的总投资、初期投资以及维护管理费用。通常，排水系统体制的选择应满足环境保护的需要，根据当地条件，通过技术经济比较确定。而环境保护应是选择排水体制时所考虑的主要问题。排水体制选择的主要影响因素，包括城镇规划、环境保护、工程投资和维护管理，需要综合考虑才能确定。

1. 城镇规划

合流制仅有一套排水管网系统，地下建筑相互间的矛盾较小，占地少，施工方便，但是这种排水体制不利于城市的分期发展。分流制管线多，地下建筑的竖向规划矛盾较大，占地多，施工复杂，但这种体制便于城市的分期发展。

2. 环境保护

直排式合流制不符合卫生要求，新建的城镇和小区已不再使用。如果采用合流制将城市生活污水、工业废水和雨水全部截流送往污水厂进行处理，然后再排放，从控制和防止水体的污染来看，是较理想的；但这时截流主干管尺寸很大，污水厂容量也要增加很多，建设费用相应地提高。采用截流式合流制时，在暴雨径流之初，原沉淀在合流管渠的污泥被大量冲起，经溢流井送入水体。同时雨天时有部分混合污水溢入水体。实践证明，采用截流式合流制的城市，水体污染日益严重。应考虑将雨天时溢流出的混合污水予以储存，待晴天时再将储存的混合污水全部送至污水厂进行处理，或者将合流制改建成分流制排水系统等。

分流制是将城市污水全部送至污水厂处理，但初期雨水未加处理就直接排入水体，对城市水体也会造成污染，这是它的缺点。近年来，国内外对雨水径流水质的研究发现，雨水径流特别是初期雨水径流对水体的污染相当严重。分流制虽然具有这一缺点，但它比较灵活，比较容易适应社会发展的需要，一般又能符合城市卫生的要求，所以在国内外获得了广泛的应用，而且也是城市排水体制的发展方向。

3. 工程投资

排水管网工程占整个排水工程总投资的比例很大，一般约为 60%～80%，所以排水体制的选择对基建投资影响很大，必须慎重考虑。根据国内外经验，合流制排水管网的造价比完全分流制一般要低 20%～40%，但是合流制的泵站和污水厂却比分流制的造价要高。从初期投资看，不完全分流制因初期只建污水排水管网，因而可节省初期投资费用，又可缩短施工期，发挥工程效益快。因为合流制和完全分流制的初期投资均比不完全分流制要大，所以我国过去很多新建的工业基地和居住区在建设初期经常采用不完全分流制排水系统。

4. 维护管理

在合流制管渠内，晴天时污水只是部分充满管道，雨天时才形成满流，因而晴天时合流制管内流速较低，易于产生沉淀。但经验表明，管中的沉淀物易被暴雨冲走，这样合流管道的维护管理费用可以降低。但是，晴天和雨天时流入污水厂的水量变化很大，增加了合流制排水系统污水厂运行管理中的复杂性。而分流制排水系统可以保持管内的流速，不致发生沉淀；同时，流入污水厂的水量和水质比合流制变化小得多，污水厂的运行易于控制。

混合制排水系统的优缺点，介于合流制和分流制排水系统两者之间。

总之，排水系统体制的选择是一项既复杂又很重要的工作，需要考虑的因素很多。应根据城镇及工业企业的规划、环境保护的要求、污水利用情况、原有排水设施、水量、水质、地形、气候和水体状况等因素，在满足环境保护的前提下，通过技术经济比较综合确定。新建地区一般应采用分流制排水系统。但在特定情况下采用合流制可能更为有利。

7.2.2.2　排水体制选择的原则

我国《室外排水设计规范》（GB 50014—2006）规定，排水制度（分流制或合流制）的选择，应根据城镇的总体规划，结合当地的地形特点、水文条件、水体状况、气候特征、原有排水设施、污水处理程度和处理后出水利用等综合考虑后确定。同一城镇的不同地区可采用不同的排水制度。新建地区的排水系统宜采用分流制。合流制排水系统应设置污水截流设施。对水体保护要求高的地区，可对初期雨水进行截流、调蓄和处理。在缺水地区，宜对雨水进行收集、处理和综合利用。

镇区的排水制度应因地制宜地选择。新建地区宜采用分流制；现有合流制排水地区，可随镇区的改造和发展以及对水环境要求的提高，逐步完善排水设施；干旱地区可采用合流制；镇村排水宜采用雨、污分流制，干旱、半干旱地区应收集利用雨水。

7.3　排水系统的组成

排水系统是指排水的收集、输送、水质处理和排放等设施以一定方式组合而成的总体，通常由污水管道系统（或称排水管网）和污水处理系统（即污水处理厂）组成。污水管道系统的作用是收集、输送污水至污水厂或出水口，由排水设备、管渠、污水泵站等设施组成。污水处理系统的作用是将管道输送来的污水进行处理和利用，由各种污水（污泥）处理构筑物和除害设施组成。城市排水管网系统按照污（废）水来源不同，通常分为城镇污水排水管网系统、工业废水排水管网系统和雨水排水管网系统。

7.3.1　城镇污水排水系统

城市污水包括排入城镇污水管网的生活污水和工业废水，污水排水管网系统承担污水的收集、输送或压力调节和水量调节任务，起到防止环境污染的作用。城镇污水排水管网系统一般由污水收集设施、排水管网、水量调节池、提升泵站、污水输送管（渠）和排放口等构成，图7.7是一个典型的排水管网系统示意图。

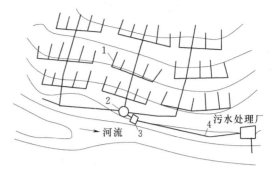

图 7.7　排水管网系统示意图
1—污水收集管网；2—水量调节池；
3—提升泵站；4—输水管（渠）

1. 污水收集设施

污水收集设施是排水系统的起始点，生活污水收集主要是由室内各种卫生设备完成的，然后由室内排水管道送往室外排水系统。在住宅及公共建筑内，各种卫生设备既是人们用水的设施，也是承受污水的容器，还是生活污水排水系统的起端设备。生活污水从卫生设备经水封管、支管、竖管和出户管等室内排水管道系统直接流入到窨井，通过连接窨井的排水支管将废水收集到排水管道系统中，在每一单元出户管与室外居住小区排水管道相接的连接点设检查井，供检查和清通管道之用。

2. 排水管网

排水管网指分布于排水区域内的排水管道（渠道）网络，其功能是将收集到的污水、废水和雨水等输送到处理地点或排放口，以便集中处理或排放。

排水管网由支管、干管、主干管等构成，一般顺沿地面高程由高向低布置成树状网络。排水管网中设置雨水口、检查井、跃水井、溢流井、水封井、换气井等附属构筑物及流量等检测设施，便于系统的运行与维护管理。由于污水含有大量的漂浮物和气体，所以污水管网的管道一般采用非满管流，以保留漂浮物和气体的流动空间。雨水管网的管道一般采用满管流。工业废水的输送管道是采用满管流或者非满管流，则应根据水质的特性决定。

3. 排水调节池

排水调节池是指具有一定容积的污水、废水或雨水储存设施。用于调节排水管网流量与输水量或处理水量的差值。通过水量调节池可以降低其下游高峰排水流量，从而减小输水管渠或排水处理设施的设计规模，降低工程造价。

水量调节池还可在系统事故时储存短时间排水量，以降低造成环境污染的危险。水量调节池也能起到均化水质的作用，特别是工业废水，不同工厂或不同车间排水水质不同，不同时段排水的水质也会变化，不利于净化处理，调节池可以中和酸碱，均化水质。

4. 提升泵站

提升泵站指通过水泵提升排水的高程或使排水加压输送。排水在重力输送过程中，高程不断降低，当地面较平坦时，输送一定距离后管道的埋深会很大（例如，当达到5m以上时），建设费用很高，通过水泵提升可以降低管道埋深以降低工程费用。另外，为了使排水能够进入处理构筑物或达到排放的高程，也需要进行提升或加压。污水系统中根据提升泵站设置的位置分为中途泵站、局部泵站、总泵站。中途泵站指当管道的埋深超过最大允许埋深时，应设置泵站以提高下游管道的管位，一般位置主要在干管或主干管中途。局部泵站指地形复杂的城市，往往需要将地势较低处的污水抽升至地势较高地区的污水管道中，这时需要设置提升泵站，一般在局部低洼地区。总泵站，又称为终点泵站，指污水管道系统终点的埋深一般都很大，而污水厂的第一个处理构筑物一般埋深较浅，或设在地面以上，这就需要将管道系统输送来的污水抽升到第一个处理构筑物中，需要设置提升泵站，一般在污水厂起端。提升泵站根据需要设置，较大规模的管网或需要长距离输送时，可能需要设置多座泵站。某排水提升泵站如图 7.8 所示。

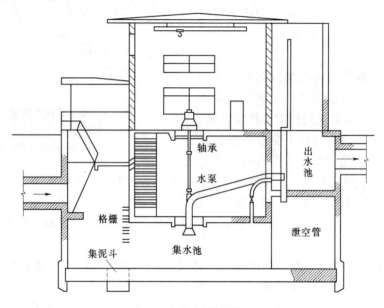

图 7.8　排水提升泵站

5. 污水输水管（渠）

污水输水管（渠）指长距离输送污水的压力管道或渠道。为了保护环境，排水处理设施往往建在离城市较远的地区，排放口也选在远离城市的水体下游，都需要长距离输送。

6. 污水排放口

排水管网系统的末端是污水排放口，与接纳污水的水体连接。为了保证排放口部的稳定，或者使污水能够比较均匀地与接纳水体混合，需要合理设置排放口。排放口有多种形式，其中较为常见的有岸边式排放口和分散式排放口。岸边式排放口具有较好的防止冲刷能力，分散式排放口可使污水与接纳水体均匀混合。事故排放口是指在排水管网系统发生故障时，把污水临时排放到天然水体或其他地点的设施，通常设置在某些易于发生故障的构筑物前面。

7.3.2　工业废水排水系统

工业废水排水系统的任务是在工业企业中用管道将厂内各车间所排出的不同性质的废水收集起来，送至废水回收利用和处理构筑物。经回收处理后的水可再利用、排入水体或排入城市排水管网系统。

工业废水排水管网系统，由下列几个主要部分组成。

1. 车间内部排水管道系统和设备

车间内部管道系统和设备用于收集各生产设备排出的工业废水，并将其送至车间外部的厂区管道系统中。

2. 厂区排水管道系统

厂区排水管道系统是敷设在工厂内、用以收集并输送各车间排出的工业废水的管道系统。厂区工业废水的排水管道系统，可根据具体情况设置若干个独立的管道系统。

3. 污水泵站和压力管道

当厂区废水不能自流排放时，需设置污水泵站提升，并利用压力管道输送至下游管道或处理构筑物。

4. 废水处理站

废水处理站是厂区内回收和处理废水与污泥的场所。

若所排放的工业废水符合《污水排入城市下水道水质标准》（CJ 3082—1999）的要求，可不经处理直接排入城市排水管网中，和生活污水一起排入城市污水厂集中处理。工业企业位于城区内时，应尽量考虑将工业废水直接排入城市排水系统，利用城市排水系统统一排除和处理，这样较为经济，能体现规模效益。当然工业废水排入应不影响城市排水管渠和污水厂的正常运行，同时以不影响污水处理厂出水以及污泥的排放和利用为原则。当工业企业远离城区，符合排入城市排水管道条件的工业废水，是直接排入城市排水管道或是单独设置排水系统，应根据技术经济比较确定。

一般来说，对于工业废水，由于工业门类繁多，水质水量变化较大。原则上，应先从改革生产工艺和技术革新入手，尽量把有害物质消除在生产过程之中，做到不排或少排废水。同时应重视废水中有用物质的回收。

7.3.3 雨水排水系统

雨水排水系统的任务是收集并输送地面径流的雨水并将其排至水体，主要由下列几个部分组成。

1. 建筑物的雨水管道系统和设备

建筑物的雨水管道系统和设备主要是收集工业、公共或大型建筑的屋面雨水，将其排入室外的雨水管渠系统中。屋面雨水的收集是通过设在屋面的雨水口和天沟，经雨落管排至地面；地面的雨水经雨水口流入雨水排水支管中，然后进入雨水排水管网系统。

2. 小区或厂区雨水管渠系统

街坊或厂区雨水管渠系统主要包括敷设在小区或厂区道路下的雨水管渠及其附属构筑物。

3. 街道雨水管渠系统

街道雨水管渠系统主要包括敷设在街道下的雨水管渠及其附属构筑物。

4. 附属构筑物

附属构筑物主要包括雨水口、检查井、跌水井、倒虹管等。

5. 雨水泵站

因为雨水径流量较大，一般应尽量不设或少设雨水泵站，但在必要时也需设置，如上海、武汉等城市设置雨水泵站，用以抽出部分或全部雨水。

6. 出水口

出水口是设在雨水排水系统终端的构筑物。

合流制排水系统的组成与分流制相似，同样有室内排水设备、室外居住小区以及街道管道系统。雨水经雨水口进入合流管道，在合流管道系统的截流干管处设有溢流井。

当然，上述各排水系统的组成不是固定不变的，须结合当地条件来确定排水系统内所需要的组成部分。

7.4　排水管渠系统的规划和布置形式

7.4.1　排水工程规划

1. 排水工程规划的依据

排水工程是城市和工业企业基本建设的一个重要组成部分，同时也是控制水污染、改善和保护环境的重要措施。在进行排水工程规划时，必须认真贯彻执行国家及地方政府颁布的《中华人民共和国城市规划法》、《中华人民共和国环境保护法》、《中华人民共和国水污染防治法》、《中华人民共和国海洋环境保护法》、《中华人民共和国城市水法》、《中华人民共和国水污染防治法实施细则》、《城市排水工程规划规范》、《室外排水设计规范》等法律、法规及国家标准与设计规范。

排水工程设计应以批准的城镇的总体规划和排水工程专业规划为主要依据，从全局出发，根据规划年限、工程规模、经济效益、社会效益和环境效益，正确处理城镇中工业与农业、城镇化与非城镇化地区、近期与远期、集中与分散、排放与利用的关系。通过全面论证，做到确能保护环境、节约土地、技术先进、经济合理、安全可靠，适合当地实际情况。排水工程的设计对象是需要新建、改建或扩建排水工程的城市、工业企业和工业区，它的主要任务是规划设计、收集、输送、处理和利用各种污水的一整套工程设施和构筑物，即排水管道系统和污水厂的规划与设计。

镇村排水工程建设应以批准的镇村规划为主要依据，任何组织和个人不得擅自改变。镇村排水工程建设应从全局出发，根据规划年限、工程规模，综合考虑经济效益和环境效益；应正确处理近期与远期、集中与分散、排放与利用的关系；应充分利用现有条件和设施，因地制宜地选择安全可靠、运行稳定的排水技术。位于地震区、湿陷性黄土区、膨胀土区、多年冻土区以及其他特殊地区的镇村排水工程建设，应符合国家现行相关标准的规定。镇村排水工程建设的基本任务是根据建设工程的要求，对建设工程所需的技术、经济、资源、环境等条件进行综合分析、论证，因地制宜，充分利用现有条件和设施，凡是能利用的或经过改造能利用的设施都应加以利用，充分体现节地、节水、节能和节材的原则，选择安全可靠、运行稳定的排水技术。

2. 排水工程规划的内容和原则

城市排水工程规划的主要内容应包括：划定城市排水范围、预测城市排水量、确定排水体制、进行排水系统布局；原则确定处理后污水污泥出路和处理程度；确定排水枢纽工程的位置、建设规模和用地。

城市排水工程规划期限应与城市总体规划期限一致。在城市排水工程规划中应重视近期建设规划，且应考虑城市远景发展的需要。城市排水工程规划应贯彻"全面规划、合理布局、综合利用、保护环境、造福人民"的方针。排水工程设施用地应按规划期规模控制，节约用地，保护耕地。城市排水工程规划应与给水工程、环境保护、道路交通、竖向、水系、防洪以及其他专业规划相协调。

排水工程的规划主要应遵循下列原则：

（1）排水工程的规划应符合区域规划以及城市和工业企业的总体规划，并应与城市和工业企业中其他单项工程建设密切配合，互相协调。如总体规划中的设计规模、设计期限、建筑界限、功能分区布局等是排水工程规划设计的依据。又如城市和工业企业的道路规划、地下设施规划、竖向规划、人防工程规划等单项工程规划对排水工程的规划设计都有影响,要从全局观点出发,合理解决,构成有机的整体。

(2) 排水工程的规划与设计,要与邻近区域内的污水和污泥的处理和处置协调。一个区域的污水系统,可能影响邻近区域,特别是影响下游区域的环境质量,故在确定规划区的处理水平的处置方案时,必须在较大区域范围内综合考虑。

根据排水规划,有几个区域同时或几乎同时修建时,应考虑合并起来处理和处置的可能性,即实现区域排水系统。因为它的经济效益可能更好,但施工期较长,实现较困难。

(3) 排水工程规划与设计,应处理好污染源治理与集中处理的关系。城市污水应以点源治理与集中处理相结合,以城市集中处理为主的原则加以实施。

工业废水符合排入城市下水道标准的应直接排入城市污水排水系统,与城市污水一并处理。个别工厂或车间排放的含有有毒、有害物质的应进行局部除害处理,达到标准后排入城市污水排水系统。生产废水达到排放水体标准的可就近排入水体。

(4) 城市污水是可贵的淡水资源,在规划中要考虑污水回用方案。城市污水回用于工业用水是缺水城市解决水资源短缺和水环境污染的可行之路。在条件允许情况下,可以考虑城市和小区中水工程设施。

(5) 排水工程应全面规划,按近期设计,考虑远期发展有扩建的可能。并应根据使用要求和技术经济的合理性等因素,对近期工程作出分期建设的安排。排水工程的建设费用很大,分期建设可以更好地节省初期投资,并能更快地发挥工程建设的作用,分期建设应首先建设最急需的工程设施,使它能尽早地服务于最迫切需要的地区和建筑物。

(6) 在规划与设计排水工程时,必须认真贯彻执行国家和地方有关部门制定的现有有关标准、规范或规定。同时,也必须执行国家关于新建、改建、扩建工程,实行把防治污染设施与主体工程同时设计、同时施工、同时投产的"三同时"规定,这是控制污染发展的重要政策。

3. 排水工程建设的基本程序

排水工程基本建设程序可归纳为下列几个阶段:

(1) 可行性研究阶段。论证基建项目在经济、技术等方面是否可行。

(2) 计划任务书阶段。计划任务书是确定基建项目、编制设计文件的主要依据。

(3) 设计阶段。设计单位根据上级有关部门批准的计划任务书进行设计工作,并编制概(预)算。

排水工程设计工作,可分为三阶段(初步设计、技术设计和施工图设计)设计和两阶段设计(初步设计或扩大初步设计和施工图设计)。中小型基建项目,一般采用两阶段设计;重大项目和特殊项目根据需要可增加技术设计阶段。

1) 初步(扩大)设计。应明确工程规模、建设目的、投资效益、设计原则和标准、选定设计方案、拆迁、征地范围及数量、设计中存在的问题、注意事项及建议等。设计文件应包括设计说明书、图纸、主要工程数量、主要材料设备数量及工程概算。初步设计文件应能满足审批、控制工程投资和作为编制施工图设计、组织施工和生产准备的要求。对采用新工艺、新技术、新材料、新结构,引进国外新技术、新设备或采用国内科研新成果时,应在设计说明书中加以详细说明。

2) 施工图设计。施工图应能满足施工、安装、加工及施工预算编制要求,设计文件应包括说明书、设计图纸、材料设备表、施工图预算。

（4）组织施工阶段。建设单位采用施工招标或其他形式落实施工工作。

（5）竣工验收交付使用阶段。建设项目建成后，竣工验收交付生产使用是工程施工的最后阶段。

排水工程设计应全面规划，按近期设计，考虑远期发展的可能性，并根据使用要求和技术经济的合理性等因素，对工程作出合理的安排。

7.4.2　排水管网系统布置原则及影响因素

1．排水管网系统的布置原则

（1）以城市总体规划和排水工程专业规划为主要依据，结合当地实际情况布置排水管网，要进行多方案技术经济比较。

（2）先确定排水区域和排水体制，然后布置排水管网，应按从干管到支管的顺序进行布置。

（3）充分利用地形，采用重力流排除污水和雨水，并使管线最短、埋深最小。

（4）协调好与其他管道、电缆和道路等工程的关系，考虑好与企业内部管网的衔接。

（5）规划时要考虑到使管渠的施工、运行和维护方便。

（6）远近期规划相结合，考虑发展，尽可能安排分期实施。

2．排水管网布置的影响因素

（1）城市规划。一般城市的规划范围就是排水管网系统的服务范围；规划人口数影响污水管网的设计标准；城市的铺砌程度影响雨水径流量的大小；规划的道路是管网定线的可能路径。因此，城市规划是城市排水管网系统平面布置最重要的依据，排水管网规划必须与城市总体规划一致，并作为城市总体规划的一个重要组成部分。

（2）城市地形。在一定条件下，地形是影响管道定线的主要因素。定线时应充分利用地形，使管道的走向符合地形趋势，一般宜顺坡排水。在整个排水区域较低的地方，如积水线或河岸低处敷设主干管及干管，便于支管接入，而横支管的坡度尽可能与地面坡度一致。在地形平坦地区，应避免小流量的横支管长距离平行等高线敷设，注意让其尽早接入干管。要注意干管与等高线垂直，主干管与等高线平行。由于主干管管径较大，保持最小流速所需坡度小，因此与等高线平行较合理。当地形向河道的坡度很大时，主干管与等高线垂直，干管与等高线平行。

（3）污水处理厂及出水口位置。污水处理厂及出水口的位置决定了排水管网总的走向，所有管线都应朝出水口方向铺设并组成枝状管网。有一个出水口或一个污水处理厂就有一个独立的排水管网系统。

（4）水文地质条件。排水管网应尽量敷设在水文地质条件好的街道下面，最好敷设在地下水位以上。如果不能保证在地下水位以上铺管时，在施工时应注意地下水的影响和向管内渗水的问题。

（5）道路宽度。管道定线时还需要考虑街道宽度及交通情况。排水干管一般不宜敷设在交通繁忙而狭窄的街道下。如街道宽度超过40m时，为了减少连接支管的数目和减少与其他地下管线的交叉，可考虑设置两条平行的排水管道。

（6）地下管线及构筑物的位置。在现代化的城市和工厂的街道下，有各种地下设施：各种管道——给水管、污水管、雨水管、煤气管、供热管等；各种电缆电线——电话电缆、动力电缆、民用电缆、有线电视电缆、电车电缆等；各种隧道——人行横道、地下铁道、防空隧道、工业隧道等。设计排水管道在街道横断面上的位置（平面位置和垂直位置）时，应与各种地下设施的位置联系起来综合考虑，并应符合室外排水设计规范的有关规定要求。

由于排水管道是重力流，管道（尤其是干管）的埋设深度较其他种类的管道大，并且有很多连接支管。如果位置安排不当造成和其他管道交叉，就会增加排管上的困难，所以在管道综合时，通常是首先考虑排水管道在平面和垂直方向上的位置。

7.4.3　排水系统的布置形式

排水管渠系统应根据城镇总体规划和建设情况统一布置，分期建设。排水管渠断面尺寸应按远期规划的最高日最高时设计流量设计，按现状水量复核，并考虑城镇远景发展的需要。排水管渠系统的设计，应以重力流为主，不设或少设提升泵站。当无法采用重力流或重力流不经济时，可采用压力流。雨水管渠系统设计可结合城镇总体规划，考虑利用水体调蓄雨水，必要时可建人工调蓄和初期雨水处理设施。

1. 排水管网的定线原则

在总体规划图上确定排水管网的位置和走向，称为排水管网系统的定线。正确的定线是以合理、经济地设计排水管网为先决条件的，是排水管网系统设计的重要环节。管网定线一般按主干管、干管、支管顺序依次进行。定线应遵循的主要原则是：尽可能地在管线较短和埋设较小的情况下，让最大区域的雨、污水能自流排出。为了实现这一原则，在定线时必须很好地研究各种条件，因地制宜地利用其有利因素而避免不利因素。定线时通常考虑的几个因素是：地形和竖向规划，排水体制和线路数目，污水厂和出水口位置，水文地质条件，道路宽度，地下管线及构筑物的位置，工业企业和产生大量污水的建筑物的分布情况等。

2. 排水管网的布置形式

排水管网一般布置成树状网，根据地形、竖向规划、污水厂的位置、土壤条件、河流情况以及污水种类和污染程度等多种因素，以地形为主要考虑因素的布置形式主要有正交式、截流式、平行式、分区式、分散和环绕式六种，如图7.9所示。在实际情况下，单独采用一种布置形式较少，通常是根据当地条件，因地制宜地采用综合布置形式较多。

（1）正交式及截流式。在地势适当向水体倾斜的地区，各排水流域的干管以最短距离沿与水体垂直相交的方向布置，称正交式布置，如图7.9（a）所示。正交布置的特点是干管长度短，管径小，较经济，污水排出也迅速。由于污水未经处理就直接排放，会使水体遭受严重污染，影响环境。这种布置形式在现代城市中仅用于排除雨水。若沿河岸再敷设主干管，并将各干管的污水截流送至污水厂，这种布置形式称截流式布置，如图7.9（b）所示，所以截流式是正交式发展的结果。截留式布置对减轻水体污染，改善和保护环境有重大作用，它适用于分流制污水排水系统，将生活污水及工业废水经处理后排入水体；也适用于区域排水系统，区域主干管截流各城镇的污水到区域污水厂进行处理。

（2）平行式。在地势向河流方向有较大倾斜的地区，为避免因干管坡度及管内流速过大，使管道受到严重冲刷，可使干管与等高线及河道基本上平行、主干管与等高线及河道成一定角度敷设，称为平行式布置，如图7.9（c）所示。平行式布置特点是保证干管较好的水力条件，避免因干管坡度过大以至于管内流速过大，使管道受到严重冲刷或跌水井过多。平行式布置适用于地形坡度大的地区。

（3）分区式。在地势高低相差很大的地区，当污水不能靠重力流流至污水厂时，可采用分区布置形式，如图 7.9（d）所示。这时，可分别在高区和低区敷设独立的排水管道系统。高区的污水靠重力流直接流入污水厂，而低区的污水用水泵抽送至高区干管或污水厂。这种布置只能用于个别阶梯地形或起伏很大的地区，它的优点是充分利用地形排水，节省电力，如果将高区的污水排至低区，然后再用水泵一起抽送至污水厂是不经济的。

（4）环绕式及分散式。当城市周围有河流，或城市中心部分地势高并向周围倾斜的地区，各排水流域的干管常采用辐射状分散布置，各排水流域具有独立的排水系统，如图 7.9（e）所示。这种布置具有干管长度短、管径小、管道埋深浅、便于污水灌溉等优点，但污水厂和泵站（如需要设置时）的数量将增多。在地形平坦的大城市，采用辐射状分散布置可能是比较有利的。近年来，由于建造污水厂用地不足，建造大型污水厂的基建投资和运行费用比相应规模的小型污水厂经济，效益较小型污水处理厂好，管理起来比小型污水处理厂方便，污水回用的潜力较大，所以倾向于建造规模大的污水厂。因此，沿四周布置主干管，将各干管的污水截流送往污水厂集中处理，这样就由分散式发展成环绕式布置形式，如图 7.9（f）所示。

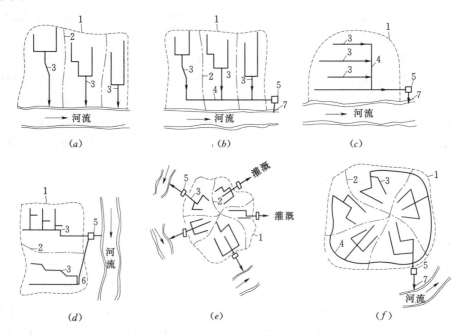

图 7.9 排水管网的基本布置形式

（a）正交式；（b）截流式；（c）平行式；（d）分区式；（e）分散式；（f）环绕式

1—城市边界；2—排水流域分界线；3—干管；4—主干管；5—污水处理厂；6—泵站；7—出水口

3. 区域排水系统

区域是按照地理位置、自然资源和社会经济发展情况划定的，可以在更大范围内统筹安排经济、社会和环境的发展关系。区域规划有利于对污水的所有污染源进行全面规划和综合整治，有利于建立区域（或流域）性排水系统。

将两个以上城镇地区的污水统一排除和处理的系统，称作区域（或流域）排水系统。这种系统是以一个大型区域污水厂代替许多分散的小型污水厂，可以降低污水厂的基本建设和运行管理费用，而且能有效地防止工业和人口稠密地区的地面水污染，改善和保护环境。实践证明,生活污水和工业废水的混合处理效果以及控制的可靠性,大型区域污水厂比分散的小型污水厂高。所以,区域排水系统是由局部单项治理发展至区域综合治理,是控制水污染、改善和保护环境的新发展。要解决好区域综合治理,应运用系统工程学的理论和方法以及现代计算技术,对复杂的各种因素进行系统分析,建立各种模拟试验和数学模拟方法,寻找污染控制的设计和管理的最优化方案。

图 7.10 为某地区的区域排水系统的平面示意图。区域内有 6 座已建和新建的城镇,在已建的城镇中均分别建了污水厂。按区域排水系统的规划,废除了原建的各城镇污水厂,用一个区域污水厂处理全区域排出的污水,并根据需要设置泵站。区域排水系统的干管、主干管、泵站、污水厂等,分别称为区域干管、主干管、泵站、污水厂等。

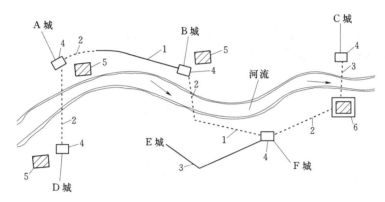

图 7.10 区域排水系统平面示意图
1—区域主干管;2—压力管道;3—新建城市污水干管;
4—泵站;5—废除的城镇污水厂;6—区域污水厂

区域排水系统在欧美、日本等一些国家,正在推广使用。它具有下列优点:

(1) 污水厂数量少,处理设施大型化、集中化,每单位水量的基建和运行管理费用低,因而比较经济。

(2) 比相应规模的分散式污水厂占地面积小,节省土地。

(3) 水质、水量变化小,比较稳定,有利于运行管理。

(4) 河流等水资源利用与污水排放的体系合理化,而且可能形成统一的水资源管理体系。

区域排水系统的缺点有:

(1) 当排入大量工业废水时,有可能使污水处理发生困难。

(2) 工程设施规模大,组织与管理要求高,而且一旦污水厂运行管理不当,对整个河流影响较大。

(3) 因工程设施规模大,发挥效益慢。在排水系统规划时,是否选择区域排水系统,应根据环境保护的要求,通过技术经济比较确定。

复 习 思 考 题

1. 排水工程的任务是什么?对水环境保护的作用有哪些?

2. 什么是污水？污水的分类有哪几种？各类污水的主要特征是什么？

3. 污水的最终出路有哪几种？

4. 污水回用方式有哪些？污水回用对解决淡水资源短缺和保护水环境有何意义？

5. 什么是排水体制？排水体制分哪几类？每种排水体制有何特点？如何选择排水体制？举例说明。

6. 城市排水系统的组成有哪些？各部分的功能是什么？

7. 排水工程规划的依据是什么？内容是什么？

8. 排水管网系统规划应遵循的原则有哪些？

9. 以地形为主要考虑因素，排水管网有哪些基本布置形式？各自的特点和适应范围是什么？

10. 区域排水系统的特点有哪些？对水环境保护有何意义？

11. 排水管网布置的影响因素有哪些？

第8章　排水管渠及附属构筑物

【主要内容及学习要求】

本章主要讲述了排水管道材料及接口、基础；排水管网附属构筑物。

要求学生掌握对管材的要求和常用管材特点及选用；了解常用构筑物的构造、功能及类型。

8.1　排水管渠的断面形式

排水管渠的断面形式必须满足的要求：①在静力学方面，管渠必须有较大的稳定性，在承受各种荷载时是稳定坚固的；②在水力学方向，管渠断面应具有最大的排水能力，并在一定的流速下不产生沉淀物；③在经济方面，管道造价是最低的；④在养护方面，管道断面应便于冲洗和清通，不易淤积。

排水管渠的断面形式很多，如图 8.1 所示。常用的有圆形、矩形、半椭圆形、马蹄形和梯形等。

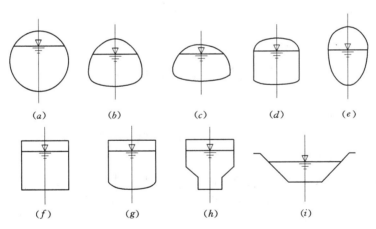

图 8.1　常用管渠断面

(a) 圆形；(b) 半椭圆形；(c) 马蹄形；(d) 拱顶矩形；(e) 蛋形；(f) 矩形；
(g) 弧形流槽的矩形；(h) 带低流槽的矩形；(i) 梯形

圆形断面形式是一种最常用的断面形式，它有良好的水力性能，在一定坡度下，指定断面面积具有最大的水力半径，因此流速高、流量大。此外，圆形管便于制造，使用材料经济，对外的抵抗能力强。在运输、施工、维修等方面也较便利。

矩形断面形式构造简单，施工方便，适用于多种建筑材料构造，并可以就地浇制或砌筑，它使用较灵活，可按需要将深度增加，以加大排水量；对于路面狭窄的街道，采用矩形断面较适宜，在矩形断面的基础上加以改进，一般是将矩形断面渠道底部用细石混凝土或者水泥砂浆做成弧形流槽，可利用此流槽排除合流制系统中的非雨天时的城市污水，来获得较大的流速，从而减少管渠淤积的可能。另外，也可将渠顶砌成拱形以更好地分配管壁压力。为加快施工，可加大预制块的尺寸。图 8.2 与图 8.3 为混凝土拱形渠道和预制混凝土砌块污水渠道。

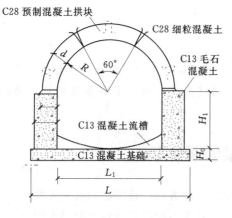

图 8.2 混凝土拱形渠道

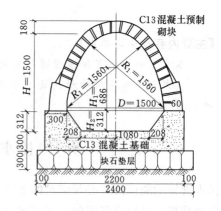

图 8.3 预制混凝土砌块污水渠道

半椭圆形断面，在土压力和活荷载较大时，可以更好地分配管壁压力，以此可以减小管壁厚度。在污水量无大变化及管渠直径大于 2m 时，采用此种断面形式较合适。

梯形断面适用于明渠，其形式、结构简单，便于施工，可用于多种材料建造。梯形明渠的底宽，一般不应小于 0.3m，以便于渠道的清淤、维护及管理。明渠采用砖、石、混凝土块铺砌时，一般采用 1:0.75~1:1 的边坡。

8.2 排水管渠的材料

8.2.1 排水管渠材料的要求

（1）必须具有足够的强度，以承受土壤压力及车辆行驶造成外部荷载和内部的水压，以保证在运输和施工过程中不致损坏。

（2）应具有较好的抗渗性能，以防止污水渗出和地下水渗入。若污水从管渠中渗出，将污染地下水及附近房屋的基础；若地下水渗入管渠，将影响正常的排水能力，增加排水泵站以及处理构筑物的负荷。

（3）应具有良好的水力条件，管渠内壁应整齐光滑，以减少水流阻力，使排水畅通。

（4）应具有抗冲刷、抗磨损及抗腐蚀的能力，以使管渠经久耐用。

（5）排水管渠的材料，应就地取材，可降低管渠的造价，提高进度，减少工程投资。

排水管渠材料的选择，应根据污水性质，管道承受的内、外压力，埋设地区的土质条件等因素确定。

8.2.2 常用排水管渠

排水管渠的材料有混凝土、钢筋混凝土、石棉水泥、陶土、铸铁、塑料等。

8.2.2.1 非金属管

非金属管道一般是预制的圆形断面管道，水力性能好，便于预制，使用材料经济，能承受较大荷载，且运输和养护也较方便。绝大多数的非金属管道的抗腐蚀性和经济性均优于金属管，只有在特殊情况下才采用金属管。

在我国，城市和工厂中最常用的排水管道是混凝土管、钢筋混凝土管和陶土管。低压石棉水泥管也有使用，瓦管（不上釉的陶土管）和沥青混凝土管在某些地方已经禁用。下面分别介绍常用的几种非金属排水管道。

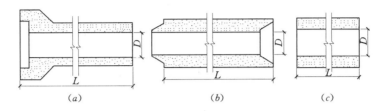

图 8.4　混凝土和钢筋混凝土排水管道的管口形式
(a) 承插式；(b) 企口式；(c) 平口式

1. 混凝土管

混凝土管适用于排除雨水、污水。管口通常有承插式、企口式和平口式，如图 8.4 所示。混凝土管的管径，一般小于 450mm，长度一般为 1m，用捣实法制造的管长仅 0.6m。

混凝土管一般在专门的厂预制，但也可现场浇制。混凝土管的制造方法主要有三种：捣实法、压实法和振荡法。捣实法是用人工捣实管模中的混凝土；压实法是用机器压制管胚（适用于制造管径较小的管子）；振荡法是用振荡器振动管模中的混凝土，使其密实。

制做混凝土的原料充足，可就地取材，制造价格较低，其设备、制造工艺简单，因此被广泛采用。缺点是，抗腐蚀性能差，耐酸碱及抗渗性能差，同时抗沉降、抗震性能也差，管节短、接头多、自重大。

2. 钢筋混凝土管（图 8.5）

口径 500mm 以及更大的混凝土管通常都加钢筋，口径 700mm 以上的管子采用内外二层钢筋，钢筋的混凝土保护层为 25mm。钢筋混凝土管适用于排除雨水、污水等。当管道埋深较大或敷设在土质条件不良的地段，以及穿越铁路、河流、谷地时都可采用钢筋混凝土管。管径从 500mm 至 1800mm，最大直径可达 2400mm，长度在 1～3m。

钢筋混凝土管的管口有三种做法：承插、企口和平口（参见图 8.4）。采用顶管法施工时常用平口管，以便施工。

钢筋混凝土管制造方法主要有三种：捣实法、振荡法和离心法。前面两种方法和混凝土管的捣实、振荡制造法基本相同，做出的管子为承插管（小管）或企口管（大管，口径 700mm 以上的管子多用企口），离心法制造的管子一般都是平口，长度在 2.5m 以上，最长可达 6.5m。

图 8.5　钢筋混凝土排水管

钢筋混凝土管的钢筋扎成一个架子，有纵向（与管轴平行的）钢筋和横向（与管口平行的）钢筋。横向钢筋是主要受力钢筋。

3. 陶土管

陶土管（图 8.6）能满足污水管道在技术方面的各种要求，耐酸性很好，在世界各国被广泛采用，特别适用于排除酸性废水。陶土管的缺点是质脆易碎，不宜敷设在松土中。

图 8.6　陶土管

陶土管是由塑性耐火性黏土制成的。为了防止在焙烧过程中产生裂缝应加入耐火黏土（有时并掺有若干矿砂）。在焙烧过程中向窑中撒食盐，目的在于食盐和黏土的化学作用而在管子的内外表面形成一种酸性的釉，使管子表面光滑、耐磨、防蚀、不透水。陶土管的管径一般不超过 600mm，因为口径大的管子烧制时容易变形，难以接合，废品率高，其管长在 0.8～1.0m 之间，在平口端的齿纹和钟口端的齿纹部分都不上釉，以保证接头填料和管壁牢固接合。

对陶土管的质量应有比较严格的检查，我国目前验收陶土管时，主要是注意管子的形状是否圆整，敲打时声音是否清脆，烧炼不足或有砂眼的管子不能使用。

4. 石棉水泥管

石棉水泥管（图 8.7）是用石棉纤维和水泥制造的。石棉水泥管具有强度大、表面光滑、密实不透水、重量轻、管节长、抗腐蚀性强、易于加工（可锯可钻）等许多优点，但也有质脆不耐磨等缺点。

石棉水泥管为平口管，用套管连接。管径为 50～600mm，长度为 2.5～4m。

5. 塑料排水管

由于塑料管具有表面光滑、水力性能好、水力损失小、耐磨蚀、不易结垢、重量轻、加工接

图 8.7　石棉水泥管

口搬运方便、漏水率低及价格低等优点，因此，在排水管道工程中已得到应用和普及。其中高密度聚乙烯（HDPE）管和硬聚氯乙烯（UPVC）管的应用较广。但塑料管管材强度低、易老化。

在国内，已有许多企业通过技术创新和引进国外先进技术，采用不同材料和制造工艺，批量生产各种规格的塑料排水管道，管道内径从 15mm 到 4000mm，以满足室内外排水及工业废水排水管道建设的需要。在排水管道工程设计中，以根据工程要求和技术经济比较进行选择和应用。我国室外排水目前较为广泛使用的是高密度聚乙烯（HDPE）管，如图 8.8 所示。HDPE 管与其他管材相比较有以下特点。

（1）抗外压能力强。外壁呈环形波纹状结构，大大增强了管材的环刚度，从而增强了管道对土壤负荷的抵抗力，在这个性能方面，HDPE 双壁波纹管与其他管材相比较具有明显的优势。

（2）工程造价低。在等负荷的条件下，HDPE 双壁波纹管只需要较薄的管壁就可以满足要求。因此，与同材质规格的实壁管相比，能节约一半左右的原材料，所以 HDPE 双壁波纹管造价也较低。这是该管材的又一个很突出的特点。

图 8.8　高密度聚乙烯（HDPE）管

（3）施工方便。由于 HDPE 双壁波纹管重量轻，搬运和连接都很方便，所以施工快捷、维护工作简单。在工期紧和施工条件差的情况下，其优势更加明显。

（4）摩阻系数小，流量大。采用 HDPE 为材料的 HDPE 双壁波纹管比相同口径的其他管材可通过更大的流量。换言之，相同的流量要求下，可采用口径相对较小的 HDPE 双壁波纹管。

（5）良好的耐低温、抗冲击性能。HDPE 双壁波纹管的脆化温度是 −70℃。一般低温条件下（−30℃以上）施工时不必采取特殊保护措施，冬季施工方便，而且，HDPE 双壁波纹管有良好的抗冲击性。

（6）化学稳定性佳。由于 HDPE 分子没有极性，所以化学稳定性极好。除少数的强氧化剂外，大多数化学介质对其不起破坏作用。一般使用环境的土壤、电力、酸碱因素都不会使该管道破坏，不滋生细菌，不结垢，其流通面积不会随运行时间增加而减少。

（7）使用寿命长。在不受阳光紫外线照射条件下，HDPE 的双壁波纹管的使用年限可达 50 年以上。

（8）优异的耐磨性能。德国曾用试验证明，HDPE 的耐磨性甚至比钢管还要高几倍。

（9）适当的挠曲度。一定长度的 HDPE 双壁波纹管轴向可略为挠曲，不受地面一定程度的不均匀沉降的影响，可以不用管件就直接铺在略为不直的沟槽内等。

8.2.2.2 金属管

金属管质地坚固，强度高，抗渗性能好，管壁光滑，水流阻力小，管节长，接口少，且运输和养护方便。但价格较高，抗腐蚀性能较差，大量使用会增加工程投资。因此，在排水管道中一般采用较少，只有在外荷载很大或者对渗漏要求特别高的场合才采用金属管。如一般排水管穿越铁路、高速公路以及邻近给水管道或房屋基础时，一般都用金属管。通常采用的是铸铁管，在土崩或地震地区最好用钢管。此外，在压力管线（倒虹管和水泵出水管）上和施工特别困难的场合（例如地下水高，流砂情况严重），亦常采用金属管。

排水铸铁管其优点是经久耐用，有较强的耐腐蚀性；缺点是质地较脆，不耐振动和弯折，重量较大。连接方式有承插式和法兰式两种。

钢管可以用无缝钢管，也可以用焊接钢管。钢管的特点是耐高压、耐振动、重量较轻、单管的长度大和接口方便，但耐腐蚀性差，采用钢管时必须涂刷耐腐蚀的涂料并注意绝缘，以防锈蚀，钢管用焊接或法兰接口。

合理选择排水管道，将直接影响工程造价和使用年限，因此排水管道的选择是排水系统设计中的重要问题。主要可从以下三个方面来考虑：①看市场供应情况；②从经济上考虑；③满足技术方面的要求。

在选择排水管道时，应尽可能就地取材，采用易于制造、供应充足的。在考虑造价时，既要考虑管道本身的价格，还要考虑施工费用和使用年限。例如，在施工条件差（地下水位高或有流砂等）的场合，采用较长的管道可以减少管接头，可以降低施工费用；在地基承载力差的场合，强度高的长管对基础要求低，可以减少敷设费用；在有内压力的沟段上，就必须用金属管、钢筋混凝土管或石棉水泥管；输送侵蚀性污水或管外有侵蚀性地下水时，最好用陶土管；当侵蚀性不太强时，也可以考虑用混凝土管或特种水泥浇制的混凝土管以及石棉水泥管。

8.2.2.3　大型排水沟渠

通常，当排水管渠设计口径大于 1.5m 时，就需要现场浇制或砌装。使用的材料可为砖、石、陶土块、混凝土块、钢筋混凝土块和钢筋混凝土等。其断面形式有圆形、矩形、半椭圆形等。一般大型排水沟渠可由渠底、渠身、渠顶等部分组成。在施工过程中通常是现场浇筑管渠的基础部分，然后再砌筑或装配渠身部分，渠顶部分一般是预制安装的。此外，建造大型排水沟渠也有全部浇筑或全部预制安装的。

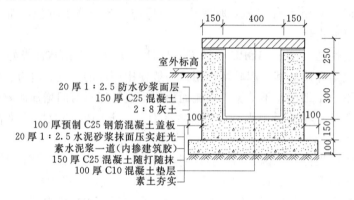

图 8.9　矩形混凝土排水沟渠（单位：mm）

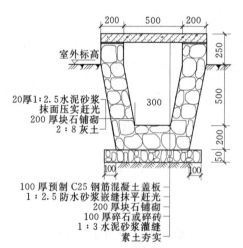

图 8.10　预制混凝土砌块梯形
排水沟渠（单位：mm）

图 8.9 为矩形混凝土排水管渠。图 8.10 为预制混凝土砌块梯形渠道，为了增强渠道结构的整体性，减少渗漏的可能性以及加快施工的进度，在设备条件许可的情况下应尽量加大预制块的尺寸。

对于大型排水沟渠的选择，除了应考虑其受力、水利条件外，还应结合施工技术、材料的来源、经济造价等情况，经分析比较后，确定出适合设计地区具体实际情况，既经济又合理的沟渠。由于大型排水沟渠其最佳过水断面往往显得窄而深，这不仅会使土方工程的单价提高，而且在施工过程中可能遇到地下水或流砂，势必会增加工程中施工的困难。因此，对大型排水沟渠应选用宽而浅的断面形式。

8.3　排水管道的接口

排水管道的不透水性和耐久性，在很大程度上取决于敷设管道时接口的质量。管道接口应具有足够的强度、不透水、能抵抗污水或地下水的浸蚀并有一定的弹性。根据接口的弹性，一般分为柔性、刚性和半柔半刚性 3 种接口形式。

柔性接口允许管道纵向轴线交错 3～5mm 或交错一个较小的角度，而不致引起渗漏。常用的柔性接口有沥青卷材及橡皮圈接口沥青卷材接口，用在无地下水，地基软硬不一，沿管道轴向沉陷不均匀的无压管道上。橡胶圈接口使用范围更加广泛，特别是在地震区，对管道抗震有显著作用。柔性接口施工复杂，造价较高。在地震区采用有它独特的优越性。

刚性接口不允许管道有轴向的交错。但比柔性接口施工简单、造价较低，因此采用较广泛。常用的刚性接口有水泥砂浆抹带接口、钢丝网片水泥砂浆抹带接口。刚性接口抗震性能差，用在地基比较良好，有带形基础的无压管道上。

半柔半刚性接口介于上述两种接口形式之间，使用条件与柔性接口类似。常用的是预制套环石棉水泥接口。

8.3.1 水泥砂浆接口

在管子接口处用 1:2.5～1:3 水泥砂浆抹成半椭圆形或其他形状的砂浆带，带宽 120～150mm，属于刚性接口。一般适用于地基土质较好的雨水管道，或用于地下水位以上的污水支线上。企口管、平口管、承插管均可采用此种接口，如图 8.11 所示。

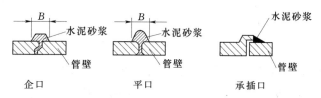

图 8.11 水泥砂浆接口

8.3.2 钢丝网水泥砂浆抹带接口

钢丝网水泥砂浆抹带接口属于刚性接口。将抹带范围的管外壁凿毛，抹 1:2.5 水泥砂浆一层厚 15mm，中间采用 20 号 10mm×10mm 钢丝网一层，两端插入基础混凝土中，上面再抹砂浆一层厚 10mm。适用于地基土质较好的具有带形基础的雨水、污水管道上，如图 8.12 所示。

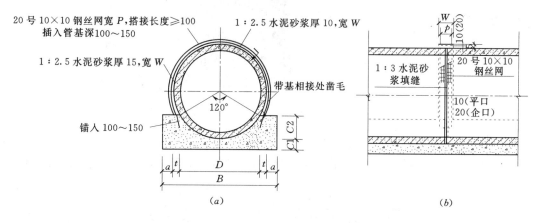

图 8.12 钢丝网水泥砂浆抹带接口（单位：mm）

(a) 接口横断面；(b) 接口纵断面

8.3.3 石棉沥青卷材接口

石棉沥青卷材接口属于柔性接口。

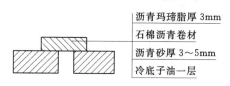

图 8.13 石棉沥青卷材接口

石棉沥青卷材为工厂加工，沥青玛琋脂重量配比为沥青：石棉：细砂＝7.5:1:1.5。先将接口处管壁刷净烤干，涂上冷底子油一层。再刷沥青玛琋脂厚 3mm，再包上石棉沥青卷材，再涂 3mm 厚的沥青砂玛琋脂，这叫"三层做法"。若再加卷材和沥青砂玛琋脂各一层，便叫"五层做法"。一般适用于地基沿管道轴向沉陷不均匀地区，如图 8.13 所示。

8.3.4 橡胶圈接口

橡胶圈接口属柔性接口。接口结构简单，施工方便，适用于施工地段土质较差、地基硬度不均匀或地震地区，图 8.14、图 8.15 分别为承插口、企口橡胶圈接口。

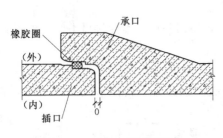

图 8.14 承插口橡胶圈接口

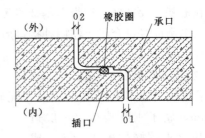

图 8.15 企口橡胶圈接口

8.3.5 预制套环石棉水泥（或沥青砂）接口

预制套环石棉水泥接口属于半刚半柔接口。石棉水泥重量比为水：石棉：水泥＝1：3：7（沥青砂配比为沥青：石棉：砂＝1：0.67：0.67）。适用于地基不均匀沉降且位于地下水位以下，内压水头低于 10m 的管道上，如图 8.16 所示。

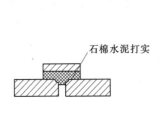

图 8.16 预制套环石棉水泥（或沥青砂）接口

8.3.6 顶管施工常用的接口形式

（1）混凝土（或铸铁）内套环石棉水泥接口，如图 8.17 所示，一般只用于污水管道。

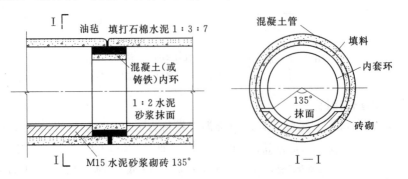

图 8.17 混凝土（或铸铁）内套环石棉水泥接口

（2）沥青油毡、石棉水泥接口，如图 8.18 所示。

（3）麻辫（或塑料圈）石棉水泥接口。一般只用于雨水管道。采用铸铁管的排水管道，接口做法与给水管道相同。常用的有承插式铸铁管油麻石棉水泥接口，如图8.19所示。

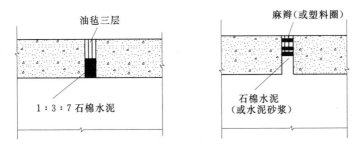

8.18 沥青油毡、石棉水泥接口　　8.19 麻辫（或塑料圈）石棉水泥接口

8.4　排水管道的基础

排水管道的基础一般由地基、基础和管座三个部分组成，如图8.20（a）所示。地基是指沟槽底的土壤部分。它承受管子和基础的重量、管内水重、管上土压力和地面上的荷载。基础是指管子与地基间经人工处理过的或专门建造的设施，其作用是将管道较为集中的荷载均匀分布，以减少对地基单位面积的压力，或由于土的特殊性质的需要，为使管道安全稳定地运行而采取的一种技术措施，如原土夯实、混凝土基础等。管座是管子下侧与基础之间的部分，设置管座的目的在于它使管子与基础连成一个整体，以减少对地基的压力和对管子的反力。管座包角的中心角愈大，基础所受的单位面积的压力和地基对管子作用的单位面积的反力愈小。

为保证排水管道系统能安全正常运行，除管道工艺本身设计施工应正确外，管道的地基与基础要有足够的承受荷载的能力和可靠的稳定性，否则排水管道可能产生不均匀沉陷，造成管道错口、断裂、渗漏等现象，导致对附近地下水的污染，甚至影响附近建筑物的基础。一般应根据管道本身情况及其外部荷载的情况、覆土的厚度、土壤的性质合理地选择管道基础。目前常见的管道基础有以下几种。

8.4.1　砂土基础

砂土基础包括弧形素土基础及砂垫层基础，如图8.20（b）、（c）所示。

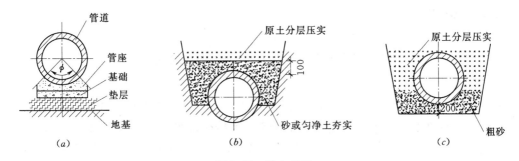

（a）　　　　　　　　（b）　　　　　　　　（c）

图8.20　砂土基础

（a）管道基础断面；（b）弧形素土基础；（c）砂垫层基础

弧形素土基础是原土上挖一弧形素土基础管槽，通常采用90°弧形管子落在弧形管槽里，这种基础适用于无地下水、原土能挖成弧形的干燥土壤，管道直径小于600mm的混凝

土管、钢筋混凝土管、陶土管，管顶覆土厚度在 0.7～2.0m 之间的街坊污水管道，不在车行道下的管径小于 600mm 的次要管道及临时性管道。

　　砂垫层基础是在挖好的弧形管槽上，用带棱角的粗砂填 10～15cm 厚的砂垫层，这种基础适用于无地下水，岩石或多石土壤，管道直径小于 600mm 的混凝土管、钢筋混凝土管及陶土管，管顶覆土厚度 0.7～2.0m 的排水管道。

8.4.2　混凝土枕基

　　混凝土枕基（图 8.21）是只在管道接口处设置的局部基础。通常在管道接口下用 C8 混凝土做成枕状垫块。此种基础适用于干燥土壤中的雨水管道及不太重要的污水支管，常与素土基础或砂填层基础同时使用。

8.4.3　混凝土带形基础

　　混凝土带形基础（图 8.22）是沿管道全长铺设的基础，按管座形式的不同分为 90°、135°、180°三种管座基础。这种基础适用于各种潮湿土壤以及地基不均匀的排水管道，

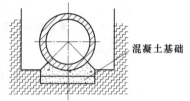

图 8.21　混凝土枕基

管径 200～2000mm，无地下水时，在槽底老土上直接浇筑混凝土基础。有地下水时常在槽底铺 10～15cm 厚的卵石或碎石垫层，再在上面浇筑混凝土基础。当管顶覆土厚度在 0.7～2.5m 时采用 90°管座基础，管顶覆土在 2.5～4m 时用 135°基础，覆土厚度在 4.0～6m 时采用 180°基础。在地震区土质特别松软，不均匀沉陷严重地段，最好采用钢筋混凝土带形基础。

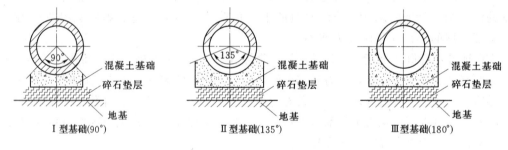

图 8.22　混凝土带形基础

　　对地基松软或不均匀沉降地段，为增强管道强度，许多城市的经验是对管道基础或地基采取加强措施并且管道接口采用柔性接口。

8.5　排水管渠系统上的附属构筑物

　　为了排除污水，除管渠本身之外，还需在管渠系统上设置某些构筑物。这些构筑物设计得是否合理，对整个系统运行影响较大，有的构筑物在排水系统上数量较多，有的造价很高，因此它们在排水系统的总造价中占有相当的比例。如何选用、设计这些构筑物，是排水系统设计的一个重要部分。

8.5.1　检查井

　　检查井，也称普通窨井，是为便于对管渠系统作定期检查和清通，设置在排水管道交汇、转弯、管渠尺寸或坡度改变、跌水等处以及相隔一定距离的直线管渠上的井式地下构

筑物。

　　在排水管道设计中，检查井在直线管径上的最大间距，可根据具体情况确定，一般情况下，检查井的间距按 50m 左右考虑。表 8.1 为检查井最大间距，供设计时参考。

表 8.1　　　　　　　　　　　检 查 井 最 大 间 距

管径或暗渠净高 （mm）	最 大 间 距（m）	
	污水管道	雨水（合流）管道
200～400	40	50
500～700	60	70
800～1000	80	90
1100～1500	100	120
1600～2000	120	120
＞2000	适当增大	

　　检查井由井底（包括基础）、井身和井盖（包括盖底）三部分组成，如图 8.23 所示。

　　井基采用碎石、卵石、碎砖夯实或低标号混凝土。井底一般采用低标号混凝土，井底是检查井最重要的部分，为使水流通过检查井时阻力较小，井底宜设计成半圆形或弧形流槽，流槽直壁向上伸展。直壁高度与下游管道的顶能平或低些，槽顶两肩坡度为 0.02～0.05，以免淤泥沉积，槽两侧边应有 200mm 的宽度，以利于维修人员立足之用，在管渠转弯或几条管渠交汇处，为使水流通顺，流槽中心的弯曲半径应按转角大小和管径大小确定，但不得小于大管的管径。检查井底各种流槽的平面形式如图 8.24 所示。

　　井身材料可采用砖、石、混凝土、钢筋混凝土。我国从前多采用砖砌，以水泥砂浆抹面，目前装配式检查井、混凝土砌块式检查井等已大量采用，如图 8.25、图 8.26 所示。井身的平面形状一般为圆形，但在大直径的管线上可做成方形、矩形等形状，为便于养护人员进出检查井，井壁应设置爬梯。

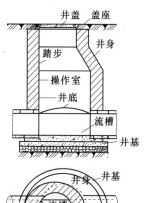

图 8.23　检查井构造

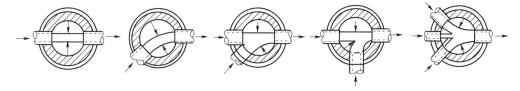

图 8.24　检查井底流槽的形式

　　井口和井盖的直径采用 0.65～0.7m。检查井井盖可采用铸铁或钢筋混凝土材料，在车行道上一般采用铸铁，在人行道或绿化带内可用钢筋混凝土盖。为防止雨水流入，盖顶略高出地面。盖座采用铸铁、钢筋混凝土或混凝土材料制作。图 8.27 所示为轻型铸铁井盖及盖座，图 8.28 为轻型钢筋混凝土井盖及盖座。

图 8.25　装配式检查井

图 8.26　混凝土砌块式检查井

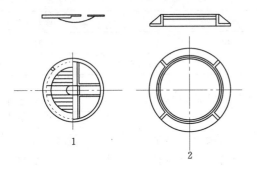

图 8.27　轻型铸铁井盖及盖座
1—井盖；2—盖壳

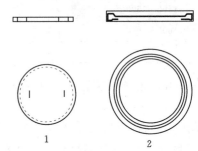

图 8.28　轻型钢筋混凝土井盖及盖座
1—井盖；2—盖壳

8.5.2　跌水井

跌水井的作用是当上下游管道的高度相差较大（大于 1m）时，用来消除水流的能量，克服跌落时产生的巨大的冲击力。

跌水井常用的形式有竖管式、阶梯式和溢流堰式。

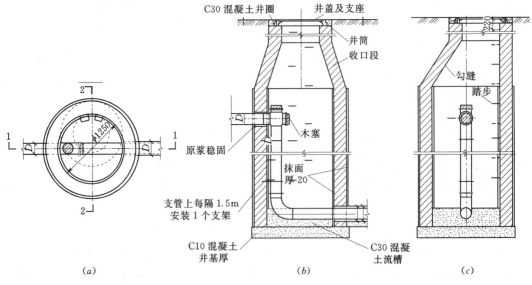

图 8.29　竖管式跌水井
(a) 平面图；(b) 1—1 剖面；(c) 2—2 剖面

竖管式跌水井（图 8.29）构造比较简单，与普通检查井相似，只是增加了铸铁竖管和少量配件，适用于设置在口径小于 400mm 的管路上，这种跌水井一般不需作水力计算。当管径不大于 200mm 时，一次落差不超过 6m，当管径为 300～400mm 时，一次落差不超过 4m。

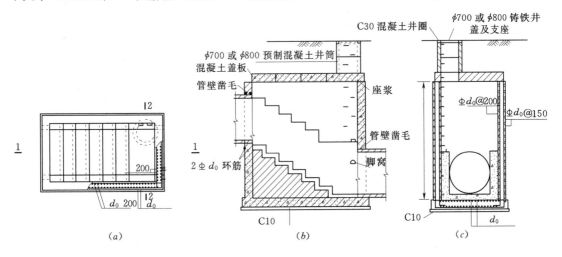

图 8.30 阶梯式跌水井（1∶50）

(a) 井室平面图；(b) 1—1 剖面；(c) 2—2 剖面

阶梯式（图 8.30）和溢流堰式（图 8.31）跌水井可用于大管径的管路上，跌水部分采用多级阶梯或溢流堰逐步消能，为了防止跌水水流的冲刷，每级阶梯的底板或溢流堰的底板要坚固。这种跌水井的尺寸（井长、跌水水头高度等）应通过水力计算取得。

8.5.3 水封井

当生产污水能产生引起爆炸或火灾的气体时，其废水管道系统中必须设水封井。水封井的位置应设在产生上述废水的生产装置、储罐区、原料储运场地、成品仓库、容器洗涤车间等的废水排出口处以及适当距离的干管上。水封井不宜设在车行道和行人众多的地段，并应适当远离产生明火的场地。水封深度一般采用 0.25m。井上宜设通风管，井底宜设沉泥槽。图 8.32 所示为水封井的构造。

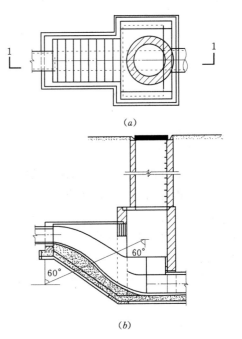

图 8.31 溢流堰式跌水井

(a) 平面图；(b) 1—1 剖面图

8.5.4 换气井

污水中的有机物常在管渠中沉积而厌氧发酵，发酵分解产生的甲烷、硫化氢、二氧化碳等气体，如与一定体积的空气混合，在点火条件下将产生爆炸，甚至引起火灾。为防止此类偶然事故发生，同时也为保证在检修排水管渠时工作人员能较安全地进行操作，有时在街道排水管的检查井上设置通风管，使此类有害气体在住宅竖管的抽风作用下，随同空气沿庭院管道、出户管及竖管排入大气中，这种设有通风管的检查井称换气井。图 8.33 所示为换气井的形式之一。

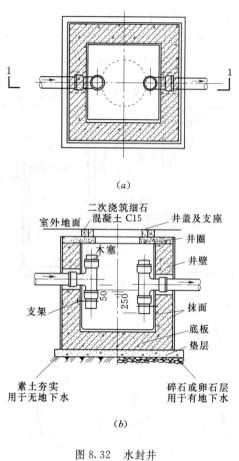

（a）

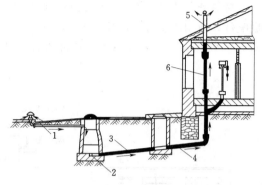

图 8.33　换气井

1—通风管；2—街道排水管；3—庭院管；
4—出户管；5—透气管；6—竖管

图 8.32　水封井

（a）平面平；（b）1—1 剖面

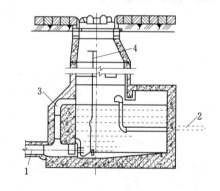

图 8.34　冲洗井

1—出流管；2—供水管；3—溢流
管；4—拉阀的绳索

8.5.5　冲洗井

当污水管内的流速不能保证自清时，为防止淤塞，可设置冲洗井。冲洗井有两种做法：人工冲洗和自动冲洗。自动冲洗井一般采用虹吸式，其构造复杂，造价很高，目前已很少采用；人工冲洗井的构造比较简单，是一个具有一定容积的普通检查井。冲洗井出流管道上设有闸门，井内设有溢流管以防止井中水深过大。冲洗水可利用上游来的污水或自来水，供水管的出口必须高于溢流管管顶，以免污染自来水，如图 8.34 所示。

冲洗井一般适用于管径小于 400mm 的管道上，冲洗管道的长度一般为 250m 左右。

8.5.6　雨水溢流井

在截流式合流制排水系统中，晴天时，管道中的污水全部送往污水厂进行处理，雨天时，管道中的混合污水仅有一部分送入污水厂处理，超过截流管道输水能力的那部分混合污水不作处理，直接排入水体。因此，在合流管道与截流干管的交汇处应设置溢流井，其作用是将超过溢流井下游输水能力的那部分混合污水通过溢流井溢流排出。因此，溢流井的设置位置应尽可能靠近水体下游，减少排放渠道长度，使混合污水尽快排入水体。此外，最好将溢流井设置在高浓度的工业污水进入点的上游，可减轻污染物质对水体的污染程度。如果系统中设有倒虹吸管及排水泵站，则溢流井最好设置在这些构筑物的前面。

溢流井的形式有截流槽式、溢流堰式、跳跃堰式。

截流槽式溢流井是最简单的一种，是在井中设置截流槽，槽顶与截流干管管顶相平，当上游来水量超过截流干管输水能力时，水从槽顶溢出，进入溢流管排入水体，如图8.35所示。

溢流堰式溢流井，是在流槽的一侧设置溢流堰，如图8.36 槽中水位超过堰顶时，超量的水即溢入水体。

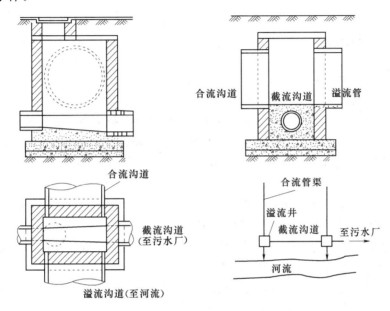

图 8.35　截流槽式溢流井

跳跃堰式溢流井构造如图8.37所示，当上游流量大到一定量时，水流将跳跃过截流干管，进入溢流管排入水体。

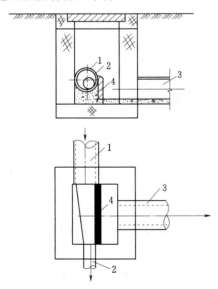

图 8.36　溢流堰式溢流井
1—合流沟管道；2—截流沟道；
3—溢流沟道；4—溢流堰墙

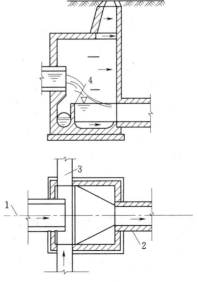

图 8.37　跳跃堰式溢流井
1—雨水入流干沟；2—雨水出流干沟；
3—雨水截流干沟；4—隔墙

8.5.7　潮门井

临海城市的排水管渠往往受潮汐的影响，为防止涨潮时潮水倒灌，在排水管渠出口上游

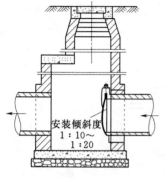

的适当位置上应设置装有防潮门（或平板闸门）的检查井，如图 8.38 所示。临河城市的排水管渠，为防止高水位时河水倒灌，有时也采用防潮门。

防潮门一般用铁制，略带倾斜地安装在井中上有管道出口处，其倾斜度一般为 1:10～1:20。当排水管渠中无水时，防潮门靠自重密闭。当上游排水管渠来水时，水流顶开防潮门排入水体。涨潮时，防潮门靠下游潮水压力密闭，使潮水不会倒灌入排水管渠。

设置了防潮门的检查井井口应高出最高潮水位或最高河水位，或者井口用螺栓和盖板密封，以免潮水或河水从井口倒灌

安装倾斜度
1:10～
1:20

图 8.38　潮门井

至市区。为使防潮门工作可靠有效，必须加强维护管理，经常清除防潮门座口上的杂物。

8.5.8　雨水口

雨水口是设在雨水管道或合流管道上，是用来收集地面雨水径流的构筑物。地面上的雨水经过雨水口和连接管流入管道上的检查井后进入排水管道。

雨水口的设置，应根据道路（广场）情况、街坊以及建筑情况、地形、土壤条件、绿化情况、降雨强度的大小及雨水口的泄水能力等因素决定。

雨水口一般设在交叉路口、路面最低点以及道路路牙边每隔一定距离处，如图 8.39 所示，其作用是及时地将路面雨水收集并排入雨水管渠内。

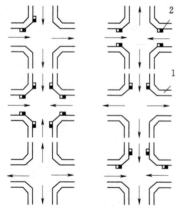

图 8.39　道路交叉路口雨水口布置
1—路边石；2—雨水口

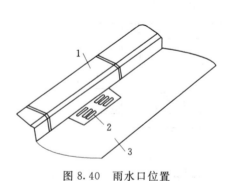

图 8.40　雨水口位置
1—路边石；2—雨水口；3—道路路面

雨水口的设置位置，应能保证迅速有效地收集地面雨水。一般应在交叉路口、路侧边沟的一定距离处以及没有道路边石的低洼地方设置，以防止雨水漫过道路或造成道路及低洼地区积水而妨碍交通，如图 8.40 所示雨水口的形式和数量，通常应按汇水面积所产生的径流量和雨水口的泄水能力确定。一般一个平箅雨水口可排泄 15～20L/s 的地面径流量。在路侧边沟上及路边低洼地点，雨水口的设置间距还要考虑道路的纵坡和路边石的高度。道路上雨水口的间距一般为 25～50m（视汇水面积大小而定），在低洼和易积水的地段，应根据需要适当增加雨水口的数量。

雨水口的构造包括进水箅、井筒和连接管三部分，如图8.41所示。

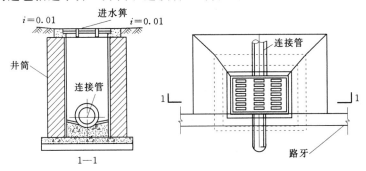

图8.41　雨水口的构造

雨水口的进水箅可用铸铁或钢筋混凝土、石料制成。采用钢筋混凝土或石料进水箅可节约钢材但其进水能力远不如铸铁进水箅，有些城市为加强钢筋混凝土或石料进水的进水能力，把雨水口处的边沟沟底下降数厘米，但给交通造成不便，甚至可能引起交通事故。

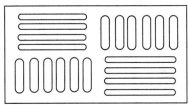

图8.42　进水箅纵横交错的形式

进水箅条的方向与进水能力也有很大关系，箅条与水流方向平行比垂直的进水效果好，因此有些地方将进水箅设计成纵横交错的形式，如图8.42所示，以便排泄路面上从不同方向流来的雨水。雨水口按进水箅在街道上的设置位置可分为：①边沟雨水口，进水箅稍低于边沟底水平放置，如图8.43所示；②侧石雨水口，进水箅嵌入边石垂直放置，如图8.44所示；③联合式雨水口，如图8.45所示，在边沟底和边石侧都安放进水

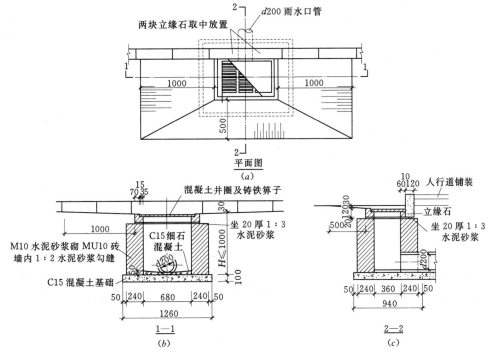

图8.43　砖砌边沟式单箅雨水口

算。为提高雨水口的进水能力，目前我国许多城市已采用双算联合式或三算联合式雨水口，由于扩大了进水算的进水面积，进水效果良好。

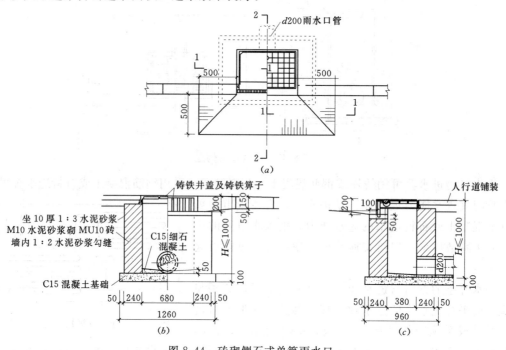

图 8.44　砖砌侧石式单箅雨水口
(a) 平面图；(b) 1—1；(c) 2—2

雨水口的井筒可用砖砌或用钢筋混凝土预制，也可采用预制的混凝土管。雨水口的深度一般不宜大于 1m，在有冻胀影响的地区，雨水口的深度可根据经验适当加大。雨口的底部可根据需要做成有沉泥井（也称截留井）或无沉泥井的形式，图 8.46 所示为有沉泥井的雨水口，它可截留雨水所夹带的砂砾，免使它们进入管道造成淤塞。但是沉泥井往往积水，散发臭气，影响环境卫生，因此需要经常清除，增加了养护工作量。通常仅在路面较差、地面上积秽很多的街道或菜市场等地方，才考虑设置有沉泥井的雨水口。

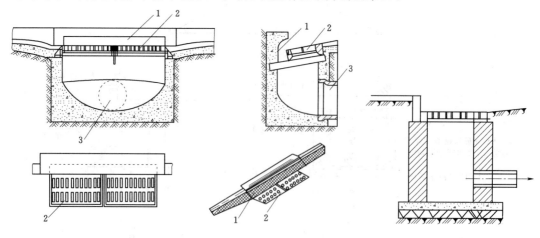

图 8.45　双算联合式雨水口
1—边石进水算；2—边沟进水算；3—连接管

图 8.46　有沉泥井的雨水口

8.5.9 倒虹吸管

排水管道有时会遇到障碍物，如穿过河道、铁路等地下设施时，管道不能按原有坡度埋设，而是以下凹的折线方式从障碍物下通过，这种管道称为倒虹吸管。

倒虹吸管由进水井、管道及出水井三部分组成。

管道有两种形式：折管式和直管式，如图8.47、图8.48所示。折管式管道包括下行管、平行管、上行管三部分，这种倒虹吸管施工麻烦，养护困难，在河滩很宽的情况下采用。直管式施工与养护较前者简易。

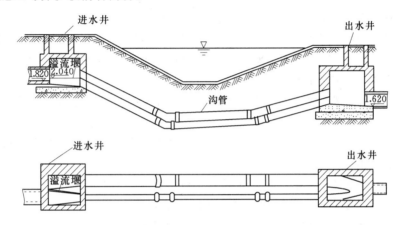

图8.47 折管式倒虹吸管

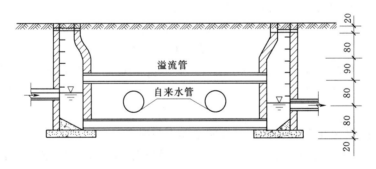

图8.48 直管式倒虹吸管（单位：mm）

在进行倒虹吸管设计时应注意以下几方面：

（1）确定倒虹吸管的路线时，应尽可能与障碍物正交通过，以缩短倒虹吸管的长度，并应符合与该障碍物相交的有关规定。

（2）选择通过河道的地质条件好的地段，不易被水冲刷地段及埋深小的部位敷设。

（3）穿过河道的倒虹吸管一般不宜少于两条，当近期水量不能达到设计流速时，可使用其中的一条，暂时关闭一条。穿过小河、旱沟和洼地的倒虹吸管，可敷设一条工作管道。穿过特殊重要构筑物（如地下铁道）的倒虹吸管，应敷设三条管道，其中两条工作，一条备用。

（4）倒虹吸管一般采用金属管或钢筋混凝土管。管径一般不小于200mm。倒虹吸管水平管的长度应根据穿越物的形状和远景发展规划确定，水平管的管顶距规划的河底一般不宜小于 0.5m，通过航运河道时，应与当地航运管理部门协商确定，并设有标志。遇到冲刷河床应采取防冲措施。

（5）倒虹吸管采用复线时，其中的水流用溢流堰自动控制，或用闸门控制。溢流堰和闸门设在进水井中，用以控制水流。当流量不大时，井中水位低于堰口，污水从小管中流至出水井；当流量大于小管的输水能力时，井中水位上升，管渠内水就溢过堰口通过大管同时流出。

由于倒虹吸管的清通比一般管道困难得多，因此必须采取各种措施来防止倒虹吸管内污水的淤积。在设计时可采用以下措施：

（1）提高倒虹吸管内的设计流速。一般采用 1.2～1.5m/s，在条件困难时可适当降低，但不宜小于 0.9m/s，且不得小于上游管道内的流速。当流速达不到 0.9m/s 时，应采用定期冲洗措施，但冲洗流速不得小于 1.2m/s。

（2）为防止污泥在管内淤积，折管式倒虹吸管的下行、上行管与水平管的夹角一般不大于 30°。

（3）在进水井或靠近进水井的上游管道的检查井底部设沉泥槽，直管式倒虹吸管的进出水井中也应设沉泥槽。

（4）进水井应设事故排出口，当需要检修倒虹吸管时，使上游废水通过事故排出口直接排入水体。如因卫生要求不能设置时，则应设备用管线。

（5）合流制管道设置倒虹吸管时，应按旱流污水量校核流速。

污水在倒虹吸管内的流动是依靠上、下游管道中的水位差（进、出水井的水面高差）进行的，该高差用来克服污水流经倒虹吸管的阻力损失。

在计算倒虹吸管时，应计算管径和全部阻力损失值，要求进水井和出水井间水位高差 H 稍大于全部阻力损失值 H_1，其差值一般取 0.05～0.10m。

【例 8.1】 已知最大流量 $Q_{max}=510L/s$，最小流量 $Q_{min}=120L/s$，倒虹吸管长度 $L=50m$。倒虹吸管上游管道流速 $v=1.0m/s$，下游 $v=1.24m/s$，进口与出口局部阻力系数 ξ 分别为 0.5 和 1.0。

求直管式倒虹吸管的管径和倒虹吸管的全部水头损失。

【解】 （1）用一条水平敷设的工作管线，管径采用 700mm，倒虹吸管前检查井中设沉泥槽，倒虹吸管的进出水井各落底 0.5m。查水力计算表 $D=700mm$，$Q_{max}=510L/s$，$i=0.00305$，$v=1.30m/s$，由于 $v=1.30m/s>0.9m/s$，也大于上游管道 $v=1.3m/s>1.0m/s$。符合设计要求。

（2）计算倒虹吸管的全部水头损失

$$H=iL+\sum\xi\frac{v^2}{2g}=0.0035\times50+（0.5+1.0）\frac{1.30^2}{2\times9.8}=0.282mH_2O$$

8.5.10 管桥

当排水管道穿过谷地时，可不改变管道的坡度，采用栈桥或桥梁承托管道，这种设施称为管桥。管桥比倒虹吸管易于施工，检修维护方便，且造价低。管桥也可作为人行桥，无航运的河道，可考虑采用。但只适用于小流量污水。

管道在上桥和下桥处应设检查井，通过管桥时每隔 40～50m 应设检修口。在上游检查井应设有事故排放口。

8.5.11 出水口

排水管渠排入水体的出水口的位置和形式，应根据污水水质、下游用水情况、水体的水位变化幅度、水流方向、波浪情况、地形变迁和主导风向等因素确定。出水口与水体岸边连接处应采取防冲、加固等措施，一般用浆砌块石做护墙和铺底。在受冻胀影响的地区，出水口应考虑用耐冻胀材料砌筑，其基础必须设置在冰冻线以下。

为使污水与水体水混合较好，排水管渠出水口一般采用淹没式，即出水管的标高低于水体的常水位。淹没式分为岸边式和河床分散式两种。图8.49、图8.50为岸边式出水口示意图。如果需要污水与水体水流充分混合，则出水口可长距离伸入水体分散出口，此时应设置标志，并取得当地卫生主管部门和航运管理部门的同意。雨水管渠出水口可以采用非淹没式，其底标高最好在水体最高水位以上，一般在常水位以上，以免水体水倒灌。当出口标高比水体水面高出太多时，应考虑设置单级或多级跌水。

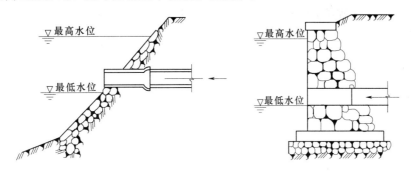

图8.49 采用护坡的出水口　　　图8.50 采用挡土墙的出水口

图8.51、图8.52、图8.53分别为江心分散式出水口、一字式出水口和八字式出水口。

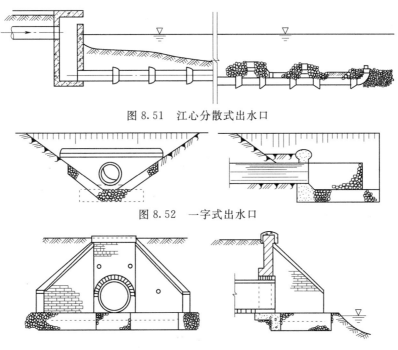

图8.51 江心分散式出水口

图8.52 一字式出水口

图8.53 八字式出水口

复 习 思 考 题

1. 在选择排水管渠断面形式时，应必须满足哪些要求？在实际工程中为什么常用圆形断面？

2. 对排水管渠的材料有何要求？常用的排水管渠有哪几种？各有哪些优缺点？

3. 排水管渠常用的管道接口有哪些？常用的管道基础有哪些？

4. 在排水管渠系统中，为什么要设置检查井？试说明其设置及构造。

5. 跌水井的作用是什么？常用的跌水井有哪些形式？

6. 雨水口是由哪几部分组成的？有几种类型？试说明雨水口的作用及布置形式。

7. 在什么条件下，可考虑设置倒虹吸管？倒虹吸管设计时应注意哪些问题？

8. 常用的出水口有哪几种形式？各种形式的出水口适用哪些条件？

第9章 污水管道系统

【主要内容及学习要求】

本章节主要阐述了污水管道系统设计流量的确定，污水管道系统的平面布置，污水管道系统的水力计算及设计计算，污水管道平面图和纵剖面图的设计等内容。

通过学习本章内容，要求学生能够分析和计算城市污水管道系统的设计流量，掌握城市污水管道系统设计计算的一般原理、方法和步骤。能够进行污水管道设计流量计算、设计管段水力计算，能够绘制管道系统平面图和纵剖面图。

9.1 污水管道系统设计流量的确定

污水设计流量的确定是污水管渠系统设计的重要内容。城市污水流量是城市污水排水系统管渠及设备和各附属构筑物在单位时间内保证通过的最大污水量。在管渠系统中，通常以一年中最大日最大时流量作为城市污水设计流量，包括城市生活污水设计流量和工业废水设计流量两部分。

生活污水量的大小取决于生活用水量的大小，在城市人民生活中，绝大多数用过的水都成为污水流入污水管道。根据某些城市的实测资料统计，污水量约占用水量的80%～100%。生活污水量和生活用水量的这种关系符合大多数城市的情况。如果已知城市用水量，在城市污水管道系统规划设计时，可以根据当地的具体条件取城市生活用水量的80%～100%作为城市生活污水量。在详细规划中可以根据城市规模、污水量标准和污水量的变化情况计算生活污水量。

工业废水量则与工业企业的性质、工艺流程、技术设备等有关。

9.1.1 生活污水设计流量

城市生活污水设计流量包括居住区生活污水设计流量、公共设施排水量、工业企业职工生活污水及淋浴污水设计流量。

9.1.1.1 居住区生活污水设计流量 Q_1

居住区生活污水设计流量按下式确定：

$$Q_1 = \frac{nNK_z}{24 \times 3600} \tag{9.1}$$

式中　Q_1——居住区生活污水设计流量，L/s；

　　　n——平均日生活污水排水定额，L/(人·d)；

　　　N——设计人口数（人）；

　　　K_z——总变化系数。

1. 设计人口

设计人口是污水排除系统设计期限终期的计划人口数，它取决于城乡或工业企业的发展规模。设计时应按近期和远期的发展规模，分期估算出各期的设计人口，在设计分期建设的工程项目时，应采用各个分期的计算人口作为该项目的设计人口。

在城乡总体规划中，人口分布以人口密度表示。人口密度是住在单位面积上的居民数，常以人/hm² 表示。如果测算人口密度所用的地区面积包括街道、公园、运动场和水体等在内时，该人口密度称为总人口密度；如果所用面积为街坊内的建筑面积，所得的人口密度称为街坊人口密度。在规划或作初步设计时，常根据总人口密度计算；当进行技术设计或扩大初步设计时，需要计算各管段所承受的污水量，需根据街坊人口密度来求得设计人口。

2. 居住区生活污水排水定额

居住区生活污水排水定额是指城镇居民每人每日所排入排水系统的平均污水量，它与生活用水量定额、室内卫生设备设置情况、所在地区气候、生活水平等因素有关。在确定污水量定额时应根据城市排水现状资料，按城市的规划年限并综合考虑各方面的因素来确定，并应注意与本城市采用的居民用水定额相协调。《室外排水设计规范》（GB 50014）建议根据生活用水定额的 80%～90%确定生活污水排水定额。对于新建城市应参照条件相似的城市生活污水排水定额确定，一般可采用表 9.1 中的规定。

表 9.1　　　　　　居住区生活污水排水定额（平均日）

卫 生 设 施 情 况	生活污水排水定额 L/(人·d)				
	第一分区	第二分区	第三分区	第四分区	第五分区
室内无排水卫生设备，从集中给水龙头取水，由室外排水管道排水	10～20	10～25	20～35	25～40	10～25
室内有给排水卫生设备，但无水冲式厕所	20～40	30～45	40～65	40～70	25～40
室内有给排水卫生设备，但无淋浴设备	55～90	60～95	65～100	65～100	55～90
室内有给排水卫生设备和淋浴设备	90～125	100～140	110～150	120～160	100～140
室内有给排水卫生设备，并有淋浴和集中热水供应	130～170	140～180	145～185	150～190	140～180

注　1. 第一分区包括黑龙江、吉林、内蒙古的全部，辽宁的大部分，河北、山西、陕西偏北的一小部分，宁夏偏东的部分。
　　 2. 第二分区包括北京、天津、河北、山东、山西、陕西的大部分，甘肃、宁夏、辽宁的南部，河南的北部，青海偏东和江苏偏北的一小部分。
　　 3. 第三分区包括上海、浙江全部，江西、安徽、江苏的大部分，福建北部，湖南、湖北的东部，河南南部。
　　 4. 第四分区包括广东、台湾的全部，广西的大部分，福建、云南的南部。
　　 5. 第五分区包括贵州的全部，四川、云南的大部分，湖南、湖北的西部，陕西和甘肃在秦岭以南的地区，广西偏北的一小部分。

表 9.1 中所列数值包括居住区内小型公共建筑的污水量。大型公共建筑及某些污水量较大的公共建筑，如洗衣房、公共浴室、饭店、学校、影剧院等作为集中污水量单独计算。公共建筑内每人每日的生活污水量定额可以按《建筑给水排水设计规范》（GB 50015）中的生活用水量定额确定；高层建筑用水量较大，且水源不一，因此应根据实际调查资料来确定。

3. 总变化系数

城市生活污水排水定额是一个平均值，而生活污水量实际是不均匀的，逐月、逐日、逐时都在变化。一年之中，冬季和夏季的污水量不同；一日之中，白天和夜间的污水量不一样；各小时的污水量也有很大变化；即使在一小时内污水量也是变化的。但在城市污水管道规划设计中，通常都假定在一小时内污水量是均匀的。污水量的变化程度常用变化系数来表示，变化系数有日变化系数 K_d、时变化系数 K_h 和总变化系数 K_z。

一年中最大日污水量与平均日污水量的比值称为日变化系数，即

$$K_d = \frac{最大日污水量}{平均日污水量} \tag{9.2}$$

一年中最大时污水量与平均时污水量的比值称为时变化系数，即

$$K_h = \frac{最大日最大时污水量}{最大日平均时污水量} \tag{9.3}$$

最大日最大时污水量与平均日平均时污水量的比值，称为总变化系数，即

$$K_z = K_d K_h \tag{9.4}$$

污水管道应按最大日最大时的污水量来进行设计，因此需要求出总变化系数。用式（9.4）计算总变化系数一般都难以做到，因为城市中关于日变化系数和时变化系数的资料都较缺乏。但通常服务面积愈大，服务人口愈多，则污水量愈大，而变化幅度愈小，也就是变化系数愈小；反之则变化系数愈大。也可以说总变化系数一般与污水量有关，其流量变化幅度与平均流量之间的关系可按下式计算：

$$K_z = \frac{2.7}{Q^{0.11}} \tag{9.5}$$

式中　Q——平均日平均时污水流量，L/s。

公式经多年应用总结后认为 K_z 不宜小于 1.3。居住区综合生活污水量总变化系数也可按表 9.2 计算。当居住区有实际生活污水量总变化系数值时，可按实测资料确定。

根据以上方法分别确定设计人口、居民区污水排水定额和总变化系数后，就可以按式（9.1）计算居民区生活污水设计流量。

表 9.2　　　　　　　　　　　　综合生活污水量总变化系数

污水平均日流量（L/s）	5	15	40	70	100	200	500	≥1000
总变化系数 K_z	2.3	2.0	1.8	1.7	1.6	1.5	1.4	1.3

9.1.1.2　公共设施排水量 Q_2

公共设施排水量应根据公共设施的不同性质，按《建筑给水排水设计规范》（GB 50015—2003）的规定进行计算。

9.1.1.3　工业企业生活污水及淋浴污水设计流量 Q_3

工业企业生活污水及淋浴污水的设计流量按下式计算：

$$Q_3 = \frac{q_1 N_1 K_1 + q_2 N_2 K_2}{3600T} + \frac{q_3 N_3 + q_4 N_4}{3600} \tag{9.6}$$

式中　Q_3——工业企业生活污水及淋浴污水设计流量，L/s；

　　　N_1——一般车间最大班职工人数，人；

　　　N_2——热车间及严重污染车间最大班人数，人；

　　　q_1——一般车间职工生活污水量定额，以 25L/（人·班）计；

　　　q_2——热车间及严重污染车间职工生活污水量定额，以 35L/（人·班）计；

　　　N_3——一般车间最大班使用淋浴的职工人数，人；

　　　N_4——热车间及严重污染车间最大班使用淋浴的职工人数，人；

q_3——一般车间的淋浴污水量定额，以 40L/（人·班）计；

q_4——热车间及严重污染车间淋浴污水量定额，以 60L/（人·班）计；

T——每班工作时数，h；

K_1——一般车间职工生活污水总变化系数，一般取 3.0；

K_2——热车间及严重污染车间职工生活污水总变化系数，一般取 2.5，淋浴时间按 1h 计。

9.1.2　工业废水设计流量

在工业企业中，工业废水设计流量一般按日产量或单位产品排水量定额计算。公式如下：

$$Q_4 = \frac{mMK_g}{3600T} \tag{9.7}$$

式中　Q_4——工业废水设计流量，L/s；

m——生产过程中单位产品的废水量定额，L；

M——每日的产品数量；

K_g——工业废水总变化系数；

T——工业企业每日工作时数，h。

在新建工业企业时，可参考与其生产工艺过程相似的已有工业企业的数据来确定。各工厂的工业废水量标准有很大差别，即使生产同样的产品，由于生产过程不同，其废水量标准也有很大差异。若采用循环给水时，废水量较直流给水时大为减少，在生产工艺改造革新的情况下也会使工业废水量减少。因而工业废水量取决于生产种类、生产过程、单位产品用水量等。

工厂中工业废水的排出情况很不相同，有的比较均匀，有的排水量变化很大，因此工业废水的变化系数变化很大，它随着工业的性质和生产工艺过程而不同。表 9.3 列出一些工业企业的工业废水量时变化系数。

一般情况下，工业企业工业废水量由该企业提供，设计人员经调查核实后采用。

表 9.3　　　　　　　　　　工业企业的工业废水量时变化系数

工业类别	冶金	化学	纺织	食品	皮革	造纸
时变化系数	1.0～1.1	1.3～1.5	1.5～2.0	1.5～2.0	1.5～2.0	1.3～1.8

9.1.3　城市污水设计流量

城市污水设计总流量 Q 为上述 4 项设计流量之和，即

$$Q = Q_1 + Q_2 + Q_3 + Q_4 \tag{9.8}$$

设计时也可按综合生活污水量进行计算，综合生活污水设计流量为：

$$Q_1' = \frac{n'NK_z}{24 \times 3600} \tag{9.9}$$

式中　Q_1'——综合生活污水设计流量，L/s；

n'——综合生活污水定额，L/（人·d），对给水排水系统完善的地区按综合生活用水定额 90% 计，一般地区按 80% 计；

其余符号同前。

此时，城市污水管道系统的设计总流量为：

$$Q = Q_1' + Q_3 + Q_4 \qquad (9.10)$$

在上述计算所求得的污水设计总流量中，每项都是按最大时流量计算，污水管网设计就是根据各项污水最大时流量之和来计算，这种方法称为最大流量累加法。但在污水泵站和污水处理厂的设计中，如果也采用各项污水最大时流量之和作为设计依据，将是很不经济的。因为所有各项最大时污水量同时发生的可能性极小，采用这样估算的设计流量来设计泵站和污水厂，显然是过大的。各种污水汇合时，可能相互错开而得到调节，因而使流量高峰降低。为了正确、合理地计算污水泵站和污水厂的最大污水设计流量，就必须考虑各种污水流量的逐时变化，从而求出一日内最大时流量作为总设计流量，这种方法称为综合流量法。按这种方法求得泵站和污水厂的设计总流量，是较为经济合理的。但逐时污水量的变化资料往往是难于取得的，因此限制了这种方法的使用。

【例 9.1】 河北省某中等城市一屠宰场每天宰杀活牲畜 260t，废水量定额为 10m³/t，工业废水的总变化系数为 1.8，三班制生产，每班 8h。最大班职工人数 800 人，其中在污染严重车间工作的职工占总人数的 40%，使用淋浴人数按该车间人数的 85% 计；其余 60% 的职工在一般车间工作，使用淋浴人数按 30% 计。工厂居住区面积为 10hm²，人口密度为 600 人/hm²。各种污水由管道汇集输送到厂区污水处理站，经处理后排入城市污水管道，试计算该屠宰场的污水设计总流量。

【解】 该屠宰厂的污水包括居民生活污水、工业企业生活污水和淋浴污水、工业废水三种，因该厂区公共设施情况未给出，故按综合生活污水计算。

1. 综合生活污水设计流量计算

查综合生活用水定额，河北位于第二分区，中等城市的平均日综合用水定额为 110～180L/(人·d)，取 165L/(人·d)。假定该厂区给水排水系统比较完善，则综合生活污水定额为 165×90%＝148.5L/(人·d)，取 150L/(人·d)。

居住区人口数为　　　　　　600×10＝6000（人）

则综合生活污水平均流量为：$\dfrac{150 \times 6000}{24 \times 3600} = 10.4$（L/s）

用内插法查总变化系数表，得 $K_z = 2.24$。

于是综合生活设计流量为：$Q_1' = 10.4 \times 2.24 = 23.30$（L/s）

2. 工业企业生活污水和淋浴污水设计流量计算

由题意知：一般车间最大班职工人数为 800×60%＝480（人），使用淋浴的人数为 480×30%＝144（人）；污染严重车间最大班职工人数为 800×40%＝320（人），使用淋浴的人数为 320×85%＝272（人）。

所以工业企业生活污水和淋浴污水设计流量为：

$$Q_3 = \frac{q_1 N_1 K_1 + q_2 N_2 K_2}{3600T} + \frac{q_3 N_3 + q_4 N_4}{3600}$$

$$= \frac{25 \times 480 \times 3 + 35 \times 320 \times 2.5}{3600 \times 8} + \frac{40 \times 144 + 60 \times 272}{3600}$$

$$= 8.35 \ (\text{L/s})$$

3. 工业废水设计流量计算

$$Q_4 = \frac{mMK_g}{3600T} = \frac{10 \times 260 \times 1.8}{3600 \times 8} = 0.0542 \ (\text{m}^3/\text{s}) = 54.2\text{L/s}$$

该厂区污水设计总流量 $Q_1' + Q_3 + Q_4 = 23.3 + 8.35 + 54.2 = 85.85$（L/s）

9.2 污水管道系统的水力计算

9.2.1 污水在管道内的流动特点

污水中含有很多杂质，其中有有机物和无机物，这些物质有的溶于水中，有的混于水中。混于水中的较轻物质浮漂于水面，较重些的悬浮于水中，最重的如泥沙等存于管底部随水移动。当水流速度较小时，这些较重物质即会沉淀，阻碍水流，甚至堵塞管道；如水流过快，水中杂物还可能冲刷磨损管道，这是污水与生活饮用水流动时的不同点。水中虽含有很多杂质，但所占比例很小，生活污水中主要是水，一般水在生活污水中占有 99% 以上，因此可将污水按一般水看待，符合一般水力学的水流运动规律。

污水在管道中流动，流量是变化的。又由于流动时水流转弯、交叉、变径、跌水等水流状态的变化，流速也在不断变化。因此污水在管道内是不均匀流，流量、流速均发生变化。但在直线管段上，当流量没有很大变化和没有沉淀物时，污水的流动状态接近于均匀流。因此在污水管网设计中采用均匀流计算，使计算工作大为简化。

9.2.2 水力计算基本公式

设计污水管道，必须经过水力计算来决定管道直径和管道坡度，然后由此计算管道的埋设深度及检查井的井底高度等。污水在管道中的流动，可以采用水力学中无压均匀流公式计算。

1. 流量公式

$$Q = \omega v \tag{9.11}$$

式中　Q——污水流量，m^3/s；

ω——过水断面面积，m^2；

v——过水断面平均流速，m/s。

2. 流速公式

$$v = \frac{1}{n} R^{\frac{2}{3}} i^{\frac{1}{2}} \tag{9.12}$$

式中　n——管壁粗糙系数，见表 9.4；

R——水力半径（过水断面面积与湿周的比值），m；

i——管渠坡度（即管渠底起讫点的高差 h 与管段长度 L 之比，$i = h/L$），与水力坡度相同。

表 9.4　　　　　　　　　　　　管 渠 粗 糙 系 数

管 渠 类 别	粗糙系数 n	管 渠 类 别	粗糙系数 n
UPVC 管、PE 管、玻璃钢管	0.009～0.011	浆砌砖渠道	0.015
石棉水泥管、钢管	0.012	浆砌块石渠道	0.017
陶土管、铸铁管	0.013	干砌块石渠道	0.020～0.025
混凝土管、钢筋混凝土管、水泥砂浆抹面渠道	0.013～0.014	土明渠（包括带草皮）	0.025～0.030

9.2.3 污水管道水力计算的设计数据

为了保证排水管渠正常工作，避免在管渠内产生淤积、冲刷、溢流及保证排水通畅，在进行水力计算时，采用的设计充满度、流速、坡度、管径等问题在我国《室外排水设计规范》（GB 50014—2006）中作了规定，以此作为设计数据。

1. 设计充满度

在设计流量下，管道中的水深 h 与管径 D 的比值 h/D 称为设计充满度。当 $h/D=1$ 时称为满流；当 $h/D<1$ 时称为不满流。

《室外排水设计规范》规定，雨水管道及合流管道应按满流计算，污水管道应按不满流计算，其允许最大设计充满度见表 9.5，明渠超高不得小于 0.2m。

表 9.5 所规定的最大设计充满度是排水管渠设计的最大限值。在进行水力计算时，所选用的实际充满度应不大于表中规定。但是如果所取充满度过小，也是不经济的。一般情况下设计充满度最好不小于 0.5，特别是大尺寸的管渠，设计充满度最好接近最大允许充满度，以发挥最大效益。

表 9.5　　　　最大设计充满度

管径或渠高 （mm）	最大设计充满度	管径或渠高 （mm）	最大设计充满度
200~300	0.55	500~900	0.70
350~450	0.65	≥1000	0.75

注 在计算污水管道充满度时，不包括短时间突然增加的污水量，但当管径不大于 300mm 时，应按满流复核。

2. 设计流速

与管道设计流量、设计充满度相应的水流平均流速称为设计流速。如果污水在管道中流速过小，则污水中的部分杂质就会在重力作用下沉淀在管底，从而造成管道淤积；如果管内流速过大，又会使管壁受到冲刷磨损，而降低管道的使用年限，因此对设计流速应予以限制。《室外排水设计规范》规定，污水管道在设计充满度下，最小设计流速为 0.6m/s，含有金属矿物固体或重油杂质的生产污水管道，流速应适当加大；雨水管道及合流管道在满流时流速为 0.75m/s，明渠为 0.4m/s。

排水管渠的最大设计流速与管渠材料有关，《室外排水设计规范》中规定：金属管道为 10m/s；非金属管道为 5m/s。

明渠最大设计流速，当水深 h 为 0.4~1.0m 时，按表 9.6 确定；当水深 h 在 0.4~1.0m 范围以外时，按表中最大流速乘以下列系数：$h<0.4$m 时，系数为 0.85；1.0m$<h<$2.0m 时，系数为 1.25；$h\geqslant$2.0m 时，系数为 1.40。

表 9.6　　　　明渠最大设计流速

明　渠　类　别	最大设计流速 （m/s）	明　渠　类　别	最大设计流速 （m/s）
粗砂或低塑性粉质黏土	0.8	干砌块石	2.0
粉质黏土	1.0	浆砌块石或浆砌砖	3.0
黏土	1.2	石灰岩和中砂岩	4.0
草皮护面	1.6	混凝土	4.0

规定的最小设计流速，是保证管内不致发生淤积的流速。在这个流速下，污水中的杂质能够随水流一起运动，所以又称自净流速。从实际运行情况看，流速是防止管渠水中杂质沉淀的重要因素，但不是唯一因素，管渠内水深的大小对杂质沉淀也有很大影响，因此选用较大的充满度对防止管渠淤积有一定的意义。

3. 最小管径

城市污水管道系统中，起端管段的设计流量很小，所以计算所得的管径就很小。管径过小的管道极易阻塞，且不易清通。调查表明，在同等条件下，管径 150mm 的阻塞次数是管径 200mm 阻塞次数的两倍，而两种管径的工程总造价相当。据此经验，《室外排水设计规范》规定了污水管道的最小管径，见表 9.7。当按设计流量计算确定的管径小于最小管径时，应按表 9.7 最小管径采用。

4. 最小设计坡度和不计算管段

流速和坡度间存在一定关系，相应于最小允许流速的坡度就是最小设计坡度。最小设计坡度也与水力半径有关，而水力半径是过水断面面积与湿周的比值。所以不同管径的污水管道，由于水力半径不同应有不同的最小设计坡度。相同直径的管道因充满度不同，其水力半径也不同，所以也应有不同的最小设计坡度。但是通常对同一直径的管道只规定一个最小坡度，以充满度为 0.5 时的最小坡度作为最小设计坡度，见表 9.7。

表 9.7   **最小管径和最小设计坡度**

管 道 类 别	最小管径（mm）	相应最小设计坡度
污水管	300	塑料管 0.002，其他管 0.003
雨水管和合流管	300	塑料管 0.002，其他管 0.003
雨水口连接管	200	0.01
压力输泥管	150	—
重力输泥管	200	0.01

在污水管渠设计中，由于管网系统起端管段的服务面积较小，所以计算的设计流量较小。如果设计流量小于最小管径的最小设计坡度，在充满度为 0.5 的流量时，这个管段可不进行水力计算，而直接采用最小管径和相应的最小坡度，故这种管段称为不计算管段，这些管段在日常维护中要有必要的冲洗设施，可设置冲洗井进行冲洗。

9.2.4 污水管道埋深和覆土厚度

管道埋设深度是指管底内壁到地面的距离，如图 9.1 所示。管道的埋设深度对整个管道系统的造价和施工影响很大。管道埋深越大，造价越高，施工期越长。有的管道埋深增加 2～3m，成本将增加 1 倍以上。管道的埋深有一个最大限值，称为最大埋深。一般应据技术经济指标及施工方法确定。在干燥土壤中，最大埋深一般不超过 7～8m；在多水、流砂、石灰岩地层中，一般不超过 5m。

管道的覆土厚度指管道外壁顶部到地面的距离，如图 9.1 所示。尽管管道埋深越小越好，但管道的覆土厚度有一个最小限值，叫最小覆土厚度，其值取决于以下三个因素：

（1）在寒冷地区，必须防止管内污水冰冻和因土壤冰冻膨胀而损坏管道。污水在管道中冰冻的可能性与土壤的冰冻深度、污水水温、流量及管道坡度等因素有关。因污水水温冬季也在 4℃ 以上，所以没有必要把各个管道埋在冰冻线下，没有保温措施的生活污水管道或水温与生活污水接近的工业废水管道，管底可埋在冰冻线以上 0.15m。近年来的实践证明，设计时加大一到二号管径，并适当放大坡度，污水管道还可以提高埋深 0.6～0.8m。有保温措施或水温较高的污水管，其管底标高还可加大。

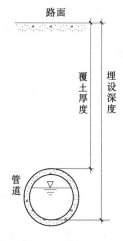

（2）为防止管壁被地面荷载压坏，管顶需一定的覆土厚度，其取决于管道的强度、荷载的大小及覆土的密实程度等。规定车行道下最小覆土厚度不小于 0.7m。在管道保证不受外部重压损坏时，可适当减小。

（3）必须满足管道之间的衔接要求。在气候温暖的平坦地区，管道的最小覆土厚度往往决定于房屋排出管在衔接上的要求。房屋污水出户管的最小埋深，通常为 0.5～0.6m，所以污水支管起点埋深一般不小于 0.6～0.7m。街道污水管起点埋深（图 9.2）可按下式计算：

图 9.1　覆土厚度

$$H = h + iL + Z_1 - Z_2 + \Delta h \qquad (9.13)$$

式中　H——街道污水管的最小埋深，m；

$\quad\quad h$——街坊污水管道起端的最小埋深，m；

$\quad\quad Z_1$——街道污水管检查井处地面标高，m；

$\quad\quad Z_2$——街坊污水管起端检查井处地面标高，m；

$\quad\quad i$——街坊污水管和连接支管的坡度，m；

$\quad\quad L$——街坊污水管和连接支管的总长度，m；

$\quad\quad \Delta h$——连接支管与街道污水管管内底高差，m。

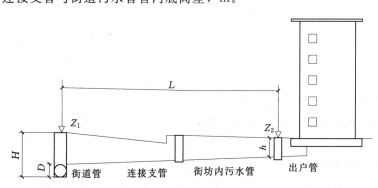

图 9.2　街道污水管最小埋深示意图

对一个具体管段，从上述三个因素出发，可以得到三个不同的管底埋深或管顶覆土厚度值，这三个数值中的最大一个值就是这一管道的允许最小覆土厚度。

根据经验，最大覆土不宜大于 6m；在满足各方面要求的前提下，理想覆土厚度为 1～2m。

9.2.5　污水管道水力计算的方法

排水管道采用式（9.11）、式（9.12）进行水力计算，在这两个公式中含有参数流量 Q、流速 v、管材粗糙系数 n、管道水力半径 R（与管道充满度 h/D 和管道直径有关）和坡度 i。两个方程中含有 6 个参数，通常只有流量 Q 和管材粗糙系数 n 已知，其余 4 个参数是未知的。因此，必须先假定两个参数，才能求出另外两个参数。直接应用式（9.11）、式（9.12）进行水力计算比较麻烦，为了简化计算，可直接使用水力计算图表。水力计算图表是按式（9.11）、式（9.12）编制的。附图1为钢筋混凝土圆管（不满流 $n=0.014$）水力计算图。每一张图的管径 D 和粗糙系数 n 值是一定的，图中有流量 Q、流速 v、充满度 h/D、坡度 i 4个参数，在使用时知道其中2个，便可从图中查得另外2个参数。

9.3 污水管道系统的平面布置

在城镇和工业企业进行污水管渠系统规划设计时，首先要在总平面图上进行污水管渠系统的平面布置，一般有以下内容：确定排水区界，划分排水区域；确定污水处理厂及出水口的位置；进行污水主干管、干管、支管的定线及污水排水泵站位置的选择等。

9.3.1 确定排水区界和划分排水流域

排水区界是指排水系统设置的边界，排水界限之内的面积，即为排水系统的服务面积，它是根据城镇规划的建筑界限确定的。在排水区界内，根据地形及城市和工业区的竖向规划，划分排水流域，即在排水区界内按等高线或地形划出分水线。在地势平坦、无明显分水线的地区，应使干线在合理的埋深情况下，尽量使绝大部分污水能够靠重力排水。每个流域中往住有一个或一个以上的干管，根据流域地势标明污水流向和污水需要提升的地区。

9.3.2 确定污水厂及出水口的数目及位置

污水厂及出水口数目和位置直接影响主干管的数目和定向，它涉及排水系统是分散布置还是集中布置的问题。所谓分散布置，就是每个排水区域的排水系统自成体系，单独设置污水厂和出水口；集中布置是各区域形成一个排水系统，所有区域的污水汇集到一个污水厂进行处理后排放。一般来说，分散布置时，主干管长度短，管道埋深可能较小，但需设多个污水处理厂；采用集中布置时，主干管长，管道埋深可能大，但只需建一个大型污水处理厂。具体采用分散布置还是集中布置形式，主要取决于城市地形的变化情况、城市规模和布局、污水的水量和水质以及污水利用情况等。一般来说，在大城市由于面积大，地形复杂，布局分散，易于分散布置，需设几个污水厂和排水口。

污水出水口一般位于城市河流下游，特别应在城市给水系统取水构筑物和河滨浴场下游，并保持一定距离，出水口应避免设在回水区，防止回水污染。污水处理厂位置一般与出水口靠近，以减少排放渠道的长度。污水厂一般也在河流下游，并要求在城市夏季最小频率风向的上风侧，与居住区或公共建筑有一定的卫生防护距离。当采取分散布置，设几个污水厂与出水口时，将使污水厂位置选择复杂化，可采取以下措施弥补：控制设在上游污水厂的排放，将处理后的出水引至灌溉田或生物塘；延长排放渠道长度，将污水引至下游再排放；提高污水处理程度，进行二级处理等。另外，因城市建设用地的紧张，土地也将对污水厂选址产生影响。

9.3.3 确定排水管道的线路（定线）

在城市总平面图上进行污水管道的平面布置，称为管道定线。管道定线一般按主干管、干管、支管的顺序进行。在总体规划中，只决定污水主干管、干管的走向与平面位置；在详细规划中，还要决定污水支管的走向及位置。管道定线应遵循的主要原则是：充分利用地形，在管线较短、埋深较小的情况下，使污水能够自流排除。

1. 污水干管的布置形式

按干管与地形等高线的关系分为平行式和正交式两种。平行式布置是污水干管与等高线平行，而主干管则与等高线基本垂直，适应于城市地形坡度很大时，可以减少管道的埋深，避免设置过多的跌水井，改善干管的水力条件［图9.3（a）］。正交式布置是干管与地形等高线垂直相交，而主干管与等高线平行敷设，适应于地形平坦略向一边倾斜的城市。由于主干管管径大，保持自净流速所需坡度小，其走向与等高线平行是合理的［图9.3（b）］。

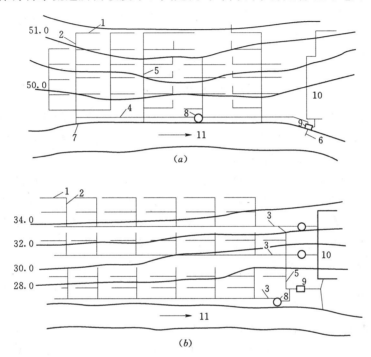

图 9.3　干管的平行布置和正交布置

（a）平行式；（b）正交式

1—支管；2—干管；3—地区干管；4—截流干管；5—主干管；
6—出口渠；7—溢流口；8—泵站；9—污水厂；
10—污水灌溉田；11—河流

2. 污水支管的布置形式

污水支管的平面布置取决于地形、建筑平面布局和用户接管的方便。一般有三种形式：

（1）低边式。将污水支管布置在街坊地形较低一边，其管线较短，适于街坊狭长或地形倾斜时，如图9.4（a）所示。

（2）围坊式。将污水支管布置在街坊四周，适于街坊地势平坦且面积较大时，如图9.4（b）所示。

（3）穿坊式。污水支管穿过街坊，而街坊四周不设污水管，其管线较短，工程造价低，适于街坊内部建筑规划已确定或街坊内部管道自成体系时，如图9.4（c）所示。

9.3.4　确定控制点和泵站的设置

在排水区域内，对管道系统的埋设深度起控制作用的点称为控制点，各条管道的起点大都是这些管道的控制点。这些控制点中离出水口或污水厂最远或最低的一点，就是整个系统

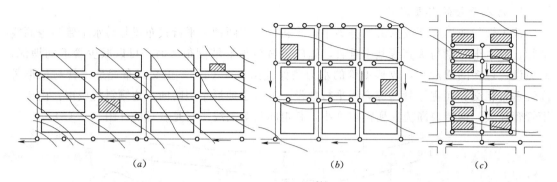

图 9.4　污水支管的布置
(a) 低边式；(b) 围坊式；(c) 穿坊式

的控制点。这些控制点管道的埋深，往往影响整个污水管道系统的埋深。在规划设计时，尽量采取一些措施来减少控制点管道的埋深，如加强管道强度；填土提高地面高程以保证最小覆土厚度；必要时设置泵站提高管位等。

在排水管道系统中，由于地形条件等因素的影响，通常可能需设置中途泵站、局部泵站和总泵站。当管道埋深接近最大埋深时，为提高下游管道的管位而设置的泵站，称为中途泵站。若是将低洼地区的污水抽升到地势较高地区管道中，或是将高层建筑地下室、地铁、其他地下建筑的污水抽送到附近管道系统所设置的泵站称局部泵站。此外，污水管道系统终点的埋深通常很大，而污水处理厂的处理后出水因受纳水体水位的限制，处理构筑物一般埋深很浅或设置在地面上，因此需设置泵站将污水抽升到第一个处理构筑物，这类泵站称为终点泵站或总泵站。

9.3.5　划分设计管段和计算设计流量

污水管渠的水力计算，须在污水管渠平面布置图完成后进行。首先根据平面布置图进行管段的划分；再从管道的上游至下游依次进行各个管段污水设计流量的计算；然后依次进行各个设计管段的水力计算。

1. 设计管段的划分

我们把两个检查井之间的管段采用相同设计流量，并且采用相同的管径和坡度时，称为一个设计管段，以便采用均匀流公式进行水力计算。为了简化计算，没有必要把每个检查井都作为设计管段的起讫点（因为维护管理的需要，在一定距离处需要设置检查井），可以采用同样的管径和坡度的连续管段，就可以划作一个设计管段。划分时主要以流量的变化和地形坡度的变化为依据。一般来讲，有街坊支管接入的位置、有大型公共建筑和工业企业集中流量接入处及有旁侧管道接入的检查井，均可作为设计管段的起止点。如果流量没有大的变化，而管道通过的地面坡度发生变化的地点也要作为设计管段的起止点。

从经济方面讲，设计管段划分不宜过长；从排水安全角度讲，设计管段划分不宜太短。为便于计算，设计管段划分完后，应依次进行管段编号。

2. 设计管段设计流量的确定

在排水管网系统中，流入每一设计管段的设计流量包括居住区生活污水设计流量和集中流量两部分。集中流量是指从工业企业或产生大量污水的建筑物流来的最高日最高时污水量。

从排水管道汇集污水的方式来看，无论是居住区生活污水量还是集中流量都可以划分为本段流量和转输流量。本段流量是指从设计管段沿途街坊或工业企业、大型公共建筑流来的污水；转输流量是指从上游管段或旁侧管段流来的污水量。

对于某一设计管段来讲，本段流量是沿途变化的，因为本段服务面积上的污水实际上沿管段长度分散接入设计管段中，即从管段起点流量为零逐渐增加到终点的全部流量。但为了计算上的方便，我们假定本段流量从设计管段起端的检查井集中进入设计管段。

本段居住区生活污水量，在人口密度一定的情况下，与设计管段对应的服务面积成正比。设计管段的服务面积与所在街区的地形及管网的布置形式有关系。如果街区管网按围坊式布置，通常以街区四周管线的角平分线，将一块街区面积分成 4 个部分，并设每一部分面积上的污水排入相邻的污水管道。如果街区管网按低边式布置，则一般将整个街区面积的污水都排入低侧污水管道。

本段居住区生活污水平均流量可用下面两个公式计算：

$$q_1 = F q_b \tag{9.14}$$

$$q_b = \frac{n N_0}{24 \times 3600} \tag{9.15}$$

式中　q_1——本段居住区生活污水平均流量，L/s；

　　　　F——设计管段本段服务的街坊面积，hm^2；

　　　　q_b——街坊比流量，$L/(s \cdot hm^2)$，即单位面积的本段平均流量；

　　　　N_0——设计地区人口密度，人/hm^2；

　　　　n——居住区生活污水排水定额，L/(人·d)。

本段集中流量是指沿该设计管段接入的大型公共建筑或工业企业最高日最高时污水流量。

设计管段的转输流量分为转输居住区生活污水流量和转输集中流量。设计管段中居住区生活污水设计流量计算时，应取转输平均流量与本段平均流量之和作为该设计管段的居住区生活污水平均流量，以此来计算该管段的生活污水设计流量；取转输集中流量及本段集中流量之和作为该设计管段的集中流量。设计管段的总设计流量为居住区生活污水设计流量和集中流量之和。

9.3.6 确定污水管道的衔接

污水管道在管径、坡度、高程、方向发生变化及支管接入的地方都需设检查井，其中在考虑检查井内上下游管道衔接时应遵循以下原则：

(1) 尽可能提高下游管段的高程，以减少埋深，降低造价。

(2) 避免上游管段中形成回水而造成淤积。

(3) 不允许下游管段的管底高于上游管段的管底。

管道的衔接方法主要有水面平接、管顶平接和跌水衔接三种，如图 9.5 所示。

水面平接指污水管道水力计算中，上、下游管段在设计充满度下水面高程相同。同径管段往往是下游管段的充满度大于上游管段的充满度，为避免上游管段回水而采用水面平接。在平坦地区，为减少管道埋深，异管径的管段有时也采用水面平接。但由于小口径管道的水面变化大于大口径管道的水面变化，难免在上游管道中形成回水。

管顶平接指污水管道水力计算中，上、下游管段的管顶内壁位于同一高程。采用管顶平接时，可以避免上游管段产生回水，但增加了下游管段的埋深，管顶平接一般用于不同口径管道的衔接。有时当上、下游管段管径相同而下游管段的充满度小于上游管段的充满度时（如由小坡度转入较陡的坡度时），也应采用管顶平接。

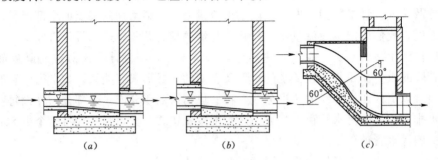

图 9.5 管道的衔接
(a) 管顶平接；(b) 水面平接；(c) 跌水衔接

当坡度突然变陡时，下游管段的管径可小于上游管段的管径，但宜采用溢流式跌井衔接，将水流加速后进入下游的小管径管道，而避免上游管段回水。

城市污水管道一般都采用管顶平接法。在坡度较大的地段，污水管道可采用阶梯连接或跌水井连接。无论采用哪种衔接方法，下游管段的水面和管底部都不应高于上游管段。污水支管与干管交汇处，若支管管底高程与干管管底高程的相差较大时，需在支管上设置跌水井，经跌落后再接入干管，以保证干管的水力条件。

9.3.7 确定污水管道在街道上的位置

污水管道一般沿道路敷设并与道路中心平行。当道路宽度大于 40m 且两侧街坊都需要向支管排水时，常在道路两侧各设一条污水管道。在交通繁忙的道路上应尽量避免污水管道横穿道路以利于维护。

城市街道下常有多种管道和地下设施，这些管道和地下设施之间，以及与地面建筑之间，应当很好的配合。污水管道与其他地下管线或建筑设施之间的互相位置，应满足下列要求：①保证在敷设和检修管道时互不影响；②污水管道损坏时，不致影响附近建筑物及基础，不致污染生活饮用水。污水管与其他地下管线或建筑设施的水平和垂直最小净距，应根据两者的类型、标高、施工顺序和管线损坏的后果等因素，按管道综合设计确定，参照表9.8采用。

表 9.8　　　　排水管道与其他管线（构筑物）的最小净距

名　　称		水平净距（m）	垂直净距（m）
建筑物		见注3	
给水管	$d \leq 200mm$	1.0	0.4
	$d > 200mm$	1.5	
排水管			0.15
再生水管		0.5	0.4

续表

名 称			水平净距（m）	垂直净距（m）
燃气管	低压	$P \leqslant 0.05\text{MPa}$	1.0	0.15
	中压	$0.05\text{MPa} < P \leqslant 0.4\text{MPa}$	1.2	0.15
	高压	$0.4\text{MPa} < P \leqslant 0.8\text{MPa}$	1.5	0.15
		$0.8\text{MPa} < P \leqslant 1.6\text{MPa}$	2.0	0.15
热力管线			1.5	0.15
电力管线			0.5	0.5
电信管线			1.0	直埋 0.5
				管块 0.15
乔木			1.5	
地上柱杆	通讯照明及<10kV		0.5	
	高压铁塔基础边		1.5	
道路侧石边缘			1.5	
铁路钢轨（或坡脚）			5.0	轨底 1.2
电车（轨底）			2.0	1.0
架空管架基础			2.0	
油管			1.5	0.25
压缩空气管			1.5	0.15
氧气管			1.5	0.25
乙炔管			1.5	0.25
电车电缆				0.5
明渠渠底				0.5
涵洞基础底				0.15

注 1. 表列数字除注明者外，水平净距均指外壁净距，垂直净距系指下面管道的外顶与上面管道基础底间净距。

2. 采取充分措施（如结构措施）后，表列数字可以减小。

3. 与建筑物水平净距，管道埋深浅于建筑物基础时，不宜小于 2.5m，管道埋深深于建筑物基础时，按计算确定，但不应小于 3.0m。

图 9.6 和图 9.7 分别为某城市街道地下管线的布置和某工业区道路地下管线的布置示例。在城市地下管线较多，地面情况复杂的街道下，可以把城市地下管线集中设置在专用隧道内。

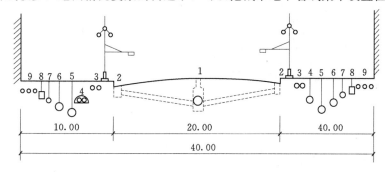

图 9.6 某城市街道地下管线的布置（单位：m）

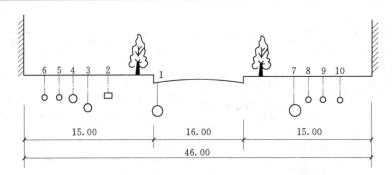

图 9.7 某工业区道路地下管线的布置（单位：m）

9.4 污水管道系统的设计计算

图 9.8 为某市区污水管道平面布置图。该城市居住区街坊人口密度 $N_0 = 300$ 人/10^4 m²，各街坊面积见表 9.9。设计管段及服务面积的划分如图 9.8 所示。居住区生活污水量定额 $n = 140$ L/(人·d)。火车站设计污水量为 3L/s，公共浴池每日容量为 600 人次，浴池开放 10h/d，每人每次用水量为 150L/s（浴池总变化系数取 1.5）。工厂甲和工厂乙的工业废水经过局部处理后，排入城市排水管网，其设计流量分别为 25L/s 和 6L/s。工厂甲工业废水排出口的管底埋深为 2.5m。地区冰冻深度为 1.5m，管材均采用混凝土管和钢筋混凝土管（$n = 0.014$）。试进行各干管污水设计流量的计算，并进行主干管的水力计算。

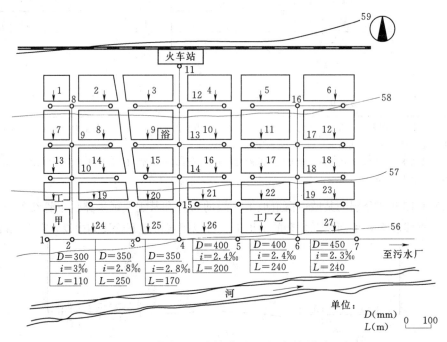

图 9.8 某市区污水管道平面图（初步设计）

设计方法和步骤如下。

9.4.1 在小区平面图上布置污水管道

从市区平面图可知该地区地势自北向南倾斜，坡度较小，无明显分水线，可划分为一个排水流域。街道支管布置在街区地势较低一侧的道路下，干管基本上与等高线垂直布置，主干管沿市区南面河岸布置，基本与等高线平行。整个管道系统呈截流式布置，如图 9.8 所示。

9.4.2 对街区编号并计算其面积

进行街坊编号，并计算各街坊面积（表 9.9）。用箭头标出各街区污水排出的方向。

表 9.9　　　　　　　　　　　　　　　　街坊面积表

街坊编号	1	2	3	4	5	6	7	8	9	10	11
街坊面积（hm²）	1.20	1.71	2.05	2.01	2.20	2.20	1.40	2.24	1.86	2.14	2.40
街坊编号	12	13	14	15	16	17	18	19	20	21	22
街坊面积（hm²）	2.40	1.31	2.18	1.55	1.60	2.00	1.80	1.66	1.23	1.63	1.70
街坊编号	23	24	25	26	27						
街坊面积（hm²）	1.71	2.20	1.38	2.04	2.40						

9.4.3 划分设计管段和计算设计流量

按照设计管段的划分原则进行设计管段的划分，并依次进行管段编号。为了便于计算，设计管段设计流量的计算可列表进行。在初步设计中只计算干管和主干管的设计流量（表 9.10）。水量计算从上游至下游依次进行。设计流量计算方法如下：

（1）将各设计管段编号、本段街坊服务面积及街坊编号，分别填入表 9.10 中第①、③、②项。

（2）计算街坊比流量，按式（9.15），有：

$$q_b = \frac{nN_0}{24 \times 3600} = \frac{150 \times 300}{24 \times 3600} = 0.486 \text{L/(s} \cdot \text{hm}^2)$$

将比流量 $q_b = 0.486$ 填入表中第④项。

（3）计算本段居住区生活污水平均流量。按式（9.14）计算（即表中第 4 项与第 3 项的乘积）：将计算值填入表中第⑤项。例如 2—3 管段，$q_1 = 0.486 \times 2.2 = 1.07$（L/s）。

（4）将从上游及旁侧管段转输到本设计管段的转输生活污水平均流量，填入表中第⑥项。例如 2—3 管段转输 10—2 管段流来的生活污水平均流量为 4.88L/s。

（5）将设计管段居住区生活污水本段平均流量与转输平均流量相加（第⑤项与第⑥项相加），即为设计管段居住区生活污水平均流量（合计平均流量），填入表中第⑦项。例如 2—3 管段的生活污水平均流量为 $1.07 + 4.88 = 5.95$（L/s）。

（6）据设计管段居住区生活污水平均流量值（第⑦项），查表 9.2，确定总变化系数 K_z，并填入表中第⑧项，例如 2—3 管段生活污水平均流量为 5.95L/s，取变化系数 K_z 为 2.2。

（7）居住区生活污水合计平均流量（第⑦项）与总变化系数 K_z（第⑧项）的乘积，即为该设计管段居住区生活污水设计流量 Q_1，将该值填入表中第⑨项。例如 2—3 管段居住区生活污水设计流量为 $Q_1 = 5.95 \times 2.2 = 13.09$（L/s）。

（8）将本段集中流量填入表中第⑩项，转输集中流量填入表中第⑪项。例如管段 2—3，没有本段集中流量，只有转输上游 1—2 管段流来的工厂甲的工业废水量，即转输集中流量

Q_2 为 25L/s。

（9）设计管段总设计流量为生活污水设计流量（第⑨项）与集中流量（第⑩、⑪项）3项之和，填入表中第⑫项。例如 2—3 管段的设计流量为 13.09＋25＝38.09（L/s）。其他管段的设计流量计算方法与上述相同。

9.4.4　对各管段进行水力计算

在确定了设计流量之后，即可从上游开始依次进行各管段的水力计算。为了计算方便，水力计算列表进行，其表格形式见表 9.11。

本例题只对主干管进行水力计算。

水力计算的方法和步骤如下：

（1）将各设计管段的编号、设计管段长度、管段设计流量、各设计管段起讫点检查井地面高程分别填入表中①、②、③、⑩、⑪项。设计管段的长度及检查井处地面高程，可根据管道布置平面图和地形图来确定。

（2）计算出各设计管段的地面坡度，作为确定设计管段坡度的参考。

$$地面坡度＝\frac{管段起讫点地面高差}{管段长度}$$

例如管段 1—2：　　　　　$地面坡度＝\frac{56.70－56.60}{110}＝0.0009$

（3）依据管段的设计流量，参考地面坡度，按照水力计算有关规定进行水力计算。查水力计算表，确定出管径 D、流速 v、设计充满度 h/D 及管道坡度 i 值。例如管段 1—2 的设计流量为 25L/s，地面参考坡度为 0.0009，查水力计算表，若采用最小管径 200mm，当 $h/D＝0.6$（最大设计充满度）时，$v＝1.25$m/s，$i＝0.016$。起始管段坡度太大，会增大整个管道系统的埋深，这是不利的。若放大管径，采用 250mm 的管径，充满度不超过最大设计充满度 0.6，则坡度需采用 0.0047，比本管段的地面坡度还大很多。为了使管道埋深不致增加过多，宜采用较小坡度、较大管径。故采用 $D＝300$mm 管径的管道，查附图 1，当 $Q＝25$L/s，$v＝0.7$m/s（最小设计流速），则 $h/D＝0.51$，$i＝0.003$，均符合设计数据的要求。把确定的管径、坡度、流速、充满度 4 个数据分别填入表中第④、⑤、⑥、⑦各项。

表 9.10　　　　　　　　　　**污水管道设计流量计算表**

管段编号	居 住 区 生 活 污 水 量 Q_1								集中流量 Q_2(L/s)		设计流量(L/s)
	本段平均流量 q_1				转输平均流量(L/s)	合计平均流量(L/s)	总变化系数 K_z	生活污水设计流量 Q_1(L/s)	本段集中流量	转输集中流量	
	街坊编号	街坊面积(hm²)	比流量 q_b [L/(s·hm²)]	流量 q_1(L/s)							
①	②	③	④	⑤	⑥	⑦	⑧	⑨	⑩	⑪	⑫
1—2	—	—	—	—	—	—	—	—	25.00	—	25.00
8—9	—	—	—	—	1.41	1.41	2.3	3.24	—	—	3.24
9—10	—	—	—	—	3.18	3.18	2.3	7.31	—	—	7.31
10—2	—	—	—	—	4.88	4.88	2.3	11.23	—	—	11.23
2—3	24	2.20	0.486	1.07	4.88	5.95	2.2	13.09	—	25.00	38.09
3—4	25	1.38	0.486	0.67	5.95	6.62	2.2	14.56	—	25.00	39.56

管段编号	居住区生活污水量 Q_1							生活污水设计流量 Q_1 (L/s)	集中流量 Q_2(L/s)		设计流量 (L/s)
	本段平均流量 q_1				转输平均流量 (L/s)	合计平均流量 (L/s)	总变化系数 K_z		本段集中流量	转输集中流量	
	街坊编号	街坊面积 (hm²)	比流量 q_b [L/(s·hm²)]	流量 q_1 (L/s)							
11—12	—	—	—	—	—	—	—	—	3.00	—	3.00
12—13	—	—	—	—	1.97	1.97	2.3	4.53	—	3.00	7.53
13—14	—	—	—	—	3.91	3.91	2.3	8.99	4.00	3.00	15.99
14—15	—	—	—	—	5.44	5.44	2.2	11.97	—	7.00	18.97
15—4	—	—	—	—	6.85	6.85	2.2	15.07	—	7.00	22.07
4—5	26	2.04	0.486	0.99	13.47	14.46	2.0	28.92	—	32.00	60.92
5—6	—	—	—	—	14.46	14.46	2.0	28.92	6.00	32.00	66.92
16—17	—	—	—	—	2.14	2.14	2.3	4.92	—	—	4.92
17—18	—	—	—	—	4.47	4.47	2.3	10.28	—	—	10.28
18—19	—	—	—	—	6.32	6.32	2.2	13.90	—	—	13.90
19—6	—	—	—	—	8.77	8.77	2.1	18.42	—	—	18.42
6—7	27	2.40	0.486	1.17	23.23	24.40	1.9	46.36	—	38.00	84.36

其余各设计管段的管径、坡度、流速、充满度的计算方法同上。

表 9.11   污水管道水力计算表

管段编号	管段长度 L (m)	设计流量 Q (L/s)	管径 D (mm)	坡度 i (‰)	流速 v (m/s)	充满度		降落量 iL (m)
						h/D	h (m)	
①	②	③	④	⑤	⑥	⑦	⑧	⑨
1—2	110	25.00	300	0.0030	0.70	0.51	0.153	0.330
2—3	250	38.09	350	0.0028	0.75	0.52	0.182	0.700
3—4	170	39.56	350	0.0028	0.75	0.53	0.186	0.476
4—5	220	60.92	400	0.0024	0.80	0.58	0.232	0.528
5—6	240	66.92	400	0.0024	0.82	0.62	0.248	0.576
6—7	240	84.36	450	0.0023	0.85	0.60	0.270	0.552

管段编号	标高 (m)						埋设深度 (m)	
	地面标高		水面标高		管内底标高			
	上端	下端	上端	下端	上端	下端	上端	下端
①	⑩	⑪	⑫	⑬	⑭	⑮	⑯	⑰
1—2	56.20	56.10	53.853	53.523	53.700	53.370	2.50	2.73
2—3	56.10	56.05	53.502	52.802	53.320	52.620	2.78	3.43
3—4	56.05	56.00	52.802	52.326	52.616	52.140	3.43	3.86
4—5	56.00	55.90	52.322	51.794	52.090	51.562	3.91	4.34
5—6	55.90	55.80	51.794	51.218	51.546	50.970	4.35	4.83
6—7	55.80	55.70	51.190	50.638	50.920	50.368	4.88	5.33

（4）根据求得的管径和充满度确定管道中水深 h。例如管段 1—2 的水深 $h=Dh/D=0.3\times0.51=0.153$ （m），并填入表中第⑧项。

（5）根据求得的管段坡度和长度计算管段的降落量 iL 值，例如管段 1—2 降落量 $iL=0.003\times110=0.33$ （m），填入表中第⑨项。

（6）确定管段起点管内底标高。首先需要确定出管网系统控制点。一般来说距污水厂最远的干管起点有可能是系统控制点。本例中有 8、11、16 和工厂甲排出口 1 点都可能成为系统控制点。9、11、16 三点的埋设深度可采用最小覆土厚度的限值来确定。在平面图上可以看到，这 3 条干管与等高线垂直布置，干管坡度可与地面坡度近似，因此埋深不会增加太多。整个管线上又无个别低洼点，所以 8、11、16 的埋深不能控制主干管的埋设深度。1 点为工厂甲的排出口，工厂甲出口埋深较大，同时主干管与等高线平行，地面坡度很小，由此看来，1 点对主干管的埋深起主要控制作用，所以 1 点为管网系统的控制点。

1 点的埋设深度为 2.5m，将该值填入表中第⑯项。由 1 点的地面标高减去 1 点管道埋设深度，即为 1 点管道的管内底标高，即为 $56.200-2.50=53.700$，将该值填入表中第⑭项。

（7）根据管段起点管内底标高和降落量计算管段终点管内底标高。例如管段 1—2 中 2 点的管内底高程等于 1 点管内底高程减去管段降落量，即为 $53.700-0.330=53.370$ （m），填入表中第⑮项。

（8）据管段终点地面标高和管底标高确定管段终点管底埋深。例如管段 1—2 中，2 点管底埋深等于 2 点地面标高减去 2 点管内底标高，即为 $56.100-53.370=2.73$ （m），填入表中第⑰项。

（9）据各点管内底标高和管道中水深 h，确定管段起点和终点的水面标高，分别填入表中第⑫、⑬项。例如管段 1—2 中 1 点的水面标高等于 1 点的管内底标高与管段 1—2 中水深 h 之和，即为 $53.700+0.153=53.853$ （m），2 点的水面标高为 $53.370+0.153=53.523$ （m）。

（10）检查井下游管段管内底标高根据管道在检查井内采用的衔接方法来确定。例如，管段 1—2 与 2—3 的管径不同，可采用管顶平接，即 1—2 中的 2 点与管段 2—3 中的 2 点管顶标高应相同。所以管段 2—3 中的 2 点的管内底标高为 $83.370+0.3-0.35=53.320$ （m）。求出 2 点的管内底标高后，按照前面讲的方法即可求出 3 点的管内底标高及 2、3 点的水面标高及埋设深度。又如管段 2—3 与 3—4 管径相同，可采用水面平接。即管段 2—3 与 3—4 中的 3 点的水面标高相同。然后用 3 点的水面标高减去降落量，求得 4 点的水面标高，将 3、4 点的水面标高减去水深求出相应点的管底标高，再进一步求出 3、4 点的埋深。

（11）污水管道水力计算时应注意的问题。

1）计算设计管段的管底高程时，要注意各管段在检查井中的衔接方式，要保证下游管道上端的管底不得高于上游管道下端的管底。

2）在水力计算过程中，污水管道的管径与水流速度一般不应沿程减小。但当管道穿过陡坡地段时，由于管道坡度增加很多，根据水力计算，管径可以由大变小。当管径为 250～300mm 时，只能减小一级；管径等于或大于 300mm 时，按水力计算确定，但不得超过两级。当管径由大变小时最好采用跌水衔接。

3）在支管与干管的连接处，要使干管的埋深保证支管的接入要求。

4）当地面高程有剧烈变化或地面坡度太大时，可采用跌水井，以采用适当的管道坡度，防止因流速太大冲刷损坏管壁。通常当污水管道的跌落差大于1m时，应设跌水井；跌落差小于1m时，只把检查井中的流槽做成斜坡即可。

9.4.5　绘制管道平面图和纵剖面图

污水管道平面图和纵剖面图的绘制方法见9.5节。本例题的设计深度仅为初步设计，因此，在水力计算结束后将求得的管径、坡度等数据标在管道平面图上。在水力计算的同时绘制主干管的纵剖面图（图9.9）。

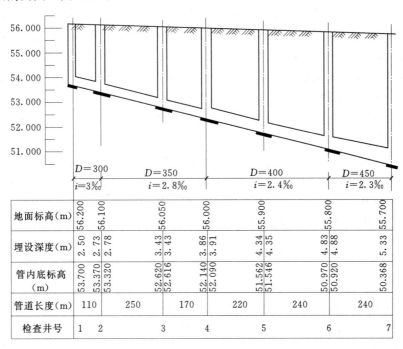

地面标高(m)	56.200 56.100	56.050	56.000	55.900	55.800	55.700
埋设深度(m)	2.50 2.73 2.78	3.43 3.43	3.86 3.91	4.34 4.35	4.83 4.88	5.33
管内底标高(m)	53.700 53.370 53.320	52.620 52.616	52.140 52.090	51.562 51.546	50.970 50.920	50.368
管道长度(m)	110	250	170	220	240	240
检查井号	1　2	3	4	5	6	7

图9.9　污水主干管纵剖面图

9.5　污水管道平面图和纵剖面图

污水管道的平面图和纵剖面图，是污水管道设计的主要图纸。根据设计阶段的不同，图纸表现的深度亦有所不同。

9.5.1　管道平面图的绘制

初步设计阶段的管道平面图就是管道总体布置图。通常采用的比例尺为1∶5000～1∶10000，图上有地形、地物、河流、风玫瑰或指北针等。已有和设计的污水管道用粗（0.9mm）线条表示，其他均用细（0.3mm）实线表示。在管线上画出设计管段起讫点的检查井并编上号码，标出各设计管段的服务面积，可能设置的中途泵站，倒虹吸管或其他的特殊构筑物，污水厂，出水口等。初步设计的管道平面图上还应将主干管各设计管段的长度、管径和坡度在图上注明。此外，图上应有管道的主要工程项目表和说明。

技术设计或施工图阶段的管道平面图比例尺常用1∶1000～1∶5000，图上内容基本同初步设计，而要求更为详细确切。要求标明检查井的准确位置及污水管道与其他地下管线或构筑物交叉点的具体位置、高程，居住区街坊连接管或工厂废水排出管接入城市污水支管、干管或主干管的准确位置和高程。图上还应有图例、主要工程项目表和施工说明。

9.5.2 管道纵剖面图的绘制

污水管道的纵剖面图反映管道沿线的高程位置，它是和平面图对应的。

初步设计阶段一般不绘制管道的纵剖面图，有特殊要求时可绘制。

技术设计或施工图设计阶段要绘制管道的纵剖面图。图上用细（0.3mm）单实线表示原地面高程线和设计地面高程线，用粗（0.9mm）双实线条表示管道高程线，用细（0.3mm）双竖线表示检查井。图中还应标出沿线支管接入处的位置、管径、高程；与其他地下管线、构筑物或障碍物交叉点的位置和高程；沿线地质钻孔位置和地质情况等。在剖面图的下方有一表格，表中列有检查井号、管道长度、管径、坡度、地面高程、管内底标高、埋深、管道材料、接口形式、基础类型。有时也将流量、流速、充满度等数据标明。比例尺，一般横向比例与平面图一致；纵向比例为 1：50～1：200。对工程量较小，地形、地物较简单的污水管道工程亦可不绘制纵剖面图，只需将管道的管径、坡度、管长、检查井的高程以及交叉点等注明在平面图上即可。

施工图设计阶段，除绘制管道的平、纵剖面图外，还应绘制管道附属构筑物的详图和管道交叉点特殊处理的详图。附属构筑物的详图可参照《给水排水标准图集》中的标准图结合本工程的实际情况绘制。

为便于平面图与纵剖面图对照查阅，通常将平面图和纵剖面图绘制在同一章图纸上。

复 习 思 考 题

1. 什么叫居住区生活污水定额？其值应如何确定？

2. 什么叫污水量的日变化、时变化、总变化系数？居住区生活污水量总变化系数为什么随污水平均日流量的增大而减小？

3. 如何计算城市污水设计总流量？

4. 污水管道中的水流是否为均匀流？污水管道的水力计算为什么仍采用均匀流公式？

5. 在污水管道进行水力计算时，为什么要对设计充满度、设计流速、最小管径和最小设计坡度作出规定？是如何规定的？

6. 污水管道的覆土厚度和埋设深度是否为同一含义？污水管道设计时为什么要限定覆土厚度的最小值？

7. 污水管道定线的一般原则和方法是什么？

8. 何为污水管道系统的控制点？如何确定控制点的位置和埋设深度？

9. 什么叫设计管段？如何划分设计管段？每一设计管段的设计流量可能包括哪几部分？

10. 污水设计管段之间有哪些衔接方法？衔接时应注意些什么问题？

11. 试归纳总结污水管道水力计算的方法步骤及水力计算的目的。水力计算要注意些什么问题？

12. 图 9.10 为某街坊污水干管平面图。图上注明各污水排出口的位置、设计流量以及各设计管段的长度和检查井处的地面标高。排出口 1 的管内底标高为 218.4m。其余各污水排出口的埋深均小于 1.6m。该地区土壤无冰冻。要求列表进行干管的水力计算，并将计算结果标注在平面图上。

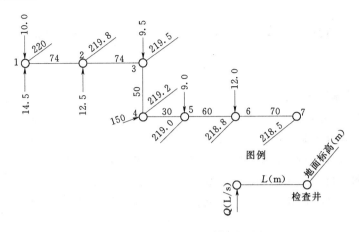

图 9.10　某街坊污水干管平面图

13. 某市一个建筑小区的平面布置如图 9.11 所示。该建筑小区的人口密度为 400 人/ hm^2，居住区污水量定额为 140L/(人·d)，工厂的生活污水设计流量为 8.24L/s，淋浴污水设计流量为 6.84L/s，生产污水设计流量为 2.64L/s。工厂排出口接管点处的地面标高为 34.0m，管内底标高为 32.0m，该城市夏季主导风向为西南风，土壤最大冰冻深度为 0.75，河流的最高水位标高为 28.0m。试根据上述条件确定如下内容：

（1）进行该小区污水管道系统的定线，并确定污水厂的位置；

（2）进行从工厂接管点至污水厂各管段的水力计算；

（3）按适当比例绘制管道的平面图和主干管的纵剖面图。

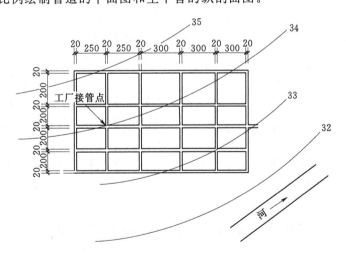

图 9.11　某街坊平面图

第10章 雨水管渠系统

【主要内容及学习要求】

　　本章节主要阐述了雨水管渠设计流量的确定,雨水管渠系统的设计计算,城镇防洪工程及合流制管渠系统等内容。

　　通过学习本章内容,要求学生能够掌握雨水管渠系统设计计算的一般原理、方法和步骤,能够合理选择设计参数确定雨水管渠的设计流量,能够进行雨水管渠系统的水力计算和设计计算,绘制雨水管道的平面图和纵剖面图。

　　降落到地面的雨水及融化的冰、雪水,有一部分沿着地表流入雨水管渠和水体中,这部分雨水称为地面径流,在排水工程设计中称为径流量。

　　我国全年的雨水量并不很大,但全年雨水的绝大部分都集中在极短的时间内降落,且常为大雨或暴雨,在极短时间内形成大量的地面径流,甚至可达生活污水流量的上百倍,如不能及时地进行排除,会造成巨大的危害。因此,为了排除会产生严重危害的某一场大暴雨的雨水,必须建设具有相应排水能力的雨水排水系统。由于我国地域辽阔,气候复杂多样,各地年平均降雨量差异很大,如东南和华南沿海地区、台湾、云南西南部及西藏东南部,年径流深大于 800mm;而内蒙古高原、河西走廊、柴达木盆地、准噶尔盆地、塔里木盆地、吐鲁番盆地,年径流深小于 10mm。因此,合理地计算降雨量就必须根据各个不同地区降雨的规律和特点,对正确设计城市雨水管渠具有重要的意义。

　　雨水管渠系统设计的主要任务是及时地汇集并排除暴雨所形成的地面径流,以保证城市人民生命安全和工农业生产的正常进行。

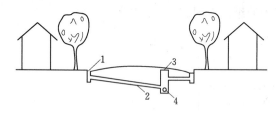

图 10.1　雨水管渠系统组成示意图
1—雨水口;2—连接管;3—检查井;4—雨水管渠

　　如图 10.1 所示,雨水管道系统是由雨水口、连接管、雨水管道、检查井、出水口等建筑物组成的一整套工程设施。

10.1　雨量分析及暴雨强度公式

　　降雨是一种自然过程,降雨时间和降雨量的大小具有一定的随机性,一般情况下,特大暴雨出现的几率较小,为排除产生严重危害的某一场大暴雨的雨水,必须建设具有相应排水能力的雨水管渠系统。雨水径流量是雨水管渠系统设计的重要依据,由于雨水径流的特点是流量大、历时短,可通过对降雨过程的多年(一般具有 10 年以上)资料的统计和分析,找出表示暴雨特征的降雨历时、暴雨强度和降雨重现期之间的相互关系,作为雨水管渠系统设计的依据。

10.1.1　雨量分析

1. 降雨量

降雨量是指降雨的绝对量，用 H 表示，单位以 mm 计，也可用单位面积上的降雨体积来表示，单位以 L/hm² 表示。

在分析降雨量时，很少以一场雨作为对象，应对多场雨进行分析研究，才能掌握降雨的规律及特征。常用的降雨量统计数据计量单位有：

（1）年平均降雨量。指多年观测的各年降雨量的平均值。

（2）月平均降雨量。指多年观测的各月降雨量的平均值。

（3）最大日降雨量。指多年观测的各年中降雨量最大一日的降雨量。

降雨量可由专用的雨量计测得。这种雨量计是一种用于测量降雨量的仪器。我国是世界上最早使用雨量计的国家。早在 500 多年前的明朝永乐年间就制成了雨量计，并供全国各地使用。发展至今，测量降雨量，一般采用自记雨量计，其构造如图 10.2 所示。图 10.3 为自记雨量计的部分记录。

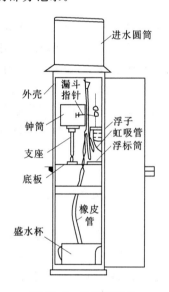

图 10.2　自记雨量计

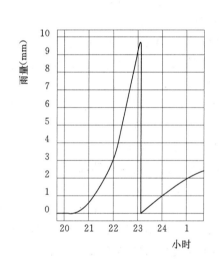

图 10.3　自记雨量记录

2. 降雨历时

降雨历时是指连续降雨时段，可指一场雨的全部降雨时间，也可指其中个别的连续降雨时段。用 t 表示，其计量单位以 mm 或 h 计。

3. 降雨强度（暴雨强度）

降雨强度（暴雨强度）是指某一连续降雨时段内的平均降雨量，即单位时间内的平均降雨深度，用 i 表示，其计量单位为 mm/min 或 mm/h。

$$i=\frac{H}{t} \tag{10.1}$$

式中　i——降雨强度，mm/min；

　　　H——降雨量，mm；

　　　t——降雨历时，min。

在工程设计中的降雨多属于暴雨性质，故称为暴雨强度，常用单位时间内单位面积上的降雨量 q 表示，其单位为 $L/(s \cdot hm^2)$。在实际计算中，是以降雨深度表示的降雨强度 i 折算为以体积表示的降雨强度 q。它是指降雨历时为 t 的降雨深度 H 的雨量，在 $1hm^2$ 面积上，每秒钟平均的雨水体积。设降雨量为每分钟 $1mm$，用体积表示降雨强度 q：

$$q = \frac{10000 \times 1000 i}{1000 \times 60} = 167i \qquad (10.2)$$

式中　　q——暴雨强度，$L/(s \cdot hm^2)$；

167——折算系数。

降雨强度，是反映降雨状态的重要指标。降雨强度愈大，其雨势愈猛。经长期的观测证明，降雨历时愈短，降雨强度愈大。对于降雨历时短，降雨强度大的降雨，一般称暴雨。据气象规定：一日（24 h）内的降雨量超过 50mm 或 1h 的降雨量超过 16mm 都称为暴雨。对雨水管道的设计具有意义的是找出降雨量最大的那个时段内的降雨量。因此要研究暴雨强度与降雨历时之间的关系。在一场雨中，暴雨强度是随降雨历时变化的。如果所取历时长，则和这个历时对应的暴雨强度将小于短历时对应的暴雨强度。

在推求暴雨强度公式时，经常采用降雨历时为 5min、10min、15min、20min、30min、45min、60min、90min、120min 等 9 个历时数值，特大城市可以用到 180min。另外，从图 10.3 中可知，自记雨量曲线实际上是降雨量累计曲线，曲线上任一点的斜率表示降雨过程中任一点瞬时的强度，称为瞬时暴雨强度。由于曲线上各点的斜率是变化的，说明暴雨强席是变化的。曲线愈陡，暴雨强度愈大。因此，分析暴雨资料时，必须选用对应各降雨历时的最陡那段曲线，即最大降雨量。由于在各降雨历时内每个时刻暴雨强度也是不同的，因此计算出各历时的暴雨强度称为最大平均暴雨强度。

4. 降雨面积和汇水面积

降雨面积是指降雨所笼罩的面积，汇水面积是指雨水灌渠汇集和排除雨水的面积。用 F 表示，以公顷（hm^2）或平方公里（km^2）为单位。

任何一场暴雨在降雨面积上各点的暴雨强度是不相等的，就是说，降雨是非均匀分布的。但城市或工厂的雨水管渠或排洪沟的汇水面积较小，一般小于 $100km^2$，在这种小汇水面积上降雨不均匀分布的影响较小。因此，可以假定降雨在整个小汇水面积内是均匀分布的，即在汇水面积内各点的暴雨强度相等。从而可以认为，雨量计所测得的点雨量资料可以代表整个小汇水面积的雨量资料，即不考虑降雨在面积上的不均匀。

5. 降雨强度的频率和重现期

（1）降雨强度的频率 P_n。它是指某种强度的降雨和大于该强度的降雨出现的次数（m），占观测年限内降雨总次数（n）的百分数，即 $P_n = \frac{m}{n} \times 100\%$。由公式可知，频率小的暴雨强度出现的可能性小，反之则大。

由于任何一个地区，观测资料的年限是有限的，因此，用上面公式计算出的暴雨强度的频率只能反映一定时期内的经验，不能反映整个降雨的规律，故称为经验频率。从公式中可看出，对于末项暴雨强度来说，其频率 $P_n = 100\%$，这显然不合理，因此无论所取资料年限有多长，终究不能代表整个降雨的历史过程，现在观测资料中的极小值，不能代表整个历史过程中的极小值。因此，水文计算常用公式 $P_n = \frac{m}{N+1} \times 100\%$ 计算年频率，而用公式 $P_n =$

$\dfrac{m}{NM+1}\times 100\%$ 计算次频率。观测资料的年限愈长，经验频率出现的误差也愈小。

（2）暴雨强度的重现期。在工程设计中，通常用"重现期"来替代较为抽象的频率观念。暴雨强度的重现期是指某种强度的降雨和大于该强度的降雨重复出现的时间间隔。一般用 P 表示，其单位用年（a）表示，可按下式计算：

$$P=\frac{N}{m} \tag{10.3}$$

式中　P——暴雨强度的重现期，年；

　　　N——观测资料年限，年；

　　　m——观测资料年限内暴雨强度出现的次数。

重现期 P 与频率 P_n 互为倒数，即

$$P=\frac{1}{P_n} \tag{10.4}$$

10.1.2 暴雨强度曲线与暴雨强度公式

1. 暴雨强度曲线

在自记雨量计记录纸上选出每场暴雨进行分析，找出暴雨强度—历时—重现期的关系曲线，这就是雨量分析的目的。该关系曲线是确定雨水设计流量的依据。

一般的排水设计规定，在计算暴雨强度公式时一般要求有 20 年以上，最少有 10 年以上自记雨量计记录。雨量资料整理的方法：

（1）每年选取 4～8 场最大暴雨记录（丰水年多选几个，旱水年少选几个）。

（2）计算最大平均暴雨强度值，按规定的历时（一般对降雨历时规定为 5min、10min、15min、20min、30min、45min、60min、90min、120min），求出相应的最大平均暴雨强度，$i_{\max}=\dfrac{H_{\max}}{t}$。

（3）将历年各历时的最大平均暴雨强度不论年次按大小次序递减排列，选择年数的 3～5 倍的最大值约 40 个以上，作为统计的基础资料。

如某市 30 年自记雨量计记录。按上述规定每年选择最大暴雨强度值 4～6 个，将历年各历时的降雨强度按大小次序排列，选取资料年数 4 倍共 120 组各历时的暴雨强度排列成表 10.1。

表 10.1　　　　　　　　　某城市在不同历时的暴雨强度统计数据表

序号	t(min)									重现期 P（年）
	5	10	15	20	30	45	60	90	120	
1	3.82	2.82	2.28	2.18	1.71	1.48	1.38	1.08	0.97	30
2	3.60	2.80	2.18	2.11	1.67	1.38	1.37	1.08	0.97	15
3	3.40	2.66	2.04	1.80	1.64	1.36	1.30	1.07	0.91	10
4	3.20	2.50	1.95	1.75	1.62	1.33	1.24	1.06	0.86	7.5
5	3.02	2.21	1.93	1.75	1.55	1.29	1.23	0.93	0.79	6
6	2.92	2.19	1.93	1.65	1.45	1.25	1.18	0.92	0.78	5

序号	$t(\text{min})$									重现期 P（年）
	5	10	15	20	30	45	60	90	120	
7	2.80	2.17	1.88	1.65	1.45	1.22	1.05	0.90	0.77	4.3
⋮	⋮	⋮	⋮	⋮	⋮	⋮	⋮	⋮	⋮	⋮
10	2.60	2.09	1.83	1.60	1.43	1.11	0.99	0.76	0.72	3
⋮	⋮	⋮	⋮	⋮	⋮	⋮	⋮	⋮	⋮	⋮
15	2.50	1.95	1.65	1.48	1.26	1.02	0.96	0.70	0.58	2
⋮	⋮	⋮	⋮	⋮	⋮	⋮	⋮	⋮	⋮	⋮
30	2.00	1.65	1.40	1.27	1.11	0.90	0.78	0.59	0.50	1
⋮	⋮	⋮	⋮	⋮	⋮	⋮	⋮	⋮	⋮	⋮
60	1.60	1.30	1.13	0.99	0.85	0.68	0.60	0.47	0.40	0.5
⋮	⋮	⋮	⋮	⋮	⋮	⋮	⋮	⋮	⋮	⋮
91	1.24	1.05	0.90	0.83	0.69	0.58	0.50	0.40	0.34	0.33
⋮	⋮	⋮	⋮	⋮	⋮	⋮	⋮	⋮	⋮	⋮
120	1.08	0.94	0.76	0.70	0.60	0.50	0.44	0.33	0.27	0.25

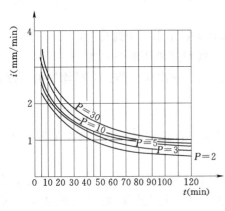

图 10.4　暴雨强度

（4）按不同的历时，计算暴雨强度的重现期。得出 $i—t—P$ 的关系的成果表，取重现期为 0.25 年、0.33 年、0.5 年、1 年、2 年、3 年、5 年、10 年、15 年等的暴雨强度，制定出 $i—t—P$ 的关系曲线，称为暴雨强度曲线，如图 10.4 所示。

按公式 $P=\dfrac{NM+1}{mM}$ 可计算各暴雨强度组的重现期，例如序号数为 6 的各历时的暴雨强度重现期为：$P=\dfrac{NM+1}{mM}=\dfrac{30\times120+1}{6\times120}=5$（年）。按此计算，可得出重现期 0.25 年、0.33 年、0.5 年、1 年、2 年、3 年、5 年、10 年、15 年、30 年的暴雨强度的序号分别为第 120、91、60、30、15、10、6、3、2、1。

在普通坐标或对数坐标上，以降雨历时 t 为横坐标，暴雨强度 i（或 q）为纵坐标，将选定的各重现期各历时的暴雨强度点绘在上面，然后将重现期相同的暴雨强度的各点连成光滑的曲线。这些曲线表示暴雨强度—降雨历时—重现期三者之间的关系，称为暴雨强度曲线。图 10.4 是根据表 10.1 的资料，用普通坐标纸绘制的暴雨强度曲线，由图 10.4 可知暴雨强度随历时的增加而递减。这种经验频率强度曲线精度虽不太高，但方法简单，用于重现期要求不高的雨水管渠的设计，使用也较方便。

值得注意的是：每条暴雨强度曲线中不同历时的暴雨强度是来自不同场次阵雨的同频率（或重现期）雨段，故暴雨强度曲线只表示同频率最大平均暴雨强度的规律，并不描绘暴雨强度的过程。

2. 暴雨强度公式

暴雨强度公式是用数学形式表达 $i(q)$ —t—P 之间的关系的，可代替暴雨强度曲线的功用，在雨水管道设计中使用暴雨强度公式是很方便的。

暴雨强度公式的型式应符合暴雨的规律，并在统计与应用上简易、方便。目前国外学者已提出较多型式的暴雨强度公式。根据我国暴雨规律，我国规范建议用以下型式：

$$q = \frac{167A_1(1+c\lg P)}{(t+b)^n} \tag{10.5}$$

式中　　q——设计暴雨强度，L/(s·hm²)；

　　　　P——设计重现期，年；

　　　　t——降雨历时，min；

A_1、c、b、n——地方参数，根据统计方法进行计算确定。

本书附表 5 摘录了我国部分城市暴雨强度公式，设计时可供采用。对于目前尚无暴雨强度公式的城镇，可借用临近气象条件相似地区城市的暴雨强度公式。

10.2　雨水管渠设计流量

雨水落到地面，由于地表覆盖的情况不同，一部分渗透到地下，一部分蒸发了，一部分滞流在地势的低洼处，而剩下的雨水沿地面的自然坡度形成地面径流进入附近的雨水口。并在管渠内继续流行，通过出水口排入附近水体。所以如何正确地确定雨水设计流量是设计雨水管渠的重要内容。

10.2.1　雨水设计流量计算公式

城市、厂矿中排除雨水的管渠，由于汇水面积较小，属于小流域面积上的排水构筑物。我国目前对小流域排水面积上的最大流量的计算，常采用推理公式，即

$$Q = \psi q F = \psi \frac{167A_1(1+c\lg P)}{(t+b)^n} F \tag{10.6}$$

式中　Q——雨水设计流量，L/s；

　　　ψ——径流系数；

　　　q——设计暴雨强度，L/(s·hm²)；

　　　F——汇水面积，hm²。

式（10.6）是根据一定的假设条件，由雨水径流成因推导而得出的，和实际有一定差异，是半经验、半理论的公式。假定：①暴雨强度在汇水面积上的分布是均匀的；②单位时间径流面积的增长为常数；③汇水面积内地面坡度均匀；④地面为不透水，径流系数为 1。下面通过降雨径流过程的分析，对式（10.6）的应用进行说明。

图 10.5 所示的是一块扇形的汇水面积，雨水从汇水面积上任一点流到集水点 a 的时间称为该点的集流时间。a 点为集流点（如集水口、管道某一断面等）。因为假定汇水面积内地面坡度均匀，则以 a 为圆心所画的 de、fg、…、bc 为等流实线，每条等流实线流到 a 点的时间是相等的。他们分别是 τ_1、τ_2、τ_3、…、τ_0，汇水面积上最远点的雨水流到集水点的时间称为该汇水面积的集流时间，可见该点的集流时间最长。

当地面上降雨产生地面径流开始后不久（$t < \tau_0$），在 a 点上汇集的流量仅来自靠近 a 点

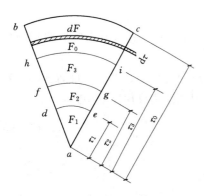

图 10.5 汇水面积径流过程

的小块面积上的雨水，这个时候距离 a 点较远面积上的雨水仅流至途中。随着降雨时间的增长，汇水面积不断增大，就有越来越大面积上的雨水流到 a 点，当（$t=\tau_0$）时，汇水面积上最远点流到 a 点，此时，全部汇水面积产生径流，集水点产生最大流量。

当降雨继续进行时，即 $t>\tau_0$，这时由于汇水面积不再增加，而暴雨强度随着降雨历时增加而减小，所以集水点 a 的集流量也比 $t=\tau_0$ 时小，在 $t<\tau_0$ 时，虽然暴雨强度比 $t=\tau_0$ 时大，但此时的暴雨强度对集流量的影响远不如汇水面积产生的影响大。因此集水点 a 的集水量也比 $t=\tau_0$ 时小。

通过分析可知，只有当 $t=\tau_0$ 时，汇水面积全部参与径流，集水点 a 将产生最大径流量。这一概念称为极限强度法。其基本要点是：以汇水面积上最远点的水流时间作为集水时间计算暴雨强度，用全部汇水面积作为服务面积，所得雨水流量最大，可作为雨水管道的设计流量。

10.2.2 雨水管段设计流量的计算

图 10.6 为设计地区的一部分。Ⅰ、Ⅱ、Ⅲ、Ⅳ为 4 块毗邻的 4 个街区，设汇水面积 $F_Ⅰ=F_Ⅱ=F_Ⅲ=F_Ⅳ$，雨水从各块面积上最远点分别流入雨水口所需的集水时间均为 τ_1(min)。1—2、2—3、3—4 分别为设计管段。试确定各雨水管段设计流量。

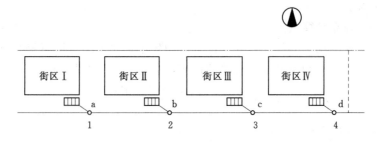

图 10.6 雨水管段设计流量计算示意图

图 10.6 中 4 个街区的地形均为北高南低，道路是西高东低，雨水管渠沿道路中心线敷设，道路断面呈拱形为中间高，两侧低。降雨时，降落在地面上的雨水顺着地形坡度流到道路两侧的边沟中，道路边沟的坡度和地形坡度相一致。当雨水沿着道路的边沟流到雨水口经检查井流入雨水管渠。Ⅰ街区的雨水（包括路面上雨水），在 1 号检查井集中，流入管段 1—2。Ⅱ街区的雨水在 2 号检查井集中，并同Ⅰ街区经管段 1—2 流来的雨水汇合后流入管段 2—3。Ⅲ街区的雨水在 3 号检查井集中，同Ⅰ街区和Ⅱ街区流来的雨水汇合后流入管段 3—4。其他依次类推。

已知管段 1—2 的汇水面积为 $F_Ⅰ$，检查井 1 为管段 1—2 的集水点。由于面积上各点离集水点 1 的距离不同，所以在同一时间内降落到 $F_Ⅰ$ 面积上的各点雨水，就不可能同时到达集水点 1，同时到达集水点 1 的雨水则是不同时间降落到地面上的雨水。

集水点同时能汇集多大面积上的雨水，和降雨历时的长短有关。如雨水从降水面积最远点流到集水点 1 所需的集水时间为 20min，而这场降雨只下 10min 就停了，待汇水面积上的雨水流到集水点时，降落在离集水点1附近面积上的雨水早已流过去了。也就是说，同时到达集水点1的雨水只能来自 F_I 中的一部分面积，随着降雨历时的延长，就有愈来愈大面积上的雨水到达集水点1，当降雨历时 t 等于集水点1的集水时间（20min）时，则第1分钟降落在最远点的雨水与第20min降落在集水点1附近的雨水同时到达。通过以上分析得知，汇水面积是随着降雨历时 t 的增长而增加，当降雨历时等于集水时间时，汇水面积上的雨水全部流达集水点，则集水点产生最大雨水量。

为便于求得各设计管段相应雨水设计流量，作几点假设：①汇水面积随降雨历时的增加而均匀增加；②降雨历时大于或等于汇水面积最远点的雨水流到设计断面的集水时间（$t \geq \tau_0$）；③地面坡度的变化是均匀的，ψ 为定值，且 $\psi=1.0$。

1. 管段1—2的雨水设计流量计算

管段1—2是收集汇水面积 F_I 上的雨水，只有当 $t=\tau_1$ 时，F_I 全部面积的雨水均已流到1断面，此时管段1—2内流量达到最大值。因此，管段1—2的设计流量为：

$$Q_{1-2} = F_I q_1 \text{（L/s）}$$

式中 q_1——管段1—2设计暴雨强度，即相应于降雨历时 $t=\tau_1$ 的暴雨强度，L/(s·hm²)。

2. 管段2—3的雨求设计流量计算

当 $t=\tau_1$ 时，全部 F_{II} 和部分 F_I 面积上的雨水流到2断面，此时管段2—3的雨水流量不是最大，只有当 $t=\tau_1+t_{1-2}$ 时，这时 F_I 和 F_{II} 全部面积上的雨水均流到2断面，此时管段2—3雨水流量达到最大值。设计管段2—3的雨水设计流量为：

$$Q_{2-3} = (F_I + F_{II}) q_2$$

式中 q_2——管段2—3的设计暴雨强度，是用 (F_I+F_{II}) 面积上最远点雨水流行时间求得的降雨强度。即相应于 $t=\tau_1+t_{1-2}$ 的暴雨强度，L/(s·hm²)；

t_{1-2}——管段1—2的管内雨水流行时间，min。

3. 管段3—4的雨水设计流量计算

同理 $$Q_{3\sim4} = (F_I + F_{II} + F_{III})$$

式中 q_3——管段3—4的设计暴雨强度，是用 $(F_I+F_{II}+F_{III})$ 面积上最远点雨水流行时间求得的降雨强度，即相应于 $t=\tau_1+t_{1-2}+t_{2-3}$ 的暴雨强度，L/(s·hm²)；

t_{2-3}——管段2—3的雨水流行时间，min。

由上可知，各设计管段的雨水设计流量等于该管段承担的全部汇水面积和设计暴雨强度的乘积。各设计管段的设计暴雨强度是相应于该管段设计断面的集水时间的暴雨强度。因为各设计管段的集水时间不同，所以各管段的设计暴雨强度亦不同。在使用计算公式 $Q=\psi q F$ 时，应注意到随着排水管道计算断面位置不同，管道的计算汇水面积也不同，从汇水水面积最远点到不同计算断面处的集水时间（其中也包括管道内雨水流行时间）也是不同的。因此，在计算平均暴雨强度时，应采用不同的降雨历时 $t(t=\tau_0)$。

根据上述分析，雨水管道的管段设计流量，是该管道上游节点断面的最大流量。在雨水管道设计中，应根据各集水断面节点上的集水时间 τ_0 正确计算各管段的设计流量。

10.3 雨水管渠系统设计流量计算

降落在地面上的雨水，并非是全部都流入雨水管道系统的，雨水管道系统的设计流量，只是相应汇水面积上全部降雨量的一部分。

10.3.1 雨水管段设计流量的计算

降落到地面上的雨水，在沿地面流行的过程中，形成地面径流，地面径流的流量称为雨水地面径流量。由于渗透、蒸发、植物吸收、洼地截流等原因，最后流入雨水管道系统的只是其中的一部分。因此将雨水管道系统汇水面积上地面雨水径流量与总降雨量的比值称为径流系数，用符号 ψ 表示。

$$\psi = \frac{径流量}{降雨量} \tag{10.7}$$

根据定义，其值小于 1。

影响径流系数 ψ 的因素很多，如汇水面积上地面覆盖情况、建筑物的密度与分布、地形、地貌、地面坡度、降雨强度、降雨历时等。其中影响的主要因素是汇水面积上的地面覆盖情况和降雨强度的大小。例如，地面覆盖为屋面、沥青或水泥路面，均为不透水性，其值就大；绿地、草坪、非铺砌路面能截留、渗透部分雨水，其值就小。如地面坡度较大，雨水流动快，降雨强度大，降雨历时较短，就会使得雨水径流的损失较小，径流量增大，ψ 值增大。相反，会使雨水径流损失增大，ψ 值减小。由于影响 ψ 的因素很多，故难以精确地确定其值。目前，在设计计算中通常根据地面覆盖情况按经验来确定。我国《室外排水设计规范》（GB 50014—2006）中有关径流系数的取值规定见表 10.2 和表 10.3。

表 10.2　　　　　　　　　　　　径 流 系 数

地 面 种 类	ψ	地 面 种 类	ψ
各种屋面、混凝土或沥青路面	0.85～0.95	干砌砖石或碎石路面	0.35～0.40
大块石铺砌路面或沥青表面处理的碎石路面	0.55～0.65	非铺砌土路面	0.25～0.35
级配碎石路面	0.40～0.50	公园或绿地	0.10～0.20

表 10.3　　　综合径流系数

区 域 情 况	ψ
城镇建筑密集区	0.60～0.85
城镇建筑较密集区	0.45～0.60
城镇建筑稀疏区	0.20～0.45

在实际设计计算中，同一块汇水面积上，兼有多种地面覆盖的情况，需要计算整个汇水面积上的平均径流系数 ψ_{av} 值，计算平均径流系数 ψ_{av}。常用方法是：将汇水面积上的各类地面覆盖，按其所占面积加权平均计算得到，即

$$\psi_{av} = \frac{\sum F_i \psi_i}{F} \tag{10.8}$$

式中　ψ_{av}——汇水面积平均径流系数；

　　　F_i——汇水面积上各类地面的面积，hm^2；

　　　ψ_i——相应于各类地面的径流系数；

　　　F——全部汇水面积，hm^2。

【例 10.1】 已知某居住区各类地面见表 10.4，求该居住区的平均径流系数 ψ_{av} 值。

表 10.4 某居住区径流系数计算表

序号	地面种类	面积 F_i ($\times 10^4 m^2$)	采用 ψ_i 值	序号	地面种类	面积 F_i ($\times 10^4 m^2$)	采用 ψ_i 值
1	屋面	1.2	0.9	4	非铺砌土路面	0.75	0.3
2	沥青路面	0.65	0.9	5	绿地	0.75	0.15
3	圆石路面	0.65	0.4	合计		4	0.566

【解】 按表 10.2 和表 10.3 定出各类 ψ_i 的值，填入表 10.4 中，F 共为 $4\times10^4 m^2$。

$$\psi_{av}=\frac{\sum F_i\psi_i}{F}$$

$$=\frac{1.2\times0.9+0.65\times0.9+0.65\times0.4+0.75\times0.3+0.75\times0.15}{4}$$

$$=0.566$$

在实践中，计算平均径流系数时要分别确定总汇水面积上的地面种类及相应地面面积，计算工作量很大，甚至有时得不到准确数据。因此，在设计中可采用区域综合径流系数。一般城市市区的综合径流系数采用 0.5~0.8，城市郊区的径流系数采用 0.4~0.6。随着各地城市规模的不断扩大，不透水的面积亦迅速增加，在设计时，应从实际情况考虑，综合径流系数可取最大值。

10.3.2 设计降雨强度的确定

由于各地区的气候条件不同，降雨的规律也不同，因此各地的降雨强度公式也不同。虽然，这些暴雨强度公式各异，但都反映出降雨强度与重现期 P 和降雨历时 t 之间的关系，即 $q=\phi(P,t)$，可见，在公式中只要确定重现期 P 和降雨历时 t，就可由公式求得暴雨强度 q 值。

10.3.2.1 设计重现期 P 的确定

由暴雨强度公式 $q=\dfrac{167A_1(1+c\lg P)}{(t+b)^n}$ 可知，对应于同一降雨历时，若 P 大，暴雨强度 q 则越大；反之，重现期小，暴雨强度则越小。由雨水管道设计流量公式 $Q=\phi Fq$ 可知。在径流系数口不变和汇水面积一定的条件下，降雨强度越大，则雨水设计流量也越大。

可见，在设计计算中若采用较大的设计重现期，则计算的雨水设计流量就越大，雨水管道的设计断面则相应增大，排水通畅，管道相应的汇水面积上积水的可能性会减少，安全性高，但会增加工程的造价；反之，可降低工程造价，地面积水可能性大，可能发生排水不畅，甚至不能及时排除雨水，将会给生活、生产造成经济损失。

确定设计重现期要考虑设计地区建设的性质、功能（广场、干道、工业区、商业区、居住区）、淹没后果的严重性、地形特点、汇水面积的大小和气象特点等。

《室外排水设计规范》（GB 50014）规定：设计重现期一般为 0.5~3 年，对于重要干道、重要地区及短期积水即能引起较严重损失的地区，一般采用 3~5 年，并应与道路设计协调。特别重要的地区和次要地区可酌情增减，如北京天安门广场的雨水管道，是按设计重现期等于 10 年进行设计的。此外，在同一设计地区，可采用同一重现期或不同重现期。如市区可大些，郊区可小些。

我国地域辽阔，各地气候、地形条件及排水设施差异较大，因此，在选用设计重现期时，必须根据设计地区的具体条件，从技术和经济方面统一考虑。

10.3.2.2 设计降雨历时的确定

根据极限强度法原理，当 $t=\tau_0$ 时，相应的设计断面上产生最大雨水流量。因此，在设计中采用汇水面积上最远点雨水流到设计断面的集流时间 τ_0 作为设计降雨历时 t。对于雨水管道某一设计断面来说，集水时间 t 是由地面雨水集水时间 t_1 和管内雨水流行 t_2 两部分组成（图 10.7）。所以，设计降雨历时可用下式表述：

$$t=t_1+mt_2 \qquad (10.9)$$

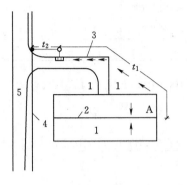

图 10.7 设计断面集水时间示意图
1—房屋；2—屋面分水线；3—道路
边沟；4—雨水管道；5—道路

式中 t——设计降雨历时，min；

t_1——地面雨水流行时间，min；

t_2——管内雨水流行时间，min；

m——折减系数，暗管 $m=2$，明渠 $m=1.2$，陡坡地区暗管采用 $1.2\sim2$。

1. 地面集水时间 t_1 的确定

地面集水时间 t_1 是指雨水从汇水面积上最远点流到第 1 个雨水口 a 的地面雨水流动时间。

地面集水时间 t_1 的大小，主要受地形坡度、地面铺砌及地面植被情况、水流路程的长短、道路的纵坡和宽度等因素的影响，这些因素直接影响水流沿地面或边沟的速度。此外，与暴雨强度有关，暴雨强度大，水流速度也大，t_1 则大。

在上述因素中，雨水流程的长短和地面坡度的大小是影响集水时间最主要的因素。

在实际应用中，要准确地确定 t_1 值较为困难，故通常不予计算而采用经验数值。根据《室外排水设计规范》中规定，一般采用 $5\sim15$min。按经验，一般在汇水面积较小，地形较陡，建筑密度较大，雨水口分布较密的地区，宜采用较小的 t_1 值，可取 $t_1=5\sim8$min；而在汇水面积较大，地形较平坦，建筑密度较小，雨水口分布较疏的地区，宜采用较大 t_1 值，可取 $t_1=10\sim15$min。起点检查井上游地面雨水流行距离以不超过 $120\sim150$m 为宜。

在设计计算中，应根据设计地区的具体情况，合理选择，若 t_1 选择过大，将会造成排水不畅，以致使管道下游地面经常积水；若 t_1 选择过小，又将加大管道的断面尺寸而增加工程造价。

2. 管内雨水流行时间 t_2 的确定

管内雨水流行时间 t_2 是指雨水在管内从第一个雨水口流到设计断面的时间。它与雨水在管内流经的距离及管内雨水的流行速度有关，可用下式计算：

$$t_2=\sum\frac{L}{60v} \qquad (10.10)$$

式中 t_2——管内雨水流行时间，min；

L——各设计管段的长度，m；

v——各设计管段满流时的流速，m/s；

60——单位换算系数。

3. 折减系数 m 值的确定

由极限强度法的原理可知，只有当 $t=\tau_0$ 时，设计断面的雨水流量才能达到最大值。当

$t<\tau_0$ 和 $t>\tau_0$ 时，设计断面的流量和流速并非达到设计状况，实际上，雨水管道内的设计流量是由零逐渐增加到设计流量的。因此，管道内的水流速度也是由零逐渐增加到设计流速的。雨水在管内的实际流行时间大于设计水流时间。考虑其他原因，前苏联教授经大量观测，大多数雨水管遭中的雨水流行时间比按最大流量计算的流行时间大 20%，建议用 1.2 系数乘以用满流时的流速计算出管内雨水流行时间 t_2，即 $1.2t_2$。

此外，雨水管道各管段的设计流量是按照相应于该管段的集水时间的设计暴雨强度来设计计算的。因此在一般情况下，各管段的最大流量不大可能在同一时间内发生。如图 10.8 所示，管段 1—2 的最大流量发生在 $t=t_1$ 时，其管径按满流设计为 D_{1-2}。而管段 2—3 的最大流量则发生在 $t=t_1+t_{1-2}$ 时，

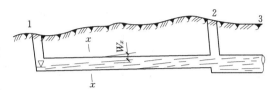

图 10.8　雨水管道的空隙容积

其管径按满流设计为 D_{2-3}。当 D_{1-2} 出现最大流量时，此时，D_{2-3} 只是部分充满；当管段 2—3 内达到最大流量时，其上游管段 1—2 的最大流量已过。由于暴雨强度 q 一般随降雨历时的增长而减小，此时（$t=t_1+t_{1-2}$）管段 1—2 的流量虽然降低，但 D_{1-2} 是不变的，所以在沿 1—2 的长度内的管段断面就出现了没有充满水的空隙面积 W_x，在 D_{1-2} 内形成一定空间，即为管道的空隙容量。

上述表明，当下游管段达到设计流量时，上游管段的设计流量已经过去，在上游管段内，将出现空隙容量，管道中的空隙容量对水流可起缓冲和调蓄作用，从而削减其高峰流量，达到减小管道断面尺寸，降低工程造价。

然而，这种调蓄作用，只有当该管段内水流处于压力流条件下，才可能实现。因为只有处于压力流的管段的水位，高于其上游管段未满流时的水位时，才能在水位差作用下形成回水，迫使水流逐渐向上游流动，而充满其空隙。由于这种回水造成的滞流状态，使管道内实际流速低于设计流速，所以应使管内实际雨水流行时间 t_2 增大。经研究分析，为利用管道的调蓄能力，建议将管内雨水流行时间增加 1.67 倍，即 $1.67t_2$。

根据以上研究，按极限强度法计算的重力流雨水管道存在空隙容量，为利用空隙容量起调节作用，以达到减小管道的设计断面，减少投资的目的。m 值含义是：由于缩小管道排水的断面尺寸而使上游管道蓄水，必然会增长排水时间。因此，采用延长管道中流行时间的办法，达到适当折减设计流量，减小管道断面尺寸的要求。所以，折减系数实际是苏林系数和管道调蓄利用系数两者的乘积，即是折减系数 $m=2$ 的原因。

为使计算简便，我国《室外排水设计规范》中规定：暗管采用 $m=2.0$；对于明渠，为防止雨水外溢的可能，m 值应采用 1.2。在陡坡地区，不能利用量：采用暗管时 $m=1.2$ ~2.0。

综上所述，当设计重现期、设计降雨历时、折减系数确定后，计算雨水管渠的设计流量所用的设计暴雨强度公式及流量公式可写成：

$$q=\frac{167A_1(1+c\lg P)}{(t_1+mt_2+b)^n} \tag{10.11}$$

$$Q=\frac{167A_1(1+c\lg P)}{(t_1+mt_2+b)^n}\psi F \tag{10.12}$$

式中各项符号意义同前。

如图 10.9 所示为 4 块排水区域，a 点为雨水汇水面积上的最远点，从 a 点到第一个雨水口的地面雨水流行时间为 t_1，则各管段设计流量为：

$$q_1 = \frac{167A_1(1+c\lg P)}{(t_1+mt_2+b)^n}\psi_1 F_1$$

$$q_2 = \frac{167A_1(1+c\lg P)}{\left(t_1+m\dfrac{L_1}{60v_1}+b\right)^n}(\psi_1 F_1 + \psi_2 F_2)$$

$$q_3 = \frac{167A_1(1+c\lg P)}{\left[t_1+m\left(\dfrac{L_1}{60v_1}+\dfrac{L_2}{60v_2}\right)+b\right]^n}(\psi_1 F_1 + \psi_2 F_2 + \psi_3 F_3)$$

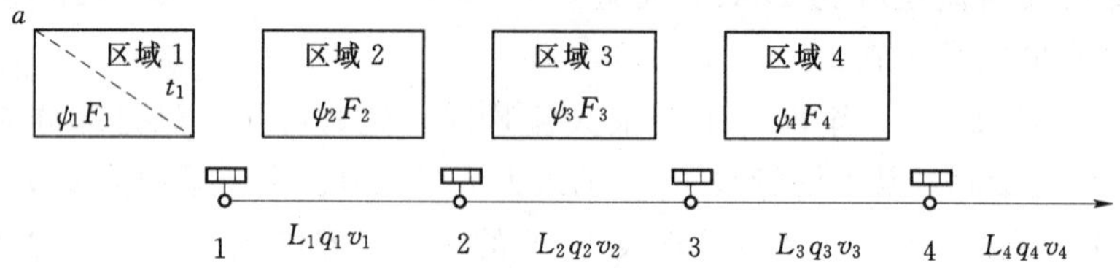

| a 区域 1 t_1 $\psi_1 F_1$ | 区域 2 $\psi_2 F_2$ | 区域 3 $\psi_3 F_3$ | 区域 4 $\psi_4 F_4$ |

1　　$L_1 q_1 v_1$　　2　　$L_2 q_2 v_2$　　3　　$L_3 q_3 v_3$　　4　　$L_4 q_4 v_4$

图 10.9　雨水管段设计流量示意图

10.3.3　单位面积径流量的确定

单位面积径流量 q_0 是暴雨强度 q 与径流系数 ψ 的乘积，即

$$q_0 = \psi q = \frac{167A_1(1+c\lg P)}{(t_1+mt_2+b)^n} \quad [\text{L}/(\text{s} \cdot \text{hm}^2)] \tag{10.13}$$

对于某一具体工程来说，式中 P、t_1、ψ、A_1、b、c、n 均为已知数。因此，只要求出符合各管内的雨水流行时间 t_2，就可以求出相应于管段的 q_0 值。则 $Q=q_0 F$。

10.3.4　雨水管渠水力计算设计参数

为保证雨水管渠正常的工作，避免发生淤积和冲刷等现象，《室外排水设计规范》中，对雨水管道水力计算的基本参数作如下规定。

1. 设计充满度

由于雨水较污水清洁，对水体及环境污染较小，因暴雨时径流量大，相应较高设计重现期的暴雨强度的降雨历时一般不会很长。雨水管渠允许溢流，以减少工程投资。因此，雨水管渠的充满度按满流来设计，即 $\dfrac{h}{D}=1$。雨水明渠不得小于 0.2m 的超高，街道边沟应有不小于 0.03m 的超高。

2. 设计流速

由于雨水管渠内的沉淀物一般是砂、煤屑等。为了防止沉淀，需要较高的流速。《室外排水设计规范》（GB 50014）规定：雨水管渠（满流时）的最小设计流速为 0.75m/s。明渠内发生沉淀后容易清除，所以可采用较低的设计流速，明渠的最小设计流速为 0.4m/s。为了防止管壁和渠壁的冲刷损坏，雨水管道非金属管最大允许流速为 5m/s，金属管道为 10m/s。当明渠水深 h 为 0.4～1.0m 时，明渠最大允许流速根据不同构造按表 10.5 确定。

表 10.5　　　　　　　　　　　　　明 渠 最 大 允 许 流 速

明　渠　类　别	最大设计流速 （m/s）	明　渠　类　别	最大设计流速 （m/s）
粗砂或低塑性粉质黏土	0.8	干砌块石	2.0
粉质黏土	1.0	浆砌块石或浆砌砖	3.0
黏土	1.2	石灰岩和中砂岩	4.0
草皮护面	1.6	混凝土	4.0

故雨水管道的设计流速应在最小流速与最大流速范围内。

3. 最小管径

为了保证管道养护上的便利，防止管道发生阻塞，雨水管道的最小管径为 300mm，雨水口连接管的最小管径为 200mm。

4. 最小坡度

为了保证管渠内不发生淤积，雨水管渠的最小坡度应按最小流速计算确定。当管径为 300mm 时，最小设计坡度塑料管为 0.002，其他管材为 0.003；管径 200mm 的雨水口连接管的最小坡度为 0.01。

10.3.5　雨水管道水力计算的方法

雨水管道水力计算仍按均匀流考虑，其水力计算公式与污水管道相同，但按满流计算。在实际设计中，通常采用根据流量公式和谢才公式制成水力计算图或水力计算表。

在工程设计中，通常是在选定管材后，n 值即为已知数，雨水管道通常选用的是混凝土和钢筋混凝土管，其管壁粗糙系数 n 一般采用 0.013。设计流量是经过计算后求得的已知数。因此只剩下 3 个未知数 D、v 及 I。在实际应用中，可参考地面坡度假定管底坡度，并根据设计流量值，从水力计算图或水力计算表中求得 D 及 v 值，并使所求的 D、v 和 I 值符合水力计算基本参数的规定。

下面举例说明其应用。

【例 10.2】　已知 $n=0.013$，设计流量 $Q=200$L/s，该管段地面坡度 $i=0.004$，试确定该管段的管径 D、流速 v 和管底坡度 I。

【解】　（1）设计采用 $n=0.013$ 的水力计算图，如图 10.10 所示。

（2）在横坐标轴上找到 $Q=200$L/s 值，作竖线；然后在纵坐标轴上找到 $i=0.004$ 值，作横线，将两线相交于一点（A），找出该点所在的 v 和 D 值，得到 $v=1.17$m/s，其值符合规定。而 D 值介于 $400\sim500$mm 两斜线之间，不符合管材统一规格的要求。故需要调整 D。

（3）如果采用 $D=400$mm 时，则将 $Q=200$L/s 的竖线与 $D=400$mm 的斜线相交于

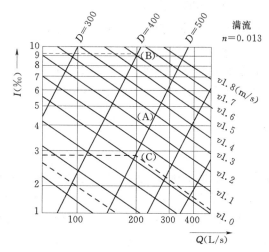

图 10.10　钢筋混凝土圆管水力
计算图（图中 D 以 mm 计）

一点（B），从图中得到交点处的 $v=1.60\text{m/s}$，其值符合水力计算的规定。而 $I=0.0092$ 与原地面坡度 $i=0.004$ 相差很大，势必会增大管道的埋深，因此不宜采用。

（4）如果采用 $D=500\text{mm}$ 时，则将 $Q=200\text{L/s}$ 的竖线与 $D=500$ 的斜线相交于点（C），从图中得出该交点处的 $v=1.02\text{m/s}$，$I=0.0028$。此结果既符合水力计算的规定，又不会增大管道的埋深，故决定采用。

10.3.6　雨水管渠断面设计

雨水管渠系统是采用暗管或是采用明渠排除雨水，这直接涉及工程投资、环境卫生及管渠养护管理等方面的问题，在设计时，应因地制宜，结合具体条件确定。

在市区和厂内，由于建筑的密度较高，交通量大，雨水管渠宜采用暗管，而不宜采用明渠，因明渠与道路交叉点多，使之增建许多桥涵，若管理不善容易产生淤积，滋生蚊蝇，影响环境卫生。在地形平坦地区，管道埋设深度或出水口设置深度受到限制的地区，可采用加盖板渠道排除雨水。此种方法较经济有效，且维护管理方便。

郊区建筑密度较小，交通量较小，可考虑采用明渠，以节约工程投资，降低工程造价。为降低整个管渠工程造价，路面上的雨水尽可能采用道路边沟排除。在每条雨水干管的起端，通常利用道路的边沟排除，可以减少管道约 $100\sim150\text{m}$ 的长度。当排水区域到出水口的距离较长时，也宜采用明渠。在设计中，应结合具体实际情况充分考虑各方面的因素，经济、合理实现工程系统的最优化。

当管道与明渠连接时，在管道接口处应设置挡土的端墙，连接处的土明渠应加铺砌，铺砌高度不低于设计超高，铺砌长度自管道末端算起 $3\sim10\text{m}$，宜适当跌水，当跌水高差为 $0.3\sim2\text{m}$ 时需作 $45°$ 斜坡，斜坡应加铺砌。当跌差大于 2m 时，应按水工构筑物设计。

10.3.7　雨水管道水力计算的方法

雨水管渠的设计通常按以下步骤进行。

1. 收集整理原始资料

收集并整理设计地区各种原始资料（如地形图、排水工程规划图、水文、地质、暴雨等）作为基本的设计数据。

2. 划分排水流域和进行雨水管道定线

根据地形分水线划分排水流域，当地形平坦无明显分水线的地区，可按对雨水管渠的布置有影响的地方如铁路、公路、河道或城市主要街道的汇水面积划分，结合城市的总体规划图或工业企业的总平面布置划分排水流域，在每一个排水流域内，应根据雨水管渠系统的布置特点及原则，确定其布置形式（雨水支、干管的具体位置及雨水的出路），并确定排水流向。

如图 10.11 所示。该市被河流分为南、北两区。南区有一条明显的分水线，其余地方起伏不大，因此，排水流域的划分按干管服务面积的大小确定。因该地暴雨量较大，所以每条雨水干管承担汇水面积不是太大，故划分为 12 个排水流域。

根据该市地形条件确定雨水走向，拟采用分散出水口的雨水管道布置形式，雨水干管垂直于等高线布置在排水流域地势较低一侧，便于雨水能以最短的距离靠重力流分散就近排入水体。雨水支管一般设在街坊较近、较低侧的道路下，为利用边沟排除雨水，节省管渠，减小工程造价，考虑在每条雨水干管起端 $100\sim150\text{m}$ 处，可根据具体情况不设雨水管道。

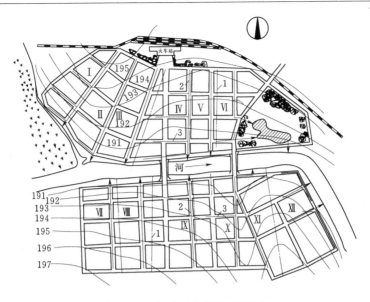

图 10.11　某地雨水管道平面布置

1—流域分界线；2—雨水干管；3—雨水支管

3. 划分设计管段

根据雨水管道的具体位置，在管道的转弯处、管径或坡度改变处、有支管接入处或两条以上管道交汇处以及超过一定距离的直线管段上，都应设置检查井。将两个检查井之间流量没有变化，而且管径、流速和坡度都不变的管段称为设计管段。雨水管渠设计管段的划分应使设计管段范围内地形变化不大，且管段上下游流量变化不大，无大流量交汇。

从经济方面考虑，设计管段划分不宜太长；从计算工作及养护方面考虑，设计管段划分不宜过短，一般设计管段取 100～200m 为宜。将设计管段上下游端点的检查井设为节点，并以管段上游往下游依次进行设计管段的编号。

4. 划分并计算各设计管段的汇水面积

汇水面积的划分，应结合实际地形条件、汇水面积的大小以及雨水管道布置等情况确定。当地形坡度较大时，应按地面雨水径流的水流方向划分汇水面积；当地面平坦时，可按就近排入附近雨水管道的原则，将汇水面积周围管渠的布置用等角线划分。将划分好的汇水面积编上号码，并计算面积，将数值标注在该块面积图中，如图 10.12 所示。

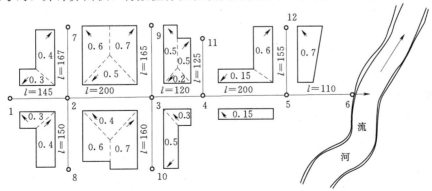

图 10.12　某城区雨水管道布置和沿线汇水面积示意

5. 计算平均径流系数

根据排水流域内各类地面的面积数或所占比例，计算出该排水流域的平均径流系数。另外，也可根据规划的地区类别，采用区域综合径流系数。

6. 确定设计重现期 P 及地面集水时间 t_1

设计时，应以该地区的地形特点、汇水面积的地区建设性质和气象特点选择设计重现期，各排水流域雨水管道的设计重现期可选用同一值，也可选用不同的值。

根据设计地区建筑密度情况、地形坡度和地面覆盖种类、街坊内是否设置雨水暗管渠，确定雨水管道的地面集水时间 t_1。

7. 确定管道的埋深与衔接

根据管道埋设深度的要求，必须保证管顶的最小覆土厚度，在车行道下时一般不低于 0.7m，此外，应结合当地埋管经验确定。当在冰冻层内埋设雨水管道，如有防止冰冻膨胀破坏管道的措施时，可埋设在冰冻线以上，管道的基础应设在冰冻线以下。雨水管道的衔接，宜采用管顶平接。

8. 确定单位面积的径流量 q_0

q_0 是暴雨强度与径流量系数的乘积，称为单位面积径流量，即

$$q_0 = \psi q = \psi \frac{167A_1(1+c\lg P)}{(t_1+mt_2+b)^n} = \psi \frac{167A_1(1+c\lg P)}{(t_1+mt_2+b)^n}$$

对于具体的设计工程来说，公式中的 p、t_1、ψ、m、A_1、b、c、n 均为已知数，因此，只要求出各管段的管内雨水流行时间 t_2，就可求出相应于该管段的 q_0 值，然后根据暴雨强度公式，绘制单位径流量与设计降雨历时关系曲线。

9. 选择管渠的材料

雨水管道管径不大于 400mm，采用混凝土管；管径大于 400mm，采用钢筋混凝土管；也可采用塑料管等新型管材。

10. 计算各管段的设计流量

根据流域具体情况，选定设计流量的计算方法，计算从上游向下游依次进行，并列表计算各设计管段的设计流量。

11. 进行雨水管渠的水力计算和确定雨水管道的坡度、管径和埋深

计算并确定出各设计管段的管径、坡度、流速、管底标高和管道埋深。

12. 绘制雨水管道的平面图和纵剖面图

绘制方法及具体要求与污水管道基本相同。

10.3.8　雨水管渠水力计算实例

【例 10.3】 某市居住区部分雨水管道布置如图 10.13 所示。地形西高东低，一条自西向东流的天然河流分布在城市的南面。该城市的暴雨强度公式为 $q = \dfrac{500(1+1.47\lg P)}{t^{0.65}}$ [L/(s·hm²)]。该街区采用暗管排除雨水，管材采用圆形钢筋混凝土管。管道起点埋深 1.40m。各类地面面积见表 10.6，试进行雨水管道的设计与计算。

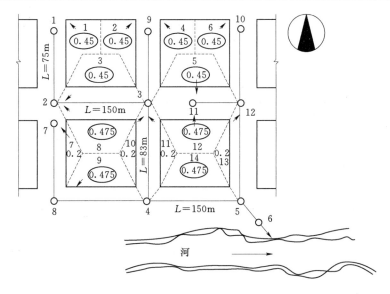

图 10.13　某城市街坊部分雨水管道平面布置

表 10.6	各 类 地 面 面 积			
序　号	地面种类	面积 F_i	采用 ψ_i	$F_i \psi_i$
1	屋面	1.2	0.9	1.08
2	沥青路面及人行道	0.7	0.9	0.63
3	原石路面	0.5	0.4	0.20
4	土路面	0.8	0.3	0.24
5	草地	0.8	0.15	0.12
6	合计	4.0356		2.27

【解】　（1）从居住区地形图中得知，该地区地形较平坦，无明显分水线，因此排水流域可按城市主要汇水面积划分，雨水出水口设在河岸边，故雨水干管走向从西向东南，为保证在暴雨期间排水的可能性，故在雨水干管的终端设置雨水泵站。

（2）根据地形及管道布置情况，划分设计管段，将设计管段的检查井依次编号，并量出每一设计管段的长度，见表 10.7。确定出各检查井的地面标高，见表 10.8。

表 10.7	设计管段长度汇总表		
管　段　编　号	管段长度（m）	管　段　编　号	管段长度（m）
1—2	75	4—5	150
2—3	150	5—6	125
3—4	83		

表 10.8	地面标高汇总表		
检查井编号	地面标高	检查井编号	地面标高
1	86.700	4	86.550
2	86.630	5	86.530
3	86.560	6	86.500

（3）每一设计管段所承担的汇水面积可按就近排入附近雨水管道的原则划分，然后将每块汇水面积编号，计算数值。雨水流向标注在图中，如图 10.13 所示。表 10.9 为各设计管段的汇水面积计算表。

表 10.9　　　　　　　　汇 水 面 积 计 算 表　　　　　　　　单位：hm^2

设计管段编号	本段汇水面积编号	本段汇水面积	转输汇水面积	总汇水面积
1—2	1	0.45	0	0.45
2—3	3、8	0.925	0.45	1.375
9—3	2、4	0.9	1.375	2.275
3—4	10、11	0.4	2.275	2.675
7—8	7	0.20	2.675	2.875
8—4	9	0.475	2.875	3.35
4—5	14	0.475	3.35	3.825
10—11	6	0.45	3.825	4.275
11—12	5、12	0.925	4.275	5.20
12—5	13	0.20	5.20	5.40
5—6	0	0	5.40	5.40

（4）水力计算。进行雨水管道设计流量及水力计算时，通常是采用列表来进行计算的。先从管段起端开始，然后依次向下游进行。其方法如下：

1）表 10.11 中第①项为需要计算的设计管段，应从上游向下游依次写出。第②、③、⑬、⑭项分别从表 10.7、表 10.9、表 10.8 中取得。

2）在计算中，假定管段中雨水流量均从管段的起点进入，将各管段的起点为设计断面。因此，各设计管段的设计流量按该管段的起点，即上游管段终点的设计降雨历时进行计算的，也就是说，在计算各设计管段的暴雨强度时，所采用的 t_2 值是上游各管段的管内雨水流行时间之和 $\sum t_2$。例如，设计管段 1—2 是起始管段，故 $t_2=0$，将此值列入表 10.11 中第④项。

3）求该居住区的平均径流系数 ψ_{av}。根据表 10.6 中的数值，按公式计算得：

$$\psi_{av}=\frac{\sum F_i\psi_i}{F}$$

$$=\frac{1.2\times0.9+0.7\times0.9+0.5\times0.4+0.8\times0.3+0.8\times0.15}{4.0}$$

$$=0.56\approx0.6$$

4）求单位面积径流最 q_0，即

$$q_0=\psi_{av}q[L/(s\cdot hm^2)]$$

因为该设计地区地形较平坦，街区面积较小，地面集水时间 t_1 采用 5min，汇水面积设计重现期 P 采用 1 年，采用暗管排除雨水，故 $m=2.0$。将确定设计参数代入公式中，则

$$q_0=\psi_{av}q=0.6\times\frac{500\times(1+1.47\lg1)}{(5+2\sum t_2)^{0.65}}=\frac{300}{(5+2\sum t_2)^{0.65}}$$

因为 q_0 为某设计管段的上游管段雨水流行时间之和的函数，只要知道各设计管段内雨

水流行时间 t_2，即可求出该设计管段的单位面积径流量 q_0。例如，管段 1—2 的 $\sum t_2 = 0$，代

入上式 $q_0 = \dfrac{300}{5^{0.65}} = 105$ 将上式计算结果列入表 10.10 中，根据表中不同的 t_2、q_0 值，绘制单

位面积径流量曲线，如图 10.14 所示，以供水力计算时使用。

表 10.10　　　　　　　　　　　　　　单位面积径流量计算表

t_2（min）	0	5	10	15	20	25	30	35	40	45	50	55	60
$5 + 2t_2$	5	15	25	35	45	55	65	75	85	95	105	115	125
$(5 + 2t_2)^{0.65}$	2.85	5.85	8.1	10	11.90	13.60	15.08	16.55	18	19.30	20.60	21.80	23.06
$q_0 = \psi q$	105	51.60	37	30	25.20	22.10	19.90	18.10	16.70	15.50	14.60	13.80	13.00

5）用各设计管段的单位面积径流量乘以该管段的总汇水面积得该管段的设计流量。例如，管段 1—2 的设计流量为 $Q = q_0 F_{1-2} = 105 \times 0.45 = 47.25$（L/s），将此计算值列入表 10.11 中第⑦项。

6）根据求得各设计管段的设计流量，参考地面坡度，查满流水力计算图（附图 2），确定出管段的设计管径、坡度和流速。在查水力计算表或水力计算图时，Q、V、I 和 D 这 4 个水力因素可以相互适当调整，使计算结果既符合设计数据的规定，又经济合理。

由于该街区地面坡度较小，甚至地面坡度与管道坡向正好相反。因此，为不使管道埋深过大，管道坡度宜取小值，但所取的最小坡度应能使管内水流速度不小于设计流速。例如，管段 1—2 处的地面坡度为，$I_{1-2} = \dfrac{G_1 - G_2}{L_{1-2}} = 0.0009$。该管段的设计流量 $Q = 47.25$L/s，当管道坡度采用地面坡度（$I = 0.0009$）时，查满流水力计算图 D 介于 $300 \sim 400$mm 之间，$v = 0.48$m/s，不符合设计的技术规定。因此需要进行调整，当 $D = 300$mm、$I = 0.003$、$v = 0.75$m/s 时符合设计规定，故采用，将其填入表 10.11 中第⑧、⑨、⑩项中。表中第⑪项是管道的输水能力 Q'，它是指经过调整后的流量值，也就是指在给定的 D、I 和 v 的条件下，雨水管道的实际过水能力，要求 $Q' > Q$，管段 1—2 的输水能力为 54L/s。

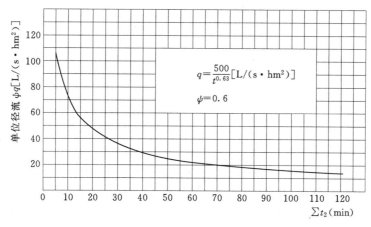

图 10.14　单位面积径流量曲线

7）根据设计管段的设计流速求本管段的管内雨水流行时间 t_2。例如管段 1—2 的管内雨

水流行时间 $t_2 = \dfrac{L_{1-2}}{60 v_{1-2}} = \dfrac{75}{60 \times 0.75} = 1.67$（min），将其计算值列入表 10.11 中第⑤项中。

8）求降落量。由设计管段的长度及坡度，求出设计管段上下端的设计高差（降落量）。例如管段 1—2 的降落量，$IL=0.003\times75=0.225$（m），将此值列入表 10.11 中第⑫项。

9）确定管道埋深及衔接。在满足最小覆土厚度的条件下，考虑冰冻情况，承受荷载及管道衔接，并考虑到与其他地下管线交叉的可能，确定管道起点的埋深或标高。本例起点埋深为 1.40m。将此值列入表 10.11 中第⑰项。各设计管段的衔接采用管顶平接。

10）求各设计管段上、下端的管内底标高。用 1 点地面标高减去该点管道的埋深，得到该点的管内底标高，即 $86.700-1.40=85.300$ 列入表 10.11 中第⑮项，再用该值减去该管段的降落量，即得到终点的管内底标高，即 $85.300-0.225=85.075$（m），列入表 10.11 中第⑯项。用 2 点的地面标高减去该点的管内底标高，得到 2 点的埋深，即 $86.630-85.075=1.56$（m），将此值列入表 10.11 中第⑱项。

由于管段 1—2 与 2—3 的管径不同，采用管顶平接。即管段 1—2 中的 2 点与 2—3 中的 2 点的管顶标高应相同。所以管段 2—3 中的 2 点的管内底标高为 $85.075+0.300-0.400=84.975$（m）。求出 2 点的管内底标高后，按前面的方法求得 3 点的管内底标高。其余各管段的计算方法与此相同，直到完成表 10.11 所有项目，则水力计算结束。

表 10.11　　　　　　　　　雨水干管水力计算表

设计管段编号	管长 L (m)	汇水面积 F (hm²)	管内雨水流行时间 t_2 (min)		单位面积径流量 q_0 [L/(s·hm²)]	设计流量 Q (L/s)	管径 D (mm)	坡度 i (‰)
			$\sum\frac{L}{v}$	$\frac{L}{v}$				
①	②	③	④	⑤	⑥	⑦	⑧	⑨
1—2	75	0.45	0	1.67	89.2	40.1	300	3
2—3	150	1.375	1.67	3.13	71.9	98.9	400	2.3
3—4	83	2.675	4.80	1.73	54.6	146.1	500	1.75
4—5	150	3.825	6.53	2.50	48.7	186.3	500	2.85
5—6	125	5.40	9.03	2.08	42.5	229.5	600	2.1

流速 v (m/s)	管道输水能力 Q' (L/s)	坡降 iL (m)	设计地面标高 (m)		设计管内底标高 (m)		埋深 (m)	
			起点	终点	起点	终点	起点	终点
⑩	⑪	⑫	⑬	⑭	⑮	⑯	⑰	⑱
0.75	54	0.225	186.700	186.630	185.300	185.075	1.40	1.56
0.80	100	0.345	186.630	186.560	184.975	184.630	1.66	1.93
0.80	150	0.145	186.560	186.550	184.530	184.385	2.03	2.17
1.00	190	0.428	186.550	186.530	184.385	183.957	2.17	2.57
1.00	290	0.263	186.530	186.500	183.857	183.594	2.67	2.91

11）水力计算后，要进行校核，使设计管段的流速、标高及埋深符合设计规定。雨水管道在设计计算时，应注意以下几方面的问题：

a）在划分汇水面积时，应尽可能使各设计管段的汇水面积均匀增加，否则会出现下游管段的设计流量小于上游管段的设计流量，这是因为下游管段的集水时间大于上游管段的集水时间，故下游管段的设计暴雨强度小于上游管段的设计暴雨强度，而总汇水面积只有很小增加的缘故。若出现了这种情况，应取上游管段的设计流量作为下游管段的设计流量。

b）水力计算自上游管段依次向下游进行，一般情况下，随着流量的增加，设计流速也相应增加，如果流量不变，流速不应减小。

c）雨水管道各设计管段的衔接方式应采用管顶平接。

d）本例只进行了水力干管的水力计算，但在实际工程设计中，干管与支管是同时进行计算的。在支管和干管相接的检查井处，会出现到该断面处有两个不同的集水时间$\sum t_2$和管内底标高值，再继续计算相交后的下一个管段时，采用较大的集水时间值和较小的那个管内底标高。

12）绘制雨水管道的平面图和纵断面图。绘制的方法、要求及内容参见污水管道平面图和纵剖面图。图 10.15 为某市雨水管道纵剖面示意图。

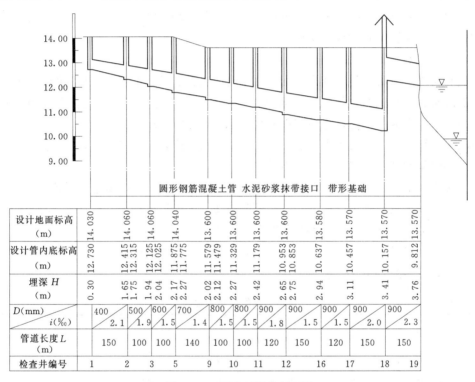

设计地面标高(m)	14.030	14.060	14.060	14.040	13.600	13.600	13.600	13.600	13.580	13.570	13.570	13.570
设计管内底标高(m)	12.730	12.415 12.315	12.125 12.025	11.875 11.775	11.579 11.479	11.329 11.179	10.953 10.853	10.637	10.457	10.157	9.812	
埋深 H(m)	0.30	1.65 1.75	1.94 2.04	2.17 2.27	2.02 2.12	2.27	2.42	2.65 2.75	2.94	3.11	3.41	3.76
D(mm) / i(‰)	400 / 2.1	500 / 1.9	600 / 1.5	700 / 1.4	800 / 1.5	800 / 1.5	900 / 1.8	900 / 1.5	900 / 1.5	900 / 2.0	900 / 2.3	
管道长度 L(m)	150	100	100	140	100	100	120	150	120	150	150	
检查井编号	1	2	3	5	9	10	11	12	16	17	18	19

图 10.15 雨水干管纵剖面图

10.4 城镇防洪工程

一般城市多临近自然水体（江河、山溪、湖泊或海洋等）修建，它们为城市的发展提供了必要的水源，但有时也给城市带来洪水灾害。而我国有许多重要的工业建设于山区，这些工业的生产厂房和生活区建筑物一般位于山坡或山脚下修建，建筑区域往往低于周围的山地，在暴雨时将受到山洪的威胁。因此，为尽量减少洪水造成的危害，保证城市、工厂的工业生产和生命财产安全，必须根据城市或工厂的总体规划和流域防洪规划，合理选用防洪工程的设计标准，整修已有的防洪工程设施，兴建新的防洪工程，提高城市工业企业的抗洪能力。防洪设计的主要任务是防止暴雨形成巨大的地面径流而产生严重危害。

10.4.1 防洪设计原则

（1）应符合城市和工业企业的总体规划。防洪设计的规模、范围和布局都必须根据城市和工业企业各项工程规划制订。同时城市和工业企业各项工程规则对防洪工程都有一定的影响。因此，对于靠近江河和山区的城市及工业企业应特别注意。

（2）应合理安排，使近远期有机结合。因防洪工程的建设费用较大，建设期较长，因此，要作出分期建设的安排，这既能节省初期投资，又能及早发挥工程设施的效益。

（3）应从实际出发，充分利用原有防洪、泄洪、蓄洪设施，做到有计划、有步骤地加以改造，使其逐步完善。

（4）应尽量采用分洪、截洪、排洪相结合的措施。

（5）应尽可能与农业生产相结合。

应尽可能与农业上的水土保持、植树、农田灌溉等密切结合。这既能减少和消除洪灾确保城市安全，又能搞好农田水利建设。

10.4.2 防洪标准

在进行防洪工程设计时，首先要确定洪峰设计流量，然后根据该设计洪峰流量拟定工程规模。为准确、合理地拟定某项工程规模，需要根据该工程的性质、范围以及重要性等因素，选定某一降雨频率作为计算洪峰流量的依据，称为防洪设计标准。

防洪设计标准，关系到城市安危，也关系到工程造价和建设期限等，它是防洪设计中体现国家经济政策和技术政策的一个重要环节。

在实际设计中，一般常用暴雨重现期来衡量设计标准的高低，即重现期越小，则设计标准越低，工程规模也就越小。反之，设计标准越高，工程规模越大。根据我国城市防洪工程的特点和防洪工程实践，城市防洪标准见表 10.12。

对于城镇河流流域面积较小（小于 $30km^2$）的地区，如按城市雨水管道流量计算公式计算洪峰流量，可参照表 10.13 选用。

表 10.12　　　　　　　　城市的等级和防洪标准

等级	重要性	非农业人员（万人）	防洪标准[重现期（年）]	等级	重要性	非农业人员（万人）	防洪标准[重现期（年）]
Ⅰ	特别重要的城市	＞150	＞200	Ⅲ	中等城市	20～50	20～50
Ⅱ	重要城市	50～150	50～100	Ⅳ	一般城镇	≤20	10～20

表 10.13　　　　　　　　城市小流域河湖防洪标准

序号	区域性质	设计重现期（年）	序号	区域性质	设计重现期（年）
1	城市重要地区	20～50	3	局部一般区域	1～5
2	一般区域	5～20			

山洪防治标准见表 10.14。

表 10.14　　　　　　　　山洪防治标准

工程等级	防护对象	防洪标准	
		频率（%）	重现期（年）
Ⅱ	大型工业企业、重要中型企业	2～1	50～100
Ⅲ	中小型工业企业	5～2	20～50
Ⅳ	工业企业生活区	10～5	10～20

在设计中选用防洪标准时，应根据设计地区的地理位置、地形条件、历次洪水灾害情况、工程的重要性以及当地经济技术条件等因素综合考虑后确定。

10.4.3 设计洪峰流量计算

设计洪水流量，是指相应于防洪设计标准的洪水流量。

计算设计洪水流量的方法较多，目前，我国常用的暴雨洪峰流量的计算有以下三种方法。

1. 地区性经验公式

在缺乏水文资料的地区，洪峰小面积径流量的计算，可采用我国应用比较普遍的、以流域面积 F 为参数的一般地区性经验公式。

（1）我国公路科学研究所的经验公式。当没有暴雨资料，汇水面积小于 $10km^2$ 时，可按下式计算：

$$Q_P = K_P F^m \qquad (10.14)$$

式中　Q_P——设计洪峰流量，m^3/s；

　　　F——流域面积，km^2；

　　　K_P——随地区及洪水频率而变化的流量模数，可按表 10.15 查取；

　　　m——随地区及洪水频率而定的面积指数，当 $F \leqslant 1km^2$ 时，$m=1$；当 $1<F<10$ 时可由表 10.16 查取。

（2）我国水利科学院水文研究所经验公式。对于洪水调查，对汇水面积小于 $100km^2$ 的经验公式如下：

$$Q_P = K_P F^{\frac{2}{3}} \qquad (10.15)$$

式中 Q_P、F、K_P 符号意义同前，其中 K_P 值除按实测、调查得到该值外，还可根据地形条件，选用下列数值：

对于山区 $K_P = 0.72 S_P$；对于平原 $K_P = 0.5 S_P$。

当汇水面积 $F<3km^2$ 时，经验公式为：

$$Q_P = 0.6 S_P F \qquad (10.16)$$

式中　S_P——设计雨力，min/h。

经验公式使用方便，计算简单，但地区性很强。当相临地区采用时，须注意各地的具体条件，不宜套用。其他的经验公式，可参阅当地的水文手册。

表 10.15　　　　　　流 量 模 数 K_P 值

频率 （%）	华北	东北	东南沿海	西南	华中	黄土高原
	K_P					
50	8.1	8.0	11.0	9.0	10.0	5.5
20	13.0	11.5	15.0	12.0	14.0	6.0
10	16.5	13.5	18.0	14.0	17.0	7.5
6.7	18.0	14.6	19.5	14.5	18.0	7.7
4	19.5	15.8	22.0	16.0	19.6	8.5
2	23.4	19.0	26.4	19.2	23.5	10.2

表 10.16			面 积 指 数 m 值			
地区	华北	东北	东南沿海	西南	华中	黄土高原
m	0.75	0.85	0.75	0.85	0.75	0.80

2. 推理公式法

我国水利科学院水文研究所提出的推理公式已得到广泛的采用，其公式如下：

$$Q = 0.278F \frac{\Psi S}{\tau^n} \qquad (10.17)$$

式中 　Q——设计洪峰流量，m^3/s；

　　　　S——暴雨雨力，即与设计重限期相应的最大 1h 降雨量，mm/h；

　　　　τ——流域的集流时间，h；

　　　　n——暴雨强度衰减指数；

　　　　F——流域面积，km^2。

用该公式求设计洪峰流量时，需要较多的基础资料，计算过程也较烦琐。此公式适用范围为汇水面积 $F \leqslant 500 km^2$ 时，但汇水面积 F 为 $40 \sim 50 km^2$ 时适用效果最好。公式中各参数的确定方法，可参考《给水排水设计手册》第五册有关章节。

3. 洪水调查法

洪水调查主要是指河流、山溪历史出现的特大洪水流量的调查和推算。调查的主要内容是历史上洪水的概况及洪水痕迹标高。调查的方法主要是通过深入现场，勘察洪水位的痕迹，并通过查阅当地可考的文字记载（如地方志、宫廷档案、县志、碑志、某些建筑物上的记载及水利专著等），这些记载是调查历史洪水的主要依据。此外还应调查访问在河道附近世代久居的群众，这些老年人的回忆及祖辈流传的有关洪水传说都是历史洪水的宝贵资料。在查阅洪水的文献和查访群众的基础上，还应沿河道两岸进行实地勘探，寻找和判断洪水痕迹，推导出洪水位发生的频率，选择和测量河道的过水断面及其他特征值，按公式 $v = \frac{1}{n} \times R^{\frac{2}{3}} I^{\frac{1}{2}}$ 计算流速，然后按公式 $Q = Av$ 计算洪峰流量。式中 n 为河槽的粗糙系数；R 为河槽的过水断面与湿周之比，即水力半径；I 为水面比降，可用河底平均比降代替。

10.4.4 排洪沟设计计算

排洪沟是应用较为广泛的一种防洪、排洪工程设施，特别是在山区城市和工业区应用更多。由于山区的地势陡峻，地形坡度较大，水流湍急，洪水集水时间短，洪峰流量大，而且来势凶猛，水流中还夹带着大量的砂石，冲刷力很强，这种由暴雨形成的山洪，若不能及时有效排除，就会使山坡下的城镇和工业区受到破坏造成严重的损失。因此，应在受山洪威胁的城镇工厂的周围设置防洪设施，以有效拦截山洪，并及时将洪峰引入排洪沟道，将其引出保护区排入附近的水体。

排洪沟设计的任务在于开沟引洪、整治河道、修建排洪构筑物等，以便有组织拦截并排除山洪径流，保护山区城镇和工业区的安全。图 10.16 为某居住区雨水管道系统及排洪沟布置图。图 10.17 为某厂区排洪沟布置图。

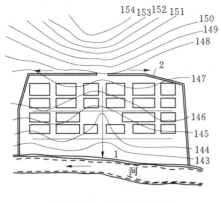

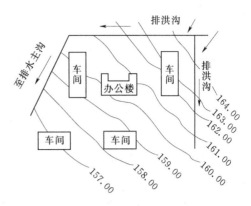

图 10.16　排洪沟的布置　　　　图 10.17　某厂区排洪沟布置图

1. 排洪沟设计要点

在排洪沟设计时，要对设计地区周围的地形、地貌、土壤、暴雨、洪水及径流等影响因素进行充分、细致的调查研究，为排洪沟的设计及计算提供必要可靠的依据。排洪沟包括明渠、暗渠及截洪沟等。

（1）排洪沟布置应与城镇和工业企业总体规划相结合。在城镇工业企业建设规划设计中，必须重视防洪和排洪问题。在选择厂区或居住区用地时，力求安全，经济合理，应建在不受洪水威胁的较安全的地带，尽量避免设在山洪口上，避开洪水顶冲的威胁。

排洪沟的布置要与铁路、公路、排水等工程以及厂房建筑、居住及公共建筑相协调，避免穿越铁路、公路以减少交叉构筑。排洪沟应设置在厂区、居住区外围靠山坡一侧，避免穿越建筑群，以免因排洪沟过于曲折造成出流不畅，或增加桥涵，造成投资浪费，引起交通不便。为防止洪水冲刷房屋基础及滑坡，排洪沟与建筑物之间应有不少于 3m 的防护距离。

（2）排洪沟应尽可能利用设计地区原有天然山洪沟道，必要时可作适当整修。原有的山洪沟道是山洪多年冲刷形成的自然冲沟，其形状、底床都比较稳定，设计时应尽可能利用作为排洪沟，发挥其排泄能力，可节约工程造价。当原有沟道不能满足设计要求时，可进行必要的整修，但不宜大改大动，尽可能不改变原有沟道的水利条件，要因势利导，使洪水排泄畅通，既达到防洪、排洪的目的，又省省工程上的投资。

（3）排洪沟选址。具体位置宜选在地形平稳、地质较稳定的地带，防止坍塌，并可减少工程量。并注意保护农田水利工程，不占或少占农田。

（4）排水沟布置时，应尽量利用自然地形坡度。当地形坡度较大时，排洪沟宜布置在汇水面积的中央，以扩大汇流范围充分利用自然地形坡度，因势利导使洪水能以最短距离重力流排入水体。一般情况下，排水沟上不设中途泵站，对洪峰流量以分散排放比集中排放更为有利。

（5）排水沟采用明渠或暗渠应根据设计地区具体条件确定。排水沟一般采用明渠，当排洪沟通过市区或厂区时，因建筑密度高，交通量大应采用暗渠。

（6）排洪沟平面布置的基本要求。

1）排洪沟的进口段。因洪水在进口段冲刷力很强，所以应将进口段设在地质、地形条件良好的地段，通常将进口段上游一定范围内进行必要的整治，保证良好的衔接，具有水流畅通及较好的水利条件。进口长度一般不小于 3m。为使洪水能顺利进入排水沟，进口形式和布置是很重要的。常用的进口形式有：①排洪沟的进口直接插入山洪沟，衔接点的高程为原山洪沟的高程，这种形式适用于排洪沟与山洪沟夹角较小的情况，也适用于高速排洪沟；②以侧流堰形式作为进口，将截流坝的顶面做成侧流堰渠与排洪沟直接相接，这种形式适用于排洪沟与山洪沟夹角较大，并且进口高程高于原山洪沟底高程的情况。进口段的形式应根据地形、地质及水力条件进行合理的方案比较和选择。

2）排洪沟连接段。当排洪沟受到地形限制而不能布置成直段时，应保证在转弯处有良好的水流条件，不应使弯道受到冲刷。平面上的转弯沟道弯曲半径一般不小于 5～10 倍的设计水面宽度。由于弯道处水流因离心力作用而产生的外侧与内侧的水位差，因此在设计时还应考虑到外侧沟高应大于内侧沟高，外侧水位高程的差值可由下列公式求得：

$$H=\frac{v^2 B}{Rg}$$ (10.18)

式中 H——排洪沟水位高度差，m；
v——排洪沟水流平均流速，m/s；
B——弯道处水面宽度，m；
R——弯道半径，m；
g——重力加速度，m/s^2。

排水沟的设计安全较高，一般可采用 0.3～0.5m，同时对排洪沟弯道处应加护砌。

3）排洪沟出口段。应设置在不致冲刷的排放地点（河流，山谷等）的岸坡。应选择在地质良好的地段，并采取护砌措施。另外，在出口段，应设置渐变段，逐渐增大宽度，以减少单宽流量，减低流速，或采用消能、加固等措施，以减缓洪水对出口段的冲刷。出口标高应在相应的排水设计重现期的河流洪水位以上，但一般应在河流常水位以上。

(7) 排洪沟穿越道路应设桥涵。涵洞的断面尺寸应保证设计洪水量通过，并应考虑养护。

(8) 排水沟纵坡的确定。排洪沟的纵向坡度应根据地形、地质、护砌材料、原有天然排洪沟的纵坡以及冲淤情况而确定，一般情况下，坡度宜大于 1‰，但地形坡度较陡时，应考虑设置跌水，但不能设在转弯处，一次跌水的高度为 0.2～1.5m。当采用条石砌筑的梯级渠道时，每级梯形高为 0.3～0.6m，有的多达 20～30 级，其消能效果很好。

(9) 排洪沟设计流速的规定。为不使排洪沟沟底产生淤积，最小允许流速一般不小于 0.4m/s，为了防止山洪对排洪沟的冲刷，排洪沟的最大允许流速，宜根据不同铺砌的加固形式来选择确定。表 10.17 为排洪沟最大流速，供设计计算中选用。

表 10.17　　　　　　　排洪沟最大设计流速

沟渠护砌条件	最大设计流速（m/s）	沟渠护砌条件	最大设计流速（m/s）
浆砌砖石	2.0～4.5	混凝土护面	5.0～10
坚硬石块浆砌	6.5～1.2	草皮护面	0.9～2.2

(10) 排洪沟设计计算径流系数的确定。一般可按设计地区的地面情况确定。山区可采用 0.7～0.8；丘陵地区可采用 0.55～0.70。若设计地区的山坡被全部垦植为梯田，径流系

数还要小些，一般可采用0.3左右。表10.18中列出了各种地面不同的径流系数值，可供设计计算时参考。

表 10.18 　　　　　　　　　　　　　　各种地面的径流系数

类别	地　面　种　类	径流系数
1	无裂缝岩石、沥青面层、混凝土面层、冻土、重黏土、冰沼土、沼泽土	1.0
2	黏土、盐土、碱土、龟裂土、水稻地	0.85
3	黄壤、红壤、壤土、灰化土、灰钙土、漠钙土	0.80
4	褐土、生草砂壤土、黑钙土、黄土、栗钙土、灰色森林土、棕色森林土	0.70
5	砂壤土、生草的砂	0.50
6	砂	0.35

（11）排洪沟断面形式、材料及其选择。排洪沟的断面形式常采用梯形和矩形明渠。最小断面 $B \times H = 0.4\text{m} \times 0.4\text{m}$；明渠排洪沟的底宽，考虑施工与维修要求，一般不小于0.4~0.5m。沟渠材料及加固形式应根据沟内最大流速、地形及地质条件、当地材料供应情况确定。一般常用片、块石铺砌。

排洪沟不宜采用土明渠。由于土明渠的边坡不稳定，在山洪冲刷下，容易被冲毁，故不宜采用。

图10.18为排洪沟的断面及加固形式示意图。

图10.19为设计在较大坡度的山坡上的截洪沟断面及使用铺砌材料示意图。

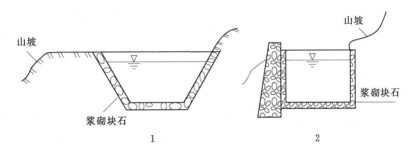

图 10.18　排洪沟断面示意图
1—梯形断面；2—矩形断面

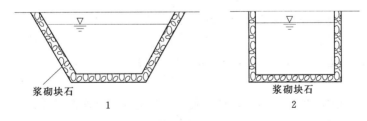

图 10.19　截洪沟断面示意图
1—梯形断面；2—矩形断面

2. 排洪沟水力计算

在进行排洪沟水力计算时，常遇到下述几种情况：

（1）已知设计流量，渠底坡度，确定渠道断面。

（2）已知设计流量或流速，渠道断面及粗糙系数，求渠道底坡。

（3）已知渠道断面，渠壁粗糙系数及渠道底坡，求渠道的输水能力。

10.5 合流制排水管渠系统

合流制管渠系统是将生活污水、工业废水和雨水汇集到同一管渠内排除的管渠系统。根据混合污水的处理和排放的方式，分直泄式和截流式合流制两种。由于直泄式合流制严重污染水体，因此对于新建排水系统不易采用。本节只介绍截流式合流制管渠系统。

10.5.1 截流式合流制管渠系统的工作情况与特点

截流式合流制管渠系统是在临河敷设的截流管上设置溢流井并收集来自上游或旁侧的生活污水、工业废水及雨水，截流管中的流量是变化的。晴天时，截流管以非满流将生活污水和工业废水送往污水厂处理，然后排入到自然水体。雨天时，随着雨水量的增加，截流管以满流将生活污水、工业废水和雨水的混合污水送往污水厂处理。当雨水径流量继续增加到混合污水量超过输水管的设计输水能力时，超过部分通过溢流井溢流到河道，并随雨水径流量的增加，溢流量也增大。当降雨时间继续延长时，由于降雨强度的不断减弱，溢流井处的流量减少，溢流量减少。

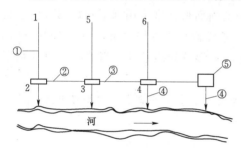

图 10.20 截流式合流制组成示意图
①—合流管道；②—截流管道；③—溢流井；
④—出水口；⑤—污水处理厂

最后，混合污水量又重新等于或小于截流管的设计输水能力，溢流井停止溢流。图 10.20 为截流式合流制组成示意图。

从上述管渠系统的工作情况可知，截流式合流制管渠系统，是在同一管渠内排除所有的污水到污水处理厂处理，从而消除了晴天时城市污水及初期雨水对水体的污染，在一定程度上满足环境保护方面的要求。但在暴雨期间，则有部分带有生活污水和工业废水的混合污水通过溢流井溢入水体，造成水体周期性污染，另外，由于截流式合流制管渠的过水断面很大，而在晴天时流量很小，流速低，往往在管底形成淤积，降雨时雨水将沉积在管底的大量污物冲刷起来带入水体形成严重的污染。

10.5.2 截流式合流制管渠系统的适用条件

由于合流制排水系统管线单一，总长度减少，管道造价低，尽管合流制的管径和埋深增大，且泵站和处理厂造价比分流制高，但合流制的总投资仍偏低。通常在下述情形下可考虑采用合流制：

（1）排水区域内的水体水源丰富，水量充沛，其流量和流速都足够大，一定量的混合污水排入后对水体造成的污染危害程度在允许的范围以内。

（2）街坊和街道的建设比较完善，而街道横断面又较窄，管道的设置位置受到限制，可考虑选用合流制。

（3）地面有一定的坡度倾向水体，当水体处于高水位时，岸边不受淹没。污水在中途不需要泵站提升。

（4）特别干旱的地区。

（5）水体卫生要求特别高的地区，污、雨水均需要处理。

在考虑采用合流制管渠系统时，首先应满足环境保护的要求，即保证水体所受的污染程度在允许的范围内，同时结合当地城市建设及地形条件合理地选用。

10.5.3 截流式合流制管渠系统的布置

截流式合流制管渠系统除应满足管渠、泵站、处理厂、出水口等布置的一般要求外，还需满足以下要求：

（1）管渠的布置应使所有服务面积上的生活污水、工业废水和雨水都能合理地排入管渠，并尽可能以最短距离排向水体。

（2）沿水体岸边布置与水体平行的截流干管，在截流干管的适当位置上设置溢流井，使超过截流干管设计输水能力的那部分混合污水能顺利地通过溢流井就近排入水体。

（3）必须合理地确定溢流井的数目和位置，以尽量减少对水体的污染，减少截留干管的尺寸和缩短排放渠道的长度以降低造价。从对水体的污染情况看，合流制管渠系统中的初雨水虽被截留处理，但溢流的混合污水总比一般雨水脏。为改善水体卫生，保护环境，溢流井的数目宜少，且其位置应尽可能设置在水体的下游，从经济上讲，为了减小截流干管的尺寸，溢流井的数目多一点好，这可使混合污水及早溢入水体，降低截流干管下游的设计流量，但溢流井过多，会增加溢流井和排放渠道的造价，特别在溢流井离水体较远、施工条件困难时更是如此。当溢流井的溢流堰口标高低于水体最高水位时，需在排放渠道上设置防潮门、闸门或排涝泵站，为减少泵站造价和便于管理，溢流井应适当集中，不宜过多。

（4）在合流制管渠系统的上游排水区域内，如果雨水可沿地面的街道边沟排泄，则该区域可只设置污水管道。只有当雨水不能沿地面排泄时，才考虑布置合流管渠。

目前，我国许多城市的旧市区多采用合流制，而在新建城区和工矿区则多采用分流制，特别是当生产污水中含有毒物质，其浓度又超过允许的卫生标准时，则必须采用分流制，或者预先对这种污水单独进行处理到符合要求后，再排入合流制管渠系统。

10.5.4 合流制管渠系统的设计计算

截流式合流制排水管渠的设计流量，在溢流井上游和下游是不同的。现分述如下。

1. 第一个溢流井上游管渠的设计流量

如图 10.20 所示，第一个溢流井上游合流管渠（1—2 管段）的设计流量 Q_1 为。

$$Q_1 = \overline{Q}_{s1} + \overline{Q}_{g1} + Q_{y1} = \overline{Q}_{h1} + Q_{y1} \tag{10.19}$$

式中　$\overline{Q}_{s1}$——溢流井的上游生活污水日平均流量，L/s；

$\overline{Q}_{g1}$——溢流井的上游最大班工业废水日平均流量，L/s；

Q_{y1}——溢流井的上游雨水设计流量，L/s；

$\overline{Q}_{h1}$——溢流井上游晴天时管渠的设计流量，又称为旱流流量，L/s。

在实际进行水力计算时，当生活污水与工业废水量之和比雨水设计流量小得很多，如生活污水量与工业废水量之和小于雨水设计流量的 5% 时，其流量一般可以忽略不计，因为它们的加入与否往往不影响管径和管道坡度的设定。即使生活污水量和工业废水量较大，也没有必要把三部分设计流量之和作为合流管渠的设计流量，因为这三部分设计流量同时发生的概率很小，可将生活污水量与工业废水量的平均流量加上雨水设计流量作为合流管渠的设计流量。

2. 溢流井下游管渠的设计流量

溢流井下游管渠的设计流量应包括三部分,即下游管渠排水服务面积上的旱流量、雨水设计流量和溢流井截留的上游管渠混合污水流量。截留的雨水量通常按旱流量的指定倍数计算,这项倍数称为截流倍数(n)。

因此,溢流井下游管渠(如图 10.20 中的渠段 2—3)的设计流量 Q_2 为:

$$Q_2 = \overline{Q}_{h1} + n\overline{Q}_{h1} + \overline{Q}_{h2} + Q_{y2} = (n+1)\overline{Q}_{h1} + \overline{Q}_{h2} + Q_{y2} \qquad (10.20)$$

式中 Q_{y2}——溢流井的下游雨水设计流量,L/s;

$\overline{Q}_{h2}$——溢流井下游平均旱流量,L/s。

3. 截流倍数(n)的选用

截流倍数的大小关系到截流管渠的尺寸、溢流堰的尺寸和水体的卫生。从环境保护上来看,为了减少水体污染,应采用较大的截流倍数,但从经济上考虑,截流倍数过大,会大大增加截流干管、提升泵以及污水处理厂的造价。我国《室外排水设计规范》规定采用 $n=1\sim5$,并规定,采用的截流倍数必须经当地卫生主管部门的同意,目前我国多采用截流倍数 $n=3$。但随着人们环保意识的提高,截流倍数的取值有增大的趋势。例如美国,对于供游泳和游览的河段,采用的 n 值甚至高达 30 以上。

为节约投资和减少水体的污染点,往往不在每条合流管渠与截流干管的交汇点处都设置溢流井。

10.5.5 合流制排水管渠水力计算的设计数据

合流制排水管渠水力计算的设计数据,包括设计流速、最小坡度和最小管径等,基本上和雨水管渠的设计相同。

(1)设计充满度。合流制排水管渠的设计充满度一般按满流考虑。

(2)设计流速。合流制排水管渠最小设计流速 0.75m/s。但合流管渠在晴天时只有旱流流量,管内充满度很低,流速很小,易淤积,为改善旱流的水力条件,应校核旱流时管内流速,一般宜控制在 0.2~0.5m/s 范围内;同时为防止过分冲刷管道,最大流速的设计同污水管道。

(3)雨水设计重现期。合流管渠的雨水设计重现期一般应比同一情况下雨水管渠的设计重现期适当提高(一般可提高 10%~25%),以防止混合污水的溢出,因为一旦溢出,溢出混合污水比雨水管道溢出的雨水所造成的危害更为严重,所以应从严掌握合流管渠的设计重现期和允许的积水程度。

(4)截流倍数。截流倍数应根据旱流污水的水质和水量、水体条件及其卫生要求、水文及气象条件等因素确定。

(5)最小管径、最小坡度。同雨水管道。

10.5.6 合流制排水管渠的水力计算

合流制排水管渠水力计算内容主要包括以下几方面:

(1)溢流井上游合流管渠的计算。溢流井上游合流管渠的计算与雨水管渠计算基本相同,只是它的设计流量应包括雨水、生活污水和工业废水等三部分。

(2)截流干管和溢流井的计算。截流干管和溢流井的计算主要是合理地确定所采用的截流倍数 n 值。根据采用的 n 值确定截流干管的设计流量,然后即可进行截流干管和溢流井的水力计算。溢流井是截流干管上最重要的构筑物，常用的溢流井主要有截流槽式、溢流堰式、跳越堰式溢流井，其构造见第8章。

（3）晴天旱流流量的校核。关于晴天旱流流量的校核，应使旱流时的流速能满足污水管渠最小流速的要求，一般不宜小于 $0.35\sim0.5m/s$。晴天时，由于旱流流量相对较小，尤其是上游管段，旱流流速校核时通常难以满足最小流速的要求，在这种情况下可在管渠底部设底流槽以保证旱流时的流速，或者加强养护管理，利用雨天流量冲洗管渠，以防淤塞。

10.5.7 城市旧合流制排水管渠系统的改造

城市排水管渠系统是随着城市的发展而相应地发展，在城市建设的初期，是采用合流明渠排除雨水和少量污水，并将它们直接排入附近水体。随着工业的发展和人口的增加与集中，城市的污水和工业废水量也相应增加，其污水的成分也更加复杂。为改善城市的卫生条件，保证市区的环境卫生，虽然将明渠改为暗管渠，但污水仍基本上直接排入附近水体，并没有改变城市污水对自然水体的污染。也就是说，大多数的老城市，旧的排水管渠系统一般都采用直泄式的合流制排水管渠系统。根据有关资料介绍，日本有70%左右、英国有67%左右的城市采用合流制排水管渠系统。我国绝大多数的城市也采用这种系统。但随着工业与城市的进一步发展，直接排入水体的污水量迅速增加，造成水体的严重污染。为此，为保护环境，保护水体，就必须对城市已建的旧合流制排水管渠系统进行改造。

目前，对城市旧合流制排水系统的改造，通常有以下几种方法。

1. 改旧合流制为分流制

将旧合流制改为分流制，是一种彻底解决城市污水对水体污染的改造方法。这种方法由于雨水、污水分流，需要处理的污水量将相应减少，进入污水处理厂的水质、水量变化也相对减少，所以有利于污水厂的运行管理。

通常，在具有以下条件时，可考虑将合流制改造为分流制：

（1）城市街道的横断面有足够的位置，允许设置由于改建成分流制而需增建的污水或雨水管道，并且在施工过程中不对城市的交通造成很大的影响。

（2）住房内部有完善的卫生设备，便于将生活污水与雨水分流。

（3）工厂内部可清浊分流，便于将符合要求的生产污水直接排入城市管道系统，将清洁的工业废水排入雨水管渠系统，或将其循环、循序使用。

（4）旧排水管渠输水能力基本上已不能满足需要，或管渠损坏渗漏已十分严重，需要彻底改建而设置新管渠。

在一般情况下，住房内部的卫生设备目前已日趋完善，将生活污水与雨水分流比较容易做到。但是，工厂内部的清浊分流，由于已建车间内工艺设备的平面位置和竖向布置比较固定，不太容易做到。由于旧城市街道比较窄，而城市交通量较大，地下管线又较多，使改建工程不仅耗资巨大，而且影响面广，工期相当长，在某种程度上甚至比新建的排水工程更为复杂，难度更大。例如，美国芝加哥市区，若将合流制全部改为分流制，据称需投资22亿美元，为重修因新建污水管道所破坏的道路需延续几年到十几年。因此，将合流制改为分流制往往因投资大、施工困难等原因而较难在短期内做到。

2. 保留部分合流管，实行截流式合流制

将合流制改为分流制可以完全控制混合污水对水体的污染，但几乎要改建所有的污水出户管及雨水连接管，要破坏很多路面，需要很长时间，投资也很巨大。所以目前合流制管渠

系统的改造大多采用保留原有合流制,修建合流管渠截流干管,即改造成截流式合流制排水管渠系统。这种改造形式与交通矛盾少,施工方便,易于实施。但从这种系统的运行情况看,并没有完全杜绝雨天溢流的混合污水对水体的污染。根据有关资料介绍,1953～1954年,由伦敦溢流入泰晤士河的混合污水的 BOD_5 浓度高达 221mg/L,而进入污水处理厂的 BOD_5 也只有 239～281mg/L。可见,溢流混合污水的污染程度仍然是相当严重的,足以造成对水体的局部或全局污染。为进一步保护水体,应对溢流的混合污水进行适当的处理。处理措施包括筛滤、沉淀,有时也可加氯消毒后再排入水体。也可建蓄水池或地下人工水库,将溢流的混合污水储存起来,待暴雨过后,再将其抽送入截流干管输送至污水处理厂处理后排放。这样能较彻底地解决溢流混合污水对水体的污染。

3. 在截流式合流制的基础上,对溢流的混合污水量进行控制

为减少溢流的混合污水对水体的污染,可结合当地的气象、地质、水体等缺点,加强雨水利用工作,增加透水路面;或进行大面积绿地改造,提高土壤渗透系数,即提高地表持水能力和地表渗透能力(根据美国的研究结果,采用透水性路面或没有细料的沥青混合路面,可削减高峰径流量的 83%。这种做法是利用设计地区土壤有足够的透水性,而且地下水位较低的地区采用提高地表持水能力和地表渗流能力的措施减少暴雨径流降低溢流的混合污水量。若采用此种措施,应定时清理路面防止阻塞);或建雨水收集利用系统,以减少暴雨径流,从而降低溢流的混合污水量。当然,这在我国仍有待于雨水利用工作的进一步完善,如排水体制即法规的完善,雨水收集、处理、利用方面的管渠及配套设施的开发研制等。

旧合流制排水管渠系统的改造是一项非常复杂的工程,改造措施应根据城市的具体情况,因地制宜,综合考虑污水水质水量、水文、气象条件、水体卫生条件、资金条件、现场施工条件等因素,结合城市排水规划,在确保水体尽可能减少污染的同时,充分利用原有管渠,实现保护环境和节约投资的双重目标。

复 习 思 考 题

1. 雨水管渠系统由哪几部分组成?各组成部分的作用是什么?

2. 雨水管渠系统布置的原则是什么?

3. 暴雨强度与哪些因素有关?

4. 雨水管渠设计流量如何计算?

5. 为什么在计算雨水管道设计流量时,要考虑折减系数?

6. 如何确定暴雨强度重现期 P、地面集水时间 t_1、管内流行时间 t_2 及径流系数 ψ?

7. 为什么雨水和合流制排水管渠要按满流设计?

8. 如何确定洪峰设计流量?

9. 如何进行排洪沟的设计?

10. 为什么旧合流制排水系统的改造具有必要性,如何进行改造?

11. 合流制排水管渠溢流井上、下游管渠的设计流量计算有何不同?如何合理确定截流倍数?

12. 在进行雨水管渠设计流量计算时,若出现下游管渠的设计流量比上游小时,应该采用什么方法解决?

13. 天津市某居住小区部分雨水管道平面布置如图 10.21 所示。已知该市采用暴雨强度公式 $q=\dfrac{500(1+1.38\lg P)}{t^{0.65}}$，设计重现期 $P=1$ 年，经计算径流系数 $\psi_{av}=0.60$，地面集水时间 $t_1=10\text{min}$，折减系数 $m=2.0$，采用钢筋混凝土管，粗糙系数 $n=0.013$。管道起点埋深为 1.55m。试进行雨水管道的水力计算。

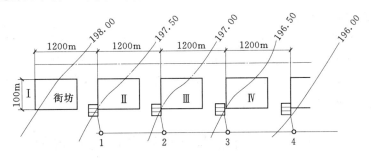

图 10.21 某市居住小区部分雨水管道平面布置图

第 11 章 室外给排水管网维护管理

【主要内容及学习要求】

本章主要内容是给水排水管道系统的技术资料管理；给水管道的管理和维护中介绍管道的防腐与修复，管网检漏；排水管道的维护与管理中介绍排水管渠的清通、修复与渗漏检测等内容。通过本章学习，使学生具有给水排水管网系统日常维护与管理的能力。

11.1 室外给排水管网技术资料的管理

给排水管网技术资料的管理主要是为了系统地积累施工技术资料，总结经验，同时为各管道工程的交付使用、维护管理和改造扩建提供依据。因此，施工单位及建设单位应从工程准备开始，就应该建立工程技术档案，汇集整理有关资料，并贯穿于整个工程建设过程中，直至交工验收结束。

所有的给水排水管网的技术资料、文件，都应有相关人员的签证，不得擅自修改、伪造和事后补做。大中城市的管道系统可以按照每一条街道一张图纸列卷归档。

给水排水管道系统管理所需要的技术资料内容根据保存单位不同可包括以下几部分。

提供给建设单位保存的工程技术资料主要有：

（1）竣工工程项目一览表，图纸会审记录，设计变更通知书，技术核定书及竣工图等。竣工图应包括：管线图，标明管线的直径、位置、埋深以及阀门、消火栓、井室等的位置，用户接管的直径和位置等；给水排水管道穿越障碍物的构造详图。

（2）隐蔽工程验收记录，包括测量记录、水压试验、灌水试验等。

（3）规范规定的必要的试验、检验记录，比如焊接管道的焊缝试验与检验等，设备的调试和试运行记录等。

（4）工程质量检验记录及质量事故的发生与处理记录、监理工程师的整改通知单等。

（5）由施工单位和设计单位提出的工程移交及使用的注意事项文件。

（6）其他有关工程技术决定。

由施工单位保存和参考的技术资料主要有：

（1）工程项目及开工报告，图纸会审记录及有关的工程会议记录，设计变更，技术核定单。

（2）施工组织设计和施工经验总结，施工技术、质量、安全交底记录及雨季施工措施记录。

（3）规范规定的必要的试验、检验记录，比如焊接管道的焊缝试验与检验等，隐蔽工程验收记录，设备的调试和试运行记录等。

（4）分部分项及单位工程质量评定表及重大质量、安全事故情况分析及补救措施和处理文件。

（5）施工日记及相关的施工技术管理资料及竣工证明书。

11.2 室外给水管网的管理和维护

室外给水管道的管理和维护主要是针对给水管道的防腐与修复，给水管道的水质与供水调度的管理。

11.2.1 给水管道的防腐与修复

管道外部直接与大气和土壤接触，会产生化学与电化腐蚀。因此在给水管道系统应进行防腐处理。

11.2.1.1 管道外防腐

常用的防腐蚀技术分电化学法和物理法两种。电化学法能停止或减缓腐蚀反应的进行；物理法通过表面绝缘可把需保护的表面与腐蚀介质隔开。现有电化学法和物理法均可单独应用，但把两种防腐蚀方法结合起来效果将更理想。

1. 物理防护法

物理防腐蚀法又称为覆盖防腐蚀法，分有机材料涂层和无机材料涂层两种，有机材料涂层又分两种：薄涂层和厚涂层。各种广泛使用的涂料和包扎薄带属于薄涂层，厚度为 $100 \sim 500 \mu m$；热敷沥青质膜，聚乙烯（PE）涂层，厚度大于 1mm，属厚涂层。

在管道上应用的防腐涂料有石油沥青、煤焦油沥青、环氧沥青、聚氨酯石油沥青、煤焦油磁漆（CTE）、环氧粉末（FBE）、底胶加聚烯烃（POA）、环氧底漆加底胶加聚烯烃（POE）、环氧粉末加改性聚烯烃（POF）。国内现在主要防腐涂料是石油沥青、煤焦油沥青、聚氨酯石油沥青、煤焦油磁漆、FBE 以及内衬塑料等，国外目前常用的各类防腐涂料为 CTE、FBE、POA、POE、POF 等。

物理防护法具体施工方法是先对管道表面进行处理，然后涂刷涂料层。

（1）管道表面处理。管道表面处理主要是对锈层、油类、旧漆膜、灰尘等进行，处理不好会影响涂料层的附着力，使新涂料的漆膜很快脱落，达不到防腐的目的。管道表面处理主要有手工处理、机械处理、化学处理和旧漆膜处理等。

手工处理一般使用刮刀、锉刀、钢丝刷或砂纸等把管道表面的锈层、氧化皮、铸砂等除掉。

机械处理采用机械设备处理管道表面或用压缩空气喷石英砂吹打管道表面的锈层、氧化皮、铸砂等污物并使其除掉。喷砂法效果比手工法和机械法都好。

化学处理是采用酸洗法清除管道表面锈层、氧化皮。酸液浓度一般采用 $10\% \sim 20\%$，温度为 $18 \sim 60 ℃$ 的稀硫酸溶液。浸泡管道 $15 \sim 60min$。一般还要加入缓蚀剂。酸洗后用清水洗涤，并用 5% 的碳酸钠溶液中和后用热水冲洗。

旧漆膜的处理一般根据旧漆膜的附着力进行清除。有些防腐涂层性能和施工质量都很好，经过一个检修期使用后，漆膜大部分还完整，仅局部有损坏，可用砂布（纸）处理后，重新涂刷 $2 \sim 4$ 层防腐涂料后便可继续使用。对腐蚀严重的旧漆层，已失去防护的意义，应处理干净后才能进行新的防腐施工。

（2）涂料施工。涂料施工一般分两层施工，第一层为底漆或防锈漆，主要起到防锈、防腐、防水、层间结合作用，是整个涂层的基础，与管道表面结合紧密；第二层为面漆，是直接曝露在大气表面的防护层。有时为了增强涂层的光泽和耐腐蚀能力，常在面漆上再涂一层或几层罩光漆。表面涂调和漆或磁漆时，要尽量涂得薄而均匀。即使涂料的覆盖力较差，也不允许任意增加厚度，而应分几次涂覆。每涂一层漆后，应有一个充分干燥的时间，待前一层真正干燥后才能涂下一层。面漆上的罩光漆，可以用一定比例的清漆和磁漆混合罩光。

涂料施工的方法有手工涂刷和空气喷涂等。涂料施工的方法应根据施工要求、涂料性质、施工条件、设备情况进行选择，不同的方法将影响漆膜的色彩、光亮度、使用寿命。

对于埋地管道，为了减少管道系统与地下土壤接触部分的金属腐蚀，管材的外表面必须按要求进行防腐，敷设在腐蚀性土壤中的室外直接埋地的管道应根据腐蚀性程度选择不同等级的防腐层。

2. 阴极保护法

采用管壁涂保护层的方法，并不能做到非常完美。还需要进一步寻求防止水管腐蚀的措施。阴极保护是保护水管的外壁免受土壤侵蚀的方法。根据腐蚀电池的原理，两个电极中只有阳极金属发生腐蚀，所以阴极保护的原理就是使金属管成为阴极，以防止腐蚀。

阴极保护有两种方法。一种是使用铝、镁等消耗性的阳极材料，隔一定距离用导线连接到管线（阴极）上，在土壤中形成电路，结果是阳极腐蚀，作为阴极的管线得到保护，如图 11.1 (a) 所示，一般常在缺少电源、土壤电阻率低和水管保护涂层良好的情况下使用。

另一种是通入直流电的阴极保护法，一般在土壤电阻率高（约 $2500\Omega \cdot cm$）或金属管外露时采用。其做法是埋在管线附近的废铁和直流电源的阳极连接，电源的阴极接到管线上，可防止腐蚀。如图 11.1 (b) 所示。

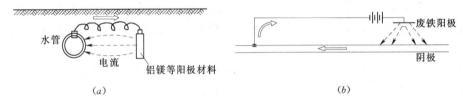

(a)　　　　　　　　　　　　　　　　　(b)

图 11.1　阴极保护法示意图

11.2.1.2　钢管和铸铁管内部防腐

埋设在地下的钢管和铸铁管，很容易腐蚀。为了延长管子的使用寿命，在管内设置衬里材料。根据介质的种类，设置各种不同的衬里材料，如橡胶、塑料、玻璃钢、涂料等，其中以橡胶衬里和水泥砂浆最为常用。

1. 橡胶衬里

（1）衬胶管道的性能。橡胶具有较强的耐化学腐蚀能力，除可被强氧化剂（硝酸、铬酸、浓硫酸及过氧化氢等）及有机溶剂破坏外，对大多数的无机酸、有机酸及各种盐类、醇类等都是耐腐蚀的。可作为金属设备、管道的衬里。根据管内输送介质的不同以及具体的使用条件，衬以不同种类的橡胶。衬胶管道一般适用于输送 0.6MPa 以下和 50℃ 以下的介质。

根据橡胶含硫量的不同，橡胶可分为软橡胶、半硬橡胶和硬橡胶。软橡胶含硫量为 2%～4%，半硬橡胶含硫量为 12%～20%，硬橡胶含硫量为 20%～30%。

橡胶的理论耐热度为 80℃，如果在温度作用时间不长时，也能耐较高的温度（常达到 100℃），但在灼热空气长期作用下，会使橡胶老化。橡胶还具有较高耐磨性，适宜做泵和管子的衬里材料，可输送含有大量悬浮物的液体。

在化学耐腐蚀性方面，硬橡胶比软橡胶性能强，而且硬橡胶比软橡胶更不易氧化，膨胀变形也小。硬橡胶比软橡胶的抵抗气体透过性强，工作介质为气体时，宜以硬橡胶做衬里；当衬胶层工作温度不变，机械作用不大时，宜采用硬橡胶。采取橡胶衬里管材通常为碳素钢管。

（2）衬胶管道的安装。防腐蚀衬胶管道全部用法兰连接，弯头、三通、四通等管件均制成法兰式。预制好的法兰管及法兰管件、法兰阀件均编号，打上钢印，按图安装。法兰间需预留衬里厚度和垫片厚度，用厚垫片或多层垫片垫好，将管子管件连接起来，安装到支架上。

衬胶管道安装好后，需作水压试验。试验压力为 0.3～0.6MPa，历时 15min，水压表指示值不下降则为合格。然后拆下来送橡胶制品厂进行衬里。防腐衬胶管道的第一次安装装配不允许强制对口硬装，否则衬胶后可能安装不上。因此，要求尺寸准确，合理安装。

2. 水泥砂浆衬里

水泥砂浆衬里适用于生活饮用水和常温工业用水的输水钢管、铸铁管道和储水罐的内壁防腐蚀。

水泥砂浆衬里常采取喷涂法施工。衬里用的水泥砂浆应混合得十分均匀，且搅拌时间不宜超过 10min，其重量配和比为水泥∶砂∶水＝1.0∶1.5∶0.32。水泥砂浆衬里厚度与管径有关，厚度为 5～9mm 不等。

水泥砂浆衬里的质量，应达到表面无脱落、孔洞和突起的最低标准。

3. 衬玻璃管道

（1）衬玻璃管的性质和特点。衬玻璃管是采用一定方法将玻璃衬在金属管内壁，以弥补管强度不高的缺点。

玻璃具有良好的耐腐蚀性特点，但它的耐热稳定性和强度较差，如把它衬到赤红的钢管里，由于钢管冷却收缩，使玻璃处在应力状态下，借助压应力的作用和底釉的作用，使玻璃和铁胎紧密地结合在一起，形成一体。这样就提高了衬玻璃管的耐热稳定性和机械强度。

（2）衬玻璃的方法有吹制法衬玻璃、膨胀法衬玻璃及喷涂法衬玻璃。

4. 衬搪瓷管道

搪瓷管道是由含硅量高的瓷釉通过 900℃ 的高温煅烧，使瓷釉紧密附着在金属胎表面而制成的。瓷釉的厚度一般为 0.8～1.5mm。由于瓷釉是一种很好的耐腐蚀材料，所以搪瓷管道具有优良的耐腐蚀性能。还具有良好的机械性能，因此能防止某些介质与金属离子起作用而污染物品。它广泛地应用在石油化工、医院、农药、合成材料等生产中。

搪釉管道除有优良的耐腐蚀性能外，还有一定的热传导性能，能耐一定的压力和较高的温度，有良好的耐磨性能和电绝缘性能。同时搪瓷表面很光滑，不易挂料，适于物料洁净的场合。

（1）瓷釉的物理机械性能。搪瓷管道性能主要取决于瓷釉。

（2）搪瓷管道的耐温及耐压性能。瓷釉与钢铁的热膨胀系数不同。搪瓷后的管道，在冷热温度的作用下，瓷釉和钢铁之间可能会产生内应力。搪瓷管道一般在缓慢加热或冷却条件下，使用温度为 -30～270℃，但与使用条件（如腐蚀性介质成分、浓度、加热条件等）、制造质量等因素有关。搪瓷管道耐温急变性较差，耐冷冲击（瓷层从热突然受冷）容许温度差小于 110℃，耐热冲击（瓷层从冷突然受热）容许温度差小于 120℃。其容许温度差与使用温度、使用压力、规格尺寸等因素有关。为了延长搪瓷管道的使用寿命，应避免受冷热冲击。

搪瓷管道的使用压力主要取决于钢板的强度、管道的密封性及制造工艺水平。一般管内使用压力 0.25～1MPa。目前，高压管道已达到 5MPa。

（3）搪瓷管道的耐腐蚀性能。搪瓷管道具有良好的耐腐蚀性能。除了氢氟酸、含氟离子的介质、温度大于 180℃的浓磷酸、温度大于 150℃的盐酸及强碱外，它还能耐各种浓度的无机酸、有机酸、弱碱及有机溶剂。尤其是在盐酸（常温）、硫酸、硝酸等介质中，具有优良的耐腐蚀性能。从某种意义上说，它还优于不锈钢等贵重金属。从耐有机溶剂及使用温度上考虑，它优于工程塑料。

（4）金属胎材料的选择。搪瓷管道用金属胎一般多采用低碳素钢管，也可用铸铁管。金属胎材料选择恰当与否，直接影响搪瓷质量。

钢管的内表面必须平整，不允许有明显的伤疤、麻点、裂缝、氧化皮及夹渣等缺陷。搪瓷用的铸铁管，要求组织结构致密，不允许有粗大的分散石墨、气泡、孔隙、裂纹等缺陷。

（5）防腐蚀衬里管道的搬运和堆放搬运衬里管道应小心谨慎，防止碰撞和振动，以免损坏衬里。已经做好的衬里管道及其附件应在 5～30℃的室内存放，室内应整洁、干净，无有害物质。

（6）管段和配件的检查。安装前应检查管段、配件的数量和质量，特别是要检查衬里的完整情况。

11.2.2　管道清垢和涂料

由于输水水质、水管材料、流速等因素，水管内壁会逐渐腐蚀而增加水流阻力，水头损失逐步增长，输水能力随之下降。根据有些地方的经验，涂沥青的铸铁管经过 10～20 年的使用，粗糙系数数值可增长到 0.016～0.018，内壁未涂水泥砂浆的铸铁管，使用 1～2 年后其值即达到 0.025，而涂水泥砂浆的铸铁管，虽经长期使用，粗糙系数可基本上不变。为了防止管壁腐蚀或积垢后降低管线的输水能力，除了新敷管线内壁事先采用水泥砂浆涂衬外，对已埋地敷设的管线则有计划地进行刮管涂料，即清除管内壁积垢并加涂保护层，以恢复输水能力，节省输水能量费用和改善管网水质，这也是管理工作中的重要措施。

1. 管线清垢

由于金属管内壁被水浸蚀，水中的碳酸钙沉淀，水中的悬浮物沉淀，水中的铁、氯化物和硫酸盐的含量过高，以及铁细菌、藻类等微生物的滋长繁殖等原因会在管道中产生积垢。

金属管线清垢应根据积垢的性质来选择。对松软的积垢，可提高流速进行冲洗，冲洗时流速比平时流速提高 3～5 倍，压力不应高于允许值。每次冲洗的管线长度为 100～200m。冲洗工作宜经常进行，否则积垢变硬后难以用水冲去。

用压缩空气和水同时冲洗，效果更好，其优点是：

（1）清洗简便，水管中无需放入特殊的工具。

（2）操作费用比刮管法、化学酸洗法低。

（3）工作进度较其他方法迅速。

（4）用水流或汽—水冲洗并不会破坏水管内壁的沥青涂层或水泥砂浆涂层。

水力清管时，管垢随水流排出。起初排出的水浑浊度较高，以后逐渐下降，冲洗工作直到出水完全澄清时为止。此方法清垢时间短，不会破损管内的绝缘层，可作为新敷设管线的清洗方法。

气压脉冲射流法清洗管道的效果也是很好的，冲洗过程如图 11.2 所示，储气罐中的高压空气通过脉冲装置 1、橡胶管 3、喷嘴 6 送入需清洗的管道中，冲洗下来的锈垢由排水管 5 排出。此方法具有设备简单、操作方便、成本不高的特点。进气和排水装置一般安装在检查井中，无需断管或开挖路面。

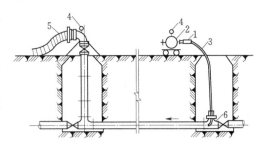

图 11.2　气压脉冲法冲洗管道
1—脉冲装置；2—储气罐；3—橡胶管；
4—压力表；5—排水管；6—喷嘴

坚硬的积垢需用刮管法清除。刮管法采用刮管器进行，一般用钢绳绞车等工具使其在积垢的水管内来回拖动。图 11.3 所示的一种刮管器是用钢丝绳连接到绞车，适用于刮除小口径水管内的积垢。刮管器由切削环、刮管环和钢丝刷组成。

使用时，先由切削环在水管内壁积垢上刻划深痕，然后刮管环把管垢刮下，最后用钢丝刷刷净。

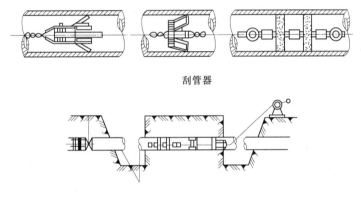

刮管器

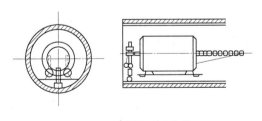

图 11.3　刮管器安装

大口径管道刮管时，可用旋转法，刮管（图 11.4）情况和刮管器相类似，但钢丝绳拖动的是装有旋转刀具的封闭电动机。刀具可用与螺旋桨相似的刀片，也可用装在旋转盘上的链锤，刮垢效果较好。

刮管法的优点是工作条件较好，刮管速度快。缺点是刮管器和管壁的摩擦力很大，往返拖动相当费力，并且管线不易刮净。另外清管器可用聚氨酯泡沫制成，其外表面有高强度材料的螺纹，外径比管道直径稍大，清管操作由水力驱动，大小管径均可适用。其优点是成本低，清管效果好，施工方便，且可延缓结垢期限，清管后如不衬涂也能保持管壁表面的良好状态。而且可清除管内沉积物和泥砂，以及附着在管壁上的铁细菌、铁锰氧化物等，对管壁的硬垢，如钙垢、二氧化硅垢等也能清除。

图 11.4　旋转法刮管器

2. 管道补做防腐层

旧管道刮管除锈后的管道衬里可使旧管道恢复原有输水能力，延长管道的使用寿命，这项工作是非常必要的。但刮管以后如不进行涂衬，管道通水后的腐蚀速度是非常快的。旧管一般补做下面三类防腐层：①水泥砂浆衬里；②环氧树脂涂衬法；③内衬软管法。

11.2.3　管道检漏

检漏是给水管网管理部门的一项日常工作。位于大孔性土壤地区的一些城市如有漏水，不但浪费水量，而且影响建筑物基础的稳固。水管损坏引起漏水的原因很多，比如：因水管质量差或使用期长而破损；由于管线接头不密实或基础不平整引起的损坏；因使用不当（例如阀门关闭过快产生水锤）以致破坏管线；因阀门锈蚀、阀门磨损或污物嵌住无法关紧等，都会导致漏水。

检漏的方法有直接观察和听漏，其费用较省且应用较广。有些城市采用分区装表和分区检漏法。

（1）实地观察法。实地观察法从地面上观察漏水迹象，如排水窨井中有清水流出，局部路面发现下沉，路面积雪局部融化，晴天出现湿润的路面等。本法简单易行，能粗略检测漏水情况。

（2）听漏法。听漏工作一般在深夜进行，以免受到车辆行驶和其他杂声的干扰。所用工具为一根听漏棒。使用时棒一端放在水表、阀门或消火栓上，即可从棒的另一端听到漏水声。这一方法的听漏效果凭各人经验而定。

（3）检漏仪法。检漏仪是比较好的检漏工具。一般采用的仪器有电子放大仪和相关检漏仪等。电子放大仪是一个简单的高频放大器，利用晶体探头将地下漏水的低频振动转化为电信号，放大后即可在耳机中听到漏水声，也可以从输出电表的指针摆动看出漏水情况。相关检漏仪是由漏水声音传播速度，即漏水声传到两个拾音头的时间先后，通过计算机算出漏水地点，该类仪器价格昂贵，使用时需较多人力，对操作人员的技术要求高，国内正在推广使用。优点是适用于寻找疑难漏水点，如穿越建筑物和水下管道的漏水。管材、接口形式、水压、土壤性质等都会影响其检漏效果。

（4）分区检漏法。在允许短期停水的小范围内可采用分区检漏法。它是用水表测出漏水地点和漏水量。检漏时，一般把整个给水管网分成小区，凡是和其他地区相通的阀门全部关闭，小区内暂停用水，然后开启装有水表的一条进水管上的阀门，使小区进水。如小区内的管网漏水，水表指针将会转动，由此可读出漏水量。漏水地位查明后，应做好记录以便于检修。

11.3　室外排水管网的管理和维护

排水管渠在建成通水以后，为保证其正常工作，必须进行养护与管理。排水管渠内常见的故障有以下几种：污物淤塞管道；过重的外荷载、地基不均匀沉陷或污水的侵蚀作用，使管渠损坏、裂缝或腐蚀等。

维护管理的主要任务有：①验收排水管渠；②监督排水管渠使用规则的执行；③经常检查、冲洗或清通排水管渠，以维护其通水能力，防止污水倒灌；④修理管渠及其构筑物，并处理意外事故等。

11.3.1　排水管渠的清通

排水管渠系统的经常性和大量的工作是清通管渠。在排水管渠中，由于水量不足，坡度较小,污水中污物较多或施工质量不良等原因而发生沉淀、淤积,淤积过多将影响管渠的通水能力,甚至使管渠堵塞。因此,必须定期清通。

目前主要有以下几种方法解决排水管道中的淤积问题。

1. 水力清通法

水力清通法是用水对管道进行冲洗。可以利用管道内污水自冲,或利用自来水、河水。用管道内污水自冲时,管道本身必须具有一定的流量,同时管内淤泥量不宜过多,一般在20%左右。用自来水冲洗时,可从室外消防栓龙头或街道集中的给水栓取水,或用水车将水送到冲洗现场,一般在街坊内的污水支管,每冲洗一次需水约2000~3000L。

水力清通操作方法:先用一个一端由钢丝绳系在绞车上的橡皮气塞或木桶橡皮刷堵住检查井下游管段的进口,使检查井上游管段充水。待上游管段中充满并在检查井中水位抬高至1m左右以后,突然放走气塞中部分空气,使气塞缩小,气塞会在水流的推动下向下游浮动并刮走污泥,同时水流在上游较大水压作用下,以较大的流速从气塞底部冲向下游管段,以达到沉积在管底的淤泥在气塞和水流的冲刷作用下排向下游检查井,管道得到清洗,同时,污泥排入下游检查井后,可用吸泥车抽吸运走。如图11.5所示。

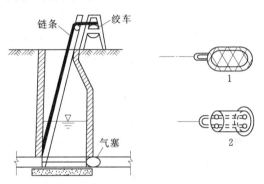

图 11.5 水力清通操作示意图
1—橡皮气塞;2—木桶橡皮塞

近年来,有些城市采用水力冲洗车进行管道的清通。这种冲洗车由大型水罐、机动卷管器、加压水泵、高压胶管、射水喷头和冲洗工具箱等部分组成。操作过程的动力由汽车发动机供给,驱动加压水泵,可将水罐抽出的水加压到1.1~1.2MPa;高压水沿高压胶管流到射水喷嘴,水流从喷嘴强力喷出并推动喷嘴向反方向运动,并带动胶管在排水管道内前进;强力喷出的水柱也冲动管道内的沉积物转成泥浆并随水流流至下游检查井。当喷头到达下游检查井时,减小水的喷射压力,由卷管器自动将胶管抽回,抽回胶管时仍继续从喷嘴喷射出低压水,以便将残留在管内的污物全部冲刷到下游检查井,然后由吸泥车吸出运走。对于表面锈蚀严重的金属排水管道,可采用在射高压水中加入硅砂的喷枪冲洗,其效果更佳。

水力清通法操作简便,效率高,操作条件好,目前已广泛采用。

2. 绞车清通法(亦称机械清通法)

当排水管渠淤塞严重时,淤泥已黏结密实,水力清通的效果不好时,需采用机械清通方法。图11.6所示为机械清通的操作情况。操作方法是:首先用竹片穿过需要清通的管渠段

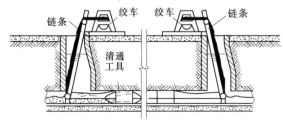

图 11.6 机械清通操作示意图

一端系上钢丝绳,绳上系住清通工具的一端。在清通管渠段两端检查井上各搭设一架绞车,当竹片穿过管渠段后将钢丝绳系在一架绞车上,清通工具的另一端通过钢丝绳系在另一架绞车上。然后利用绞车往复绞动钢丝绳,带动清通工具将淤泥刮至下游检查井内,使管渠得以清通。绞车的

动力可以是手动，也可用汽车发动机为动力。

机械清通工具的种类很多，工具的大小应与管道管径相适应，当淤泥数量较多时，可先用小号清通工具，待淤泥清除到一定程度后再用与管径相适应的清通工具。新型的排水管道清通工具还有气动式通沟机与钻杆通沟机。

11.3.2　排水管渠的修复

系统地检查管渠的淤塞及损坏情况，有计划地安排管渠的修复，是养护工作的重要内容。修理内容包括：检查井、雨水口顶盖等的修理与更换；检查井内踏步的更换，砖块脱落后的修复；局部管渠段损坏后的修复；由于出户管的增加需要添建的检查井及管渠；由于管渠本身损坏、淤塞严重，无法清通时所需的整段开挖翻修。

为减少地面开挖，20 世纪 80 年代初开始，国外采用了"热塑内衬法"技术和"胀破内衬法"技术进行排水管道的修复。

"热塑内衬法"技术的设备主要有：一辆带吊车的大卡车、一辆加热锅炉挂车、一辆运输车、一只大水箱，如图 11.7 所示。在操作时，首先在起点窨井处搭脚手架，将聚酯纤维软管管口翻转后固定于导管管口上，导管放入窨井，固定在管道口，通过导管将水灌入软管的翻转部分，在水的重力作用下，软管向旧管内不断翻转、滑入、前进，软管全部放完后，加 65℃热水 1 小时，后加 80℃热水 2 小时，接着注入冷水固化 4 小时，最后在水下电视帮助下，用专用工具，割开导管与固化管的连接，修补管渠的工作全部完成。

"胀破内衬法"是以硬塑管置换旧管道，在操作时，先在一段损坏的管道内放入一节硬质聚乙烯塑料管，前端套接一钢锥，在前方窨井设置一强力牵引车，后将钢锥拉入旧管道，旧管胀破，以塑料管替代，一根接一根直达前方检查井，如图 11.8 所示。两节塑料管的连接用加热加压法。为保护塑料管免受损伤，塑料管外围可采用薄钢带缠绕。

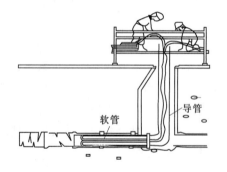

图 11.7　热塑内衬法技术示意图

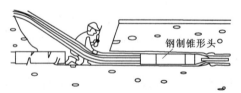

图 11.8　胀破内衬法技术示意图

上述两种技术适用于各种管径的管道，且可以不开挖地面施工，但费用较高。

11.3.3　排水管道渗漏检测

排水管道的渗漏检测是一项重要的日常管理工作，但常常受到忽视。如果管道渗漏严重，将不能发挥应有的排水能力。为了保证新管道的施工质量和运行管道的完好状态，应进行新建管道的防渗漏检测和运行管道的日常检测。排水管道渗漏的检测方法与给水管网的渗漏检测方法大同小异。其中对排水管道渗漏的主要检测方法是直接观察法。直接观察法又称实地观察法，是从地面上观察管道的漏水迹象，如地面或沟内有污水渗出，检查井中有水流出，局部地面下沉，局部地面积雪融化，某处花、草、木特别茂盛，晴天地面潮湿较重等情况，可以直接确定漏水的地点。也可采用低压空气检测方法（图 11.9），即将低压空气通入一段排水管道，记录管道中空气压力降低的速率，检测管道的渗漏情况。如果空气压力下降速率超过规定的标准，则表示管道施工质量不合格，或者需要进行修复。

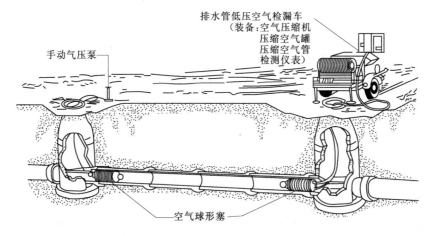

图 11.9　排水管道渗漏的低压空气检测示意图

复 习 思 考 题

1. 给水排水管道的技术资料有哪些？
2. 给水管道防腐做法有哪些？
3. 给水管道的水垢是怎么产生的？如何清垢？
4. 排水管道的维护管理的任务及内容有哪些？
5. 排水管道的清通有哪些方法？
6. 给水排水管道的渗漏检测方法分别有哪些？

第12章 室外给排水管道系统图的识读

【主要内容及学习要求】

　　本章节主要阐述了室外给排水管道系统施工图常采用的符号、表达方法，从而学会阅读室外给水管道系统图。

　　通过学习本章内容，要求学生能够熟悉室外给排水管道系统施工图常用的符号、表达方法，熟悉室外给排水管道系统施工图的阅读。

12.1 概　　述

　　由于管道是给排水工程图的主要表达对象，这些管道的截面形状变化小，一般细而长，分布范围广泛，纵横交叉，管道附件众多，因此有它特殊的图示特点。

　　给排水管道工程图有下列图示特点：

　　给排水管道工程图中的管道及附件、管道连接、阀门、水池、检查井、设备及仪表等，都采用统一的图例表示，具体可参见《给水排水制图标准》中的部分给排水管道规定图例，在学习过程当中可以查阅该标准。应当说明的是，凡在标准中尚未列入的，可自设图例，并加以说明，以免引起误会，在识图过程当中造成不必要的麻烦。

　　室外给排水管道工程中管道很多，常分为给水管道系统、雨水管道系统和污水管道系统。它们一般都是按照一定的方向通过设备、支管、干管等顺序。同时，给排水管道工程图中的管道应与区域规划图、土建施工图相互密切配合。

12.1.1 室外给排水管道施工图中常用的图例、符号

　　1. 管道及附件图

　　管道及附件图例见表 12.1。

表 12.1　　　　　　　　　　　　管 道 及 附 件 图 例

序号	名　称	图　例	备　注
1	管道	———————	用于一张图纸内只有一种管道
		—J— / —P—	用汉语拼音字头表示管道类别
		—·—·—·—	用图例表示管道类别
2	交叉管		指管道交叉不连接，在下方和后面的管道应断开
3	三通连接		
4	四通连接		
5	流向		
6	坡向		
7	防水套管		
8	软管		

234

序号	名　称	图　例	备　注
9	可挠曲橡胶接头		
10	保温管		也适用于防结露管
11	多孔管		
12	地沟管		

2. 管道连接图

管道连接图例见表12.2。

表 12.2　　　　　　　　管 道 连 接 图 例

序号	名　称	图　例	备　注
1	法兰连接	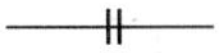	
2	承插连接	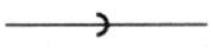	
3	螺纹连接	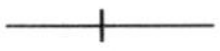	连接符号也可不画
4	活接头	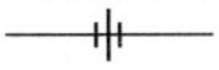	
5	管堵		
6	法兰堵盖		
7	偏心异径管		
8	异径管	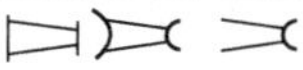	
9	乙字管	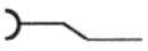	
10	喇叭口	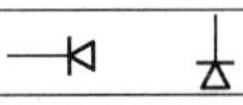	
11	转动接头		
12	管接头	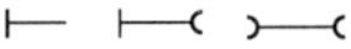	
13	弯管	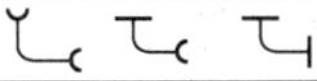	
14	正三通	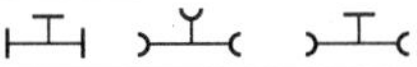	
15	斜三通		
16	正四通	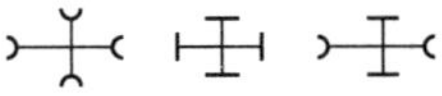	
17	斜四通	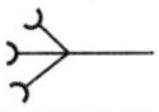	

3. 阀门图例

阀门图例见表12.3。

表 12.3　　　　　　　　阀 门 图 例

序号	名　称	图　例	备　注
1	阀门		用于一张图纸内只有一种阀门
2	角阀	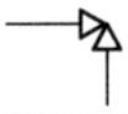	
3	闸阀	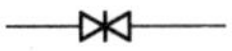	
4	截止阀		

续表

序号	名　称	图　例	备　注
5	电动阀		
6	减压阀		
7	旋塞阀		
8	底阀		
9	球阀		
10	止回阀		箭头表示水流方向
11	消声止回阀		箭头表示水流方向
12	蝶阀		
13	弹簧安全阀		
14	浮球阀		
15	延时自闭冲洗阀		
16	放水龙头		
17	皮带龙头		
18	洒水龙头		
19	化验龙头		

12.1.2　管道及其交叉点标高的表示方法

1. 标高的标注方法

标高的标注方法如图 12.1 所示。

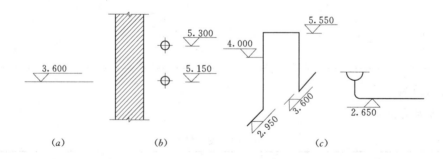

图 12.1　管道标高标注法

(a) 在平面图中的注法；(b) 在剖面图中的注法；(c) 在轴测图中的注法

2. 管道交叉点标高的表示方法

在工程管线较多的交叉点，管线之间的交叉很复杂时，为了清晰起见，常在交叉点处绘制管道交叉点标高图，如图 12.2 所示。

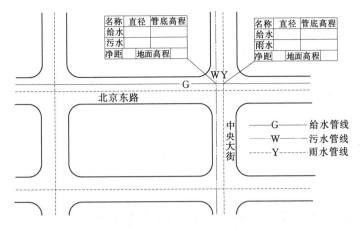

图 12.2　管线交叉点标高图

制作管线交叉标高点图的作用是保证各种管线在交叉时竖向高程不发生矛盾，并满足高程管线交叉时的最小垂直距离的要求。按照工程惯例，管线交叉时应保证重力流管线的位置，当竖向位置发生矛盾时其他管线应避让。重力流管线交叉时，一般雨水管在上，污水管在下。

当交叉点管线较多，标注不下时，可列表表示，见交叉管线垂距表 12.4。

表 12.4　　　　　**交　叉　管　线　垂　距　表**

道路交叉口图	交叉口编号	管线交叉点编号	交叉点地面高程	上　面				下　面				垂直净距	备注
				名称	管径	管底标高	埋深	名称	管径	管底标高	埋深		

3. 管径标注方法

管径应以毫米为单位。管径的表达方式应符合下列规定：

(1) 水煤气输送钢管（镀锌或者非镀锌）、铸铁管等管材，管径宜以公称直径 DN 表示（如 $DN15$、$DN50$）。

(2) 无缝钢管、铜管、不锈钢管等管材，其管径宜以外径×壁厚表示（如 $D108×4$；$D159×4.5$ 等）。

(3) 钢筋混凝土管（混凝土管）、陶土管、耐酸陶瓷管、缸瓦管等管材，其管径宜以内径 d 表示（如 $d150$，$d380$ 等）。

(4) 塑料管材的管径应按产品标准的方法表示。

(5) 当设计均为公称直径 DN 表示管径时，应有公称直径 DN 与相应产品的规格对照表。

管径的标注方法如图 12.3 所示。

在总平面图中，当排水附属构筑物的数量超过 1 个时，宜进行编号，编号方法为：构筑物代号——编号。

排水构筑物的编号顺序宜为：从上游到下游，先干管，后支管。

当给排水机电设备的数量超过 1 台时，宜进行编号，并应有设备编号和设备名称对照表。

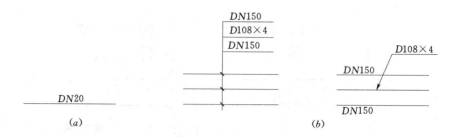

图 12.3　管径的标注方法

(*a*) 单管管径表示法；(*b*) 多管管径表示法

12.2　室外给水管道系统图的识读

12.2.1　室外给水管道系统图的内容

　　室外给水工程施工图主要有总平面图、平面图、纵断面图、节点详图及附属构筑物的施工图等。其中：总平面图、平面图、纵断面图、节点详图等这些图上的管线、配件、连接方式等都是示意性的，因此在读图时应熟悉图例，同时还必须熟悉给排水管道的施工工艺。此外，图上应有管道的主要工程项目表、图例和必要的工程说明。

　　(1) 总平面图表示一个城镇或小区范围内的室外给水管道的总体布置图。在平面图上应有地形、地物、风玫瑰图或指北针等，并标出主要管道的管径与管材等。

　　(2) 平面图反应管道的起点、终点位置，转角点位置与角度，参照道路桩号标注的管道桩号，管道的材质与管径、管道长度等，每个节点的编号与位置。一般情况下管道转角、附件处（如阀门、排水、排气、消火栓等）均应按节点处理。比例尺通常采用 1∶500～1∶1000。

　　(3) 纵断面图应反映管线在其纵向的变化情况，与平面图相对应绘在同一张图纸上。在纵断面图上有管道的埋深、沟槽深度，与其他管线交叉点的位置与高程，管道基础、管道敷设的坡度、管道长度等。纵断面图的比例：横向与平面图相应 1∶500～1∶1000，纵向一般取 1∶100 或 1∶200。

　　(4) 节点详图反映节点处的详细做法。包括管件的名称、规格、数量、连接方式、材质、节点编号等内容。详图一般不按比例绘制。

　　(5) 附属构筑物的施工图。给水管道附属构筑物主要有阀门井、检查井、室外消火栓、管道穿越构筑物等。这些构筑物图都是按正投影法画出来的，图纸上面有详细的尺寸，有些已制成标准图在全国或某一地区通用。

12.2.2　室外给水管道系统图实例

　　1. 某开发区给水管网布置图

　　如图 12.4 所示，管网为双水源供水，配水管网中心采用环状，周边为枝状，干管间距 500～1000m，连通管间距 800～1000m。管道直径 $D \geqslant 300mm$ 采用球墨铸铁管，$D < 300mm$ 采用 PE 管。给水管线以及其他管线在道路横断面中的位置如图 12.5 所示。

　　2. 城市管网施工图

　　某段城市管网施工图如图 12.6 所示。采用球墨铸铁管，管径为 $DN400$，管道平面位置如图 12.6 (*a*) 所示，管道断面图如图 12.6 (*b*) 所示，节点详图如图 12.6 (*c*) 所示。

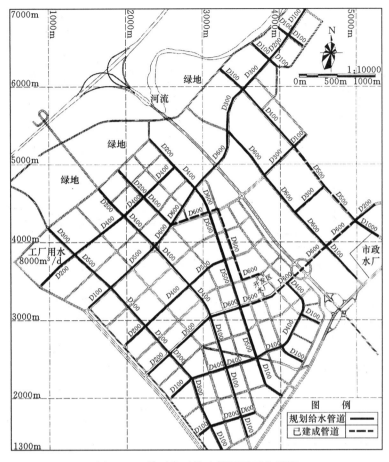

图 12.4 某开发区给水管网平面布置图

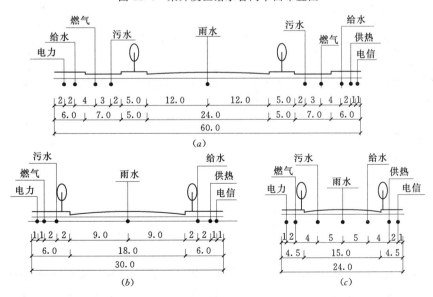

图 12.5 给水管线在道路横断面中的位置图

(a) A—A 道路断面管线布置图；(b) B—B 道路断面管线布置图；

(c) C—C 道路断面管线布置图

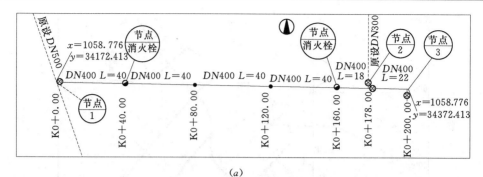

(a)

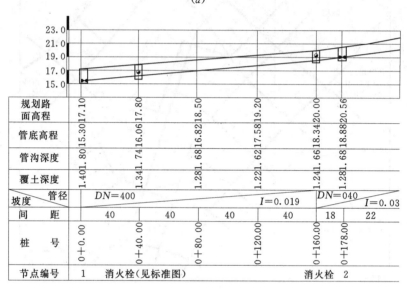

(b)

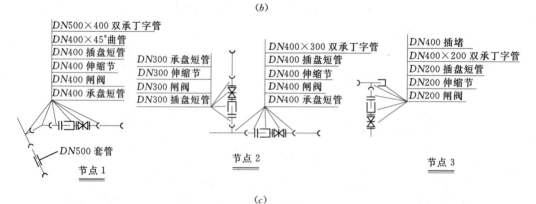

(c)

图 12.6 给水管网施工图

(a) 平面图；(b) 纵断图；(c) 节点详图

3. 输水管施工图

某段城市输水管施工图如图 12.7 所示。采用球墨铸铁管，管径为 DN500，管道断面图如图 12.7 (a) 所示，管道平面图如图 12.7 (b) 所示，节点详图如图 12.7 (c) 所示。

4. 附属构筑物施工图举例

圆形阀门井如图 12.8 所示，矩形卧式阀门井如图 12.9 所示，阀门套筒如图 12.10 所

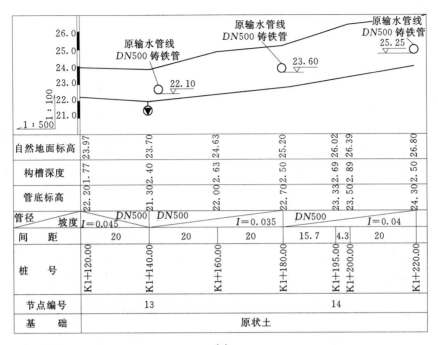

(a)

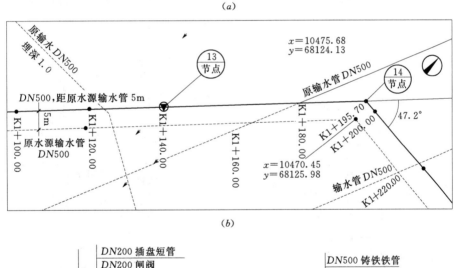

(b)

(c)

图 12.7 输水管施工图

(a) 输水管道纵断图；(b) 输水管平面图；(c) 节点详图

示，排气阀井如图 12.11 所示，泄水阀井如图 12.12 所示，其中阀门井有全国通用的标准图，编号为 S143、S144。

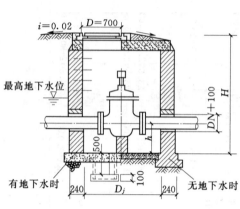

图 12.8　阀门井

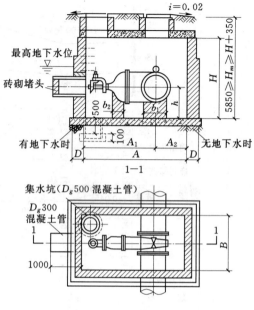

图 12.9　矩形卧式阀门井

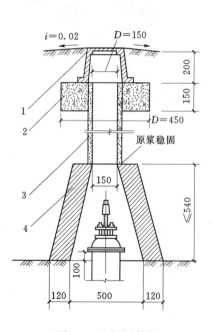

图 12.10　阀门套筒

1—铸铁阀门套筒；2—混凝土套筒座；

3—混凝土管；4—砖砌井框

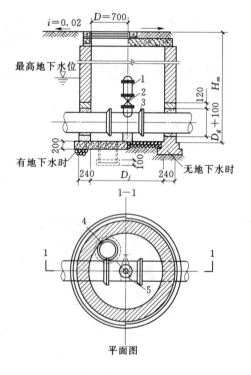

图 12.11　排气阀井

1—排气阀；2—阀门；3—排气丁字管；

4—集水坑；5—支墩

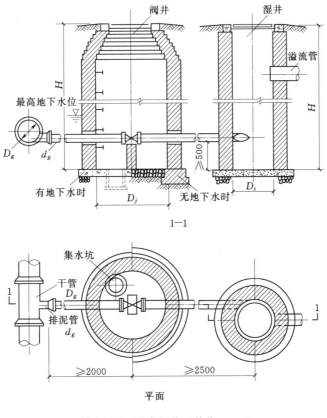

图 12.12　泄水阀井（单位：mm）

12.3　室外排水管道系统图的识读

12.3.1　室外排水管道系统图的内容

室外排水管道工程施工图表示一个区域的排水系统，由室外排水平面图、管道纵断面图以及附属设备（如检查井等）等施工图组成。

（1）施工图设计阶段的管道平面图，要包括详细的资料。除反映初步设计的要求外，还要标明检查井的准确位置及污水管道与其他地下管线或构筑物交叉点的具体位置、高程；居住小区污水干管或工厂废水排出管接入城市污水支管、干管或主干管的位置和高程；图上还应有图例、主要工程项目表和施工说明。比例尺通常采用 1：1000～1：5000。

室外排水平面图是室外排水工程图中的主要图样之一，它表示室外排水管道的平面布置情况。

（2）管道纵剖面图反映管道沿线高程位置，它是和平面图相对应的，通常将平面图和纵剖面图绘制在同一张图纸上。图上用细（0.3mm）单实线表示原地面高程线和设计地面高程线，用粗（0.9mm）双实线表示管道高程线，用细（0.3mm）双竖线表示检查井。图中应标出沿线旁侧支管接入处的位置、管径、标高；与其他地下管线、构筑物或障碍物交叉点的位置和高程；沿线地质钻孔位置和地质情况等。在剖面图下方用细（0.3mm）实线的表格，表明检查井编号、管段长度、设计管径、设计坡度、地面高程、管内底高程、埋设深度、管道材料、接口形式、基础类型等。有时也可能有设计流量、设计流速和设计充满度等数据。采用的比例尺，一般横向和平面图相对应 1∶500～1∶2000；纵向比例为 1∶50～1∶200。

（3）附属构筑物（如检查井等）等施工图。排水管道系统上的附属构筑物主要有：检查井、跌水井、雨水口、连接暗井、倒虹吸管等。这些构筑物图都是按正投影法画出来的，图纸上面有详细的尺寸，满足施工的需要。

12.3.2　室外排水管道系统图实例

1. 某小区室外给水排水平面布置图

图 12.13 是某学校一幢新建学生宿舍附近的一个小区的室外给水排水平面图，表示了新建学生宿舍附近的给水、污水、雨水等管道的布置，及其与新建学生宿舍室内给水排水管道的连接。

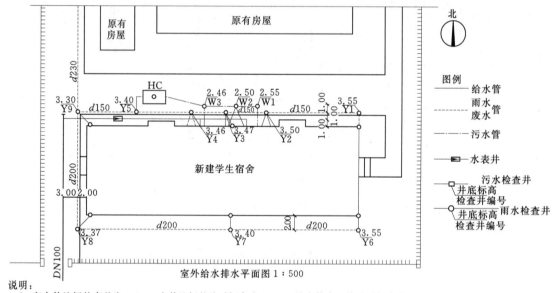

说明：
1. 室内外地坪的高差为 0.60m，室外地坪的绝对标高为 3.90m，给水管中心线绝对标高为 3.10m。
2. 雨水和废水管的坡度：d150、d200 为 0.5%；d230 为 0.4%；污水管坡度为 1%。
3. 检查井尺寸：d150、d200 为 480mm×480mm；d230 为 600mm×600mm。

图 12.13　室外给水排水平面图

给水管用粗实线表示，污水管用粗点画线表示，雨水管用粗虚线表示。管径都直接标注在相应的管道旁边：给水管一般采用铸铁管，以公称直径 DN 表示；雨水管、污水管一般采用混凝土管，则以内径 d 来表示。检查井、雨水井、化粪池等附属设备则按《给水排水制图标准》中的图例绘制。

排水管道（包括雨水管和污水管）起讫点、转角点、连接点、交叉点、变坡点等处均设有检查井，检查井处引一指引线，在指引线的水平线上面标注井底标高，水平线下面标注用管道种类及编号组成的检查井标号，如 W 为污水管，Y 为雨水管，标号顺序按水流方向，从管的上游向下游顺序编号。从图 12.13 中可以看出：污水干管在房屋中部离学生宿舍北墙 3m 处沿北墙敷设，污水自室内排出管排出户外，用支管分别接入标高为 3.55m、3.50m、3.46m 的污水检查井中，检查井用污水干管（d150 连接），接入化粪池，化粪池用图例表示。雨水干管沿北墙、南墙、西墙在离墙 2m 处敷设。自房屋的东端起分别有雨水管和废水干管,雨水管和废水管用同一根排水管:一根 $d150$ 的干管沿南墙敷设,雨水通过支管流入东端的检查井 Y6(标高 3.55m),经过这根干管,流向检查井 Y7(标高 3.40m),在 Y7 上又接一根支管;$d150$ 干管继续向西,与检查井 Y8(标高为 3.37m)连接,Y8 上再接一根支管。干管从 Y8 转折向北,沿西墙敷设,管径增为 $d200$,排入检查井 Y9(标高为 3.30m)。另一根 $d150$ 的干管自检查井 Y1(标高 3.55m)开始,有支管接入 Y1,干管 $d150$ 将雨水沿北墙向西排向检查井 Y2(标高 3.50m),Y2 连接室内的两根废水排水管;然后干管 $d150$ 再向西,经检查井 Y3(标高 3.47m)、Y4(标高 3.46m),排到 Y5(标高 3.40m),

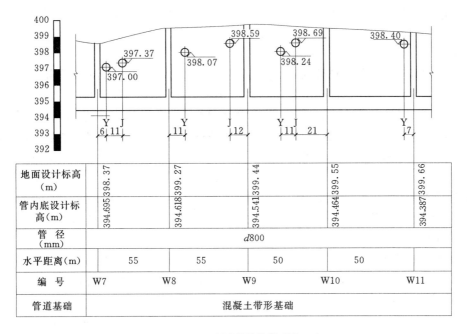

地面设计标高 (m)	398.37	399.27	399.44	399.55	399.66
管内底设计标高(m)	394.695	394.618	394.541	394.464	394.387
管 径 (mm)			$d800$		
水平距离(m)	55	55	50	50	
编 号	W7	W8	W9	W10	W11
管道基础			混凝土带形基础		

污水管道纵断面图 1:2000

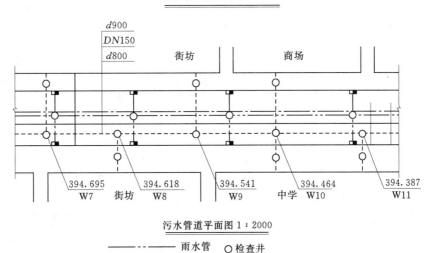

污水管道平面图 1:2000

图 12.14 某污水管道平面图和纵断面图示意

其中 Y3 接入一根室内废水排水管和一根雨水管，Y4 接入两根室内废水排水管，Y5 则接入了经化粪池沉淀后所排出的污水；这根干管 $d150$ 再向西流入检查井 Y9。这两根干管都接于检查井 Y9 后，由检查井 Y9 再接到雨水和废水总管 $d230$ 继续向北延伸。雨水管、废水管、污水管的坡度及检查井的尺寸，均可在说明中注写，图中可以不予表示。

2. 某段污水管道施工图

图 12.14 是某一街道一段排水平面图和污水管道纵断面图，现结合图 12.14 讲述室外排水管道纵断面图的图示内容和表达方法。

管道纵剖（断）面图是沿干管轴线铅垂剖切后画出的断面图，重力流管道用双粗点画线和粗虚线绘制（图 12.14 所示的污水管、雨水管）；地面、检查井、其他管道的横断面（不按比例，用小圆圈表示）等用细实线绘制。

表达干管的有关情况和设计数据，以及与在该干管纵断面、剖切到的检查井、地面，以及其他管道的横断面，都用断面图的形式表示，图中还在其他管道的横断面处，标注了管道类型的代号、定位尺寸和标高。在断面图下方，用表格分项列出该干管的各项设计数据，例如：设计地面标高、设计管内底标高、管径、水平距离、编号、管道基础等内容。此外，还常在最下方画出管道的平面图，与管道纵断面图对应，便可补充表达出该污水干管附近的管道、设施和建筑物等情况，除了画出在纵断面中已表达的这根污水干管以及沿途的检查井外，管道平面图中还画出：这条街道下面的给水干管、雨水干管，并标注了这三根干管的管径，标注了它们之间以及与街道的中心线、人行道之间的水平距离；各类管道的支管和检查井以及街道两侧的雨水井；街道两侧的人行道、建筑物和支管道口等。

3. 附属构筑物施工图举例

图 12.15 为室外砖砌污水检查井详图。在图 12.15 中，由于检查井外形简单，需要表述

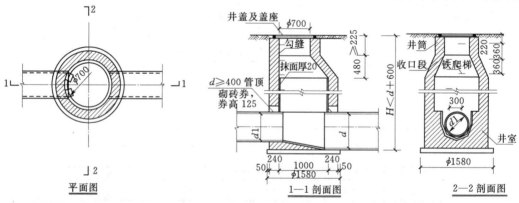

管径	砖砌体(m³)			C15 混凝土 (m³)	砂浆抹面 (m²)
d	7.62	7.62	7.62		
200	0.39	1.98	0.71	0.20	7.62
300	0.39	2.10	0.71	0.20	7.62
400	0.39	2.21	0.71	0.20	7.62
500	0.39	2.32	0.71	0.22	7.62
600	0.39	2.41	0.71	0.24	7.62

说明：
1. 井墙用 M7.5 水泥砂浆砌 MU10 砖；无地下水时，可用 M5 混合砂浆砌 MU10 砖。
2. 抹面、勾缝均用 1：2 水泥砂浆。
3. 遇到地下水时，井外壁抹面至地下水位以上 500mm，厚 20mm，井底铺碎石，厚 100mm。
4. 井室高度，自井底至收口段一般为 $d+1800$，当埋深不允许时，可酌情减少。
5. 井基材料采用 C15 混凝土，厚度等于干管管基厚度，若干管为土基时，井基厚度为 100mm。

图 12.15　室外砖砌污水检查井详图（单位：mm）

的只有内部干管及接入支管的连接和检查井的构造情况，所以三个投影都采用剖面图的形式。其中检查井的平面图与建筑平面图的表达形式一样，实为水平剖面图，但其他两个剖面图中不标注剖切符号，图中的两虚线圆是上端井盖的投影。盖座及井盖的配筋图如图 12.16 所示。

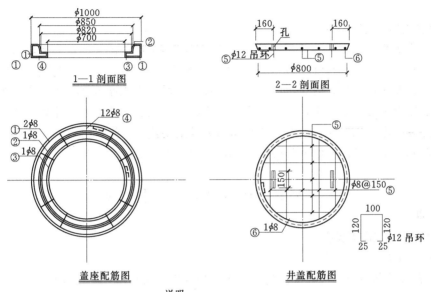

说明：
1. 混凝土 C25。
2. 钢筋保护层盖座 75mm，井盖 20mm。
3. 设计荷载 4kN/m，适用于人行道及车辆通行之处。
4. 构件表面和底面要求平整，尺寸误差不应超过 ±10mm。
5. 吊环严禁使用冷加工钢筋。

图 12.16　检查井井盖及盖座的配筋图

复 习 思 考 题

1. 请详细记清给排水管道施工图中的常用图例、符号。
2. 管道交叉点标高的表示方法如何？
3. 节点详图一般反映哪些内容？
4. 室外给水工程施工图主要包含哪些图纸？
5. 室外排水管道纵剖面图应反映出哪些内容？

第13章　室外给排水管道施工

【主要内容及学习要求】

本章主要内容介绍土石方工程、施工排水与地基处理、室外管道开槽施工及不开槽施工的内容。通过学习掌握土的工程性质与分类，场地平整及土方量计算，沟槽开挖的方法，沟槽回填各部分密实度要求，施工排水方法及地基处理方法，管道开槽施工的方法，管道的安装与验收，管道不开槽施工的种类等施工技术及工艺标准。能够制定管道工程施工的工作准备计划，能够制定施工排水及沟槽支护的施工方案。能够制定沟槽开挖及管道安装铺设施工方案。

13.1　土　石　方　工　程

13.1.1　土的工程性质与分类

1. 土的组成与结构

土是由岩石风化生成的松散沉积物，是由矿物颗粒（固相）、水（液相）和空气（气相）组成的三相体系，如图 13.1（a）所示。矿物颗粒构成土的骨架，空气和水填充骨架间的空隙，这就是土的三相组成，如图 13.1（b）所示。

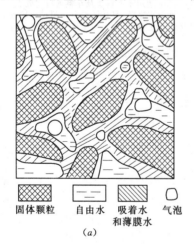
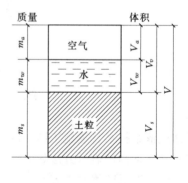

图 13.1　土的组成与结构

(a) 土的组成；(b) 土的三相图

土中的土粒、水和空气三部分的质量与体积之间的比例关系，随着各种条件的改变而改变，土的疏密、轻重、软硬、干湿等性质，可通过某些表示三相组成比例关系的指标反映出来。

2. 土的物理性质

这里介绍几种土的主要性质。

（1）土的质量密度和重力密度。天然状态单位体积土的质量称为土的质量密度，简称土的密度，用符号 ρ 表示。

$$\rho=\frac{m}{V} \tag{13.1}$$

（2）土粒相对密度。土粒单位体积的质量与同体积的 4℃ 的纯水的质量相比，称为土粒相对密度，用符号 d_s 表示。

$$d_s=\frac{m_s}{V_s}\frac{1}{\rho_{w1}} \tag{13.2}$$

（3）土的含水量。土中水的质量与土颗粒质量之比的百分数称为土的含水量，用符号 ω 表示。

$$\omega=\frac{W_w}{W}\times100\% \tag{13.3}$$

含水量是表示土的湿度的一个指标。天然土的含水量变化范围很大。土的干湿程度以含水量来表示。含水量在 5% 以下称为干土；在 5%～30% 以内称为潮湿土；大于 30% 的称为湿土；土的含水量对黏性土、粉土的性质影响较大，对粉砂、细砂稍有影响，而对碎石土等没有影响。含水量对挖土的难易程度、施工时的放坡、回填土的夯实等均有影响。在一定含水量的条件下，用同样的夯实机具，可使回填土达到最大密实度，此含水量称为最佳含水量。

（4）土的干密度和干重度。土的单位体积内颗粒的质量称为土的干密度，用符号 ρ_d 表示。

$$\rho_d=\frac{m_s}{V} \tag{13.4}$$

工程上常以干密度来评价土的密实程度，并常用这一指标来控制填土的施工质量。

（5）土的渗透性。土的渗透性指水流通过土中孔隙的难易程度，水在单位时间内穿透土层的能力称为渗透系数。用 k 表示，单位 m/d。

水在土体中的渗透性大小取决于不同的土质。地下水的流动及在土中的渗透速度都与土的渗透性有关。

地下水在土中渗流速度一般可按达西定律计算：

$$v=Ki \tag{13.5}$$

式中　v——水在土体中的渗流速度，m/d；

　　K——土的渗透系数，m/d；

　　i——水力梯度，即两点水头差与水平距离之比。

由达西定律可看出渗透系数的物理意义：当水力梯度 i 为 1 时，渗透速度 v 即为渗透系数 K。K 值的大小反映土渗透性的大小，它直接影响降水方案的选择和涌水量计算的准确性。

（6）土的可松性。天然土体开挖后，体积因松散而增加，经振动夯实后仍不能恢复原体积，这种性质称土的可松性。可松性系数见表 13.1。

表 13.1　　　　　　　　　　　　　　　　各类土的可松性参考值

土　的　类　别	体积增加百分数（%）		可松性系数	
	最初	最终	k_s	k'_s
一类土（种植土除外）	8～17	1～2.5	1.08～1.17	1.01～1.03
一类土（植物性土、泥炭）	20～30	3～4	1.20～1.30	1.03～1.04
二类土	14～28	2.5～5	1.14～1.28	1.02～1.05
三类土	24～30	4～7	1.24～1.30	1.04～1.07
四类土（泥灰岩、蛋白石除外）	26～32	6～9	1.26～1.32	1.06～1.09
四类土（泥灰岩、蛋白石）	33～37	11～15	1.33～1.37	1.11～1.15
五～七类土	30～45	10～20	1.30～1.45	1.10～1.20
八类土	45～50	20～30	1.45～1.50	1.20～1.30

3. 土的工程分类

按土石坚硬程度和开挖方法及使用工具，将土分为八类，见表 13.2。

表 13.2　　　　　　　　　　　　　　土的工程分类及野外鉴别方法

土的分类	土　的　名　称	密度 (kg/m³)	开挖及鉴别方法
一类土 （松软土）	砂土；粉土，冲积砂土层，疏松的种植土，淤泥（泥炭）	600～1500	用锹、锄头挖掘
二类土 （普通土）	粉质黏土，潮湿的黄土，夹有碎石、卵石的砂，种植土，填土，亚黏土	1100～1600	用锹、锄头挖掘，少许用镐翻松
三类土 （坚土）	软及中等密实黏土，重粉质黏土，砾石土，干黄土，含有碎石卵石的黄土、粉质黏土，压实的填土	1800～1900	主要用镐，少许用锹、锄头挖掘，部分用撬棒
四类土 （砂砾坚土）	坚实密实的黏性土或黄土，含碎石、卵石的中等密实的黏性土或黄土，粗卵石，天然级配砂石，软泥灰岩	1900	整个先用镐、撬棍，后用锹挖掘，部分用楔子及锤
五类土 （软石）	硬质黏土，中密的页岩、泥灰岩、白垩土；胶结不紧的砾石，软石灰岩及贝壳白灰岩	1200～2700	用镐或撬棍、大锤挖掘，部分用爆破方法
六类土 （次坚石）	泥岩，砂岩，砾岩，坚实的页岩、泥灰岩，密实的石灰岩，风化花岗岩、片麻岩及正常岩	2200～2900	用爆破方法开挖，部分用风镐
七类土 （坚石）	大理岩，辉绿岩，玢岩，粗、中粒花岗岩，坚实的白云岩、砂岩、砾岩、片麻岩、石灰岩，微风化安山岩、玄武岩	2500～2900	用爆破方法开挖
八类土 （特坚石）	安山岩，玄武岩，花岗片麻岩，坚实的细粒花岗岩，闪长岩、石英岩、辉长岩、辉绿岩、角闪岩	2700～3300	用爆破方法开挖

13.1.2　给排水场地平整施工

1. 场地平整及土方量计算

场地平整就是将天然地面改为工程上所要求的设计平面。场地设计平面通常由设计单位在总图竖向设计中确定，由设计平面的标高和天然地面的标高差，可以得到场地各点的施工高度（填挖高度），由此可以计算场地平整的土方量。

（1）划分方格网。根据已有地形图（一般 1/500 的地形图）划分成若干个方格网，其边长为 10m×10m、20m×20m 或 40m×40m。

（2）计算施工高度。根据方格网，将自然地面标高与设计地面标高分别标注在方格网角点的右上角和右下角，自然地面标高与设计地面标高差值，即各角点的施工高度，将其填在方格网的左上角，挖方为（＋），填方为（－）。

（3）计算零点位置。在一个方格网内同时有填方或挖方时，要先算出方格网边的零点位置，并标注在方格网上。将零点连线就得到零线，它是填方区和挖方区的分界线，在此线上各点施工高度等于零。

（4）计算方格土方工程量。方格土方工程量计算公式，参见表 13.3。

表 13.3 各种方格土方量计算公式

项　目	图　式	计 算 公 式
一点填方或挖方（三角形）		$V=\dfrac{1}{2}bc\dfrac{\sum h}{3}=\dfrac{bch_3}{6}$ 当 $b=c=a$ 时，$V=\dfrac{a^2 h_3}{6}$
二点填方或挖方（梯形）		$V_-=\dfrac{b+c}{2}a\dfrac{\sum h}{4}=\dfrac{a}{8}(b+c)(h_1+h_3)$ $V_+=\dfrac{d+e}{2}a\dfrac{\sum h}{4}=\dfrac{a}{8}(d+e)(h_2+h_4)$
三点填方或挖方（五角形）		$V_-=\dfrac{1}{2}bc\dfrac{\sum h}{3}=\dfrac{bch_3}{6}$ $V_+=\left(a^2-\dfrac{bc}{2}\right)\dfrac{\sum h}{5}=\left(a^2-\dfrac{bc}{2}\right)\dfrac{h_1+h_2+h_4}{5}$
四点填方或挖方（正方形）		$V_4=\dfrac{a^2}{4}\sum h=\dfrac{a^2}{4}(h_1+h_2+h_3+h_4)$

2. 场地土方开挖与运输

场地土方开挖与运输通常采用人工、半机械化、机械化和爆破等方法，目前主要采用机械化施工法。下面介绍几种常用的施工机械。

（1）推土机。推土机是土方工程施工时的主要机械之一，是在拖拉机上安装推土板等工作装置的机械。推土机的施工特点是：构造简单，操作灵活，运输方便，所需工作面较小，功率较大，行驶速度快，易于转移，可爬30°左右的缓坡。目前我国生产的推土机有：红旗100、T－120、T－180、黄河220、T－240、T－320 等。推土板有钢丝绳操纵和用油操纵两种。油压操纵的 T－180 型推土机外形。

为了提高推土机的生产率，必须增大铲刀前的土壤体积，减少推土过程中土壤的散失，缩短切土、运土、回程等每一个工作循环的延续时间。常用的施工方法有：①下坡推土；②并列推土；③分批集中，一次推送；④槽形推土。

（2）铲运机。铲运机是一种能综合完成土方施工工序的机械。在场地土方施工中广泛采用。铲运机有拖式铲运机、自行式铲运机两种。

根据填挖方区分布情况，并结合具体条件合理选择（图 13.2）。环形路线，地形起伏不大，施工地段较短时采用；"8"字形路线，地形起伏较大，施工地段长时采用。

为了提高铲运机生产率常采用的措施有：下坡铲土、挖近填远、挖远填近、跨铲法、双联铲运法、推土机助铲和挂大斗铲运。

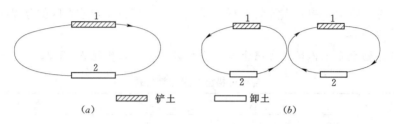

图 13.2　铲运机开行路线示意图
(a) 环形路线；(b) "8" 字形路线

13.1.3　沟槽开挖

13.1.3.1　施工准备

沟槽开挖的施工准备阶段包括以下两个方面：

1. 编制施工方案

沟槽开挖时，施工单位应根据施工现场的地形、地貌及其他设施情况，在了解施工现场的地质及水文地质资料的基础上，结合工程所在地的材料、水电、交通及机械供应情况，编制施工设计方案。

2. 施工现场准备

施工现场准备主要是场地清理与平整工作、施工排水、管线的定位与放线工作。

开挖沟槽时，在管道沿线进行测量和施工放线，建立临时水准点和管道轴线控制桩，而且要求开槽铺设管道沿线临时水准点每 200m 不宜少于 1 个；临时水准点、管道轴线控制桩、高程桩，应经复核方可使用，并经常校核。

13.1.3.2　沟槽断面设计

沟槽断面形式有直槽、梯形槽、混合槽和联合槽等，如图 13.3 所示。

正确地选择沟槽断面形式，可以为管道施工创造良好的施工作业条件。在保证工程质量和施工安全的前提下，减少土方开挖量，降低工程造价，加快施工速度。要使沟槽断面形式选择合理，应综合考虑土的种类、地下水情况、管道断面尺寸、埋深和施工环境等因素。

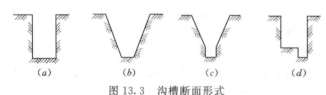

图 13.3　沟槽断面形式
(a) 直槽；(b) 梯形槽；(c) 混合槽；(d) 联合槽

沟槽底宽由下式确定：

$$W = B + 2b \qquad (13.6)$$

式中　W——沟槽底宽，m；

　　　B——基础结构宽度，m；

　　　b——工作面宽度，m。

沟槽上口宽度由下式计算：

$$S=W+2nH \qquad (13.7)$$

式中　S——沟槽上口的宽度，m；

　　　n——沟槽壁边坡率；

　　　H——沟槽开挖深度，m。

工作面宽度 b 决定于管道断面尺寸和施工方法，每侧工作面宽度参见表13.4。

表 13.4　　　　　　　　　　　沟槽底部每侧工作面宽度　　　　　　　　　　　单位：mm

管道结构宽度	沟槽底部每侧工作面宽度		管道结构宽度	沟槽底部每侧工作面宽度	
	非金属管道	金属管道或砖沟		非金属管道	金属管道或砖沟
200~500	400	300	1100~1500	600	600
600~1000	500	400	1600~3000	800	800

注　沟底有排水沟时工作面应适当加宽，有外方水的砖沟或混凝土沟，每侧工作面宽度宜取 800mm。

沟槽开挖深度按管道设计断面确定。当地质条件良好、土质均匀，地下水位低于沟槽地面高程，且开挖深度在 5m 以内边坡不加支撑，沟槽边坡最陡坡度应符合《给水排水管道工程施工及验收规范》（GB 50268—2008）中的规定。

13.1.3.3　沟槽及土方量计算

1. 沟槽土方量计算

沟槽土方量计算通常采用平均法，由于管径的变化和地面起伏的变化，为了更准确地计算土方量，应沿长度方向分段计算。

2. 基坑土方量计算

基坑土方量可按立体几何中柱体体积公式计算。

13.1.3.4　沟槽及基坑的土方开挖

1. 土方开挖的一般原则

（1）合理确定开挖顺序。保证土方开挖的顺序进行，应结合现场的水文、地质条件，合理确定开挖顺序。如相邻沟槽和基坑开挖时，应遵循先深后浅或同时进行的施工顺序。

（2）土方开挖不得超挖，减小对地基土的扰动。采用机械挖土时，可在设计标高以上留 200~300mm 土层由人工开挖至设计高程，整平。即使采用人工挖土也不得超挖。如果挖好后不能及时进行下一工序时，可在基底标高以上留 150mm 土层不挖，待下一工序开始前再挖除。

（3）人工开挖时应保证沟槽槽壁稳定，堆土距沟槽边缘不小于 0.8m，且堆土高度不应超过 1.5m。

（4）采用机械开挖沟槽时，应由专人负责掌握挖槽断面尺寸和标高。施工机械离槽边上缘应有一定的安全距离。

（5）软土、膨胀土地区开挖土方或进入季节性施工时，应遵照有关规定。

2. 开挖方法

土方开挖方法分为人工开挖和机械开挖两种方法。为了减轻繁重的体力劳动，加快施工速度，提高劳动生产率，应尽量采用机械开挖。沟槽、基坑开挖常用的施工机械有单斗挖土机和多斗挖土机两个种类。

机械开挖前，应对司机详细交底，主要指挖槽断面（深度、边坡、宽度）的尺寸、堆土位置、地下其他构筑物具体位置及施工要求，并制定安全措施后，方可进行施工。单斗挖土机在沟槽或基坑开挖施工中应用广泛，种类很多。按其工作装置不同，分为正铲、反铲、拉铲和抓铲等，适用于一至三类土。按其操纵机构的不同，分为机械式和液压式两类。

3. 开挖质量标准

（1）不扰动天然地基或地基处理符合设计要求。

（2）槽壁平整，边坡坡度符合施工设计规定。

（3）沟槽中心每侧净宽，不应小于管道沟槽底部开挖宽度的一半。

（4）槽底高程允许偏差：开挖土方时为±20mm，开挖石方时应为＋20mm、－200mm。

4. 沟槽、基坑土方工程机械化施工方案的选择

大型工程的土方工程施工中应合理地选择机械，使各种机械在施工中配合协调，充分发挥机械效率，保证工程质量，加快施工进度，降低工程成本。

在大型管沟、基坑施工中，可根据管沟、基坑深度、土质、地下水及土方量等情况，结合现有机械设备的性能、适合条件，采取不同的施工方法。

开挖沟槽常优先考虑采用挖沟机，以保证施工质量，加快施工进度。也可以用反向挖土机挖土，根据管沟情况，采取沟端开挖或沟侧开挖。

大型基坑施工可以采用正铲挖土机挖土，自卸汽车运土；当基坑有地下水时，可先用正铲挖土机开挖地下水位以上的土，再用反向铲、拉铲或抓铲开挖地下水位以下的土。采用机械挖土时，为了不使地基土遭到破坏，管沟或基坑底部应留 200～300mm 厚的土层，由人工清理整平。

13.1.4 沟槽支撑

1. 支撑的目的及要求

支撑的目的就是为防止施工过程中土壁坍塌创造安全的施工条件。支撑是一种临时性挡土结构，一般情况下，当土质较差、地下水位较高、沟槽和基坑较深而又必须挖成直槽时均应支设支撑。支设支撑既可减少挖方量、施工占地面积小，又可保证施工的安全，但增加了材料消耗，有时还影响后续工序操作。

支撑的要求如下：

（1）牢固可靠，支撑材料的质地和尺寸合格。

（2）在保证安全可靠的前提下，尽可能节约材料，采用工具式钢支撑。

（3）方便支设和拆除，不影响后续工序的操作。

2. 支撑的种类及其使用的条件

在施工中应根据土质、地下水情况、沟槽或基坑深度、开挖方法、地面荷载等因素确定是否支设支撑。

支撑的形式分为水平支撑、垂直支撑和板桩支撑，开挖较大基坑时还采用锚碇式支撑等几种。

水平支撑、垂直支撑由撑板、横梁或纵梁、横撑组成。水平支撑的撑板水平设置，根据撑板之间有无间距又分为断续式水平支撑和连续式水平支撑或井字水平支撑三种。

垂直支撑的撑板垂直设置，各撑板间密接铺设，可在开槽过程中边开槽边支撑。在回填时可边回填边拔出撑板。

（1）断续式水平支撑（图 13.4）。适用于土质较好的、地下含水量较小的蒙古性土及挖土深度小于 3.0m 的沟槽或基坑。

（2）连续式水平支撑。适用于土质较差及挖土深度在 $3 \sim 5m$ 的沟槽或基坑。

（3）井字支撑。它是断续式水平支撑的特例。一般适用于沟槽的局部加固，如地面上有建筑或有其他管线距沟槽较近。

（4）垂直支撑（图 13.5）。它适用于土质较差、有地下水并且挖土深度较大时采用。这种方法支撑和拆撑，操作时较为安全。

（5）板桩撑（图 13.6）。板桩撑分为钢板撑、木板撑和钢筋混凝土桩等数种。板桩撑是在沟槽土方开挖前就将板桩打入槽底以下一定深度。其优点是：土方开挖及后续工序不受影响，施工条件良好。

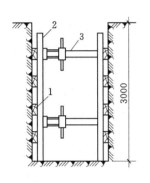
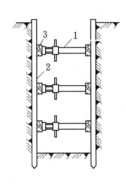
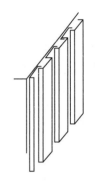

图 13.4　断续式水平支撑　　　　图 13.5　垂直支撑　　　　图 13.6　板桩撑

1—撑板；2—纵梁；3—横撑　　　1—工具式横撑；2—撑板；3—横梁

（6）锚碇式支撑。支撑法适用于宽度较窄、深度较浅的沟槽。锚碇法适用于面积大、深度大的基坑。在开挖较大基坑或使用机械挖土，而不能安装撑杠时，可改用锚碇式支撑，如图 13.7 所示。

3. 支撑的材料要求

支撑的材料尺寸应满足设计的要求。一般取决于现场已有材料的规格，施工时常根据经验确定。

（1）木撑板。一般木撑板长 $2 \sim 4m$，宽度为 $20 \sim 30cm$，厚 $5cm$。

（2）横梁。截面尺寸为 $10cm \times 15cm \sim 20cm \times 20cm$。

（3）纵梁。截面尺寸为 $10cm \times 15cm \sim 20cm \times 20cm$。

（4）横撑。采用 $10cm \times 10cm \sim 15cm \times 15cm$ 的方木或采用直径大于 $10cm$ 的圆木。为支撑方便尽可能采用工具式撑杠。

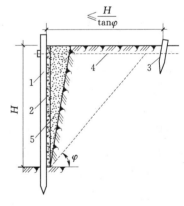

图 13.7　锚碇式支撑

1—柱桩；2—挡土板；3—锚桩；4—拉杆；5—回填土；φ—土的摩擦角

4. 支撑的支设和拆除

沟槽挖到一定深度时，开始支设支撑，先校核一下沟槽开挖断面是否符合要求宽度，然后用铁锹将槽壁找平，按要求将撑板紧贴于槽壁上，再将纵梁或横梁紧贴撑板，继而将横撑支设在纵梁或横梁上，若采用木撑板时，使用木模、扒钉将撑板固定于纵梁或横梁上，下边钉一木托防止横撑下滑。支设施工中一定要保证横平竖直，支设牢固可靠。

施工中，如原支撑妨碍下一工序施工时，原支撑不稳定时，一次拆撑有危险时或因其他原因必须重新安设支撑时，需要更换纵梁和横撑位置，这一过程为倒撑，倒撑操作应特别注意安全，必须先制定好安全措施。

13.1.5　沟槽回填

　　沟槽回填是在管道铺设完成并检验合格后才进行的。回填施工包括返土、摊平、夯实、

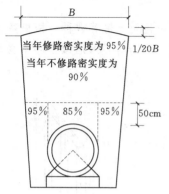

图 13.8　沟槽回填土密实度要求

检查等施工过程。其中关键是夯实，应符合设计所规定的密实度要求。沟槽回填密实度要求如图 13.8 所示。

　　沟槽回填前，管道基础混凝土强度和抹带水泥砂浆接口强度不应小于 5MPa，现浇混凝土管渠的强度达到设计规定；砖沟或管渠顶板应装好盖板。

　　沟槽回填土夯实通常采用人工夯实和机械夯实两种方法。管顶 50cm 以下部分返土的夯实，应采用轻夯，夯击力不应过大，防止损坏管壁与接口，可采用人工夯实。

　　管顶 50cm 以上部分返土的夯实，应采用机械夯实。常用的夯实机械有蛙式夯、内燃打夯机、履带式打夯机、压路机等。

　　还土一般用沟槽原土，槽底到管顶以上 50cm 范围内，不得含有机物、冻土以及大于 50mm 的砖、石等硬块，冬季回填时管顶以上 50mm 范围以外可均匀掺入冻土，其数量不得超过填土总体积的 15%，且冻块尺寸不得超过 100mm。

　　沟槽回填顺序，应按沟槽排水方向由高向低分层进行。回填应分层回填，分层夯实进行。分层厚度应根据选用的夯实机械，在施工时，应建立回填制度，根据不同的夯实机具、土质、密实度要求、夯击遍数、走夯形式等确定返土厚度和夯实后厚度。回填土的含水量宜按土类和采用的压实工具控制在最佳含水量附近。

　　回填土的每层虚铺厚度，应按采用的压实工具和要求的压实度确定。对一般的压实工具，铺土厚度可参考表 13.5 的数值采用。

　　每层的压实遍数，应按要求的压实度、压实工具、虚铺厚度和含水量，经现场试验确定。

　　每层土夯实后，应检测密实度。测定方法有环刀法和贯入法。

表 13.5　　回填土每层虚铺厚度

压实工具	虚铺厚度（cm）
木夯、铁夯	≤20
蛙式夯、火力夯	20～25
压路机	20～30
振动压路机	≤40

13.2　施工排水及地基处理

13.2.1　施工排水

13.2.1.1　明沟排水

　　明沟排水包括地面截水和坑内排水。

1. 地面截水

　　排除地表水和雨水，最简单的方法是在施工现场及基坑或沟槽周围筑堤截水。通常利用挖出的土沿四周或迎水一侧、两侧筑 0.5～0.8m 高的土堤。

　　施工时，应尽量保留、利用天然排水沟道，并进行必要的疏通。若无天然沟道，则在场

地四周挖排水明沟排水，以拦截附近地面水，并注意与已有建筑物保持一定的安全距离。

2. 坑内排水

在开挖基础不深或水量不大的基坑或沟槽时，通常采用坑内排水的方法。

坑（槽）开挖时，为排除渗入坑（槽）的地下水和流入坑（槽）内的地面水，一般可采用明沟排水。当基坑或沟槽开挖过程中遇到地下水或地表水时，在基坑的四周或迎水一侧、两侧，或在基坑中部设置排水明沟，在四角或每隔30～40m，设一个集水井，使地下水汇流集于集水井内，再用水泵将地下水排除基坑外，如图13.9所示。

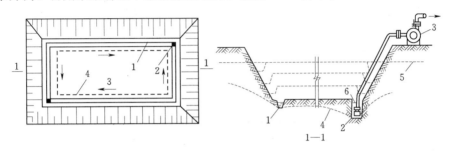

图 13.9 明沟排水方法
1—排水明沟；2—集水井；3—离心式水泵；4—构筑物基础边线；
5—原地下水位；6—降低后地下水位

排水沟、集水井应设置在管道基础轮廓线以外，排水沟边缘应离坡脚不小于0.3m。排水沟的断面尺寸，应根据地下水量及沟槽的大小来决定，一般断面不小于0.3m×0.3m，沟底设有纵向坡度为1‰～5‰，且坡向集水井。

集水井一般设在沟槽一侧或设在低洼处，以减少集水井土方开挖量。集水井直径或边长，一般为0.7～0.8m，一般开挖过程中集水井底始终低于排水沟底0.5～1.0m，或低于抽水泵的进水阀高度。当基坑或沟槽挖至设计标高后，集水井底应低于基坑或沟槽底1～2m。并在井底铺垫约0.3m厚的卵石或碎石组成滤水层，以免抽水时将泥沙抽出，并防止井底的土被扰动。井壁应用木板、铁笼、混凝土滤水管等简易支撑加固。

排水沟、进水口需要经常疏通，集水井需要经常清除井底的积泥，保持必要的存水深度以保证水泵的正常工作。集水井排水常用的水泵有离心泵、潜水泥浆泵和活塞泵及隔膜泵。

明沟排水是一种常用的简易的降水方法，适用于除细砂、粉砂之外的各种土质。

如果基坑较深或开挖土层由多种土层组成，中部夹有透水性强的砂类土层时，为上层地下水冲刷基坑下部边坡，造成塌方，可设置分层明沟排水，即在基坑边坡上设置2～3层明沟及相应的集水井，分层阻截并排除上部土层中的地下水（图13.10）。

3. 涌水量计算

为了合理选择水泵型号，应对总涌水量进行计算。

（1）干河床。

$$Q=\frac{1.36KH^2}{\lg(R+r_0)-\lg r_0} \tag{13.8}$$

式中　Q——基坑总涌水量，m^3/d；

　　　　K——渗透系数，m/d，见表13.6；

　　　　H——稳定水位至坑底的深度，m；当基底以下为深厚透水层时，H值可增加3～4m；

R——影响半径，m，见表 2.1；

r_0——基坑半径，m。矩形基坑，$r_0 = u \dfrac{L+B}{4}$；不规则基坑，$r_0 = \sqrt{\dfrac{F}{\pi}}$。其中 L 与 B 分别为基坑的长与宽，F 为基坑面积；u 值见表 13.7。

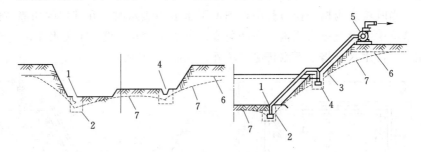

图 13.10　分层明沟排水法

1—底层排水沟；2—底层集水井；3—二层排水沟；4—二层集水井；

5—水泵；6—原地下水位；7—降低后地下水位线

表 13.6　各种岩层的渗透系数及影响半径

岩 层 成 分	渗透系数（m/d）	影响半径
裂隙多的岩层	>60	>500
碎石、卵石类地层，纯净无细砂粒混杂均匀的粗砂和中砂石	>60	200～600
稍有裂隙的岩层	20～60	150～250
碎石、卵石类地层、混有大量细砂粒物质	20～60	100～200
不均匀的粗粒、中粒和细砂粒	5～20	80～150

表 13.7　u 值

B/L	0.1	0.2	0.3	0.4	0.5	0.6
U	1.0	1.0	1.12	1.16	1.18	1.18

（2）基坑近河沿。

$$Q = \frac{1.36 K H^2}{\lg \dfrac{2D}{r_0}}\tag{13.9}$$

式中　D——基坑距河边的距离，m；

其余同式（13.8）。

选择水泵时，水泵总排水量一般采用基坑总涌水量的 1.5～2.0 倍。

13.2.1.2　人工降低地下水位

当基坑开挖深度较大，地下水位较高、土质较差（如细砂、粉砂等）情况下，可采用人工降低地下水位的方法。

人工降低地下水位排水就是在基坑周围或一侧的埋入深于基底的井点滤水管或管井，以总管连接抽水，使地下水位下降后低于基坑底，以便于在干燥状态下挖土、敷设管道，这不但防止流砂现象和增加边坡稳定，而且便于施工。

人工降低地下水位一般有轻型井点、喷射井点、电渗井点、管井井点、深井井点等方法。本节主要阐述轻型井点降低地下水位。各类井点适用范围见表 13.8。

表 13.8 各种井点的适用范围

井点类型	参透系数 （m/d）	降低水位深度 （m）	井点类型	参透系数 （m/d）	降低水位深度 （m）
单层轻型井点	0.1～50	3～6	电渗井点	<0.1	视选用井点确定
多层轻型井点	0.1～50	6～12	管井点	20～200	视选用井点确定
喷射井点	0.1～20	8～20	深井点	10～250	>15

1. 轻型井点

轻型井点系统适用于粉砂、细砂、中砂、粗砂等土层中降低地下水位。轻型井点降水效果显著，应用广泛，并有成套设备可选用。

（1）轻型井点的组成。轻型井点由滤水管、井点管、弯联管、总管和抽水设备所组成，如图 13.11 所示。

1）滤水管。滤水管是轻型井点的进水设备，埋设在含水层中，由直径 38～55mm、长 1～2m 的镀锌钢管制成，管壁上钻有直径 12～18mm、呈梅花状布置的孔，外包粗、细两层滤网。为避免滤孔淤塞，在管壁与滤水网间用塑料管或铁丝绕成螺旋状隔开，滤网外面再包一层粗铁丝保护层，也有用棕代替滤水网包裹滤水管。滤网下端配有堵头，上端与井点管相连。图 13.12 为滤水管构造。

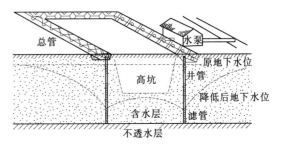

图 13.11 轻型井点法降低地下水位全貌图

2）井点管。井点管一般采用镀锊钢管制成，管壁上不设孔眼，直径与滤水管相同，其长度一般为 6～9m，井点管与滤水管间用管箍连接。井点管上端用弯联管和总管相连。

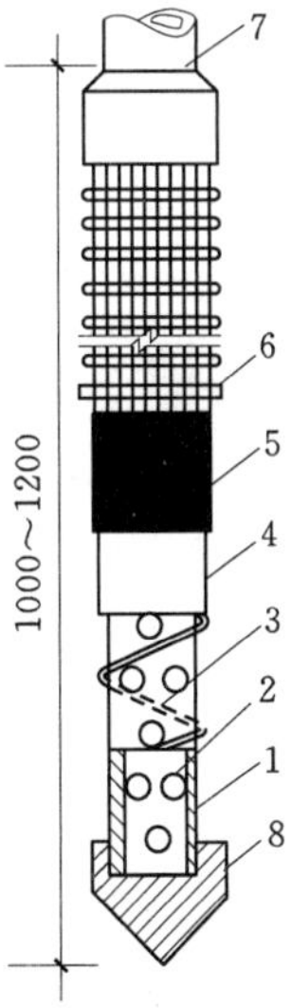

3）弯联管。弯联管用塑料管、橡胶管或钢管制成，并装设阀门，以便检修井点。

4）总管。总管一般采用直径为 100～150mm 的钢管分节连接，每节长为 4～6m，在总管的管壁上开孔焊有直径与井点管相同的短管，用于弯联管与井点管的连接。间距一般为 0.8～1.6m，总管间采用法兰连接。

5）抽水设备。轻型井点通常采用真空泵抽水设备或射流泵，也可采用自引式抽水设备。

真空泵抽水设备是由真空泵、离心泵和水汽分离器（集水箱）等组成，其工作原理如图 13.13 所示。抽水时先开真空泵，将水汽分离器内部抽成一定程度的真空，使土层中的水分和空气受真空吸力作用被吸进水汽分离器。当进入水汽分离器内的水达到一定高度后开启离心泵，水从离心泵中排出，空气积聚在上部由真空泵排除。其水位降落深度为 5.5～6.5m。

（2）轻型井点设计。轻型井点的设计包括：平面布置，高程布置，

图 13.12 滤水管构造

1—钢管；2—滤孔；3—塑料管；4—细滤网；5—粗滤网；6—粗钢丝保护层；7—井点管；8—铸铁堵头

1000～1200

259

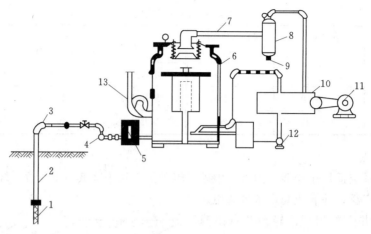

图 13.13　真空抽水设备

1—滤管；2—井点管；3—弯联管；4—总管；5—过滤室；6—水汽分离器；
7—进水管；8—副水汽分离器；9—放水口；10—真空泵；11—电动机；
12—循环水泵；13—离心水泵

涌水量计算，井点管的数量、间距和抽水设备的确定等。井点计算由于受水文地质和井点设备等诸多因素的影响，所计算的结果只是近似数值，对重要工程，其计算结果必须经过现场试验进行修正。

1）平面布置。根据基坑（槽）平面形状与大小、土质和地下水的流向，降低地下水位的深度等要求进行布置。当沟槽宽小于 2.5m，降水深小于 4.5m，可采用单排线状井点，布置在地下水流的上游一侧，如图 13.14（a）所示；当基坑或沟槽宽度大于 6m，或土质不良，渗透系数较大时，可采用双排线状井点，如图 13.14（b）所示，当基坑面积较大时，应用 U 形或环形井点，如图 13.14（c）、（d）所示。

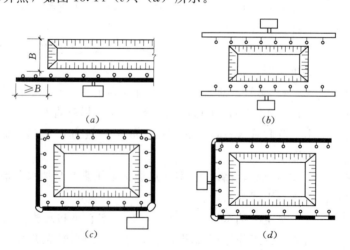

图 13.14　轻型井点的平面布置

（a）单排布置；（b）双排布置；（c）环形布置；（d）U 形布置

井点应布置在坑（槽）上口边缘外 1.0～1.5m，布置过近，影响施工进行，而且可能使空气从坑（槽）壁进入井点系统，使抽水系统真空破坏，影响正常运行。

抽水设备布置在总管的一端或中部，水泵进水管的轴线尽量与地下水位接近，常与总管在同一标高上，水泵轴线不低于原地下水位以上 $0.5\sim0.8$m。

为了解降水范围内的水位降落情况，应在降水范围内设置一定数量的观察井，观察井的位置及数量视现场的实际情况而定，一般设在基坑中心、总管末端、局部挖深处等位置。

2）高程布置。井点管的埋设深度应根据降水深度、储水层所在位置、集水总管的高程等决定，但必须将滤管埋入储水层内，并且比所挖基坑或沟槽底深 $0.9\sim1.2$m。集水总管标高应尽量接近地下水位线并沿抽水水流方向有 $0.25\%\sim0.5\%$ 的上仰坡度，水泵轴心与总管齐平。

井点管埋深可按式（13.10）计算，如图 13.15 所示。

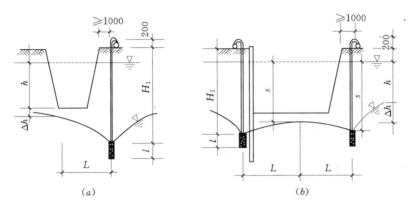

图 13.15　高程布置计算

（a）单排井点；（b）双排 U 形成环状布置

$$H' = H_1 + \Delta h + iL + l \tag{13.10}$$

式中　H'——井点管埋设深度，m；

H_1——井点管埋设面至基坑底面的距离，m；

Δh——降水后地下水位至基坑底面的安全距离，m；

i——水力坡度，与土层渗透系数、地下水流量等有关，环状或双排井点可取 $1/10\sim1/15$，单排线状井点取 $1/4$，环状井点外取 $1/8\sim1/10$；

L——井点管至最不利点（沟槽内底边缘或基坑中心）的水平距离，m；

l——滤水管长度，m。

井点露出地面的高度，一般取 $0.2\sim0.3$m。

轻型井点的降水深度以不超过 6m 为宜。如求出的 H 值大于 6m，首先应考虑降低井点管和抽水设备的埋置面，如仍达不到降水深度的要求，可采用二级井点或多级井点，如图 13.16 所示。根据施工经验，两级井点降水深度递减 0.5m 左右。布置平台宽度一般为 $1.0\sim1.5$m。

3）总涌水量计算。井点涌水量采用裘布依公式近似地按单井涌水量算出。工程实际中，井点系统是各单井之间相互干扰的井群，井点系统的涌水量显然较数量相等互不干扰的单井的各井涌水量总和小。工程上为应用方便，按单井涌水量

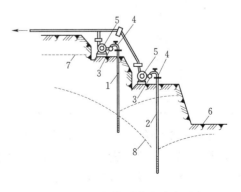

图 13.16　二级轻型井点降水示意

1—第一级井点；2—第二级井点；3—集水总管；
4—连接管；5—水泵；6—基坑；7—原地下
水位；8—降低后地下水位

作为整个井群的总涌水量，而"单井"的直径按井群各个井点所环围面积的直径计算。由于轻型井点的各井点间距较小，可以将多个井点所封闭的环围面积当作一口井，即以假想环围面积的半径代替单井井径。

无压完整井的涌水量如式（13.11）。

$$Q = \frac{1.366K(2H-s)s}{\lg R - \lg x_0} \tag{13.11}$$

式中　Q——井点系统总涌水量，m^3/d；

$\quad\quad K$——渗透系数，m；

$\quad\quad s$——水位降深，m；

$\quad\quad H$——含水层厚度，m；

$\quad\quad R$——影响半径，m；

$\quad\quad x_0$——井点系统的假想半径，m。

由于工程上遇到的大多为潜水非完整井，为简化计算，其涌水量可按无压完整井公式计算，但式中的 H 应换成有效带深度 H_0，即

$$Q = \frac{1.366K(2H_0-s)s}{\lg R - \lg x_0} \tag{13.12}$$

式中　H_0——有效带深度，m，可根据表 13.9 确定。

表 13.9　H_0 值

$\dfrac{s'}{s'+l}$	H_0	$\dfrac{s'}{s'+l}$	H_0
0.2	1.3 $(s'+l)$	0.5	1.7 $(s'+l)$
0.3	1.5 $(s'+l)$	0.8	1.85 $(s'+l)$

计算涌水量时应预先确定有关参数。

a）渗透系数 K。一般根据地质报告提供的数值或以现场抽水试验取得较为可靠，若无资料时可参见表 13.10 的数值选用。

表 13.10　土 的 渗 透 系 数 K 值

土 的 类 别	K（m/d）	土 的 类 别	K（m/d）
粉质黏土	<0.1	含黏土的粗砂及纯中砂	35～50
含黏土的粉砂	0.5～1.0	纯中砂	60～75
纯粉砂	1.5～5.0	粗砂夹砾石	50～100
含黏土的细砂	10～15	砾石	100～200
含黏土的中砂及细砂	20～25		

b）影响半径 R。确定影响半径常用三种方法：①直接观察；②用经验公式计算；③经验数据。以上三种方法中，直接观察是精确的方法。通常单井的影响半径比井点系统的影响半径小。所以，根据单井抽水试验确定影响半径是偏于安全的。

用经验公式计算影响半径：

完整井：
$$R = 1.95s\sqrt{HK} \tag{13.13}$$

非完整井：
$$R = 1.95s\sqrt{H_0K} \tag{13.14}$$

c) 环围面积的半径 x_0 的确定。井点所封闭的环围面积为非圆形时，用假想半径确定 x_0。

当井点所围的面积为近似正方形或不规则多边形时，假想半径为：

$$x_0 = \sqrt{\frac{F}{\pi}} \tag{13.15}$$

式中　x_0——假想半径，m；

　　　F——井点所环围的面积，m^2。

当井点所环围的面积为矩形时，假想半径为：

$$x_0 = a(L+B)/4 \tag{13.16}$$

式中　L——环围井点的总长度，m；

　　　B——环围井点的总宽度，m；

　　　a——与长宽比相关的系数，参见表 13.11。

表 13.11 　　　　　　　　　　　　　a 值

B/L	0	0.2	0.4	0.6~1.0
a	1.0	1.12	1.16	1.18

4）井点数量和井点间距计算。

井点数量：

$$n = \frac{1.1Q}{q} \tag{13.17}$$

其中

$$q = 65\pi dl \sqrt[3]{K}$$

式中　n——井点根数；

　　　Q——井点系统总用水量，m^3/d；

　　　q——单个井点的涌水量，m^3/d；

　　　d——滤水管直径，m。

井点间距：

$$D = \frac{L_1}{n-1} \tag{13.18}$$

式中　L_1——总管长度，m，对矩形基坑的环形井点，$L_1 = 2$（$L+B$）；双排井点，$L_1 = 2L$。

　　　D 值求出后要取整数，并应符合总管接头的间距。

5）确定抽水设备。常用抽水设备有真空泵（干式、湿式）、离心泵等，一般按涌水量、渗透系数、井点数量与间距来确定。水泵流量应按 1.1~1.2 倍涌水量计算。

（3）轻型井点施工、运行及拆除。轻型井点系统的安装顺序是：测量定位；敷设集水总管；冲孔；沉放井点管；填滤料；用弯联管将井点管与集水总管相连；安装抽水设备；试抽。

为了充分利用抽吸能力，总管的布置标高宜接近地下水位线（可事先挖槽），与水泵轴心标高平行或略高。井点管的埋设是一项关键工作，可直接将井点管用高压水冲沉，或用冲水管冲孔或钻孔后，再将井点管沉入孔中，也可用带套管的水冲法或振动水冲法沉管。一般采用冲管冲孔法，分为冲孔和埋管两个过程，如图 13.17 所示。

冲孔时，先将高压水泵用高压胶管与冲管相连，用起重设备将冲管吊起并对准插在井点的位置上，然后开动高压水泵，高压水（0.6~1.2MPa）经冲管头部的三个喷水小孔，以急

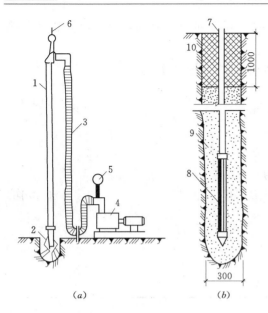

图 13.17 井点管的埋设
1—冲管；2—冲嘴；3—胶皮管；4—高压水泵；
5—压力表；6—起重机吊钩；7—井点管；
8—滤管；9—填砂；10—黏土封口

速的射流冲刷土壤。冲刷时，冲水管应作左右转动，将土松动，冲管则边冲边沉，逐渐形成空洞。冲孔直径一般为 300mm，以保证周围有一定厚度的砂滤层；冲孔深度宜比滤管底标高深 0.5m 左右，以防冲管拔出时，部分土颗粒沉于底部而触及滤管底部。井点冲成后，立即拔出冲管，插入井点管，并在井点管与孔壁之间迅速填灌砂滤层，以防孔壁坍塌。砂滤层的填灌质量直接影响到轻型井点的顺利抽水，一般选用净粗砂，填灌均匀，并填灌到距滤水管顶 1～1.5m。井点填砂后，在地面以下 0.5～1.0m 的深度内，应用黏土分层封口填实与地面平，以防漏气。

井点管埋设完毕，应接通总管与抽水设备进行试抽，检查有无漏气、淤塞等异常现象。轻型井点使用时，应保证连续不断地抽水，并准备双电源或自备发电机。

井点系统使用过程中，应继续观察出水情况，判断是否正常。井点正常出水规律是"先大后小，先浊后清"，并应随时做好降水记录。

井点系统使用过程中，应经常观测系统的真空度，一般不应低于 55.3～66.7kPa，若出现管路漏气，水中含砂较多等现象时，应及早检查，排除故障，保证井点系统的正常运行。

坑（槽）内的施工过程全部完毕并在回填土后，方可拆除井点系统，拆除工作是在抽水设备停止工作后进行，井管常用起重机或吊链将井管拔出。当井管拔出困难时，可用高压水进行冲刷后再拔。拆除后的滤水管、井管等应及时进行保养检修，存放指定地点，以备下次使用。井孔应用砂或土填塞，应保证填土的最大干密度满足要求。

2. 喷射井点

工程上，当坑（槽）开挖较深、降水深度大于 6.0m 时，由于施工现场条件约束，又不能使用多层轻型井点时，可采用喷射井点降水。降水深度可达 8～12m。在渗透系数为 320m/d 的砂土中应用本法最为有效。渗透系数为 0.1～3m/d 的粉砂淤泥质土中效果也较显著。

（1）喷射井点系统组成及工作原理。根据工作介质不同，喷射井点分为喷气井点和喷水井点两种。其设备主要由喷射井管、高压水泵（或空气压缩机）及进水排水管路组成，如图 13.18 所示。喷射井管有内管和外管，在内管下端设有喷射器与滤管相连。高压水（0.7～0.8MPa）经外管与内管之间的环形空间，并经喷射器侧孔流向喷嘴，由于喷嘴处截面突然缩小，压力水经喷嘴以很高的流速喷入混合室，使该室压力下降，造成一定的真空度。此时，地下水被吸入混合室与高压水汇合，流经扩散管，由于截面扩大，水流速度相应减小，使水的压力逐渐升高，沿内管上升经排水总管排出。高压水泵宜采用流量 50～80m³/h 的多级高压水泵，每套约能带动 20～30 根井管。

（2）喷射井点布置。喷射井点的平面布置，当基坑宽小于 10m 时，井点可作单排布置；

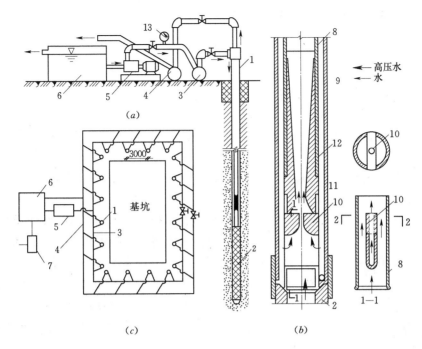

图 13.18　喷射井点设备及平面布置简图

1—喷射井点；2—滤管；3—进水总管；4—排水总管；5—高压水泵；6—集水池；
7—水泵；8—内管；9—外管；10—喷嘴；11—混合室；12—扩散管；13—压力表

当大于 10m 时，可作双排布置；当基坑面积较大时，宜采用环形布置，如图 13.18 所示。井点距一般采用 1.5~3m。

喷射井点高程布置及管路布置方法和要求与轻型井点基本相同。

（3）喷射井点的施工与使用。喷射井点的施工顺序为：安装水泵及进水管路；敷设进水总管和回水总管；沉设井点管并灌填砂滤料，接通进水总管后及时进行单根井点试抽、检验；全部井点管沉设完毕后，接通回水总管，全面试抽，检查整个降水系统的运转状况及降水效果。然后让工作水循环进行正式工作。

进、回水总管同每根井点管的连接均需安装阀门，以便调节使用和防止不抽水发生回水倒灌。井点管路接头应安装严密。

喷射井点一般是将内外管和滤管组装在一起后沉设到井孔内的。井点管组装时，必须保证喷嘴与混合室中心向一致；组装后，每根井点管应在地面作泵水试验和真空度测定。地面测定真空度不宜小于 93.3kPa。

沉设井点管前，应先挖井点坑和排泥坑，井点坑直径应大于冲孔直径。冲孔直径为 400~600mm，冲孔深度比滤管底深不小于 1m。井点管与孔壁之间及管口封闭做法与轻型井点一样。

开泵时，压力要小于 0.3MPa，以后再逐渐达到设计压力。抽水时如发现井管周围有泛砂冒水现象，应立即关闭井点管进行检修。工作水应保持清洁。试抽两天后应更换清水，以减轻工作水对喷嘴及水泵叶轮等的磨损。

（4）喷射井点的计算。喷射井点的涌水量计算及确定井点管数量与间距，抽水设备等均与轻型井点计算相同，水泵工作水需用压力按下式计算：

$$P = \frac{P_0}{A} \tag{13.19}$$

式中　　P——水泵工作水压力，m；

　　　　P_0——扬水高度，m，即水箱至井管底部的总高度；

　　　　A——水高度与喷嘴前面工作水头之比。

混合室直径一般为 14mm，喷嘴直径为 5～7mm。

3. 管井井点

管井适用于中砂、粗砂、砾砂、砾石等渗透系数大、地下水丰富的土、砂层或轻型井点不易解决的地方。

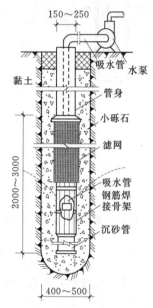

图 13.19　管井井点
构造（单位：mm）

管井井点系统由滤水井管、吸水管、抽水机等组成，如图 13.19 所示。管井井点排水量大，降水深，可以沿基坑或沟槽的一侧或两侧作直线布置，也可沿基坑外围四周呈环状布设。井中心距基坑边缘的距离为：采用冲击式钻孔用泥浆护壁时为 0.5～1m；采用套管法时不小于 3m。管井埋设的深度与间距，根据降水面积、深度及含水层的渗透系数等而定，最大埋深可达 10 余 m，间距 10～50m。

井管的埋设可采用冲击钻或螺旋钻，泥浆或套管护壁。钻孔直径应比滤水管外径大 150～250mm。井管下沉前应进行清孔，并保持滤网的畅通；滤水管放于孔中心，用圆木堵塞管口。孔壁与井管间用 3～15mm 砾石填充作过滤层，地面下 0.5m 以内用黏土填充务实。高度不小于 2m。

管井井点抽水过程中应经常对抽水机械的电机、传动轴、电流、电压等做检查，对管井内水位下降和流量进行观测和记录。

管井使用完毕，采用人工拔杆，用钢丝绳导链将管口套紧慢慢拔出，洗净后供再次使用，所留孔洞用砾砂回填夯实。

除上述介绍的几种人工降低地下水位的方法外，还有电渗井点、深井井点。这里就不一一介绍了。

13.2.2　地基处理

在工程上，给水排水构筑物和给水排水管道的荷载都作用于地基土上，必然会导致地基土产生附加应力，附加应力引起地基土的沉降，沉降量取决于土的孔隙率和附加应力的大小。在荷载作用下，若同一高度的地基各点沉降量相同，这种沉降称为均匀沉降；反之，称为不均匀沉降。无论是均匀沉降，还是不均匀沉降都有一个容许范围值，称为极限均匀沉降量和最大不均匀沉降量。当沉降量在允许范围内，构筑物才能稳定安全，否则，结构就会失去稳定或遭到破坏。

地基在构筑物荷载作用下，地基应同时满足容许沉降量和容许承载力的要求，如不满足时，则采取相应措施对地基土加固处理，地基处理的目的是：

（1）改善土的剪切性能，提高抗剪强度。

（2）降低软弱土的压缩性，减少基础的沉降或不均匀沉降。

（3）改善土的透水性，起着截水、防渗的作用。

（4）改善土的动力特性，防止砂土液化。

（5）改善特殊土的不良地基特性（主要是指消除或减少湿陷性和膨胀土的胀缩性等）。
地基处理的方法有换土垫层、碾压夯实、挤密振实、排水固结和注浆液加固等 5 类，见
表 13.12。

表 13.12　　　　　　　　　　　地基处理方法分类

分类	处理方法	原理及作用	适用范围
换土垫层	素土垫层 砂垫层 碎石垫层	挖除浅层软土，用砂、石等强度较高的土料代替，以提高持力层土的承载力，减少部分沉降量，消除或部分消除土的湿陷性胀缩性及防止土的冻胀作用；改善土的抗液化性能	适用于处理浅层软弱土地基、湿陷性黄土地基（只能用灰土垫层）、膨胀土地基、季节性冻土地基
挤密振实	砂桩挤密法 灰土桩挤密法 石灰桩挤密法 振冲法	通过挤密法或振动使深层土密实，并在振动挤压过程中，回填砂、石等材料，形成砂桩或碎石桩，与桩周土一起组成复合地基，从而提高地基承载力，减少沉降量	适用于处理砂土粉土或部分黏土颗粒含量不高的黏性土
碾压夯实	机械碾压法 振动压实法 重锤夯实法 强夯法	通过机械压或夯击压实土的表层，强夯法则利用强大的夯击，能迫使深层土液化和动力固结而密实，从而提高地基的强度，减少部分沉降量，消除或部分消除黄土的湿陷性，改善土的抗液化性能	一般是用于砂土、含水量不高的黏性土及填土地基。强夯法应注意其振动对附近（约 30m 内）建筑物的影响
排水固结	堆载顶压法 砂井堆载顶压法 排水纸板法 井点降水顶压法	通过改善地基的排水条件和施加顶压荷载，加速地基的固结和强度增长，提高地基的强度和稳定性，并使基础沉降提前完成	适用于处理厚度较大的饱和软土层，但需要具有顶压的荷载和时间，对于厚的泥炭层则要慎重对待
浆液加固	硅化法 旋喷法 碱液加固法 水泥灌浆法 深层搅拌法	通过注入水泥、化学浆液，将土粒黏结；或通过化学作用机械拌和等方法，改善土的性质，提高地基承载力	适用于处理砂土、黏性土、粉土、湿陷性黄土等地基，特别是用于对已建成的工程地基事故处理

13.2.2.1 换土垫层

换土垫层是一种直接置换地基持力层软弱土的处理方法。施工时将基底下一定深度的
软弱土层挖除，分层填回砂、石、灰土等材料，并加以夯实振密。换土垫层是一种较简易的
浅层地基处理方法，在各地得到广泛应用。

1. 素土垫层

素土垫层一般适用于处理湿陷性黄土和杂填土地基。具体做法是先挖去基础下的部分土
层或全部软弱土层，然后分层回填，分层压实素土而成。软土地基土的垫层厚度，应根据垫
层底部软弱土层的承载力决定，其厚度不应大于 3m。

垫层对土料的要求是：不得使用淤泥、耕土、冻土、垃圾、膨胀土以及有机物含量大于
8％的土作为填料。土料含水量应控制在最佳含水量范围内，误差不得大于±2％。

填料前应将基底的草皮、树根、淤泥、耕植土铲除，清除全部的软弱土层。施工时，应
做好地面水或地下水的排除工作，填土应从最低部分开始进行，分层铺设，分层夯实。垫层
施工完毕后，应立即进行下道工序施工，防止水浸、晒裂。

2. 砂和砂石垫层

砂和砂石垫层适用于处理在坑（槽）底有地下水或地基土的含水量较大的黏性土地基。

（1）材料要求。砂和砂石垫层所需材料，宜采用颗粒级配良好，质地坚硬的中砂、粗砂、砾石、卵石和碎石，也可采用细砂，宜掺入按设计规定数量的卵石或碎石。其最大粒径不宜大于 50mm。

（2）施工要点。施工前应验槽，坑（槽）内无积水，边坡稳定，槽底和两侧如有孔洞应先填实。砂石材料按级配拌和均匀，再分层铺筑，分层捣实。每铺好一层垫层，经压实系数检验合格后方可进行上一层施工。分段施工时，接槎处应做成斜坡，每层错开 0.5～1.0m，并应充分捣实。砂垫层和砂石垫层的底面宜铺设在同一标高上，如深度不同时，施工应按先深后浅的顺序进行，土面应挖成台阶或斜坡搭接，搭接处应注意捣实。

3. 灰土垫层

灰土垫层是用石灰和黏性土拌和均匀，分层压夯实而成。适用于一般黏性土地基加固或挖深超过 15cm 时或地基扰动深度小于 1.0m 等，该种方法施工简单、取材方便、费用较低。

（1）材料要求。土料中含有有机质的量不宜超过规定值，土料应过筛，粒径不宜大于 15mm。石灰应提前 1～2 天熟化，不得含有生石灰块和过多水分。

灰土的配合比可按体积比，一般石灰∶土为 2∶8 或 3∶7。

（2）施工要点。施工前应验槽，清除积水、淤泥，待干燥后再铺灰土。

13.2.2.2　碾压与夯实

（1）机械碾压。机械碾压法采用压路机、推土机、羊足碾或其他压实机械来压实松散土，常用于大面积填土的压实和杂填土地基的处理。

碾压的效果主要取决于压实机械的压实能量和被压实土的含水量。应根据具体的碾压机械的压实能量，控制碾压土的含水量，选择合适的铺土厚度和碾压遍数。铺土厚度和碾压遍数一般是通过现场试验确定，在不具备试验的场合，可参照表 13.13 选用。

表 13.13　每层虚铺土厚度及压实遍数

压实设备	每层虚铺土厚度 （mm）	每层压实遍数
平碾（8～12）	200～300	6～8
羊足碾（5～16）	200～350	8～16
蛙式夯（200kg）	200～250	3～4
振动碾（8～15）	600～1300	6～8
振动压实机 （2t，振动力 98kN）	1200～1500	10

（2）重锤夯实法。重锤夯实法是利用移动式起重设备悬吊夯锤至一定高度后，自由下落，夯实地基。适用于地下水位 0.8m 以上稍湿的黏性土、砂土、湿陷性黄土、杂填土等地基加固。

夯锤形状宜采用截头圆锥体，如图 13.20 所示。

重锤采用钢筋混凝土铸铁块。锤重一般为 14.7～29.4kN，锤底直径一般为 1.13～1.15m。

起重机采用履带式起重机，起重机的起重量应不小于 1.5～3.0 倍的锤重。

重锤夯实施工前，应进行试夯，确定夯实制度，其内容包括锤重、锤底面直径、落点形式、落距及夯击遍数。在起重能力允许的情况下，采用较

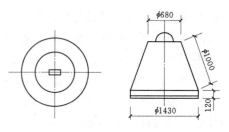

图 13.20　钢筋混凝土夯锤（单位：mm）

重的夯锤，底面直径较大为宜。落距一般采用 2.5～4.5m，同时还应使锤重与底面积的关系符合锤重在底面上的单位静压力为 1.5～2.0N/cm²。

重锤夯击遍数应根据最后下沉量和总下沉量确定，最后下沉量是指重锤最后两击平均土面的沉降值，黏性土为 10～20mm，砂土为 5～10mm。

夯锤的落点形式及夯打顺序，条形坑（槽）采用一夯换一夯顺序进行。在一次循环中同一夯位应连夯两下，下一循环的夯位，应与前一循环错开 1/2 锤底直径；非条形基坑，一般采用先周边后中间。

夯实完毕后，应检查夯实质量，一般采用在地基上选点夯击检查最后下沉量，夯击检查点数，规范规定每一单独基础至少应有一点；沟槽每 30m² 应有一点；整片地基每 100m² 不得少于两点，检查后，如质量不合格，应进行补夯，直至合格为止。

（3）振动压实法。振动压实法是利用振动机振动压实浅层地基的一种方法，如图 13.21 所示。

适用于处理砂土地基和黏性土含量较少、透水性较好的松散杂填土地基。

振动压实机的工作原理是由电动机带动两个偏心块以相同速度、相反方向转动而产生很大的垂直振动力。

振动压实效果与填土成分、振动时间等因素有关，一般地说振动时间越长效果越好，但超过一定时间后，振动引起的下沉已基本稳定，再振也不能起到进一步的压实效果。因此，需要在施工前进行试振，以测出振动稳定下沉量与时间的关系。对于主要是由炉渣、碎石、瓦块等组成的建筑垃圾，其振动时间约在 1min 以上。对于含炉灰等细颗粒填土，振动时间约为 3～5min，有效振实深度为 1.2～1.5m。

注意振动对周围建筑物的影响。一般情况下振源离建筑物的距离不应小于 3m。

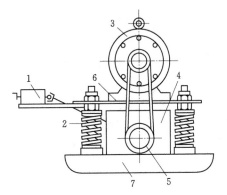

图 13.21　振动压实机
1—操纵机构；2—弹簧减振器；3—电动机；
4—振动器；5—振动机槽轮；
6—减振架；7—振动夯板

13.2.2.3　挤密桩与振冲法

1. 挤密桩

挤密桩加固是在承压土层内，打入很多桩孔，在桩孔内灌入各种密实物，以挤密土层，减小土体孔隙率，增加土体强度。

挤密桩除了挤密土层加固土壤外，还在桩孔内填入工程性质较好的土。在含水蒙古土层内，砂桩还可作为排水井。挤密桩体与周围的原土组成复合地基，共同承受荷载。

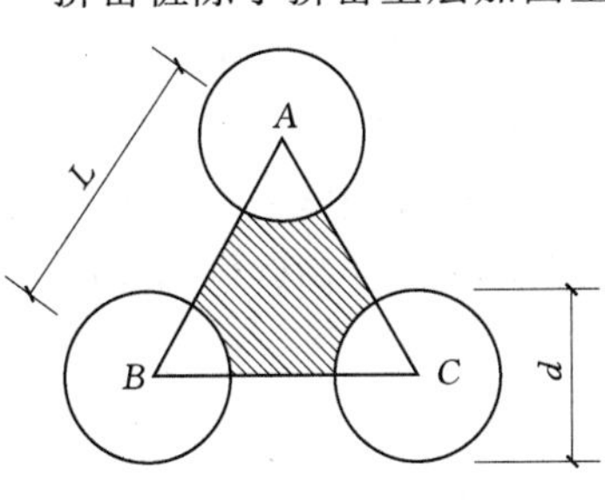

根据桩孔内填料不同，有砂桩、土桩、灰土桩、砾石桩、混凝土桩之分。其中砂桩的施工过程有以下几点：

（1）一般要求。砂桩的直径一般为 220～320mm，最大可达 700mm。砂桩的加固效果与桩距有关，桩距较密时，土层各处加固效果较均匀，其间距为 1.8～4.0 倍桩直径。砂桩深度应达到压缩层下限处，或压缩层内的密实下卧层。砂桩布置宜采用梅花形，如图 13.22 所示。

图 13.22　砂桩布置
A、B、C—砂桩中心位置；
d—砂桩直径；L—砂桩间距

（2）施工过程。砂桩施工采用振动打桩机（图 13.23）。从桩孔定位、桩机设备就位到打桩、灌砂及拔管即成。振动力以 30～70kN 为宜，砂桩施工顺序应从外围或两侧向中间进行，桩孔垂直度偏差不应超过 1.5%。灌砂时，砂子粒径以 0.3～3mm 为宜，含泥量不大于 5%，含水量一般控制在 7%～9%。砂桩成孔后，应保证桩深满足设计要求，此时，将砂由上料斗投入工具管内，提起工具管，砂从舌门漏出，再将工具管放下，舌门关闭砂子接触，此时，开动振动器将砂击实，往复进行，直至用砂填满桩孔。每次填砂厚度应根据振动力而定，保证填砂的干密度满足要求。其施工过程如图 13.24 所示。

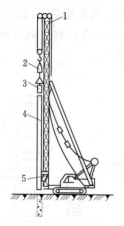

图 13.23　振动砂桩机

1—桩机导架；2—减振器；
3—振动锤；4—工具式
桩管；5—上料斗

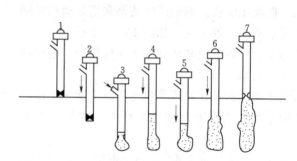

图 13.24　砂桩施工过程

1—工具管就位；2—振动器振动，将管打入土中；3—工具
管达到设计深度；4—投砂，往上拔工具管；5—振动
器打入工具管；6—再投砂，拔工具管至规定高度；
7—重复操作，直至地面

2. 振冲法

振冲法就是根据在砂土中，加水和振动可以使地基密实这个原理发展起来的一种方法。振冲法施工的主要设备是振冲器，如图 13.25 所示。它由潜水电动机、偏心块和通水管三部分组成。振冲器由吊机就位后，启动电动机和射水泵，在高频振动和高压水流的联合作用下，振冲器下沉到预定深度，周围土体在压力水和振动作用下变密，此时地面出现一个陷口，往口内填砂一边喷水振动，一边填砂密实，逐段填料振密，逐段提升振冲器，直到地面，从而在地基中形成一根较大直径的密实的碎石桩体，一般称为振冲碎石桩。

振冲法分为振冲置换和振冲密实两类。振冲置换法适用于处理不排水，抗剪强度不小于 20kPa 的黏性土、粉土、饱和黄土和人工填土等地基，在地基土形成一群以石块、砂砾等材料组成的桩体并与原地基土一起构成复合地基。而振动密实法适用于处理砂土、粉土等，它是利用振动和压力水使砂层发生液化，砂粒重新排列，孔隙减少，从而提高砂层的承载力和抗液化能力，处理后的地基还是单一地基。

13.2.2.4　注浆加固

在软弱土层或饱和土层内，注入化学药剂，使之填塞孔隙，并发生化学反应，在颗粒间生成胶凝物质，固结土颗粒，称为浆液加固法。

注浆加固法可以提高地基容许承载力，降低土的孔隙比，降低土的渗透性，适合修建人

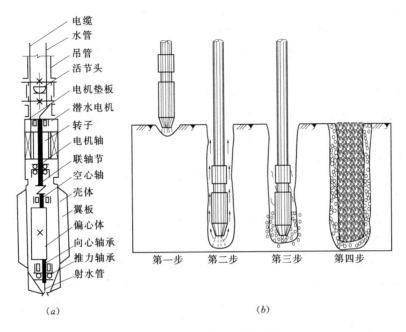

图 13.25　振冲法施工程序图

（a）振冲器构造；（b）施工程序

工防水帷幕等各种用途，如图 13.26 所示。

1. 浆液

（1）浆液要求。化学反应生成物凝胶质安全可靠，浆液应无毒、价廉、不污染环境，有一定耐久性和耐水性。凝胶质对土颗粒着力良好，有一定强度，且施工配料和注入方便，化学反应速度调节可由调节配合比来实现。同时，浆液注入后，一昼夜土的容许承载力不应小于 490kPa。

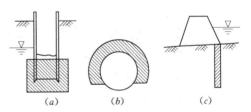

图 13.26　注浆加固的各种用途

（a）沉井下沉时弱土加固；（b）盾构掘进时弱土加固；（c）防水帷幕

（2）浆液种类。

1）水泥类浆液。水泥浆液可加固裂隙、岩石、砾石、粗砂及部分中砂，一般加固颗粒粒径范围为 0.4～1.0mm，水泥固结时间较长，当地下水流速超过 100m/d 时，不宜采用水泥浆加固。

水泥浆的水灰比，根据需要加固强度、土颗粒粒径和级配、渗透系数、注入压力、注管直径和布置间距等因素，结合现场试验确定，可取范围为 0.5∶1～4∶1 一般为 1∶1～1.5∶1。

为了提高水泥的凝固速度，改善可注性，提高土体早强强度，可掺入适量的早强剂、悬浮剂和填料等附加剂。

水泥浆液均为碱性，不宜用于强酸性土层。

2）水玻璃类浆液。在水玻璃溶液中加进氯化钙、磷酸、铝酸销等制成复合剂，可针对不同土质进行加固。

对于不含盐类的砂砾、砂土、轻亚黏土等，可用水玻璃加氯化钙加固。对于粉砂土，可用水玻璃加磷酸溶液加固。也可以将水泥浆渗入水玻璃液作为速凝剂制成悬浊液，其配比（体积比）为：当水灰比大于 1 时，为 1：0.4～1：0.6；当水灰比小于 1 时，为 1：0.6～1：0.8。水灰比愈小，水玻璃浓度愈低，其固结时间愈短。水泥强度等级愈高，水灰比愈小，其固结后强度就愈高。

3）聚氨酶注浆分水溶性聚氨酯和非水溶性聚氨酯两类。注浆工程一般使用非水溶性聚氨酶，其黏度低，可灌性好，浆液遇水即反应成含水凝胶，故而可用于动水堵漏。其操作简便，不污染环境，耐久性亦好。非水溶性聚氨酯一般把主剂合成聚氨酯的低聚物（预聚体），使用前把预聚体和外掺剂配方配成浆液。

4）丙烯酰氨类浆液，亦称 MG‐646 化学浆液，它是以有机化合物丙烯酰氨为主剂，配合其他外加剂，以水溶液状态灌入地层中，发生聚合反应，形成具有弹性的不溶于水的聚合体，这是一种性能优良和用途广泛的注浆材料。但该浆液具有一定毒性，它对神经系统有毒，且对空气和地下水有污染作用。

水玻璃水泥浆也是一种用途广泛、使用效果良好的注浆材料。

5）铬木素类溶液。铬木素类溶液是由亚硫酸盐纸浆液和重铬酸钠按一定的比例配制而成，适用于加固细砂和部分粉砂，加固土颗粒粒径 0.04～10mm，固结时间在几十秒至几十分钟之间，固结体强度可达到 980kPa。

铬木素类液凝胶的化学稳定性较好，不溶于水、弱酸和弱碱，抗渗性也好，价格低，但是浆液有毒，应注意安全施工。

铬木素浆液为强酸性，不宜用于强碱性土层。

2. 施工方法

采用方法有旋喷法和注浆法。要求使浆液均匀分布在需要加固的土层中。

（1）旋喷法。旋喷法是利用钻机钻孔到预定深度，然后用高压泵将浆液通过钻杆端头的特殊喷嘴，以高压水平喷入土层，喷嘴在喷浆液时，一面缓慢旋转，一面徐徐提升，借高压浆液水平射流不断切削土层并与切削下来的土充分搅拌混合，在有效射程内，形成圆柱状凝固体。旋喷法施工工艺如图 13.27 所示。

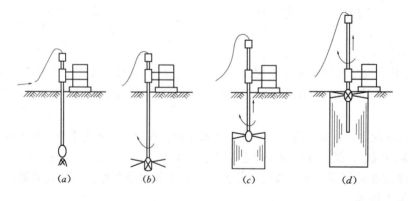

图 13.27　旋喷法施工工艺示意图

（a）钻孔至设计标高；（b）旋喷开始；（c）边旋喷边提升；（d）旋喷结束成桩

旋喷法采用单管法、二重管法、三重管法。常用机具、设备参数见表 13.14。

旋喷法施工要点：

1) 钻机定位要准确，保持垂直，倾斜度不得大于 1.5%。检查各设备运转是否正常。

2) 单管法、二重管法可用旋喷管水射冲孔或用锤击振动等使喷管到达设计深度，然后再进行旋喷。三重管法须先由钻机钻孔，然后将三重管插至孔底，进行旋喷。

表 13.14   旋喷法主要机具和参数

项　目			单管法	二重管法	三重管法
参数	喷嘴孔径（mm）		$\phi 2 \sim \phi 3$	$\phi 2 \sim \phi 3$	$\phi 2 \sim \phi 3$
	喷嘴个数		2	$1 \sim 2$	$1 \sim 2$
	旋转速度（r/min）		20	10	$5 \sim 15$
	提升速度（r/min）		$200 \sim 250$	100	$50 \sim 150$
机具性能	高压泵	压力（MPa）	$20 \sim 40$	$20 \sim 40$	$20 \sim 40$
		流量（L/min）	$60 \sim 120$	$60 \sim 120$	$60 \sim 120$
	空压机	压力（MPa）	—	0.7	0.7
		流量（L/min）	—	$1 \sim 3$	$1 \sim 3$
	泥浆泵	压力（MPa）		—	$3 \sim 5$
		流量（L/min）		—	$100 \sim 150$
配比			按设计要求配比		

3) 旋喷开始时，先送高压水，再送浆液和压缩空气。在桩底部边旋转边喷射 1min 后，当达到预定的喷射压力及喷浆量后，再逐渐提升喷射管。旋喷中冒浆量应控制在 10%～25%之间。

4) 相互两桩旋喷间隔时间不小于 48h，两桩间距应不小于 1～2m。

5) 检查旋喷桩的质量及承载力。

(2) 注浆法。注浆管用内径 20～50mm，壁厚不小于 5mm 的钢管制成，包括管尖、有孔管和无孔管三部分。管尖是一个 25°～30°的圆锥体，尾部带有丝扣。

有孔管，一般长 0.4～1.0m，孔眼呈梅花状布置，每米长度内应有孔眼 60～80 个，孔眼直径为 1～3mm，管壁外包扎滤网。无孔管，每节长度 1.5～2.0m，两端有丝扣，可根据需要接长。注浆管有效加固半径，一般根据现场试验确定，其经验数据参见表 13.15。

表 13.15   有 效 加 固 半 径

土的类型及加固方法	渗透系数	加固半径	土的类型及加固方法	渗透系数	加固半径
砂土双液加固法	$2 \sim 10$	$0.3 \sim 0.4$	湿陷性黄土单液加固法	$0.1 \sim 0.3$	$0.3 \sim 0.4$
	$10 \sim 20$	$0.4 \sim 0.6$		$0.3 \sim 0.5$	$0.4 \sim 0.6$
	$20 \sim 50$	$0.6 \sim 0.8$		$0.5 \sim 1.0$	$0.6 \sim 0.9$
	$50 \sim 80$	$0.8 \sim 1.0$		$1.0 \sim 2.0$	$0.9 \sim 1.0$

(3) 深层搅拌法。深层搅拌法是通过深层搅拌机将水泥、生石灰或其他化学物质（称固化剂）与软土颗粒相结合而硬结成具有足够强度水稳性以及整体性的加固土，并满足地基土的强度和变形要求。在搅拌固化后，地基中形成柱状、墙状、格子状或块状的加固体，与地基构成复合地基。常用机械和施工程序如图 13.28 和图 13.29 所示。

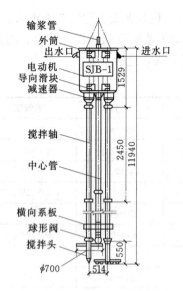

图 13.28 SJB－1 型深层搅拌机

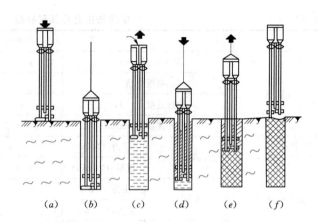

图 13.29 深层搅拌机施工程序示意图

(a) 定位下沉；(b) 沉入底部；(c) 喷浆搅拌上升；(d) 重复搅拌
(下沉)；(e) 重复搅拌（上升）；(f) 加固完毕

13.3 室外给排水管道开槽施工

13.3.1 给水排水管道铺设

管道的铺设是在沟槽施工验槽后进行的。其主要任务是按照设计意图把管道定位并安装在要求的平面位置、高程上。

管道铺设时的基线桩及辅助基线桩、水准基点桩的测量，应在沟槽施工后进行复核测量，并按设计图纸坐标进行测量，对给水排水管道及附属构筑物的中心桩及各部位进行施工放样，同时做好护桩。

13.3.1.1 下管与稳管

管道铺设前，首先应检查管道沟槽开挖深度、沟槽断面、沟槽边坡、堆土位置是否符合规定，检查管道地基处理情况。

1. 下管

管子经过检验、修补后，运至沟槽边。按设计进行排管，核对管节、管件位置无误方可下管。有混凝土基础的下管方法有人工下管和机械下管两种方法。

（1）人工下管。

1）贯绳法。适用于管径小于 300mm 以下的混凝土管、缸瓦管。用一端带有铁钩的绳子钩住管子一端，绳子另一端由人工徐徐放松直至将管子放入槽底。

2）压绳下管法。压绳下管法是人工下管法中最常用的一种方法。适用于中、小型管子，方法灵活，可作为分散下管法。压绳下管法包括人工撬棍压绳下管法和立管压绳下管法等，如图 13.30 所示。

除上述方法外，还有塔架下管法、溜管法等。

（2）机械下管。机械下管速度快、安全，并且可以减轻工人的劳动强度，劳动效率高，

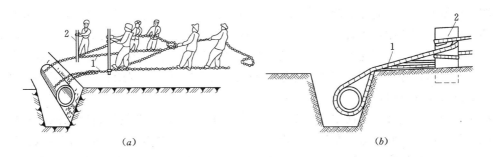

图 13.30 压绳下管法

(a) 采用撬棍；(b) 采用立管

1—大绳；2—撬棍

所以有条件尽可能采用机械下管法。机械下管视管子重量选择起重机械，常用汽车式或履带式起重机械下管。

2. 稳管

稳管包括管子对中和对高程两个环节，两者同时进行。压力流管道铺设的高程和平面位置的精度都可低些。通常情况下，铺设承插式管节时，承口朝向介质流来的方向。

稳管工序是决定管道施工质量的重要环节，必须保证管道的中心线与高程的准确性。允许偏差值应按《给水排水管道工程施工及验收规范》(GB 50268—2008) 技术规程规定执行。

13.3.1.2 给水管道施工

1. 给水铸铁管

（1）承插刚性接口。承插式刚性接口一般由嵌缝材料和密封填料组成，嵌缝材料常用麻和橡胶圈，密封填料有石棉水泥、膨胀水泥砂浆、铅等。其组成为：麻—石棉水泥；麻—膨胀水泥砂浆；麻—铅；胶圈—石棉水泥；胶圈—膨胀水泥砂浆等。如图 13.31 所示。

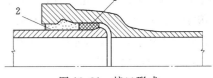

图 13.31 接口形式

1—嵌缝材料；2—密封填料

麻及其填塞：麻经 5％石油沥青与 95％汽油混合溶液浸泡处理，干燥后即为油麻，油麻最适合作铸铁管承插口接口的嵌缝填料。麻的作用主要是防止外层散状接口填料漏入管内，如图 13.32 所示。

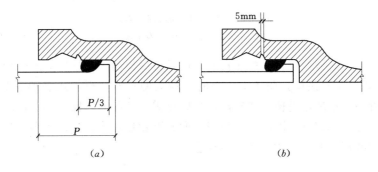

图 13.32 填麻深度

(a) 石棉水泥接口；(b) 青铅接口

胶圈及填塞：填打油麻劳动强度大，技术要求高，而且油麻使用一定时间后会腐烂，影响水质。胶圈具有弹性，水密性好，当承口和插口产生一定量的相对轴向位移或角位移时，也不会渗水。因此，胶圈是取代油麻作为承插式刚性接口理想的内层填料。普通铸铁管承插接口用圆形胶圈，外观不应有气孔、裂缝、重皮、老化等缺陷。胶圈的物理性能应符合现行国家标准或行业标准的要求。

石棉水泥及其填打：石棉水泥作为普通铸铁管的填料，具有抗压强度较高、材料来源广、成本低的优点。但石棉水泥接口抗弯曲应力或冲击应力能力很差。接口需经较长时间养护才能通水，且打口劳动强度大，操作水平要求高。石棉应选用机选 4F 级温石棉。水泥应采用 32.5 级普通硅酸盐水泥，不允许使用过期或结块的水泥。

膨胀水泥砂浆及其填塞：膨胀水泥砂浆接口与石棉水泥接口比较，虽然同是刚性接口，只将膨胀水泥填塞密实在承插口间隙内即可，而且接口抗压强度远高于石棉水泥接口，因此是取代石棉水泥接口的理想填料。膨胀水泥填料接口刚度大，在地震烈度Ⅵ度以上、土质松软、管道穿越重载车辆行驶的公路时不宜采用。

铅接口及其操作：普通铸铁管采用铅接口应用很早。由于铅的来源少、成本高，现在基本上已被石棉水泥或膨胀水泥所代替。但铅接口具有较好的抗振、抗弯性能，接口的地震破坏率远较石棉水泥接口低。铅接口通水性好，接口操作完毕即可通水；损坏时容易修理。施工程序为：安设灌铅卡箍→熔铅→运送铅溶液→灌铅→拆除卡箍。

（2）承插式柔性接口。承插式刚性接口，抗应变能力差，受外力作用容易产生填料碎裂与管内流体外渗等事故，尤其在软弱地基地带和强震区，接口破碎率高。为此，可采用以下柔性接口。

1）楔形橡胶圈接口。如图 13.33 所示，承口内壁为斜槽形，插口端部加工成坡形，安装时在承口斜槽内嵌入起密封作用的楔形橡胶圈。由于斜形槽的限制作用，橡胶圈在水压作用下与管壁压紧，具有自密性，使接口对于承插口的椭圆度、尺寸公差、插口轴向相对位移及角位移具有一定的适应性。施工程序：下管→清理承口和胶圈→上胶圈→清理插口外表面及刷润滑剂→接口→检查。

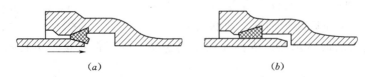

图 13.33　承插口楔形橡胶圈接口
(a) 起始状态；(b) 插入状态

工程实践表明，此种接口抗震性能良好，而且可以提高施工速度，减轻劳动强度。

2）其他形式橡胶圈接口。图 13.34 中的 4 种胶圈接口，螺栓压盖形安装与拆修方便，但配件多，造价高；中缺形是插入式接口，接口仅需一个胶圈，操作简单，但承口制作尺寸要求较高；角唇形的承口可以固定安装胶圈，但胶圈耗量较大，造价较高；圆形具有胶圈耗量小、造价低的特点，但仅适用于离心铸铁管。

2. 钢管

钢管自重轻、强度高、抗应变性能优于铸铁管、硬聚氯乙烯管及预应力钢筋混凝土管，接口方便、耐压程度高、水力条件好，但钢管的耐腐蚀能力差，必须作防腐处理。钢管主要

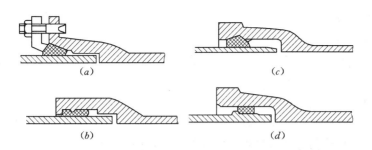

图 13.34　其他橡胶圈接口形式
(a) 螺栓压盖形；(b) 中缺形；(c) 角唇形；(d) 圆形

采用焊接和法兰连接。

焊接口通常采用气焊、手工电弧焊等。

在现场多采用手工电弧焊，为提高管口的焊接强度，应根据管壁厚度采用平口（壁厚 δ 小于 6mm）、V 形（壁厚 $\delta=6\sim12\text{mm}$）、X 形（壁厚 δ 大于 12mm）等焊缝。

焊缝质量检查要进行外观检查和内部检查。外观缺陷主要有焊缝形状不正、咬边、焊瘤弧坑、裂缝等；内部缺陷有未焊透、夹渣、气孔等，通过油渗检查，一般每个管口均应检查。

现在用于给水管道的钢管由于耐腐性差而越来越多地被衬里（衬塑料、衬橡胶、衬玻璃钢、衬玄武石）钢管所代替。

3. 预应力钢筋混凝土管

预应力钢筋混凝土管接口形式多为承插式柔性接口，其施工程序为：排管→下管→清理管腔、管口→清理胶圈→初步对口找正→顶接接口→检查中线、高程→用探尺检查胶圈位置→锁管→部分回填→水压试验合格→全部回填。

顶管接口常用如下安装方法：

(1) 导链（手拉葫芦）拉入法。在已安装稳固的管子上拴住钢丝绳，在待拉入管子承口处架上后背横梁，用钢丝绳和吊链连好绷紧对正，两侧同步拉吊链，将已套好胶圈的插口经撞口后拉入承口中，注意随时校正胶圈位置。如图 13.35 所示。

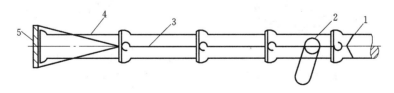

图 13.35　手拉葫芦安装法
1—后背钢丝绳；2—手拉葫芦；3—拉杆；4—带安装管；5—横铁

(2) 牵引机拉入法。安好后背方木、滑轮和钢丝绳，启动牵引机械或卷扬机将对好胶圈的插口拉入承口中，随拉随调整胶圈，使之久为准确。

(3) DKJ 多功能快速接管机安管。由北京市政设计研究院研制的 DKJ 多功能快速接管机，可进行管道接口作业，并具有自动对口、纠偏功能，操作简便。

此外，还有千斤顶小车拉杆法及撬杠顶进法进行顶管接口施工。

另外，近年来塑料管作为市政管道地下铺设越来越多，有关塑料管的施工要求应参考相应的塑料管的施工技术规程。

13.3.1.3　排水管道的施工

室外排水管道通常采用非金属管材。常用的有混凝土管、钢筋混凝土管及陶土管等。排水管道是重力流管道。施工中，对管道的中心与高程控制要求较高。

1. 安管（稳管）

排水管道安装（稳管）就是把管道轴线和高程与设计的相一致。管道轴线控制常用坡度板法和边线法。高程控制采用坡度板上钉高程钉来控制管道坡度。

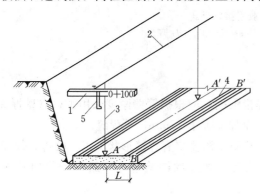

图 13.36　基础定位
1—坡度板；2—中心线；3—中心垂线；
4—管道基础；5—高程桩

在沟槽上口，每隔 10～15m 埋设一块横跨沟槽的木板，该木板即为坡度板。变坡点、管道转向及检查井处必须设置。在坡度板上找到管道中心位置并钉中心钉，用 20mm 左右的铅丝拉一根通常的中心线，用垂球将中心线移至槽底，如图 13.36 所示。

中心线法是坡度板上的中心垂线对准管道水平尺中心刻度时，管道即为对中了，如图 13.37 所示。边线法对中时，就是将坡度板上的定位钉钉在管道外皮的垂直面上。操作时，只要管道向左或向右移动，管道的外皮恰好碰到两坡度板间定位钉之间的连线的垂线（或边桩之间的连线），如图 13.38 所示。

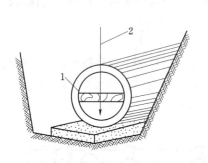

图 13.37　中心线对中法
1—水平尺；2—中心垂线

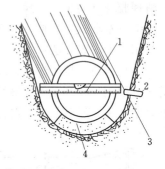

图 13.38　边线法
1—水平尺；2—边桩；3—边线；4—砂垫弧基

2. 接口

混凝土管的规格为 $DN100～600$，长为 1m；钢筋混凝土管的规格为 $DN300～2400$，长为 2m。管口形式有承插口、平口、圆弧口、企口几种。根据管道接口弹性不同，可分为刚性接口和柔性接口两大类。

（1）刚性接口。刚性接口有水泥砂浆抹带接口和钢丝网水泥砂浆抹带接口两种。

水泥砂浆抹带接口，如图 13.39 所示。一般在地基较好、管径较小时采用。其施工程序为：浇筑管座混凝土→勾捻管座部分管内缝→管带与管外皮及基础结合处凿毛清洗→管座上部内缝支垫托→抹带→勾捻管座以上内缝→接口养护。

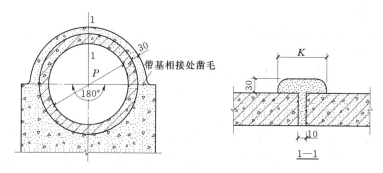

图 13.39 水泥砂浆抹带接口

钢丝网水泥砂浆抹带接口，如图 13.40 所示。由于在抹带层内埋置 20 号 10mm×10mm 方格的钢丝网，因此接口强度高于水泥砂浆抹带接口。

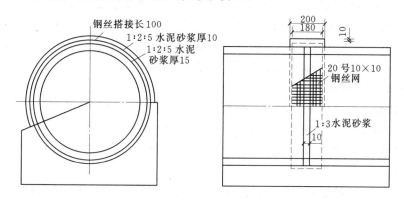

图 13.40 钢丝网水泥砂浆抹带接口（单位：mm）

施工程序：管口凿毛清洗（管径≤500mm 者刷去浆皮）→浇筑管座混凝土→将钢丝网片插入管座的对口砂浆中并以抹带砂浆补充肩角→勾捻管内下部管缝→为勾上部内缝支托架→抹带（素灰、打底、安钢丝网片、抹上层、赶压、拆模等）→勾捻管内上部管缝→内外管口养护。

（2）柔性接口。柔性接口根据管道端部形式，其接口形式有沥青麻布（玻璃布）柔性接口、沥青砂浆柔性接口、承插管沥青油膏柔性接口、塑料止水带接口等。

沥青麻布（玻璃布）柔性接口适用于无地下水、地基不均匀沉降不严重的平口或企口排水管道。接口时，先清刷管口，并在管口上刷冷底子油，热涂沥青，作四油三布，并用钢丝将沥青麻布或沥青玻璃布绑扎，最后捻管内缝（1:3 水泥砂浆）。

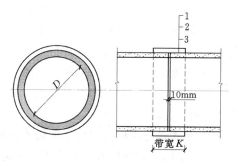

图 13.41 沥青砂浆柔性带接口
1—沥青砂浆；2—石棉沥青；3—沥青砂浆

沥青砂浆柔性接口（图 13.41）与沥青麻布（玻璃布）柔性接口相同，但不用麻布（玻璃布），成本降低。沥青砂浆重量配合比为石油沥青:石棉粉:砂=1:0.67:0.69。

施工程序：管口凿毛及清理→管缝填塞油麻、刷冷底子油→支设灌口模具→浇灌沥青砂浆→拆模→捻内缝。

13.3.1.4　管道压力试验及严密性试验

验收压力管道时必须对管道、接口、阀门、配件、伸缩器及其他附属构筑物仔细进行外观检查；复测管道的纵断面；并按设计要求检查管道的放气和排水条件。地下管道必须在管基检查合格，管身两侧及其上部回填不小于 0.5m，接口部分尚敞露时，进行初次试压，全部回填土，完成该管段各项工作后进行末次试压。

压力管道工作压力不小于 0.1MPa 时，应进行压力管道的强度及严密性试验；当管道压力小于 0.1MPa 时，除设计另有规定时，应进行无压力管道严密性试验。

试压管段的长度不宜大于 1km，非金属管段不宜超过 500m。地下钢管或铸铁管，在冬季或缺水情况下，可用空气进行压力试验，但均须有防护措施。

1. 给水管道的水压试验

给水管道铺设完毕后要进行管道系统的试压工作，这是管道工程质量检查与验收的重要环节。给水管道的试压按使用介质分为水压试验和气压试验；按试压目的分为强度试验和严密性试验。管道工作压力不小于 0.1MPa 时，进行压力管道的强度及严密性试验。管道工作压力小于 0.1MPa 时，进行无压力管道的严密性试验。

（1）水压试验一般规定如下。

1）水压试验前沟槽应部分回填，管顶以上回填土厚度不应少于 0.5m，管口处暂不回填，以便检查和修理。水压试验合格后，应及时回填沟槽的其余部分。

2）对粘接连接的化学建材管道，水压试验必须在粘接连接安装 24h 后进行，浸泡时间不得少于 24h。

3）对有水泥砂浆衬里的球墨铸铁管和钢管，宜在不大于工作压力的条件下充分浸泡再进行试压，浸泡时间应不少于 24h。

4）水压试验前，对试压管段应采取有效的固定和保护措施，但接头部位必须明露。当承插给水铸铁管管径不大于 350mm、试验压力不大于 1.0MPa 时，在弯头或三通处可不作支墩。

5）水压试验管段长度一般不要超过 1000m，非金属管段不宜超过 500m，超过长度宜分段试压，并应在管件支墩达到强度后方可进行。

6）试压管段不得采用闸阀做堵板，不得与消火栓、水泵接合器等附件相连，已设置这类附件的要设置堵板，各类阀门在试压过程中要全部处于开启状态。

7）管道水压试验前后要做好水源引进及排水疏导路线的设计。

8）管道灌水应从下游缓慢灌入。灌入时，在试验管段的上游管顶及管段中的凸起点应设排气阀将管道内的气体排除。

9）冬季进行水压试验应采取防冻措施。试压完毕后及时放水。

10）水压试验的压力表应校正，弹簧压力计的精度不应低于 1.5 级，最大量程宜为试验压力的 1.3～1.5 倍，表壳的公称直径不应小于 150mm，压力表至少要有两块。

（2）管道试压。

1）试压前，对三通、弯头等承受压力较大处，应设置支墩，避免破坏管道或抵消产生的推力。按图 13.42 所示铺设连接试验管道，进水管段，安装阀门、试压泵、压力

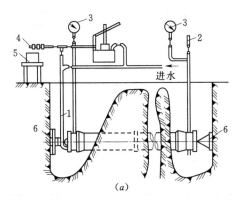
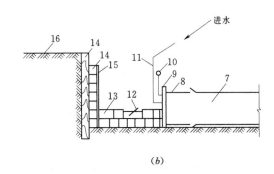

(a) (b)

图 13.42 给水管道压力试验示意图

(a) 放水法试验示意；(b) 试压后背支撑示意

1—进水管；2—排气管；3—压力表；4—放水口；5—水桶；6—后背；7—试验管段；8—短管乙；

9—法兰盖堵；10—压力表；11—进水管；12—千斤顶；13—顶铁；

14—方木；15—钢板；16—后座墙

表等。

2）缓慢充水，冲水后应把管内空气全部排尽。

3）预试验阶段。空气排尽后，将排气阀门关闭好，进行缓慢加压，升至试验压力并稳压 30min，期间如有压力下降可注水补压，但不得高于试验压力（表 13.16）；检查管道接口、配件等处有无漏水、损坏现象，如有，则应及时停止试压，查明原因并采取相应措施后重新试压。

4）主试验阶段。停止注水补压，稳定 15min；当 15min 后压力下降不超过表 13.17 中所列允许压力降数值时，将试验压力降至工作压力并保持恒压 30min，进行外观检查，若无漏水现象，则水压试验合格。压力管道水压试验的允许渗水量见表 13.18。

5）升压过程中，若发现弹簧压力计表针摆动、不稳且升压缓慢则气体没排尽，应重新排气后再升压。试压时，应逐步加压，每次升压为 0.2MPa 为宜，每升一级应检查后背、支墩、管身及接口，无异常现象时再继续升压。水压试验过程中，后背顶撑、管道两端严禁站人。

6）试压过程中，全部检查若发现接口渗漏，应作出明显标记，待压力降至零后，制定修补措施全面修补，再重新试验，直至合格。

表 13.16 　　　　　　　　　　压力管道水压试验的试验压力　　　　　　　　　　单位：MPa

管 材 种 类	工作压力 P	试 验 压 力
钢管	P	$P+0.5$，且不小于 0.9
球墨铸铁管	$\leqslant 0.5$	$2P$
	>0.5	$P+0.5$
预（自）应力混凝土管、预应力钢筒混凝土管	$\leqslant 0.6$	$1.5P$
	>0.6	$P+0.3$
现浇钢筋混凝土管渠	$\geqslant 0.1$	$1.5P$
化学建材管	$\geqslant 0.1$	$1.5P$，且不小于 0.8

表 13.17　　　　　　　　　　压力管道水压试验的允许压力降　　　　　　　　单位：MPa

管 材 种 类	试 验 压 力	允许压力降
钢管	$P+0.5$，且不小于 0.9	0
球墨铸铁管	$2P$	0.03
	$P+0.5$	
预（自）应力钢筋混凝土管、预应力钢筒混凝土管	$1.5P$	
	$P+0.3$	
现浇钢筋混凝土管渠	$1.5P$	
化学建材管	$1.5P$，且不小于 0.8	0.02

表 13.18　　　　　　　　　　　压力管道水压试验的允许渗水量

管道内径 D_i (mm)	允 许 渗 水 量 [L/(min·km)]		
	焊接接口钢管	球墨铸铁管、玻璃钢管	预（自）应力混凝土管、预应力钢筒混凝土管
100	0.28	0.70	1.40
150	0.42	1.05	1.72
200	0.56	1.40	1.98
300	0.85	1.70	2.42
400	1.00	1.95	2.80
600	1.20	2.40	3.14
800	1.35	2.70	3.96
900	1.45	2.90	4.20
1000	1.50	3.00	4.42
1200	1.65	3.30	4.70
1400	1.75	—	5.00

2. 排水管道严密性试验

污水、雨污水合流及湿陷土、膨胀土地区的雨水管道，回填土前应采用闭水法进行严密性试验。

（1）闭水试验应具备的条件。管道闭水试验时，试验管段应具备下列条件：

1）管道及检查井外观质量已检查合格。

2）管道未还土且沟槽内无积水。

3）全部预留孔洞应封堵不得漏水。

4）管道两端堵板承载力经核算并大于水压力的合力；除预留进出水管外，应封堵坚固不得漏水。

5）顶管施工，其注浆口封堵且管口按设计要求处理完毕，地下水位于管底以下。

（2）闭水试验的方法。排水管道作闭水试验，宜从上游往下游进行分段，上游段试验完毕，可往下游段倒水，以节约用水。排水管道闭水试验装置参见图 13.43。

1）试验分段。试验管段应按井距分离，长度不应大于 1km，带井试验。

2）试验水头。

a）试验段上游设计水头不超过管顶内壁时，试验水头从试验段上游管顶内壁加 2m 计。

b）试验段上游设计水头超过管顶内壁时，试验水头以试验段上游设计水头加 2m 计。

c）当计算出的试验水头小于 10m，但已超过上游检查井井口时，试验水头以上游检查井井口高度为准。

（3）试验步骤。

1）将试验段管道两端的管口封堵，管堵如用砖砌，必须养护 3～4d 达到一定强度后，再向闭水段的检查井内注水。

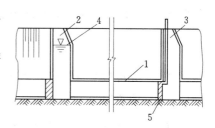

图 13.43 闭水试验装置示意图
1—试验管段；2—下游检查井；3—上游检查井；4—规定闭水水位；5—砖堵

2）试验管段灌满水后浸泡时间不少于 24h，使管道充分浸透。

3）当试验水头达规定水头开始计时，观察管道的渗水量，直至观测结束时，应不断向试验管段内补水，保持试验水头恒定。渗水量的观测时间不得小于 30min。

（4）渗水量的计算。实测渗水量按下式计算：

$$q = \frac{W}{TL} \tag{13.20}$$

式中　q——实测渗水量，L/(min·m)；

　　　W——补水量，L；

　　　T——实测渗水量观测时间，min；

　　　L——试验管段长度，m。

（5）闭水试验标准。

1）排水管道闭水试验允许渗水量应符合表 13.19 的规定。

表 13.19　　　　　　　　　　　　无压管道闭水试验允许渗水量

管　　材	管道内径 D_i（mm）	允许渗水量 [m³/(24h·km)]
钢筋混凝土管	200	17.60
	300	21.62
	400	25.00
	500	27.95
	600	30.60
	700	30.00
	800	35.35
	900	37.50
	1000	39.52
	1100	41.45
	1200	43.30
	1300	45.00
	1400	46.70
	1500	48.40
	1600	50.00
	1700	51.50
	1800	53.00
	1900	54.48
	2000	55.90

2）管道内径大于表 13.19 的规定时，实测渗水量应不大于按下式计算的渗水量：

$$Q = 1.25 \sqrt{D_i} \tag{13.21}$$

式中　　Q——允许渗水量，$m^3/(24h \cdot km)$；

　　　　D_i——管道内径，mm。

注：化学建材管道的实测渗水量应不大于按下式技术的允许渗水量，$Q = 0.0046D_i$。

3）异形截面管道的允许渗水量可按周长折算为圆形管道计算。

4）在水源缺乏的地区，当管径大于 700mm 时，按井段抽验 1/3。

3. 给水管道冲洗消毒

（1）试验合格后，进行冲洗，冲洗合格后，应立即办理验收手续，组织回填。

（2）新建室外给水管道与室内管道连接前，应经室内外全部冲洗合格后方可连接。

（3）冲洗流速。一般不小于 1.0m/s，连续冲洗，否则不易将管道内的杂物冲洗掉。

（4）冲洗时间。对于主要输水管的冲洗，由于冲洗水量过大，管网降压严重，因此管道冲洗应避开用水高峰，安排在管网用水量较小、水压偏高的夜间进行，并在冲洗过程中严格控制水压变化。

（5）管道第一次冲洗应用清洁水冲洗至出水口水样浊度小于 3NTU 为止，冲洗流速应大于 1.0m/s。

（6）管道第二次冲洗应在第一次冲洗后，用有效氯离子含量不低于 20mg/L 的清洁水浸泡 24h 后，再用清洁水进行第二次冲洗，直至水质检测、管理部门取样化验合格为止。新安装的饮用水管道消毒浸泡用水量及漂白粉用量可按表 13.20 选用。

表 13.20　　　　　　　　每 100m 管道消毒用水量及漂白粉用量

管径 DN（mm）	15～50	75	100	150	200	250	300	350	400	450	500	600
用水量（m³）	0.8～5	6	8	14	22	32	42	56	75	93	116	168
漂白粉用量（kg）	0.09	0.11	0.14	0.14	0.38	0.55	0.93	0.97	1.3	1.61	2.02	2.9

13.3.2　工程验收

工程验收制度是检验工程质量必不可少的一道程序，也是保证工程质量的一项重要措施。如质量不符合规定时，可在验收中发现和处理，并避免影响使用和增加维修费用，为此，必须严格执行工程验收制度。

管道工程施工应经过竣工验收合格后，方可投入使用。隐蔽工程应经过中间验收合格后，方可进行下一工序，当隐蔽工程全部验收合格后，方可回填沟槽。

市政给水排水管道的验收应按照国家颁发的《给水排水管道工程施工及验收规范》进行施工及验收。

隐蔽工程验收时，应填写中间验收记录表，见表 13.21。

隐蔽工程验收时，应对以下几方面进行检查验收：①管道地基和基础；②管道位置与高程；③管道的结构和断面尺寸；④管道的接口、变形缝及防腐层；⑤管道及附属构筑物防水层；⑥地下管道交叉的处理。

表 13.21   中间验收记录表

工程名称				工程项目	
建设单位				施工单位	
验收日期	年　月　日				
验收内容					
质量情况及验收意见					
参加单位及人员	监理单位		建设单位	设计单位	施工单位

工程竣工后，施工单位应提交下列资料：①施工竣工图及设计文件；②管道及构筑物的位置及高程的测量记录；③主要材料、制品和设备的出厂合格证或试验记录；④混凝土、砂浆、防腐、防水及焊接检验记录；⑤中间验收记录及有关资料；⑥管道的试压记录、闭水试验记录；⑦回填土压实度的检验记录；⑧工程质量检验评定记录；⑨工程质量事故处理记录；⑩给水管道的冲洗及消毒记录。

竣工验收时，应核实竣工验收资料，并进行复验与外观检查。并对管道的位置及高程、管道及附属构筑物的断面尺寸、给水管道配件安装的位置和数量、给水管道的冲洗与消毒及外观做出鉴定，并填写竣工验收鉴定书，其格式见表 13.22。

表 13.22   竣 工 验 收 鉴 定 书

工程名称				工程项目	
建设单位				施工单位	
开工日期	年　月　日			竣工日期	年　月　日
验收日期	年　月　日				
验收内容					
复验质量情况					
鉴定结果及验收意见					
参加单位及人员	监理单位	建设单位	设计单位	施工单位	管理或使用单位

13.4　室外给排水管道不开槽施工

管道的不开槽施工是不开挖地表的条件下完成管线的铺设、更换、修复、检测和定位的工程施工技术。与开槽施工比较，不开槽施工具有施工面占地面积小，不影响交通，不污染环境，土方开挖量小等优点。

管道的不开槽施工一般适用于管道穿越铁路、公路、河流或建筑物时；在街道狭窄，两侧建筑物多时；在交通量大的市区街道施工，管道又不能改线或断绝交通时；现场条件复杂，与地面工程交叉作业，相互干扰，易发生危险时；管道覆土较深，开挖土方量大，并需要支撑时等方面的给水排水管道工程。

不开槽施工的方法很多，常用的有顶管法、盾构法、牵引法等。

13.4.1　顶管法

13.4.1.1　施工操作程序

掘进顶管的工作过程如图 13.44 所示。先在顶进管段的两端各建一个工作坑（竖井），在工作坑安装有后背墙、千斤顶、导轨等设施。然后将首节管吊入工作坑后，进行对正切削挖土顶管。完成首节管后，继续放管重复施工。

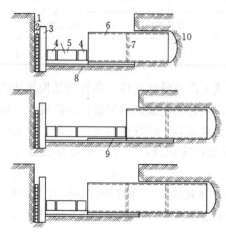

图 13.44　掘进顶管过程示意

1—后座墙；2—后背；3—立铁；4—横铁；5—千斤顶；6—管子；7—内涨圈；8—基础；9—导轨；10—掘进工组面

1. 顶管施工的准备工作

顶管施工前，应进行详细勘察研究，编制可行的施工方案。应熟悉下列情况：管道埋深、管径、管材和接口要求；管道沿线水文地质资料，如土质、地下水位等；顶管地段内地下管线交叉情况，并取得主管单位同意和配合；现场地势、交通运输、水源情况；可能提供的掘进、顶管设备情况；其他相关资料。

2. 顶管掘进的施工方案

顶管掘进的施工方案包括以下主要内容：工作坑位置的选择和尺寸确定，顶管后背的结构和验算；掘进、出土及下管方法和工作平台支撑形式的确定；顶力计算，顶进设备的选择，是否采用中继间、润滑剂等措施，以增加顶管段长度；降水方法确定；钢管顶进每节管长确定，焊接要求，防腐绝缘保护层的防护措施；保证工程质量和安全的措施等。

13.4.1.2　工作坑、导轨及基础

1. 工作坑的种类和尺寸

根据工作坑顶进方向，可分为单向坑、双向坑、交汇坑和多向坑等形式，如图 13.45 所示。

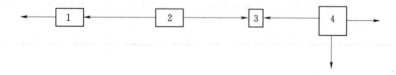

图 13.45　工作坑类型

1—单向坑；2—双向坑；3—交汇坑；4—多向坑

工作坑的尺寸要考虑管道下放、各种设备进出、人员上下、坑内操作等必要空间以及排弃土的位置等。其平面一般采用矩形。

工作坑的底部长度以符合下式：

$$L = L_1 + L_2 + L_3 + L_4 + L_5 \qquad (13.22)$$

式中　L——矩形工作坑的底部长度，m，如图 13.46 所示；

　　　L_1——工具管长度，m，当采用管道第一节作为工具管时，钢筋混凝土管不宜小于 0.3m；钢管不宜小于 0.6m；

　　　L_2——管节长度，m；

　　　L_3——运土工作间长度，m；

　　　L_4——千斤顶长度，m；

　　　L_5——后背墙的厚度，m。

工作坑的宽度和高度如图 13.47 所示。

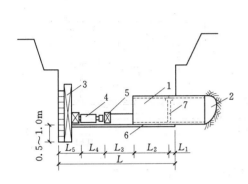

图 13.46　工作坑底的长度
1—管子；2—掘进工作面；3—后背；4—千斤顶；
5—顶铁；6—导轨；7—内涨圈

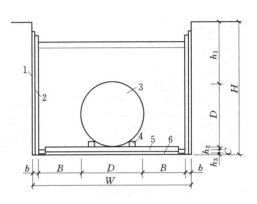

图 13.47　工作坑的底宽和高度
1—撑板；2—支撑立木；3—管子；
4—导轨；5—基础；6—垫层

工作坑宽度计算公式为：

$$W = D + 2B + 2b \qquad (13.23)$$

式中　W——工作坑底宽，m；

　　　D——顶进管外径，m；

　　　B——工作坑内操作宽度，m；

　　　b——支撑材料的厚度。支撑板时，$b = 0.05$m；木板桩时，$b = 0.07$m。

工作坑高度计算公式为：

$$H = h_1 + h_2 + h_3 + D \qquad (13.24)$$

式中　H——顶进坑地面至坑底的深度，m；

　　　h_1——地面至管道顶部外缘的深度，m；

　　　h_2——管道外缘底部至导轨底面的高度，m；

　　　h_3——基础及其垫层的厚度，m。

工作坑的结构形式一般采用木桩、钢板桩、沉井或地下连续墙支撑形成封闭式框架。结构应坚固、牢靠，能全方位地抵抗土压力、地下水压力及顶进时的顶力。

工作坑内应设置后背墙。其是将顶管的顶力传递至后背土体的墙体结构。分为原土后背墙和人工后背墙。在双向坑内进行双向顶进时，利用已顶进的管段作为后背，由此可以不设后墙与后背。

原土后背墙如图 13.48 所示。

安装时，应满足下列要求：后背土壁应平整，并使土壁墙面与管道顶进方向相垂直；靠土壁横排方木面积，一般土质可按承载不超过 150kPa 计算；方木应卧入工作坑底 0.5～1.0m，使千斤顶的着力中心高度不小于方木后背高度的 1/3；方木断面可用 15cm×15cm，立铁可用 20cm×30cm 工字钢，横铁可用 15cm×40cm 工字钢两根。

土质松软或顶力较大时，可在方木前加钢板。无法利用原土作为后背墙时，可修建人工后背墙，如图 13.49 所示。后背主要对后背墙起支撑抗压作用。当发现受压变形过大时，应考虑采取辅助措施，必要时对后背土进行加固，以提高土抗力。

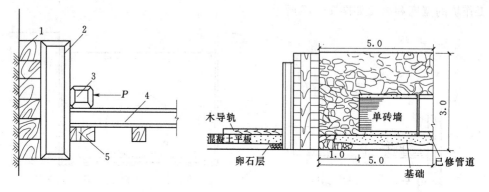

图 13.48　原土后背墙
1—方木；2—立铁；3—横轨；
4—导轨；5—导轨方木

图 13.49　人工后背墙（单位：m）

2. 导轨

导轨的作用是引导管子按设计的中心线和坡度顶进，保证管子在顶入土之前位置正确。

导轨有木导轨和钢导轨。常用的是钢导轨，钢导轨又分轻轨和重轨，管径大的采用重轨。导轨与枕木装置如图 13.50 所示。

两导轨间净距按式（13.25）确定，如图 13.51 所示。

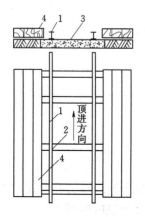

图 13.50　导轨安装图
1—导轨；2—枕木；3—混凝土
基础；4—木板

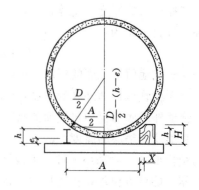

图 13.51　导轨安装间距

$$A=2\sqrt{(D/2)^2-[D/2-(h-e)^2]}=2\sqrt{[D-(h-e)](h-e)} \qquad (13.25)$$

式中　A——两导轨内净距，mm；

　　　D——管外径，mm；

　　　h——导轨高，木导轨为抹角后的内边高度，mm；

　　　e——管外底距枕木或枕铁顶面的间距，mm。

一般的导轨都采用固定安装，但有一种滚轮式的导轨，如图13.52所示。

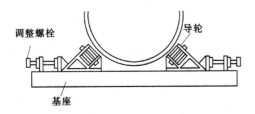

图13.52　滚轮式导轨

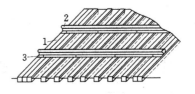

图13.53　方木基础

1—方木；2—导轨；3—道钉

3. 基础

（1）枕木基础。工作坑底土质好、坚硬、无地下水，可采用埋设枕木作为导轨基础，如图13.53所示。

（2）卵石木枕基础。适用于虽有地下水但渗透量不大的粉沙地基土。

（3）混凝土木枕基础。适用于地下水位高，地基承载力又差的地方。

13.4.1.3　顶力计算及顶进设备

1. 顶力计算

顶管的顶力可按下式计算。

总顶力由正面阻力和四周的摩擦阻力组成。

$$P=f\gamma D_1[2H+(2H+D_1)\tan^2(45°-\phi/2)+\omega/\gamma D_1]L+P_F \qquad (13.26)$$

式中　P——计算的总顶力，kN；

　　　γ——管道所处土层的重力密度，kN/m³；

　　　D_1——管道直径，m；

　　　H——管道顶部以上覆盖土层的厚度，m；

　　　ϕ——管道所处土层的内摩擦角；

　　　ω——管道单位长度的自重，kN/m；

　　　L——管道的计算顶进长度，m；

　　　f——顶进时，管道表面与其周围土层之间的摩擦系数，其取值可按表13.23所列数据选用；

　　　P_F——顶进时，工具管正面的阻力，kN。

对于挖掘时工具管：$P_F=\pi(D-t)\times tR$，其中 D 为工具管外径，t 为工具管刃角厚度，R 为挤压阻力（kN/m²），取 $R=300\sim500$kN/m²。当工具管顶部及两侧允许超挖时，$P_F=0$。

表 13.23　管道周围与土层的摩擦系数

土 类	湿土	干土
黏土、粉质黏土	0.2～0.3	0.4～0.5
砂土、亚砂土	0.3～0.4	0.5～0.6

对于挤压式工具管：$P_F = \pi D^2 (1-e) R / 4$，其中 e 为开口率。土压平衡式工具管和泥水平衡式工具管：$P_F = \pi D^2 \gamma H / 4$，其中 γ 为土的重度。

2. 顶进设备

顶进设备主要包括千斤顶、高压油泵、顶铁、下管及运出设备等。

（1）千斤顶（也称顶镐）。千斤顶是掘进顶管的主要设备，目前多采用液压千斤顶。千斤顶在工作坑内的布置与采用个数有关，如图 13.54 所示。

（2）高压油泵。由电动机带动油泵工作，一般选用额定压力 32MPa 的柱塞泵。

（3）顶铁。顶铁是传递顶力的设备，如图 13.55 所示。根据顶铁放置位置的不同，可分为横顶铁、顺顶铁和 U 形顶铁三种。

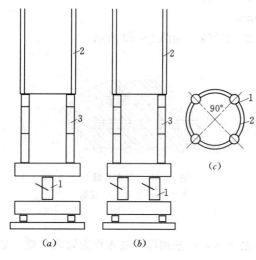

图 13.54　千斤顶布置方式

（a）单列式；（b）双列式；（c）环周列式
1—千斤顶；2—管子；3—顺铁

13.4.1.4　顶进

管道顶进工序包括挖土、顶进、测量、纠偏等。下面仅介绍人工掘进的操作要点。

1. 挖土和运土

管道顶进作业的操作要求根据所选用的工具管和施工工艺有所不同。人工掘进顶管又称普通顶管，是最普遍的且最简单的顶管方法。

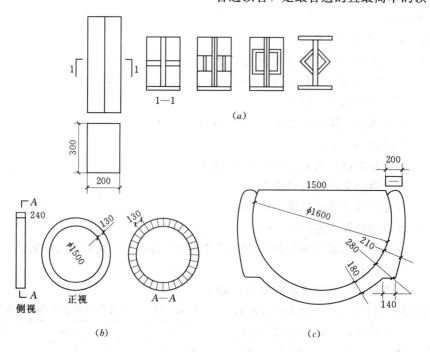

图 13.55　顶铁

（a）矩形顶铁；（b）圆形顶铁；（c）U 形顶铁

人工挖土时，管前挖土是保证顶进质量及地上构筑物安全的关键。管前挖土的方向和开挖形状直接影响顶进管位的准确性。管周围一律不得超挖。如图 13.56 所示。

　　在松软土层中顶进时采取管顶上部土壤加固或设管檐或工具管，如图 13.57 所示。

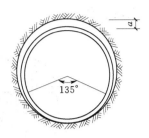

图 13.56　管前挖土

　　前方挖出的土应及时运出管外。从工作面挖下来的土，通过管内水平运输和工作坑的垂直提升运至地面。

　　2. 顶进

　　顶管施工的一次顶进长度取决于顶力大小、管材强度、后背墙强度、顶进技术操作水平等。通常顶进长度最长达到 60～100m。当顶进距离超过一次顶进长度时，可采用中继间顶进、对向顶进、泥浆套顶进、蜡覆顶进等方法，提高在一个工作坑内的顶进长度，减少工作坑的数目。

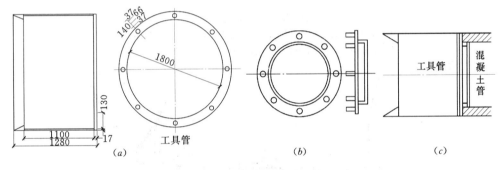

图 13.57　工具管（单位：mm）

　　顶进时利用千斤顶出镐在后背不动的情况下将被顶进管子推向前进，其操作过程如下：

　　(1) 安装好顶铁挤牢，管前端已挖一定长度后，启动油泵，千斤顶进油，活塞伸出一个工作行程，将管子推向一定距离。

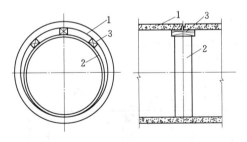

图 13.58　钢制内涨圈安装图
1—混凝土管；2—内胀圈；3—木楔

　　(2) 停止油泵，打开控制阀，千斤顶回油，活塞回缩。

　　(3) 添加顶铁，重复上述操作，直至需要安装下一节管子为止。

　　(4) 卸下顶铁，下管，在混凝土管接口处放一圈麻绳，以保证接口缝隙和受力均匀。

　　(5) 在管内口处安装一个内胀圈，作为临时性加固措施，防止顶进纠偏时错口，其装置如图 13.58 所示。

　　(6) 重新装好顶铁，重复上述操作。在顶进时应遵照"先挖后顶、随挖随顶"的原则。针对首节管子顶进时对管子的方向和高程，应勤测量、勤检查，及时校正偏差。顶铁安装应平顺，每次收回活塞加放顶铁时，应换用可能安放的最长顶铁，使连接的顶铁数目为最少。顶进过程中，发现管前土方坍塌、后背倾斜、偏差过大或油泵压力表指针骤增等情况，应停止顶进，查明原因，排除故障后，再继续顶进。

　　除了人工挖土顶进外，还有机械挖土。机械取土顶管是在被顶进管子前端安装机械钻进的挖土设备，配上皮带运土，可代替人工挖、运土。常用设备有：伞式挖掘机（图 13.59）、螺旋掘进机（图 13.60）、"机械手"挖掘机（图 13.61）、水力掘进顶管法（图 13.62）、挤压土顶管等。

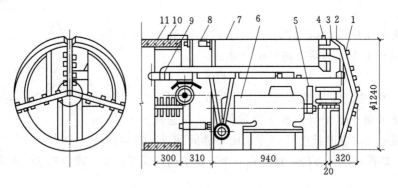

图 13.59　伞式挖掘机

1—刀齿；2—刀架；3—刮泥板；4—超挖机；5—齿轮变速；6—电机；
7—工具管；8—千斤顶；9—皮运机；10—支撑杆；11—顶进管

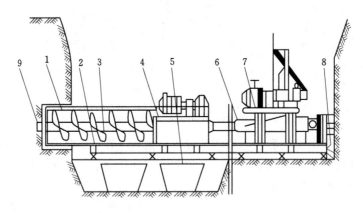

图 13.60　螺旋掘进机

1—管节；2—道轨机架；3—螺旋输送器；4—传送机构；5—土斗；
6—液压机构；7—千斤顶；8—后背；9—钻头

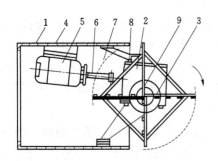

图 13.61　"机械手"挖掘机

1—工具管；2—减速箱；3—刀臂；4—机座；
5—电机；6—传动轴；7—底架；
8—翼板；9—锥型圆筒

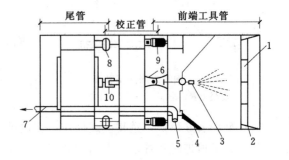

图 13.62　水力掘进顶管机

1—格栅；2—刀刃；3—水枪；4—格网；5—泥浆吸入口；
6—水平铰；7—泥浆管；8—垂直铰；9—上下纠
偏千斤顶；10—左右纠偏千斤顶

13.4.1.5 顶管测量和校正

1. 顶管测量

（1）顶管允许偏差与检验方法，见表 13.24。

表 13.24 顶管施工贯通后管道的允许偏差

检查项目			允许偏差（mm）	检查数量		检查方法
				范围	点数	
1	直线顶管水平轴线	顶进长度＜300m	50			用经纬仪测量或挂中线用尺量测
		300m≤顶进长度＜1000m	100			
		顶进长度≥1000m	L/10			
2	直线顶管内底高程	顶进长度＜300m 　D_1＜1500	+30，−40			用水准仪或水平仪测量
		D_1≥1500	+40，−50			
		300m≤顶进长度＜1000m	+60，−80			用水准仪测量
		顶进长度≥1000m	+80，−100			
3	曲线顶管水平辅线	R≤$150D_1$　水平曲线	150	每管节	1点	用经纬仪测量
		竖曲线	150			
		复合曲线	200			
		R＞$150D_1$　水平曲线	150			
		竖曲线	150			
		复合曲线	150			
4	曲线顶管内底高程	R≤$150D_1$　水平曲线	+100，−150			用水准仪测量
		竖曲线	+150，−200			
		复合曲线	±200			
		R＞$150D_1$　水平曲线	+100，−150			
		竖曲线	+100，−150			
		复合曲线	±200			
5	相邻管间错口	钢管、玻璃钢管	≤2			用钢尺量测
		钢筋混凝土管	15%壁厚，且≤20			
6	钢筋混凝土管曲线顶管相邻管间接口的最大间隙与最小间隙之差		≤ΔS			
7	钢管、玻璃钢管道竖向变形		≤$0.03D_1$			
8	对顶时两端错口		50			

注　D_1 为管道内径，mm；L 为顶进长度，mm；ΔS 为曲线顶管相邻管节接口允许的最大间隙与最小间隙之差，mm；R 为曲线顶管的设计曲率半径，mm。

（2）顶管测量。水准仪测平面与高程位置。用水准仪测高程的方法如图 13.63 所示。采用垂球法测平面与高程位置，如图 13.64 所示。

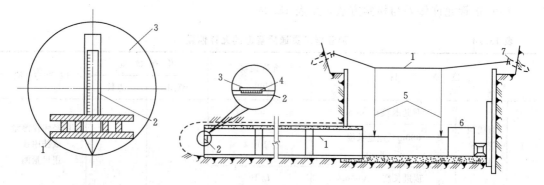

图 13.63 水准仪测高程位置示意
1—水准器；2—高程尺；3—前端管

图 13.64 垂球法测量平面与高程位置
1—小线；2—中心尺；3—水准仪；4—刻度；
5—垂球；6—摇镐机；7—中心桩

采用激光经纬仪测平面与高程位置。如图 13.65 所示。

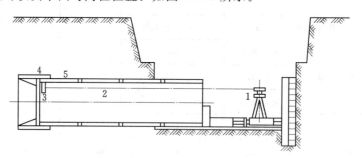

图 13.65 激光测量
1—激光经纬仪；2—激光束；3—激光接收靶；4—刃角；5—管节

测量次数一般是每顶进 100cm 测量不少于 1 次，每次测量都以测量管子的前端位置为准。

2．顶管校正

（1）出现偏差的原因、校正的原则。管道在顶进的过程中，由于工具管迎面阻力的分布不均，管壁四周摩擦力不均和千斤顶顶力的微小偏心等都可能导致工具管前进的方向偏移或旋转。

（2）校正方法。管道校正就是顶管施工时，当测量发现前端管节前进的方向或高程偏离原设计位置后，就要及时采取措施迫使管节恢复原位再继续顶进的过程。在施工时，做到"勤顶、勤挖、勤测、勤纠"。尤其在开始顶进阶段，更应及时纠偏。

纠偏时应首先分析产生偏差的原因，再采取相应的纠正措施才是最有效的。一般情况下纠偏的方法有挖土校正、工具管纠偏和强制纠偏等，这里就不一一介绍了。

13.4.1.6 掘进顶管内接口

掘进顶管完毕，拆除临时连接，进行内接口，接口形式根据现场条件、管道使用要求、管口形式等因素选择。

（1）钢筋混凝土管油麻石棉水泥或膨胀水泥接口。接口形式如图 13.66 所示。

（2）企口钢筋混凝土管内接口。接口方式如图 13.67 所示。

（3）钢涨圈连接。常用于平口钢筋混凝土管，管节稳好后，在管内侧两节管节对口处用钢涨圈连接起来，形成刚性口以避免顶进过程中产生错口。钢涨圈用 6～8mm 的钢板卷焊成圆环，宽度为 300～400mm，如图 13.68 所示。

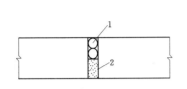

图 13.66　钢筋混凝土管油麻石棉
水泥或膨胀水泥接口

1—麻辫或塑料圈或绑扎绳；2—石棉水泥

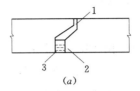

图 13.67　企口钢筋混凝土管内接口

1—油毡；2—油麻；3—石棉水泥或膨胀水泥砂浆；
4—聚氯乙烯胶泥；5—膨胀水泥砂浆

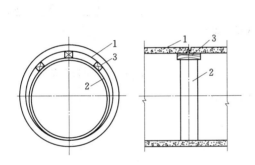

图 13.68　钢涨圈连接

1—混凝土管；2—内胀圈；3—木楔

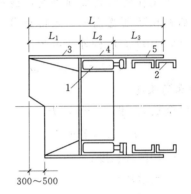

图 13.69　盾构构造图（单位：mm）

1—千斤顶；2—砌块；3—切削环；
4—支承环；5—衬砌环

13.4.2　盾构法

盾构是集地下掘进和衬砌为一体的施工设备，广泛应用于地下给水排水管沟、地下隧道、水下隧道、水工隧洞、城市综合管廊等工程。

盾构为一钢制壳体，称盾构壳体。主要有三部分组成，按掘进方向，前部为切削环，中部为支撑环，尾部为衬砌环。如图 13.69 所示。

盾构法与顶管法相比，因需顶进的是盾构本身，在同一土层中所需顶力为一常数，不受顶力大小的限制，不需要中继间、泥浆套等附加设施；盾构断面形状可以任意选择，而且可以形成曲线走向；操作安全，可以在盾构设备的掩护下，进行土层开挖和衬砌。

盾构的形式可以从各个方面进行分类。

按挖掘方式划分为手掘式、半机械式、机械式三大类。

按工作面挡土方式划分为敞开式、部分敞开式、密闭式。

按气压和泥水加压方式划分为气压式、泥水加压式、土压平衡式、加水式、高浓度泥水加压式、加泥式等。

13.4.2.1　盾构尺寸的确定

1. 盾构的外径

盾构外径 D 可由下式确定：

$$D = d + 2(h + x + t) \tag{13.27}$$

式中　d——管端竣工内径；

　　　h——一次衬砌和二次衬砌的总厚度；

　　　x——衬砌块与盾壳间的空隙量；

　　　t——盾构的外壳厚度。

衬砌块与盾壳间的空隙量 x（图 13.70）为：

$$x = ML/D_0 \tag{13.28}$$

式中　L——砌块环上顶点能转动的最大水平距离；

　　　M——衬砌环遮盖部分的衬砌长度；

　　　D_0——砌块环外径。

空隙量 x 是在盾构曲线顶进时，或者是掘进过程中校正盾构位置所必需的。实际制作时，x 值常取 $0.008 \sim 0.010 D_0$，盾构外径可为：

$$D = (1.008 \sim 1.010)D_0 \tag{13.29}$$

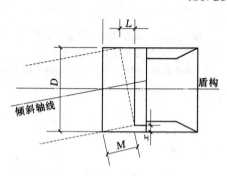

图 13.70　盾构构造间隙

2. 盾构的长度

盾构的全长 L（图 13.69）为：

$$L = L_1 + L_2 + L_3 \tag{13.30}$$

式中　L_1——切削环长度；

　　　L_2——支承环长度；

　　　L_3——衬砌环长度。

其中切削环长度 L_1 主要取决于工作面开挖时，为了保证土方按其自然倾斜角坍塌面使操作安全所需的长度，即

$$L_1 = D\tan\theta = D\tan45° \tag{13.31}$$

式中　θ——土坡与地面所成的夹角。

大直径手挖盾构（栅式盾构）一般设有水平隔板（图 13.71），切削环长度为：

$$L_1 = H\tan\theta = D\tan45° = H < 2000\text{mm} \tag{13.32}$$

式中　H——平台高度，即工人工作需要的高度。

支撑环长度 L_2 为：

$$L_2 = W + C_1 \tag{13.33}$$

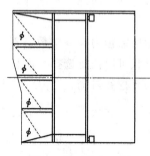

图 13.71　栅式盾构

式中　W——砌块的宽度；

　　　C_1——余量，取 $200 \sim 300\text{mm}$。

衬砌环长度应保证在其内组装衬砌块的需要；还要考虑到损坏砌块的更换、修理千斤顶以及曲线顶进时所需的长度：

$$L_3 = KW + C_2 \tag{13.34}$$

式中　K——系数，取 1.5；

　　　W——砌块的宽度；

　　　C_2——余量，取 $100 \sim 200\text{mm}$。

衬砌环处盾壳厚度可按经验公式计算确定：

$$t=0.02+0.01(D-4)(\text{m}) \tag{13.35}$$

式中　D——盾构外径，m，当 $D<4$m 时，式（13.35）中第二项为零。

盾构的机动性指盾构总长度 L 与其外径 D 的比例关系，用 K 表示。即

$$K=L/D \tag{13.36}$$

盾构的灵敏度一般规定如下：

小型盾构（$D=2\sim3$m），$K=1.5$；中型盾构（$D=3\sim6$m），$K=1.0$；大型盾构（$D=6\sim12$m），$K=0.75$。

13.4.2.2　盾构千斤顶及其顶力计算

盾构的前进是靠千斤顶来推进和调整方向。所以千斤顶应有足够的力量，来克服盾构前进中所遇到的各种阻力。顶进阻力 R 可由下式确定：

$$R=R_1+R_2+R_3+R_4+R_5 \tag{13.37}$$

式中　R_1——盾构外壳与土的摩擦力；

　　　R_2——盾构内壁与砌块的摩擦力；

　　　R_3——切削环部分刃口切入土层阻力；

　　　R_4——盾构自重产生的摩擦力；

　　　R_5——开挖面支撑阻力或闭腔挤压盾构地层正面阻力。

1. 外壳与周围土层间摩擦阻力 R_1

$$R_1=V_1[2(P_v+P_h)LD] \tag{13.38}$$

式中　P_v——盾构顶部的竖向土压力，kN/m²；

　　　P_h——水平土压力值，kN/m²；

　　　V_1——土与钢之间的摩擦系数，一般取 $0.2\sim0.6$；

　　　L——盾构长度，m；

　　　D——盾构外径，m。

2. 切削环部分刃口切入土层阻力 R_2

$$R_2=D\pi L(P_v\tan\phi+C) \tag{13.39}$$

式中　ϕ——土的内摩擦角；

　　　C——土的内聚力，kN/m²；

其余符号同式（13.38）。

3. 砌块与盾尾之间的摩擦力 R_3

$$R_3=V_2G'L' \tag{13.40}$$

式中　V_2——盾尾与衬砌之间的摩擦系数，一般为 $0.4\sim0.5$；

　　　G'——衬砌环重量；

　　　L'——盾尾中衬砌的环数。

4. 盾构自重产生的摩擦阻力 R_4

$$R_4=GV_1 \tag{13.41}$$

式中　G——盾构自重；

其余符号同式（13.37）。

5. 开挖面支撑阻力或闭腔挤压盾构地层正面阻力 R_5

（1）开挖面支撑阻力应按支撑面上的主动土压力计算，公式如下：

$$R_5 = \pi D^2 E_a / 4 \tag{13.42}$$

式中　E_a——主动土压力。

（2）闭腔挤压盾构地层正面阻力：

$$R_5 = \pi D^2 E_p / 4 \tag{13.43}$$

式中　E_p——被动土压力。

其余项阻力，需根据盾构施工时实际情况予以计算，叠加后组成盾构推进的总阻力。由于上述计算均为近似值，实际确定千斤顶总顶力时，需乘以 1.5～2.0 的安全系数。

另外盾构的总顶力 R 可以按经验公式进行计算：

$$R = (700 \sim 1000) \pi D^2 / 4 (\text{kN}) \tag{13.44}$$

盾构千斤顶的顶力：小型断面用 500～600kN；中型断面用 1000～1500kN；大型断面（$D > 10\text{m}$）用 2500kN；我国使用的千斤顶多数为 1500～2000kN。

13.4.2.3　盾构施工的勘察和准备工作

勘察的内容有：用地条件的勘察、障碍物勘察、地形及地质勘察。

盾构施工准备工作主要有：盾构竖井的修建，盾构拼装和拆卸的检查，配合盾构施工附属设施的准备等。

盾构竖井施工中要注意以下问题：必须对盾构的出口区段地层、进口区地段和竖井周围地层采取加固措施。施工中随着竖井沉入深度的增加，对井底开挖工作要特别小心，应采取降水措施，以防地下水上涌，造成淹井事故等。

在盾构井拼装后应进行检查，一般包括外观检查和注意尺寸检查。

13.4.2.4　盾构施工工艺要点

盾构法施工工艺主要包括盾构的始顶、盾构掘进的挖土及顶进、衬砌和灌浆。

（1）盾构的始顶。盾构在工作坑导轨上至盾构完全进入土中的这一段距离，借助外部千斤顶顶进，如图 13.72（a）所示。

当盾构进入土中以后，再开始工作坑后背与盾构衬砌环，各设置一个木环，其大小尺寸与衬砌环相等，在两个木环之间用圆木支撑，如图 13.72（b）所示。

（2）盾构掘进的挖土及顶进。完成始顶后，即可起用盾构本身千斤顶，将切削环的刃口切入土中，在切削环掩护下进行挖土。局部挖出的工作面应支设支撑，如图 13.73 所示。盾构内运土如图 13.74 所示。

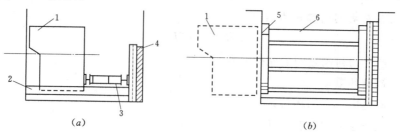

图 13.72　始顶工作坑

(a) 盾构台工作坑始顶；(b) 始顶段支撑结构

1—盾构；2—导轨；3—千斤顶；4—后背；5—木环；6—撑木

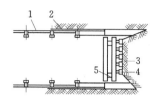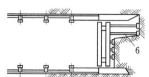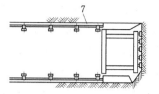

图 13.73　手挖盾构的工作面支撑

1—砌块；2—灌浆；3—立柱；4—撑板；5—支撑千斤顶；6—千斤顶；7—盾壳

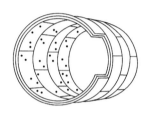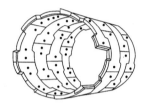

图 13.74　盾构内运土　　　　图 13.75　矩形砌块　　　　图 13.76　中缺形砌块

（3）衬砌和灌浆。

1）一次衬砌和灌浆。衬砌的目的是砌块作为盾构千斤顶的后背，承受顶力，掘进施工过程中作为支撑，盾构施工结束后作为永久性承载结构。矩形砌块和中缺形砌块如图13.75、图 13.76 所示。

为了在衬砌后用水泥砂浆灌入砌块外壁与土壁间留有的盾壳厚度的空隙，一部分砌块应有灌注孔。这种填充空隙的作业称为"缝隙填灌"。填灌的材料有水泥砂浆、细石混凝土、水泥净浆等。砌块砌筑和缝隙填灌合称为盾构的一次衬砌。

2）二次衬砌：完成初期支护施工后，需进行洞体二次衬砌，二次衬砌采用现浇钢筋混凝土结构。

复习思考题

1. 土的工程分类及判别方法有哪些？

2. 土的含水量、干密度与土石方施工有何关系？

3. 沟槽的断面形式有哪些？与哪些因素有关？

4. 管道沟槽回填土时管道周围的密实度有哪些规定？

5. 大面积回填土的技术参数有哪些？

6. 有一矩形沟槽长 20m，断面尺寸为 $B \times H = 6m \times 4m$，现在沟槽内铺设一雨水管渠，断面为 $B \times H = 3m \times 2.5m$，已知土的最初可松性 $k = 1.11$，最终可松性 $k' = 1.04$，请计算回填土的土方量（自然土体积计），如果用 2m³ 运输车往外运，需要多少车？

7. 井点降水的原理是什么？井点降水的平面布置及高程布置如何进行？

8. 地基处理的目的及方法是什么？

9. 管道施工的施工程序是什么？

10. 管道工程竣工验收的内容有哪些？

11. 排水管道的接口有哪几种？试说明其优缺点。

12. 管道不开槽施工的优点有哪些？

13. 掘进顶管法与盾构法施工的优缺点各是什么？

14. 顶管工作坑内的水准点和轴线标桩是如何从地面引入的？试画图说明。

15. 能力训练：根据所学的本章内容制定某道路市政管道的施工准备工作、施工工序及施工方案。

附　录

附　表

附表 1　　　宿舍、旅馆和公共建筑生活用水定额及小时变化系数

序　号	建筑物名称		单　位	最高日生活用水定额（L）	使用时数（h）	小时变化系数 K_h
1	宿舍	Ⅰ类、Ⅱ类	每人每日	150～200	24	3.0～2.5
		Ⅲ类、Ⅳ类	每人每日	100～150	24	3.5～3.0
2	招待所、培训中心、普通旅馆	设公用盥洗室	每人每日	50～100	24	3.0～2.5
		设公用盥洗室、淋浴室	每人每日	80～130		
		设公用盥洗室、淋浴室、洗衣室	每人每日	100～150		
		设单独卫生间、公用洗衣室	每人每日	120～200		
3	酒店式公寓		每人每日	200～300	24	2.5～2.0
4	宾馆客房	旅客	每床位每日	250～400	24	2.5～2.0
		员工	每人每日	80～100		
5	医院住院部	设公用盥洗室	每床位每日	100～200	24	2.5～2.0
		设公用盥洗室、淋浴室	每床位每日	150～250	24	2.5～2.0
		设单独卫生间	每床位每日	250～400	24	2.5～2.0
		医务人员	每人每班	150～250	8	2.0～1.5
		门诊部、诊疗所	每病人每次	10～15	8～12	1.5～1.2
		疗养院、休养所住房部	每床位每日	200～300	24	2.0～1.5
6	养老院、托老所	全托	每人每日	100～150	24	2.5～2.0
		日托	每人每日	50～80	10	2.0
7	幼儿园、托儿所	有住宿	每儿童每日	50～100	24	3.0～2.5
		无住宿	每儿童每日	30～50	10	2.0
8	公共浴室	淋浴	每顾客每次	100	12	2.0～1.5
		浴盆、淋浴	每顾客每次	120～150	12	
		桑拿浴（淋浴、按摩池）	每顾客每次	150～200	12	
9	理发室、美容院		每顾客每次	40～100	12	2.0～1.5
10	洗衣房		每 kg 干衣	40～80	8	1.5～1.2
11	餐饮业	中餐酒楼	每顾客每次	40～60	10～12	1.5～1.2
		快餐店、职工及学生食堂	每顾客每次	20～25	12～16	
		酒吧、咖啡馆、茶座、卡拉OK房	每顾客每次	5～15	8～18	

续表

序　号	建 筑 物 名 称		单　位	最高日生活用水定额（L）	使用时数（h）	小时变化系数 K_h
12	商场 员工及顾客		每 m² 营业厅面积每日	5～8	12	1.5～1.2
13	图书馆		每人每次	5～10	8～10	1.5～1.2
14	书店		每 m² 营业厅面积每日	3～6	8～12	1.5～1.2
15	办公楼		每人每班	30～50	8～10	1.5～1.2
16	教学、实验楼	中小学校	每学生每日	20～40	8～9	1.5～1.2
		高等院校	每学生每日	40～50	8～9	1.5～1.2
17	电影院、剧院		每观众每场	3～5	3	1.5～1.2
18	会展中心（博物馆、展览馆）		每 m² 展厅面积每日	3～6	8～16	1.5～1.2
19	健身中心		每人每次	30～50	8～12	1.5～1.2
20	体育场（馆）	运动员淋浴	每人每次	30～40	4	3.0～2.0
		观众	每人每场	3	4	1.2
21	会议厅		每座位每次	6～8	4	1.5～1.2
22	航站楼、客运站旅客		每人次	3～6	8～16	1.5～1.2
23	菜市场地面冲洗及保鲜用水		每 m² 每日	10～20	8～10	2.5～2.0
24	停车库地面冲洗水		每 m² 每次	2～3	6～8	1.0

注　1. 除养老院、托儿所、幼儿园的用水定额中含食堂用水，其他均不含食堂用水。

2. 除注明外，均不含员工生活用水，员工用水定额为每人每班 40～60L。

3. 医疗建筑用水中已含医疗用水。

4. 空调用水应另计。

附表 2　　　　　　　　　城镇、居住区室外消防用水量

人数（万人）	同一时间内的火灾次数（次）	一次灭火用水量（L/s）	人数（万人）	同一时间内的火灾次数（次）	一次灭火用水量（L/s）
≤1.0	1	10	≤40.0	2	65
≤2.5	1	15	≤50.0	3	75
≤5.0	2	25	≤60.0	3	85
≤10.0	2	35	≤70.0	3	90
≤20.0	2	45	≤80.0	3	95
≤30.0	2	55	≤100.0	3	100

注　城镇的室外消防用水量应包括居住区、工厂、仓库（含堆场、储罐）和民用建筑的室外消火栓用水量。当工厂、仓库和民用建筑的室外消火栓用水量按附表 3 计算时，其值与按本表计算不一致时，应取其较大值。

附表 3　　　　　　　　　　**同一时间内的火灾次数表**

名称	基地面积（hm²）	附有居住区人数（万人）	同一时间内的火灾次数	备　注
工厂	≤100	≤1.5	1	按需水量最大的一座建筑物（或堆场、储罐）计算
		>1.5	2	工厂、居住区各一次
	>100	不限	2	按需水量最大的两座建筑物（或堆场、储罐）计算
仓库民用建筑	不限	不限	1	按需水量最大的一座建筑物（或堆场、储罐）计算

注　采矿、选矿等工业企业，如各分散基地有单独的消防给水系统时，可分别计算。

附表 4　　　　　　　　　　**建筑物的室外消火栓用水量**

一次灭火用水量（L/s）　建筑物体积（m³） 建筑物名称及类别 耐火等级		≤1500	1501～3000	3001～5000	5001～20000	20001～50000	>50000
一、二级	厂房　甲、乙、丙、丁、	10	15	20	25	30	35
		10	15	20	25	30	40
	戊	10	10	10	15	15	20
	库房　甲、乙、丙、丁、	15	15	25	25	—	—
		15	15	25	25	35	45
	戊	10	10	10	15	15	20
	民用建筑	10	15	15	20	25	30
三级	厂房或库房　乙、丙	15	20	30	40	45	—
	丁、戊	10	10	15	20	25	35
	民用建筑	10	15	20	25	30	—
四级	丁、戊类厂房或库房	10	15	20	25	—	—
	民用建筑	10	15	20	25	—	—

注　1. 室外消火栓用水量应按消防需水量最大的一座建筑物或一个防火分区计算。成组布置的建筑物应按消防需水量较大的相邻两座计算。
　　2. 火车站、码头和机场的中转库房，其室外消火栓用水量应按相应耐火等级的丙类物品库房确定。
　　3. 国家级文物保护单位的重点砖木、木结构的建筑物室外消防用水量，按三级耐火等级民用建筑物消防用水量确定。

附表 5	我国部分城市暴雨强度公式		
省、自治区、直辖市	城市名称	暴雨强度公式	资料记录年数 (a)
北京		$q=\dfrac{2001(1+0.811\lg P)}{(t+8)^{0.711}}$	40
上海		$q=\dfrac{5544(P^{0.3}-0.42)}{(t+10+7\lg P)^{0.82+0.07\lg P}}$	41
天津		$q=\dfrac{3833.34(1+0.85\lg P)}{(t+17)^{0.85}}$	50
河北	石家庄	$q=\dfrac{1689(1+0.898\lg P)}{(t+7)^{0.729}}$	20
	保定	$i=\dfrac{14.973+10.266\lg TE}{(t+13.877)^{0.776}}$	23
山西	太原	$q=\dfrac{880(1+0.86\lg T)}{(t+4.6)^{0.62}}$	25
	大同	$q=\dfrac{1523.7(1+1.08\lg T)}{(t+6.9)^{0.87}}$	25
	长治	$q=\dfrac{3340(1+1.43\lg T)}{(t+15.8)^{0.93}}$	27
内蒙古	包头	$q=\dfrac{1663(1+0.985\lg P)}{(t+5.40)^{0.85}}$	25
	海拉尔	$q=\dfrac{2630(1+1.05\lg P)}{(t+10)^{0.99}}$	25
黑龙江	哈尔滨	$q=\dfrac{2889(1+0.9\lg P)}{(t+10)^{0.88}}$	32
	齐齐哈尔	$q=\dfrac{1920(1+0.89\lg P)}{(t+6.4)^{0.86}}$	33
	大庆	$q=\dfrac{1820(1+0.91\lg P)}{(t+8.3)^{0.77}}$	18
	黑河	$q=\dfrac{1611.6(1+0.9\lg P)}{(t+5.65)^{0.824}}$	22
吉林	长春	$q=\dfrac{1600(1+0.8\lg P)}{(t+5)^{0.76}}$	25
	吉林	$q=\dfrac{2166(1+0.680\lg P)}{(t+7)^{0.831}}$	26
	海龙	$i=\dfrac{16.4(1+0.899\lg P)}{(t+10)^{0.867}}$	30
辽宁	沈阳	$q=\dfrac{1984(1+0.77\lg P)}{(t+9)^{0.77}}$	26
	丹东	$q=\dfrac{1221(1+0.668\lg P)}{(t+7)^{0.605}}$	31
	大连	$q=\dfrac{1900(1+0.66\lg P)}{(t+8)^{0.8}}$	10
	锦州	$q=\dfrac{2322(1+0.875\lg P)}{(t+10)^{0.79}}$	28
山东	潍坊	$q=\dfrac{4091.17(1+0.824\lg P)}{(t+16.7)^{0.87}}$	20
	枣庄	$i=\dfrac{65.512+52.455\lg TE}{(t+22.378)^{1.069}}$	15

省、自治区、直辖市	城市名称	暴雨强度公式	资料记录年数（a）
江苏	南京	$q=\dfrac{2989.3(1+0.671\lg P)}{(t+13.3)^{0.8}}$	40
	徐州	$q=\dfrac{1510.7(1+0.514\lg P)}{(t+9)^{0.64}}$	23
	扬州	$q=\dfrac{8248.13(1+0.641\lg P)}{(t+40.3)^{0.95}}$	20
	南通	$q=\dfrac{2007.34(1+0.752\lg P)}{(t+17.9)^{0.71}}$	31
安徽	合肥	$q=\dfrac{3600(1+0.76\lg P)}{(t+14)^{0.84}}$	25
	蚌埠	$q=\dfrac{2550(1+0.77\lg P)}{(t+12)^{0.774}}$	24
	安庆	$q=\dfrac{1986.8(1+0.777\lg P)}{(t+8.404)^{0.689}}$	25
	淮南	$q=\dfrac{2034(1+0.71\lg P)}{(t+6.29)^{0.71}}$	26
浙江	杭州	$q=\dfrac{10174(1+0.844\lg P)}{(t+25)^{1.038}}$	24
	宁波	$i=\dfrac{18.105+13.90\lg TE}{(t+13.265)^{0.778}}$	18
江西	南昌	$q=\dfrac{1386(1+0.69\lg P)}{(t+1.4)^{0.64}}$	7
	赣州	$q=\dfrac{3173(1+0.56\lg P)}{(t+10)^{0.79}}$	8
福建	福州	$i=\dfrac{6.162+3.881\lg TE}{(t+1.774)^{0.567}}$	24
	厦门	$q=\dfrac{850\ (1+0.745\lg P)}{t^{0.514}}$	7
河南	安阳	$q=\dfrac{3680P^{0.4}}{(t+16.7)^{0.858}}$	25
	开封	$q=\dfrac{5075(1+0.61\lg P)}{(t+19)^{0.92}}$	16
	新乡	$q=\dfrac{1102(1+0.623\lg P)}{(t+3.20)^{0.60}}$	21
	南阳	$i=\dfrac{3.591+3.920\lg TM}{(t+3.434)^{0.416}}$	28
湖北	汉口	$q=\dfrac{983\ (1+0.65\lg P)}{(t+4)^{0.56}}$	
	老河口	$q=\dfrac{6400(1+1.059\lg P)}{t+23.36}$	25
	黄石	$q=\dfrac{2417(1+0.79\lg P)}{(t+7)^{0.7655}}$	28
	沙市	$q=\dfrac{684.7(1+0.854\lg P)}{t^{0.526}}$	20

省、自治区、直辖市	城市名称	暴雨强度公式	资料记录年数(a)
湖南	长沙	$q=\dfrac{3920\ (1+0.68\lg P)}{(t+17)^{0.86}}$	20
	常德	$i=\dfrac{6.890+6.251\lg TE}{(t+4.367)^{0.602}}$	20
	益阳	$q=\dfrac{914(1+0.882\lg P)}{t^{0.584}}$	11
广东	广州	$q=\dfrac{2424.17(1+0.533\lg T)}{(t+11.0)^{0.668}}$	31
	佛山	$q=\dfrac{1930(1+0.58\lg P)}{(t+9)^{0.66}}$	16
海南	海口	$q=\dfrac{2338(1+0.4\lg P)}{(t+9)^{0.65}}$	20
广西	南宁	$q=\dfrac{10500(1+0.707\lg P)}{(t+21.1P)^{0.119}}$	21
	桂林	$q=\dfrac{4230(1+0.402\lg P)}{(t+13.5)^{0.841}}$	19
	北海	$q=\dfrac{1625(1+0.437\lg P)}{(t+4)^{0.57}}$	18
	梧州	$q=\dfrac{2670(1+0.466\lg P)}{(t+7)^{0.72}}$	15
陕西	西安	$q=\dfrac{1008.8(1+1.475\lg P)}{(t+14.72)^{0.704}}$	22
	延安	$q=\dfrac{932(1+1.292\lg P)}{(t+8.22)^{0.7}}$	22
	宝鸡	$q=\dfrac{1838.6(1+0.94\lg P)}{(t+12)^{0.932}}$	20
	汉中	$q=\dfrac{434(1+1.04\lg P)}{(t+4)^{0.318}}$	19
宁夏	银川	$q=\dfrac{242(1+0.83\lg P)}{t^{0.477}}$	6
甘肃	兰州	$q=\dfrac{1140(1+0.96\lg P)}{(t+8)^{0.8}}$	27
	平凉	$i=\dfrac{4.452+4.841\lg TE}{(t+2.570)^{0.668}}$	22
青海	西宁	$q=\dfrac{308(1+1.39\lg P)}{t^{0.58}}$	26
新疆	乌鲁木齐	$q=\dfrac{195\ (1+0.82\lg P)}{(t+7.8)^{0.63}}$	17
重庆		$q=\dfrac{2822(1+0.775\lg P)}{(t+12.8P^{0.076})^{0.77}}$	8
四川	成都	$q=\dfrac{2806(1+0.803\lg P)}{(t+12.8P^{0.231})^{0.763}}$	17
	渡口	$q=\dfrac{2495(1+0.49\lg P)}{(t+10)^{0.84}}$	14
	雅安	$q=\dfrac{1272.8(1+0.63\lg P)}{(t+6.64)^{0.56}}$	30

省、自治区、直辖市	城市名称	暴雨强度公式	资料记录年数（a）
贵州	贵阳	$i=\dfrac{6.853+4.195\lg TE}{(t+5.168)^{0.601}}$	13
	水城	$i=\dfrac{42.25+62.60\lg P}{t+35}$	19
云南	昆明	$i=\dfrac{8.918+6.183\lg TE}{(t+10.247)^{0.649}}$	16
	下关	$q=\dfrac{1534(1+1.035\lg P)}{(t+9.86)^{0.762}}$	18

注　1. 表中 P、T 代表设计降雨的重现期；TE 代表非年最大值法选样的重现期；TM 代表年最大值法选样的重现期。

　　2. i 的单位是 mm/min，q 的单位是 L/(s·hm²)

　　3. 此附录摘自《给水排水设计手册》第 5 册表 1-73。

附表 6　　　　　给水管与其他管线及建（构）筑物之间的最小水平净距　　　　　单位：m

序号	建（构）筑物或管线名称			与给水管线的最小水平净距	
				$D\leqslant 200$mm	$D>200$mm
1	建筑物			1.0	3.0
2	污水、雨水排水管			1.0	1.5
3	燃气管	中低压	$P\leqslant 0.4$MPa	0.5	
		高压	0.4MPa$<P\leqslant 0.8$MPa	1.0	
			0.8MPa$<P\leqslant 1.6$MPa	1.5	
4	热力管			1.5	
5	电力电缆			0.5	
6	电信电缆			1.0	
7	乔木（中心）			1.5	
8	灌木				
9	地上杆柱	通信照明<10kV		0.5	
		高压铁塔基础边		3.0	
10	道路侧石边缘			1.5	
11	铁路钢轨（或坡脚）			5.0	

附表 7　　　　　　　　　给水管与其他管线最小垂直净距　　　　　　　　　单位：m

序号	管线名称		与给水管线的最小垂直净距
1	给水管线		0.15
2	污、雨水排水管线		0.40
3	热水管线		0.15
4	燃气管线		0.15
5	电信管线	直埋	0.50
		管沟	0.15
6	电力管线		0.15
7	沟渠（基础底）		0.50
8	涵洞（基础底）		0.15
9	电车（轨底）		1.00
10	铁路（轨底）		1.00

附表 8　　　　　　　　排水管道与其他地下管线（构筑物）的最小净距　　　　　　单位：m

名　　称			水　平　净　距	垂　直　净　距
建筑物			见注 3	
给水管	$d \leqslant 200mm$		1.0	0.4
	$d > 200mm$		1.5	
排水管				0.15
再生水管			0.5	0.4
燃气管	低压	$P \leqslant 0.05MPa$	1.0	0.15
	中压	$0.05MPa < P \leqslant 0.4MPa$	1.2	0.15
	高压	$0.4MPa < P \leqslant 0.8MPa$	1.5	0.15
		$0.8MPa < P \leqslant 1.6MPa$	2.0	0.15
热力管线			1.5	0.15
电力管线			0.5	0.5
电信管线			1.0	直埋 0.5 管块 0.15
乔木			1.5	
地上柱杆	通讯照明及 $< 10kV$		0.5	
	高压铁塔基础边		1.5	
道路侧石边缘			1.5	
铁路钢轨（或坡脚）			5.0	轨底 1.2
电车（轨底）			2.0	1.0
架空管架基础			2.0	
油管			1.5	0.25
压缩空气管			1.5	0.15
氧气管			1.5	0.25
乙炔管			1.5	0.25
电车电缆				0.5
明渠渠底				0.5
涵洞基础底				0.15

注　1. 表列数字除注明者外，水平净距均指外壁净距，垂直净距系指下面管道的外顶与上面管道基础底间净距。

　　2. 采取充分措施（如结构措施）后，表列数字可以减小。

　　3. 与建筑物水平净距，管道埋深浅于建筑物基础时，不宜小于 2.5m，管道埋深深于建筑物基础时，按计算确定，
　　　　但不应小于 3.0m。

附　图

附图1　钢筋混凝土圆管(不满流 $n=0.014$)水力计算图

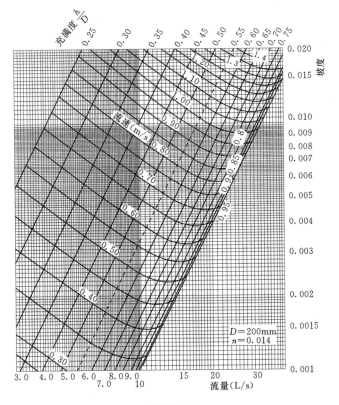

附图1.1

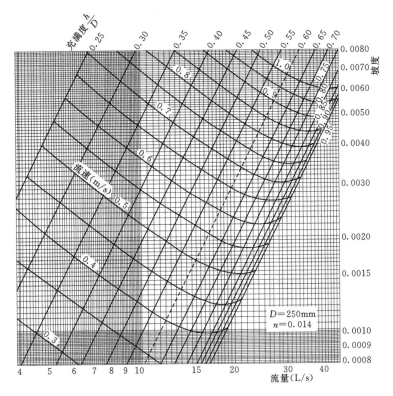

附图1.2

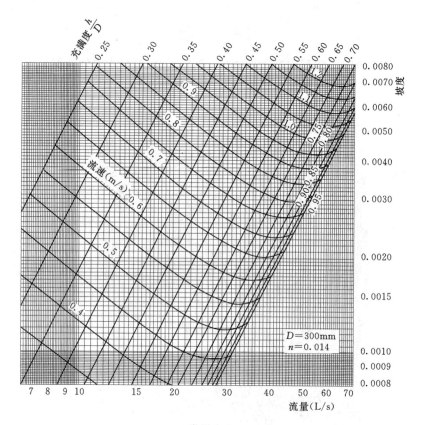

附图 1.3

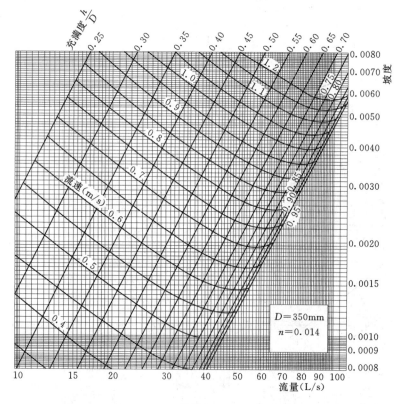

附图 1.4

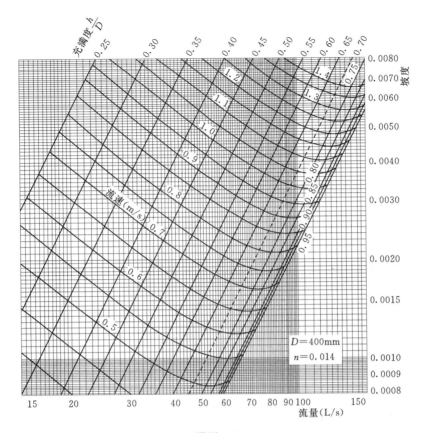

附图 1.5

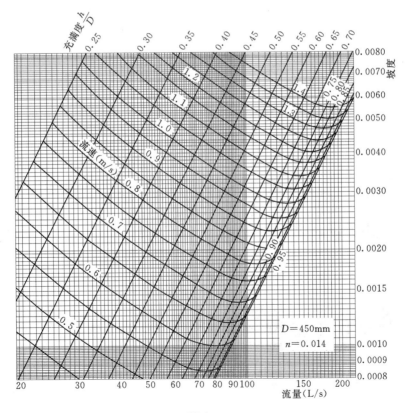

附图 1.6

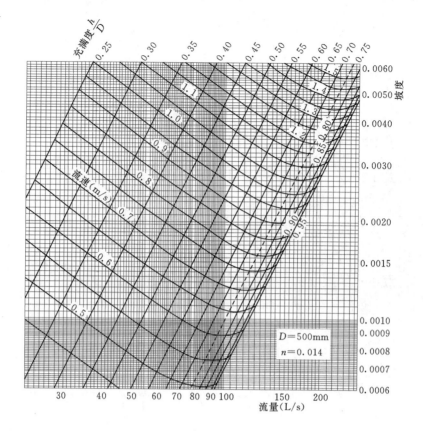

附图 1.7

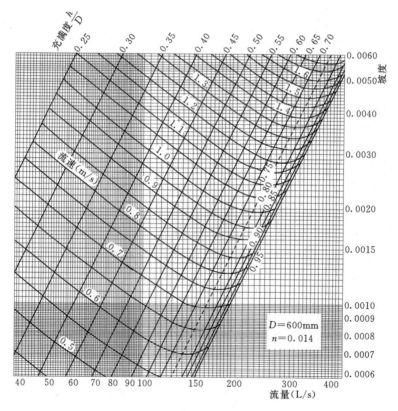

附图 1.8

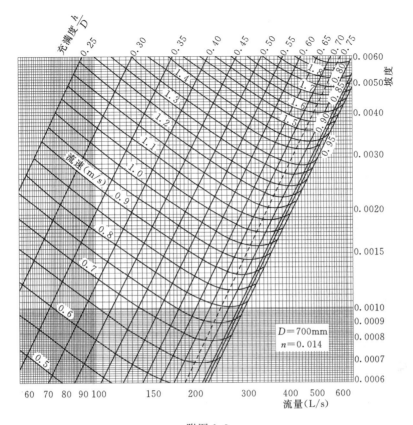

附图 1.9

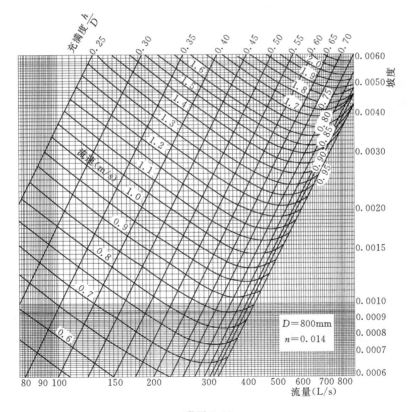

附图 1.10

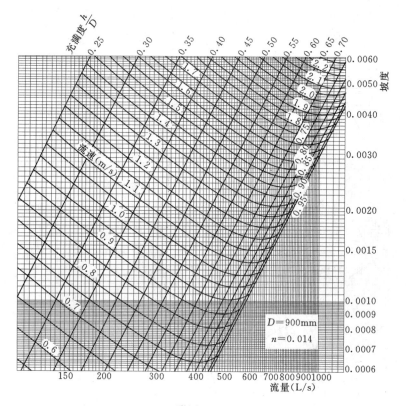

附图 1.11

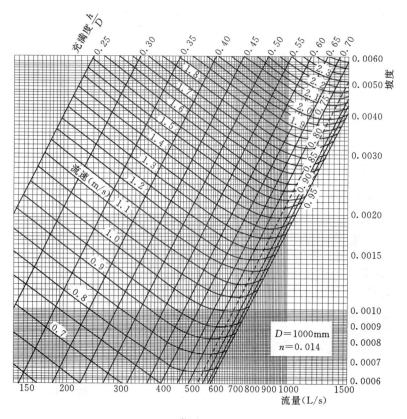

附图 1.12

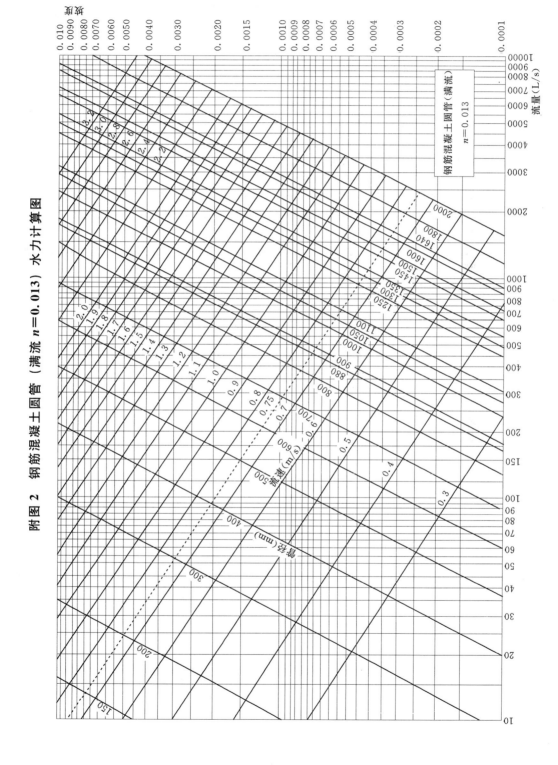

附图 2　钢筋混凝土圆管（满流 $n=0.013$）水力计算图

参 考 文 献

［1］ 室外给水设计规范（GB 50013—2006）.

［2］ 室外排水设计规范（GB 50014—2006）.

［3］ 建筑给水排水设计规范（GB 50015—2003）（2009 年版）.

［4］ 建筑设计防火规范（GB 50016—2006）.

［5］ 生活饮用水卫生标准（GB 5749—2006）.

［6］ 严煦世，范谨初主编．给水工程（第四版）．北京：中国建筑工业出版社，1999.

［7］ 孙慧修主编．排水工程（上册）（第四版）．北京：中国建筑工业出版社，1999.

［8］ 张自杰主编．排水工程（下册）（第四版）．北京：中国建筑工业出版社，2000.

［9］ 上海市政工程设计研究院主编．给水排水设计手册（第 3 册）城镇给水（第二版）．北京：中国建筑工业出版社，2004.

［10］ 北京市市政设计研究总院主编．给水排水设计手册（第 5 册）城镇排水（第二版）．北京：中国建筑工业出版社，2004.

［11］ 北京市市政设计研究总院主编．给水排水设计手册（第 6 册）工业排水（第二版）．北京：中国建筑工业出版社，2002.

［12］ 中国建筑标准设计研究所等编．全国民用建筑工程设计技术措施给水排水．北京：中国计划出版社，2003.

［13］ 聂梅生总主编，姜文源，周虎城，刘振印，刘夫坪主编．水工业工程设计手册建筑和小区给水排水．北京：中国建筑工业出版社，2000.